公　　式

$\boldsymbol{a}=(a_1,a_2,a_3)$, $\boldsymbol{b}=(b_1,b_2,b_3)$, $\boldsymbol{c}=(c_1,c_2,c_3)$ のとき,

$$\boldsymbol{a}\cdot\boldsymbol{b}=a_1b_1+a_2b_2+a_3b_3\,,\quad \boldsymbol{a}\times\boldsymbol{b}=\begin{vmatrix}\boldsymbol{i} & \boldsymbol{j} & \boldsymbol{k}\\ a_1 & a_2 & a_3\\ b_1 & b_2 & b_3\end{vmatrix}$$

$$(\boldsymbol{a},\boldsymbol{b},\boldsymbol{c})=(\boldsymbol{a}\times\boldsymbol{b})\cdot\boldsymbol{c}=\boldsymbol{a}\cdot(\boldsymbol{b}\times\boldsymbol{c})=\begin{vmatrix}a_1 & a_2 & a_3\\ b_1 & b_2 & b_3\\ c_1 & c_2 & c_3\end{vmatrix}$$

$$\boldsymbol{a}\times(\boldsymbol{b}\times\boldsymbol{c})=(\boldsymbol{a}\cdot\boldsymbol{c})\boldsymbol{b}-(\boldsymbol{a}\cdot\boldsymbol{b})\boldsymbol{c},\quad (\boldsymbol{a}\times\boldsymbol{b})\times\boldsymbol{c}=(\boldsymbol{a}\cdot\boldsymbol{c})\boldsymbol{b}-(\boldsymbol{b}\cdot\boldsymbol{c})\boldsymbol{a}$$

$\boldsymbol{A}(t)$, $\boldsymbol{B}(t)$ がベクトル関数のとき,

$$\frac{d}{dt}(\boldsymbol{A}\cdot\boldsymbol{B})=\frac{d\boldsymbol{A}}{dt}\cdot\boldsymbol{B}+\boldsymbol{A}\cdot\frac{d\boldsymbol{B}}{dt}$$

$$\frac{d}{dt}(\boldsymbol{A}\times\boldsymbol{B})=\frac{d\boldsymbol{A}}{dt}\times\boldsymbol{B}+\boldsymbol{A}\times\frac{d\boldsymbol{B}}{dt}$$

$$\frac{d}{dt}(\boldsymbol{A},\boldsymbol{B},\boldsymbol{C})=\left(\frac{d\boldsymbol{A}}{dt},\boldsymbol{B},\boldsymbol{C}\right)+\left(\boldsymbol{A},\frac{d\boldsymbol{B}}{dt},\boldsymbol{C}\right)+\left(\boldsymbol{A},\boldsymbol{B},\frac{d\boldsymbol{C}}{dt}\right)$$

$$\frac{d}{dt}(\boldsymbol{A}\times(\boldsymbol{B}\times\boldsymbol{C}))=\frac{d\boldsymbol{A}}{dt}\times(\boldsymbol{B}\times\boldsymbol{C})+\boldsymbol{A}\times\left(\frac{d\boldsymbol{B}}{dt}\times\boldsymbol{C}\right)+\boldsymbol{A}\times\left(\boldsymbol{B}\times\frac{d\boldsymbol{C}}{dt}\right)$$

$$\int\boldsymbol{A}\cdot\frac{d\boldsymbol{B}}{dt}dt=\boldsymbol{A}\cdot\boldsymbol{B}-\int\frac{d\boldsymbol{A}}{dt}\cdot\boldsymbol{B}\,dt$$

$$\int\boldsymbol{A}\times\frac{d\boldsymbol{B}}{dt}dt=\boldsymbol{A}\times\boldsymbol{B}-\int\frac{d\boldsymbol{A}}{dt}\times\boldsymbol{B}\,dt$$

空間曲線 $\boldsymbol{r}=\boldsymbol{r}(t)$ の曲率と捩率をそれぞれ κ,τ とすると,

$$\kappa^2=\frac{|\dot{\boldsymbol{r}}|^2|\ddot{\boldsymbol{r}}|^2-(\dot{\boldsymbol{r}}\cdot\ddot{\boldsymbol{r}})^2}{|\dot{\boldsymbol{r}}|^6},\quad \tau=\frac{(\dot{\boldsymbol{r}},\ddot{\boldsymbol{r}},\dddot{\boldsymbol{r}})}{\kappa^2|\dot{\boldsymbol{r}}|^6}=\frac{(\dot{\boldsymbol{r}},\ddot{\boldsymbol{r}},\dddot{\boldsymbol{r}})}{|\dot{\boldsymbol{r}}|^2|\ddot{\boldsymbol{r}}|^2-(\dot{\boldsymbol{r}}\cdot\ddot{\boldsymbol{r}})^2}$$

$$\text{ただし}\quad \dot{\boldsymbol{r}}=\frac{d\boldsymbol{r}}{dt},\quad \ddot{\boldsymbol{r}}=\frac{d^2\boldsymbol{r}}{dt^2},\quad \dddot{\boldsymbol{r}}=\frac{d^3\boldsymbol{r}}{dt^3}$$

曲面 $\boldsymbol{r}=\boldsymbol{r}(u,v)$ に対し,

$$E=\frac{\partial\boldsymbol{r}}{\partial u}\cdot\frac{\partial\boldsymbol{r}}{\partial u},\quad F=\frac{\partial\boldsymbol{r}}{\partial u}\cdot\frac{\partial\boldsymbol{r}}{\partial v},\quad G=\frac{\partial\boldsymbol{r}}{\partial v}\cdot\frac{\partial\boldsymbol{r}}{\partial v}$$

$$\boldsymbol{n}=\pm\frac{1}{\sqrt{EG-F^2}}\,\frac{\partial\boldsymbol{r}}{\partial u}\times\frac{\partial\boldsymbol{r}}{\partial v}$$

$$S=\iint_D\sqrt{EG-F^2}\,du\,dv$$

新・演習数学ライブラリ＝5

演習と応用
ベクトル解析

寺田文行・福田　隆　共著

サイエンス社

まえがき

ベクトル解析とは

私たちが暮らしている3次元空間における3次元的現象を解析する道具がベクトル解析です．私たちに最も身近な3次元的現象は物体の運動でしょう．力学への応用に端を発するベクトル解析はさまざまな現象へ利用されるようになり，特に電磁気学や電気工学を学ぶうえで必要不可欠な理論となりました．電気のような目に見えないものを相手にするために，ベクトル解析が発達したといってもよいでしょう．

このようにして高度に発達したベクトル解析は，頭の中に思い描くことが容易ではない現象をある程度形式的な計算により解析することを可能にし，現在では理工系の学生にとって必ず学ばなければならない理論になりました．

演習書の役割

“習うより慣れよ” という教えがありますが，ベクトル解析を自家薬籠中のものとして自在に使いこなせるようになるには，定型的な計算法に慣れることが最も大切で，そのためには練習問題を数多くこなすことが必要です．そうするうちに，ベクトル場の回転のような直観に訴えにくい概念もその意味を理解できるようになり，各種の公式や定理の結びつきも明らかになってきます．

しかしながら時間の制約からベクトル解析の授業は講義中心となることが多く，練習問題をこなす訓練は学生諸君の自発的な意志にまかされています．本演習書はそのような学習の助けになることを目的として作られました．

本書の学び方

まず各節のはじめにある要項に目を通し，講義で学んだことを復習した後，例題を自力で解いてみて下さい．ある程度 (1時間ほど) 考えてわからない場合に解答を見るようにしましょう．続いて問題を解いてみます．例題と似た方法で解けるものが問題として選ばれています．ある程度考えてから解答を見るようにすれば，例題のときは解答を見なければならなかったとしても，問題は自力で解けるはずです．また，はじめは解答を見ることが多くても，次第にその回数が減ってくるでしょう．章末にはやや高度な問題を集めてあります．その章の仕上げとして挑戦して下さい．

公式や定理の証明が例題や問題になっていることがあります．これらの証明を理解すれば，なぜその公式や定理が成り立つのかが実感としてわかるようになり，たとえば，間違って覚えるというケアレスミスが少なくなります．省略しないようにしましょう．

結びと謝辞

本書を作成するにあたり，内外の多くの文献を参考にさせて頂きました．本書がベクトル解析を学ぶ学生諸君の自習書として役に立つことを祈っています．最後になりましたが，約束の期日が大幅に遅れたにもかかわらず，筆者のペースで執筆することをお許しくださった，サイエンス社の田島伸彦さんと鈴木まどか女史に感謝いたします．

2000 年 3 月

寺田　文行
福田　　隆

目　次

1 ベクトル

1.1 ベクトル，ベクトルの相当，ベクトルの演算

• **ベクトル** • 座標平面上の点は (x, y) のように，x 座標と y 座標の組として表すことができる．同様に，座標空間内の点は (x, y, z) として，x 座標，y 座標，z 座標の組として表すことができる．このようにいくつかの実数の組として表すことのできる量を**ベクトル**と呼ぶ．これに対し，1 つの実数として表すことのできる量は**スカラー**と呼ばれる．

一般に n 個の実数の組 $(x_1, x_2, \cdots, x_n)$ を n 次元ベクトルという．ベクトルは

$$\boldsymbol{x} = (x_1, x_2, \cdots, x_n)$$

のように太字で表すことが多い．2 つの n 次元ベクトル $\boldsymbol{x} = (x_1, x_2, \cdots, x_n)$, $\boldsymbol{y} = (y_1, y_2, \cdots, y_n)$ は対応する成分がすべて等しいとき，つまり

$$x_1 = y_1, \quad x_2 = y_2, \quad \cdots, \quad x_n = y_n$$

のとき，**等しい**といい，$\boldsymbol{x} = \boldsymbol{y}$ と書く．本書では 3 次元ベクトルが考察の中心である．

• **幾何ベクトル** • 空間内の点はベクトルの一種であるが，点であることを強調したい場合は $\mathrm{A} = (1, 2, 3)$ のように大文字で表すことにする．$\mathrm{A} = (a_1, a_2, a_3)$, $\mathrm{B} = (b_1, b_2, b_3)$ のとき

$$\overrightarrow{\mathrm{AB}} = (b_1 - a_1, b_2 - a_2, b_3 - a_3)$$

を A を始点，B を終点とする**幾何ベクトル**と呼ぶ．$\overrightarrow{\mathrm{AB}}$ は A から B へ向かう矢印 (有向線分) と考えることができる．特に原点 O を始点とするベクトル $\overrightarrow{\mathrm{OA}}$ を A の**位置ベクトル**という．

• **零ベクトル** • 成分がすべて零であるベクトルを**零ベクトル**と呼び，$\boldsymbol{0}$ で表す．零ベクトルは唯 1 つ存在する．幾何ベクトルについては $\overrightarrow{\mathrm{AA}} = \boldsymbol{0}$ である．

• **ベクトルの大きさ** • $\boldsymbol{x} = (x_1, x_2, x_3)$ に対し，

$$|\boldsymbol{x}| = \sqrt{x_1^2 + x_2^2 + x_3^2}$$

を $\boldsymbol{x}$ の**大きさ**あるいは**長さ**という．長さが 1 のベクトルを**単位ベクトル**という．単位

ベクトルは無数に存在する．$\boldsymbol{x}$ が幾何ベクトル $\overrightarrow{\mathrm{AB}}$ のとき，$|\overrightarrow{\mathrm{AB}}|$ は2点AとBの距離を表す．

● ベクトルの演算 ●　ベクトルには次のようにして加法と実数倍の2つの演算が定義される．実数倍はスカラー倍とも呼ばれる．

$$(x_1,\,x_2,\,x_3)+(y_1,\,y_2,\,y_3)=(x_1+y_1,\,x_2+y_2,\,x_3+y_3)$$
$$a(x_1,\,x_2,\,x_3)=(ax_1,\,ax_2,\,ax_3)\quad(a\text{ は実数})$$

減法は $\boldsymbol{x}-\boldsymbol{y}=\boldsymbol{x}+(-1)\boldsymbol{y}$ として定義する．また $(-1)\boldsymbol{y}$ を $-\boldsymbol{y}$ と書く．

● 演算の性質 ●　ベクトルの演算においては次の性質が基本的である．a, b をスカラー，$\boldsymbol{x}, \boldsymbol{y}$ をベクトルとするとき，

$$\begin{cases}(a+b)\boldsymbol{x}=a\boldsymbol{x}+b\boldsymbol{x} & (\text{分配法則})\\ a(\boldsymbol{x}+\boldsymbol{y})=a\boldsymbol{x}+a\boldsymbol{y} & (\text{分配法則})\\ a(b\boldsymbol{x})=(ab)\boldsymbol{x} & (\text{結合法則})\\ 1\boldsymbol{x}=\boldsymbol{x} & \\ 0\boldsymbol{x}=\boldsymbol{0} & \end{cases}$$

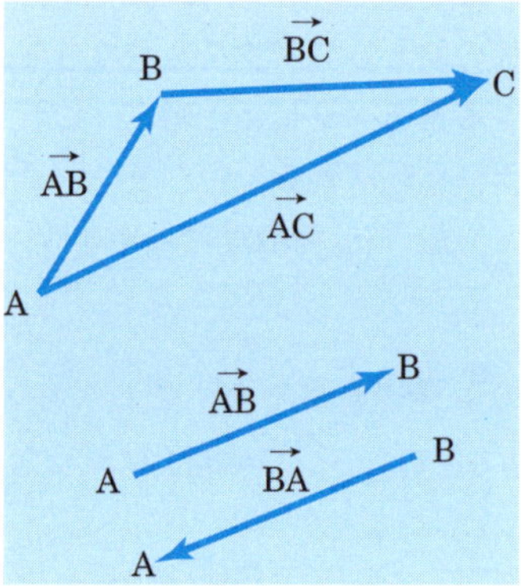

幾何ベクトルに対しては

$$\begin{cases}\overrightarrow{\mathrm{AB}}+\overrightarrow{\mathrm{BC}}=\overrightarrow{\mathrm{AC}}\\ \overrightarrow{\mathrm{BA}}=-\overrightarrow{\mathrm{AB}}\end{cases}$$

であることに注意する．

● 1次独立と1次従属 ●　n 個のベクトル $\boldsymbol{x}_1, \boldsymbol{x}_2, \cdots, \boldsymbol{x}_n$ に対し，

$$\lambda_1\boldsymbol{x}_1+\lambda_2\boldsymbol{x}_2+\cdots+\lambda_n\boldsymbol{x}_n=\boldsymbol{0}$$

となる実数 λ_i が $\lambda_1=\lambda_2=\cdots=\lambda_n=0$ しか存在しないとき，$\boldsymbol{x}_1, \boldsymbol{x}_2, \cdots, \boldsymbol{x}_n$ は **1次独立**であるという．1次独立でないとき **1次従属**という．幾何学的には

$$\boldsymbol{x},\,\boldsymbol{y}\text{ が1次従属}\iff\boldsymbol{x}\text{ と }\boldsymbol{y}\text{ は平行}$$
$$\boldsymbol{x},\,\boldsymbol{y},\,\boldsymbol{z}\text{ が1次従属}\iff\boldsymbol{x},\,\boldsymbol{y},\,\boldsymbol{z}\text{ は同一平面上にある}$$

● 基本ベクトル ●　$\boldsymbol{i}=(1,0,0),\ \boldsymbol{j}=(0,1,0),\ \boldsymbol{k}=(0,0,1)$ を基本ベクトルという．すべてのベクトルは基本ベクトルを用いて表現することができる．実際

$$(x_1,x_2,x_3)=x_1\boldsymbol{i}+x_2\boldsymbol{j}+x_3\boldsymbol{k}$$

である．基本ベクトル $\boldsymbol{i}, \boldsymbol{j}, \boldsymbol{k}$ は1次独立である．

例題 1 　　　　　　　　　　　　　　　　　　　　　　　　**単位ベクトル**

$\boldsymbol{a}=(4,4,2),\ \boldsymbol{b}=(-3,-1,2),\ \boldsymbol{c}=(2,1,1)$ のとき，次のものを求めよ．

（1）$2\boldsymbol{a}+\boldsymbol{b}-3\boldsymbol{c}$　　（2）$|\boldsymbol{a}+\boldsymbol{b}+\boldsymbol{c}|$

（3）$\boldsymbol{a}+\boldsymbol{b}+\boldsymbol{c}$ と同じ向きの単位ベクトル

（4）$\boldsymbol{a}+\boldsymbol{b}+\boldsymbol{c}$ と逆向きの単位ベクトル

（5）$\boldsymbol{a}+\boldsymbol{b}+\boldsymbol{c}$ と平行な単位ベクトル

（6）$\boldsymbol{a}+\boldsymbol{b}+\boldsymbol{c}$ と同じ向きで長さが 5 のベクトル

解答　（1）
$$\begin{aligned}2\boldsymbol{a}+\boldsymbol{b}-3\boldsymbol{c} &= 2(4,4,2)+(-3,-1,2)-3(2,1,1)\\ &= (8,8,4)+(-3,-1,2)-(6,3,3)\\ &= (-1,4,3)\end{aligned}$$

（2）$\boldsymbol{a}+\boldsymbol{b}+\boldsymbol{c}=(4,4,2)+(-3,-1,2)+(2,1,1)=(3,4,5)$ だから
$$|\boldsymbol{a}+\boldsymbol{b}+\boldsymbol{c}|=\sqrt{3^2+4^2+5^2}=5\sqrt{2}$$

（3）大きさで割る．これは 1 つだけである．
$$\frac{1}{|\boldsymbol{a}+\boldsymbol{b}+\boldsymbol{c}|}(\boldsymbol{a}+\boldsymbol{b}+\boldsymbol{c})=\frac{1}{5\sqrt{2}}(3,4,5)$$

（4）（3）の逆向きである．これも 1 つだけである．
$$-\frac{1}{|\boldsymbol{a}+\boldsymbol{b}+\boldsymbol{c}|}(\boldsymbol{a}+\boldsymbol{b}+\boldsymbol{c})=-\frac{1}{5\sqrt{2}}(3,4,5)$$

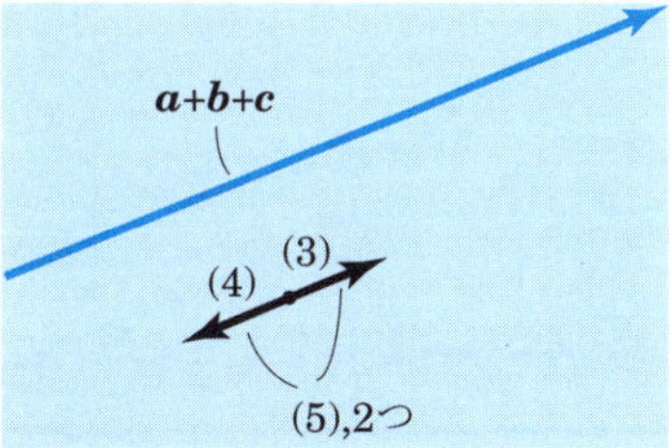

（5）（3），（4）からの 2 つあることに注意する．
$$\pm\frac{1}{|\boldsymbol{a}+\boldsymbol{b}+\boldsymbol{c}|}(\boldsymbol{a}+\boldsymbol{b}+\boldsymbol{c})=\pm\frac{1}{5\sqrt{2}}(3,4,5)$$

（6）（4）の結果を 5 倍する．これも 1 つだけである．
$$\frac{5}{|\boldsymbol{a}+\boldsymbol{b}+\boldsymbol{c}|}(\boldsymbol{a}+\boldsymbol{b}+\boldsymbol{c})=\frac{1}{\sqrt{2}}(3,4,5)$$

問　題

1.1　$\boldsymbol{a}=(1,2,-1),\ \boldsymbol{b}=(2,3,-2)$ のとき，次のものを求めよ．

（1）$|\boldsymbol{a}|$　　（2）$|\boldsymbol{b}|$　　（3）$|\boldsymbol{a}+\boldsymbol{b}|$　　（4）$|\boldsymbol{a}-\boldsymbol{b}|$

1.2　$\boldsymbol{a}=(-2,-1,-2),\ \boldsymbol{b}=(1,-1,2)$ のとき，次のものを求めよ．

（1）$2\boldsymbol{a}+3\boldsymbol{b}$ と逆向きの単位ベクトル

（2）$2\boldsymbol{a}-3\boldsymbol{b}$ と同じ向きで長さ 3 のベクトル

例題2 **1次従属の条件**

$\boldsymbol{a}, \boldsymbol{b}, \boldsymbol{c}$ を1次独立なベクトルとし，$\boldsymbol{x} = x_1\boldsymbol{a} + x_2\boldsymbol{b} + x_3\boldsymbol{c}$, $\boldsymbol{y} = y_1\boldsymbol{a} + y_2\boldsymbol{b} + y_3\boldsymbol{c}$, $\boldsymbol{z} = z_1\boldsymbol{a} + z_2\boldsymbol{b} + z_3\boldsymbol{c}$ とする．このとき，$\boldsymbol{x}, \boldsymbol{y}, \boldsymbol{z}$ が1次従属であるための必要十分条件は

$$\begin{vmatrix} x_1 & x_2 & x_3 \\ y_1 & y_2 & y_3 \\ z_1 & z_2 & z_3 \end{vmatrix} = 0$$

であることを示せ．

解答 $\boldsymbol{x}, \boldsymbol{y}, \boldsymbol{z}$ が1次従属 $\iff$ 同時には0でない実数 $\lambda_1, \lambda_2, \lambda_3$ で $\lambda_1\boldsymbol{x} + \lambda_2\boldsymbol{y} + \lambda_3\boldsymbol{z} = \boldsymbol{0}$ となるものが存在

$$\begin{aligned} \lambda_1\boldsymbol{x} + \lambda_2\boldsymbol{y} + \lambda_3\boldsymbol{z} &= (\lambda_1 x_1 + \lambda_2 y_1 + \lambda_3 z_1)\boldsymbol{a} + (\lambda_1 x_2 + \lambda_2 y_2 + \lambda_3 z_2)\boldsymbol{b} \\ &\quad + (\lambda_1 x_3 + \lambda_2 y_3 + \lambda_3 z_3)\boldsymbol{c} \end{aligned}$$

で，$\boldsymbol{a}, \boldsymbol{b}, \boldsymbol{c}$ は1次独立であるから，これは連立方程式

$$\begin{bmatrix} x_1 & y_1 & z_1 \\ x_2 & y_2 & z_2 \\ x_3 & y_3 & z_3 \end{bmatrix} \begin{bmatrix} \lambda_1 \\ \lambda_2 \\ \lambda_3 \end{bmatrix} = \begin{bmatrix} 0 \\ 0 \\ 0 \end{bmatrix}$$

が同時には0にならない解 $\lambda_1, \lambda_2, \lambda_3$ をもつことと同値であり，したがって

$$\begin{vmatrix} x_1 & y_1 & z_1 \\ x_2 & y_2 & z_2 \\ x_3 & y_3 & z_3 \end{vmatrix} = \begin{vmatrix} x_1 & x_2 & x_3 \\ y_1 & y_2 & y_3 \\ z_1 & z_2 & z_3 \end{vmatrix} = 0$$

と同値である．

問　題

2.1 $\boldsymbol{a}, \boldsymbol{b}, \boldsymbol{c}$ を1次独立なベクトルとし，$\boldsymbol{x} = x_1\boldsymbol{a}+x_2\boldsymbol{b}+x_3\boldsymbol{c}$, $\boldsymbol{y} = y_1\boldsymbol{a}+y_2\boldsymbol{b}+y_3\boldsymbol{c}$ とする．このとき，$\boldsymbol{x}, \boldsymbol{y}$ が1次従属であるための必要十分条件は $x_1 : x_2 : x_3 = y_1 : y_2 : y_3$ であることを示せ．

2.2 $\boldsymbol{x} = \boldsymbol{i} - 3\boldsymbol{j} + 2\boldsymbol{k}$, $\boldsymbol{y} = 4\boldsymbol{i} + \boldsymbol{j} + 2\boldsymbol{k}$, $\boldsymbol{z} = 6\boldsymbol{i} - 5\boldsymbol{j} + 6\boldsymbol{k}$ とする．$\boldsymbol{x}, \boldsymbol{y}, \boldsymbol{z}$ は1次従属であることを示せ．

2.3 $\boldsymbol{a} = (1, 2, 1)$, $\boldsymbol{b} = (2, -1, -1)$, $\boldsymbol{c} = (-1, -1, 1)$ とする．

（1） $\boldsymbol{a}, \boldsymbol{b}, \boldsymbol{c}$ は1次独立であることを示せ．

（2） $\boldsymbol{x} = 2\boldsymbol{a} + 3\boldsymbol{b} + 4\boldsymbol{c}$, $\boldsymbol{y} = 3\boldsymbol{a} - \boldsymbol{b} - \boldsymbol{c}$, $\boldsymbol{z} = k\boldsymbol{a} + 3\boldsymbol{b} + 5\boldsymbol{c}$ が1次従属になるように k を定めよ．

例題 3 ——————————————— **同一直線上・平面上**

（1）　3 点を $A(4,-2,1)$, $B(1,3,-3)$, $C(-1,0,5)$ とする．四角形 ABCD が平行四辺形になるように D の座標を定めよ．

（2）　3 点 $A(2,-5,1)$, $B(-1,3,4)$, $C(-7,19,10)$ は同一直線上にあることを示せ．

（3）　4 点 $A(1,5,1)$, $B(3,4,-3)$, $C(-4,2,5)$, $D(5,14,5)$ は同一平面上にあることを示せ．

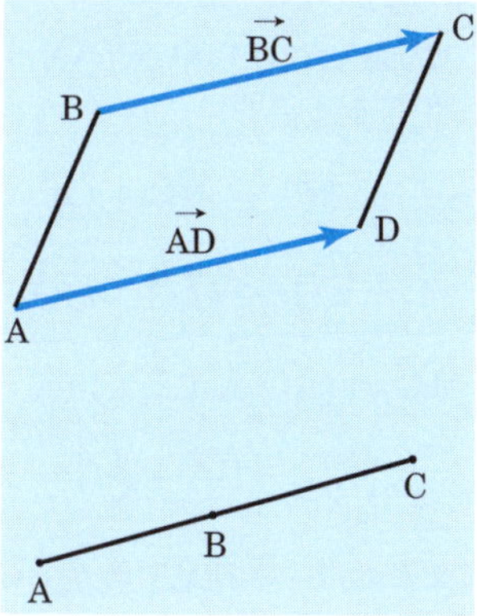

解答　（1）　$\overrightarrow{AD}=\overrightarrow{BC}$ となるように D を定めればよい．原点を O とすると，

$$\begin{aligned}\overrightarrow{OD}&=\overrightarrow{OA}+\overrightarrow{AD}=\overrightarrow{OA}+\overrightarrow{BC}\\&=(4,-2,1)+(-2,-3,8)\\&=(2,-5,9)\\\therefore\quad D&=(2,-5,9)\end{aligned}$$

（2）　$\overrightarrow{AB}$ と $\overrightarrow{AC}$ が平行であることを示せばよい．
$\overrightarrow{AB}=(-3,8,3)$，$\overrightarrow{AC}=(-9,24,9)$ だから

$$\overrightarrow{AC}=3\overrightarrow{AB}$$

ゆえに $\overrightarrow{AB}$ と $\overrightarrow{AC}$ は平行である．

（3）　$\overrightarrow{AB}$, $\overrightarrow{AC}$, $\overrightarrow{AD}$ が同一平面上にあること，すなわち 1 次従属であることを示せばよい．$\overrightarrow{AB}=(2,-1,-4)$, $\overrightarrow{AC}=(-5,-3,4)$, $\overrightarrow{AD}=(4,9,4)$ であり，

$$\begin{vmatrix}2&-1&-4\\-5&-3&4\\4&9&4\end{vmatrix}=0$$

であるから，例題 2 より，$\overrightarrow{AB}$, $\overrightarrow{AC}$, $\overrightarrow{AD}$ は 1 次従属である．

問　題

3.1　3 点を $A(1,-2,1)$, $B(1,2,-1)$, $C(1,3,-1)$ とする．四角形 ABCD が平行四辺形になるように D を定めよ．

3.2　3 点 $A(2,-3,1)$, $B(1,3,4)$, $C(0,9,7)$ は同一直線上にあることを示せ．

3.3　4 点 $A(1,-1,2)$, $B(5,5,4)$, $C(0,3,5)$, $D(-7,-2,5)$ は同一平面上にあることを示せ．

例題4 **重心**

(1) 三角形OABに対し，ABの中点をMとすれば $\overrightarrow{\mathrm{OM}}=\frac{1}{2}(\overrightarrow{\mathrm{OA}}+\overrightarrow{\mathrm{OB}})$ であることを示せ.

(2) 三角形の3つの中線は1点Gで交わることを示せ.

解答 (1) $\overrightarrow{\mathrm{AB}}=\overrightarrow{\mathrm{AO}}+\overrightarrow{\mathrm{OB}}=-\overrightarrow{\mathrm{OA}}+\overrightarrow{\mathrm{OB}}$ だから $\overrightarrow{\mathrm{OM}}=\overrightarrow{\mathrm{OA}}+\frac{1}{2}\overrightarrow{\mathrm{AB}}=\frac{1}{2}(\overrightarrow{\mathrm{OA}}+\overrightarrow{\mathrm{OB}})$.

(2) $\boldsymbol{a}=\overrightarrow{\mathrm{OA}}, \boldsymbol{b}=\overrightarrow{\mathrm{OB}}$ とおき，OAの中点をP，OBの中点をQ，BPとAQの交点をGとする.

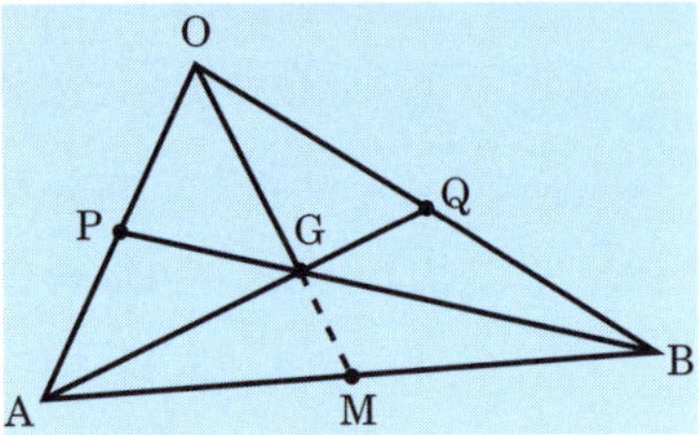

$$\overrightarrow{\mathrm{BP}}=\overrightarrow{\mathrm{BO}}+\overrightarrow{\mathrm{OP}}=-\boldsymbol{b}+\frac{1}{2}\boldsymbol{a},$$
$$\overrightarrow{\mathrm{AQ}}=\overrightarrow{\mathrm{AO}}+\overrightarrow{\mathrm{OQ}}=-\boldsymbol{a}+\frac{1}{2}\boldsymbol{b}$$

$\overrightarrow{\mathrm{AG}}=t\overrightarrow{\mathrm{AQ}}$ とすると，

$$\overrightarrow{\mathrm{BG}}=\overrightarrow{\mathrm{BA}}+\overrightarrow{\mathrm{AG}}=(\boldsymbol{a}-\boldsymbol{b})+t\left(-\boldsymbol{a}+\frac{1}{2}\boldsymbol{b}\right)=(1-t)\boldsymbol{a}+\left(\frac{t}{2}-1\right)\boldsymbol{b}$$

$\boldsymbol{a}$ と $\boldsymbol{b}$ は1次独立であり $\overrightarrow{\mathrm{BG}}$ と $\overrightarrow{\mathrm{BP}}$ は平行だから，問題2.1より $1-t:\frac{t}{2}-1=\frac{1}{2}:-1$ となり，$\frac{1}{2}\left(\frac{t}{2}-1\right)=-(1-t)$ を解いて，$t=\frac{2}{3}$ を得る．よって $\overrightarrow{\mathrm{AG}}=\frac{2}{3}\left(-\boldsymbol{a}+\frac{1}{2}\boldsymbol{b}\right)=-\frac{2}{3}\boldsymbol{a}+\frac{1}{3}\boldsymbol{b}$. ゆえに

$$\overrightarrow{\mathrm{OG}}=\overrightarrow{\mathrm{OA}}+\overrightarrow{\mathrm{AG}}=\boldsymbol{a}-\frac{2}{3}\boldsymbol{a}+\frac{1}{3}\boldsymbol{b}=\frac{1}{3}(\boldsymbol{a}+\boldsymbol{b})=\frac{2}{3}\overrightarrow{\mathrm{OM}}$$

したがってO, G, Mは同一直線上にあり，AGの延長はMと交わる.

問題

4.1 三角形ABCの中線の交点をGとする．任意の点Oに対し，

$$\overrightarrow{\mathrm{OA}}+\overrightarrow{\mathrm{OB}}+\overrightarrow{\mathrm{OC}}=3\overrightarrow{\mathrm{OG}}$$

であることを示せ.

4.2 三角形ABCの辺BC, CA, ABの中点をそれぞれL, M, NとしOを任意の点とする．このとき，$\overrightarrow{\mathrm{OA}}+\overrightarrow{\mathrm{OB}}+\overrightarrow{\mathrm{OC}}=\overrightarrow{\mathrm{OL}}+\overrightarrow{\mathrm{OM}}+\overrightarrow{\mathrm{ON}}$ を示せ.

4.3 正六角形ABCDEFにおいて $\overrightarrow{\mathrm{AB}}=\boldsymbol{a}$, $\overrightarrow{\mathrm{AF}}=\boldsymbol{b}$ とする.

(1) $\overrightarrow{\mathrm{BC}}$, $\overrightarrow{\mathrm{AD}}$ を $\boldsymbol{a}, \boldsymbol{b}$ を用いて表せ.

(2) $\overrightarrow{\mathrm{AB}}+\overrightarrow{\mathrm{AC}}+\overrightarrow{\mathrm{AD}}+\overrightarrow{\mathrm{AE}}+\overrightarrow{\mathrm{AF}}=3\overrightarrow{\mathrm{AD}}$ を示せ.

例題 5 ―――― 三角不等式

次の不等式を証明せよ．

（1） $|\boldsymbol{a}+\boldsymbol{b}| \leqq |\boldsymbol{a}|+|\boldsymbol{b}|$ （2） $|\boldsymbol{a}|-|\boldsymbol{b}| \leqq |\boldsymbol{a}-\boldsymbol{b}|$

解答 （1） $\boldsymbol{a}=(a_1,a_2,a_3)$, $\boldsymbol{b}=(b_1,b_2,b_3)$ とすると，

$$\begin{aligned}|\boldsymbol{a}+\boldsymbol{b}|^2 &= (a_1+b_1)^2+(a_2+b_2)^2+(a_3+b_3)^2\\ &= (a_1^2+a_2^2+a_3^2)+(b_1^2+b_2^2+b_3^2)\\ &\quad +2(a_1b_1+a_2b_2+a_3b_3)\\ \Big(|\boldsymbol{a}|+|\boldsymbol{b}|\Big)^2 &= |\boldsymbol{a}|^2+|\boldsymbol{b}|^2+2|\boldsymbol{a}||\boldsymbol{b}|\\ &= (a_1^2+a_2^2+a_3^2)+(b_1^2+b_2^2+b_3^2)\\ &\quad +2\sqrt{(a_1^2+a_2^2+a_3^2)}\sqrt{(b_1^2+b_2^2+b_3^2)}\end{aligned}$$

$$\begin{aligned}\therefore\quad & |\boldsymbol{a}+\boldsymbol{b}| \leqq |\boldsymbol{a}|+|\boldsymbol{b}|\\ \iff\ & \sqrt{(a_1^2+a_2^2+a_3^2)}\sqrt{(b_1^2+b_2^2+b_3^2)} \geqq (a_1b_1+a_2b_2+a_3b_3)\\ \iff\ & (a_1^2+a_2^2+a_3^2)(b_1^2+b_2^2+b_3^2) \geqq (a_1b_1+a_2b_2+a_3b_3)^2\end{aligned}$$

ここで，左辺 − 右辺を考えると

$$\begin{aligned}&(a_1^2b_2^2+a_2^2b_1^2-2a_1a_2b_1b_2)+(a_2^2b_3^2+a_3^2b_2^2-2a_2a_3b_2b_3)\\ &\quad +(a_3^2b_1^2+a_1^2b_3^2-2a_1a_3b_1b_3)\\ &= (a_1b_2-a_2b_1)^2+(a_2b_3-a_3b_2)^2+(a_3b_1-a_1b_3)^2 \geqq 0\\ &\therefore\quad |\boldsymbol{a}+\boldsymbol{b}| \leqq |\boldsymbol{a}|+|\boldsymbol{b}|\end{aligned}$$

（2） （1）より $|\boldsymbol{a}|=|(\boldsymbol{a}-\boldsymbol{b})+\boldsymbol{b}| \leqq |\boldsymbol{a}-\boldsymbol{b}|+|\boldsymbol{b}|$

$$\therefore\quad |\boldsymbol{a}|-|\boldsymbol{b}| \leqq |\boldsymbol{a}-\boldsymbol{b}|$$

注意 （1）は $|\boldsymbol{a}-\boldsymbol{b}| \leqq |\boldsymbol{a}|+|\boldsymbol{b}|$ と同値であり，これは三角形の 2 辺の和は他の 1 辺より大きいことを意味している．これらは**三角不等式**といわれる．

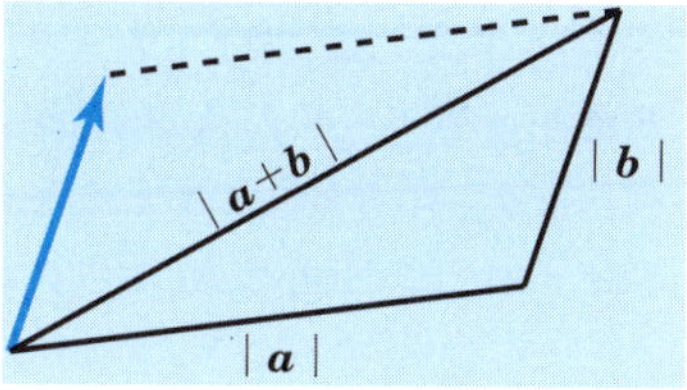

問　題

5.1 $|\boldsymbol{a}+\boldsymbol{b}+\boldsymbol{c}| \leqq |\boldsymbol{a}|+|\boldsymbol{b}|+|\boldsymbol{c}|$ を示せ．

演習問題

演習 1 2点A, Bの位置ベクトルを $\boldsymbol{a}, \boldsymbol{b}$ とする．

(1) 線分AB上の点Pの位置ベクトル $\boldsymbol{r}$ は実数 t を用いて

$$\boldsymbol{r} = \boldsymbol{a} + t(\boldsymbol{b} - \boldsymbol{a}) \quad (0 \leqq t \leqq 1)$$

と表せることを示せ．

(2) ABを通る直線上の点Pの位置ベクトル $\boldsymbol{r}$ は2つの実数 p, q を用いて

$$\boldsymbol{r} = p\boldsymbol{a} + q\boldsymbol{b} \quad (p + q = 1)$$

と表せることを示せ．

演習 2 3点A, B, Cの位置ベクトルを $\boldsymbol{a}, \boldsymbol{b}, \boldsymbol{c}$ とする．

(1) 三角形ABC上の点Pの位置ベクトル $\boldsymbol{r}$ は2つの実数 s, t を用いて

$$\boldsymbol{r} = \boldsymbol{a} + s(\boldsymbol{b} - \boldsymbol{a}) + st(\boldsymbol{c} - \boldsymbol{b}) \quad (0 \leqq s, t \leqq 1)$$

と表せることを示せ．

(2) A, B, Cで定まる平面上の点Pの位置ベクトル $\boldsymbol{r}$ は3つの実数 λ, μ, ν を用いて $\boldsymbol{r} = \lambda\boldsymbol{a} + \mu\boldsymbol{b} + \nu\boldsymbol{c}$ $(\lambda + \mu + \nu = 1)$ と表せることを示せ．

演習 3 3点A, B, Cの位置ベクトルを $\boldsymbol{a}, \boldsymbol{b}, \boldsymbol{c}$ とする．A, B, Cが同一直線上にあるための必要十分条件は

$$\lambda\boldsymbol{a} + \mu\boldsymbol{b} + \nu\boldsymbol{c} = \boldsymbol{0} \quad (\lambda + \mu + \nu = 0)$$

を満たす，同時には0にならない実数 λ, μ, ν が存在することであることを示せ．

演習 4 $\boldsymbol{a} = \boldsymbol{i} + 2\boldsymbol{j} + 3\boldsymbol{k}$, $\boldsymbol{b} = 2\boldsymbol{i} + 3\boldsymbol{j} + 5\boldsymbol{k}$, $\boldsymbol{c} = 4\boldsymbol{i} - 3\boldsymbol{j} + 2\boldsymbol{k}$ とする．

(1) $\boldsymbol{a}, \boldsymbol{b}, \boldsymbol{c}$ は1次独立であることを示せ．

(2) $3\boldsymbol{i} - 2\boldsymbol{j} + \boldsymbol{k} = \lambda\boldsymbol{a} + \mu\boldsymbol{b} + \nu\boldsymbol{c}$ を満たす実数 λ, μ, ν を求めよ．

演習 5 (1) 三角形ABCにおいて2辺AB, ACの中点をP, Qとするとき，$\overrightarrow{\mathrm{PQ}} = \frac{1}{2}\overrightarrow{\mathrm{BC}}$ であることを示せ．

(2) 四角形ABCDにおいて辺AB, BC, CD, DAの中点をP, Q, R, Sとするとき，四角形PQRSは平行四辺形であることを示せ．

演習 6 四角形ABCDにおいて，辺AB, CDの延長が交わる点をE，辺AD, BCの延長が交わる点をFとする．線分AC, BD, EFの中点をそれぞれP, Q, Rとすれば，点P, Q, Rは同一直線上にあることを示せ．

2　ベクトルの内積と外積

2.1　ベクトルの内積

● 内積 ●　2 つのベクトル $\boldsymbol{a} = (a_1, a_2, a_3)$ と $\boldsymbol{b} = (b_1, b_2, b_3)$ に対し,

$$\boldsymbol{a} \cdot \boldsymbol{b} = a_1 b_1 + a_2 b_2 + a_3 b_3$$

を $\boldsymbol{a}$ と $\boldsymbol{b}$ の**内積**と呼ぶ．内積はスカラーである．内積については次の性質が基本的である．$\boldsymbol{a}, \boldsymbol{b}, \boldsymbol{c}$ をベクトル，λ を実数とすると

$$\begin{cases} \boldsymbol{a} \cdot \boldsymbol{b} = \boldsymbol{b} \cdot \boldsymbol{a} & (\text{交換法則}) \\ \boldsymbol{a} \cdot (\boldsymbol{b} + \boldsymbol{c}) = \boldsymbol{a} \cdot \boldsymbol{b} + \boldsymbol{a} \cdot \boldsymbol{c} & (\text{分配法則}) \\ (\boldsymbol{a} + \boldsymbol{b}) \cdot \boldsymbol{c} = \boldsymbol{a} \cdot \boldsymbol{c} + \boldsymbol{b} \cdot \boldsymbol{c} & (\text{分配法則}) \\ (\lambda \boldsymbol{a}) \cdot \boldsymbol{b} = \boldsymbol{a} \cdot (\lambda \boldsymbol{b}) = \lambda (\boldsymbol{a} \cdot \boldsymbol{b}) & (\text{結合法則}) \end{cases}$$

単位ベクトル $\boldsymbol{i}, \boldsymbol{j}, \boldsymbol{k}$ に対しては

$$\boldsymbol{i} \cdot \boldsymbol{i} = \boldsymbol{j} \cdot \boldsymbol{j} = \boldsymbol{k} \cdot \boldsymbol{k} = 1,$$

$$\boldsymbol{i} \cdot \boldsymbol{j} = \boldsymbol{j} \cdot \boldsymbol{k} = \boldsymbol{k} \cdot \boldsymbol{i} = 0$$

であるから，$\boldsymbol{a} = a_1 \boldsymbol{i} + a_2 \boldsymbol{j} + a_3 \boldsymbol{k}$, $\boldsymbol{b} = b_1 \boldsymbol{i} + b_2 \boldsymbol{j} + b_3 \boldsymbol{k}$ のとき,

$$\boldsymbol{a} \cdot \boldsymbol{b} = a_1 b_1 + a_2 b_2 + a_3 b_3$$

である．

● 内積の不等式 ●　内積を用いるとベクトルの大きさは

$$|\boldsymbol{a}| = \sqrt{\boldsymbol{a} \cdot \boldsymbol{a}}$$

と表される．また，不等式

$$\boldsymbol{a} \cdot \boldsymbol{b} \leqq |\boldsymbol{a}||\boldsymbol{b}|$$

が成り立つ．

● 内積の幾何学的意味 ●　2 つのベクトル $\boldsymbol{a}$ と $\boldsymbol{b}$ がともに零ベクトルでないときは，それらのなす角を θ とすると

$$\boldsymbol{a} \cdot \boldsymbol{b} = |\boldsymbol{a}||\boldsymbol{b}| \cos \theta$$

が成り立つ．これが内積の幾何学的意味である．したがって

$$\boldsymbol{a} \text{ と } \boldsymbol{b} \text{ が直交する} \iff \boldsymbol{a}\cdot\boldsymbol{b} = 0$$

● 方向余弦 ●　$\mathbf{0}$ でないベクトル $\boldsymbol{a} = (a_1, a_2, a_3)$ が x 軸，y 軸，z 軸となす角を α, β, γ とするとき，$l = \cos\alpha$, $m = \cos\beta$, $n = \cos\gamma$ を $\boldsymbol{a}$ の**方向余弦**という．

$$l^2 + m^2 + n^2 = 1$$

が成り立っている．内積を用いれば

$$\boldsymbol{a}\cdot\boldsymbol{i} = |\,\boldsymbol{a}\,|\cos\alpha\,, \quad \boldsymbol{a}\cdot\boldsymbol{j} = |\,\boldsymbol{a}\,|\cos\beta\,, \quad \boldsymbol{a}\cdot\boldsymbol{k} = |\,\boldsymbol{a}\,|\cos\gamma$$

であるから

$$l = \frac{a_1}{\sqrt{a_1^2 + a_2^2 + a_3^2}}\,, \quad m = \frac{a_2}{\sqrt{a_1^2 + a_2^2 + a_3^2}}\,, \quad n = \frac{a_3}{\sqrt{a_1^2 + a_2^2 + a_3^2}}$$

となる．方向余弦は $\boldsymbol{a}$ の方向を表している．

● 空間図形のベクトル方程式 ●　図形上の点の位置ベクトル $\boldsymbol{r}$ が満たすべき条件を与えることにより図形を表現したものを，その図形の**ベクトル方程式**という．

直線　点 A を通りベクトル $\boldsymbol{n}$ に平行な直線の方程式は，点 A の位置ベクトルを $\boldsymbol{a}$ とすれば

$$\boldsymbol{r} - \boldsymbol{a} = t\boldsymbol{n} \quad (t \text{ は実数})$$

である．

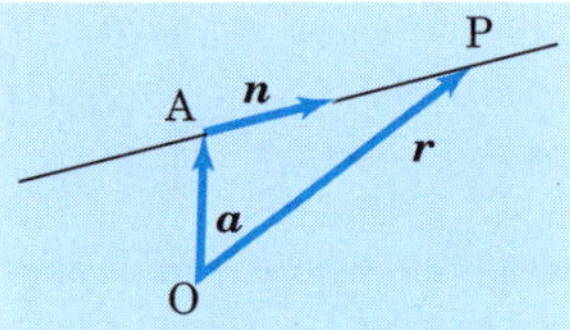

平面　点 A を通りベクトル $\boldsymbol{n}$ に垂直な平面の方程式は，点 A の位置ベクトルを $\boldsymbol{a}$ とすれば

$$\boldsymbol{n}\cdot(\boldsymbol{r} - \boldsymbol{a}) = 0$$

である．

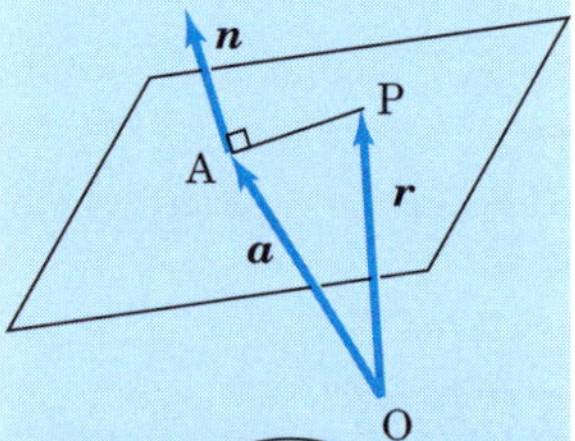

球面　点 A を中心とする半径 R の球面の方程式は，点 A の位置ベクトルを $\boldsymbol{a}$ とすれば

$$(\boldsymbol{r} - \boldsymbol{a})\cdot(\boldsymbol{r} - \boldsymbol{a}) = R^2$$

である．

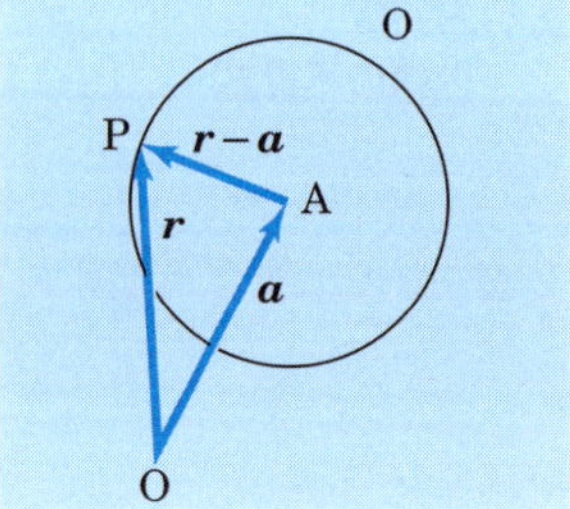

例題 1　　**内積と大きさ**

（1）　$(3\boldsymbol{a}+4\boldsymbol{b})\cdot(\boldsymbol{a}-2\boldsymbol{b})-3\boldsymbol{a}\cdot(\boldsymbol{a}+4\boldsymbol{b})+2(7\boldsymbol{a}+4\boldsymbol{b})\cdot\boldsymbol{b}$ を簡単にせよ．

（2）　$|\boldsymbol{a}+\boldsymbol{b}|^2+|\boldsymbol{a}-\boldsymbol{b}|^2=2(|\boldsymbol{a}|^2+|\boldsymbol{b}|^2)$ を示せ．

（3）　$\boldsymbol{a}, \boldsymbol{b}, \boldsymbol{c}$ が互いに直交していれば $|\boldsymbol{a}+\boldsymbol{b}+\boldsymbol{c}|^2=|\boldsymbol{a}|^2+|\boldsymbol{b}|^2+|\boldsymbol{c}|^2$ であることを示せ．

解答　（1）　$\boldsymbol{a}\cdot\boldsymbol{b}=\boldsymbol{b}\cdot\boldsymbol{a}$ に注意すると

$$\begin{aligned}&(3\boldsymbol{a}+4\boldsymbol{b})\cdot(\boldsymbol{a}-2\boldsymbol{b})-3\boldsymbol{a}\cdot(\boldsymbol{a}+4\boldsymbol{b})+2(7\boldsymbol{a}+4\boldsymbol{b})\cdot\boldsymbol{b}\\&=3\boldsymbol{a}\cdot\boldsymbol{a}-6\boldsymbol{a}\cdot\boldsymbol{b}+4\boldsymbol{b}\cdot\boldsymbol{a}-8\boldsymbol{b}\cdot\boldsymbol{b}-3\boldsymbol{a}\cdot\boldsymbol{a}-12\boldsymbol{a}\cdot\boldsymbol{b}+14\boldsymbol{a}\cdot\boldsymbol{b}+8\boldsymbol{b}\cdot\boldsymbol{b}\\&=0\end{aligned}$$

（2）　やはり $\boldsymbol{a}\cdot\boldsymbol{b}=\boldsymbol{b}\cdot\boldsymbol{a}$ に注意すると

$$\begin{aligned}|\boldsymbol{a}+\boldsymbol{b}|^2+|\boldsymbol{a}-\boldsymbol{b}|^2 &= (\boldsymbol{a}+\boldsymbol{b})\cdot(\boldsymbol{a}+\boldsymbol{b})+(\boldsymbol{a}-\boldsymbol{b})\cdot(\boldsymbol{a}-\boldsymbol{b})\\&= \boldsymbol{a}\cdot\boldsymbol{a}+2\boldsymbol{a}\cdot\boldsymbol{b}+\boldsymbol{b}\cdot\boldsymbol{b}+\boldsymbol{a}\cdot\boldsymbol{a}-2\boldsymbol{a}\cdot\boldsymbol{b}+\boldsymbol{b}\cdot\boldsymbol{b}\\&= 2(\boldsymbol{a}\cdot\boldsymbol{a}+\boldsymbol{b}\cdot\boldsymbol{b})\\&= 2(|\boldsymbol{a}|^2+|\boldsymbol{b}|^2)\end{aligned}$$

（3）　$\boldsymbol{a}\cdot\boldsymbol{b}=\boldsymbol{b}\cdot\boldsymbol{c}=\boldsymbol{c}\cdot\boldsymbol{a}=0$ だから

$$\begin{aligned}|\boldsymbol{a}+\boldsymbol{b}+\boldsymbol{c}|^2 &= (\boldsymbol{a}+\boldsymbol{b}+\boldsymbol{c})\cdot(\boldsymbol{a}+\boldsymbol{b}+\boldsymbol{c})\\&= \boldsymbol{a}\cdot\boldsymbol{a}+\boldsymbol{b}\cdot\boldsymbol{b}+\boldsymbol{c}\cdot\boldsymbol{c}+2(\boldsymbol{a}\cdot\boldsymbol{b}+\boldsymbol{b}\cdot\boldsymbol{c}+\boldsymbol{c}\cdot\boldsymbol{a})\\&= |\boldsymbol{a}|^2+|\boldsymbol{b}|^2+|\boldsymbol{c}|^2\end{aligned}$$

問　題

1.1　次の式を示せ．

（1）　$(\boldsymbol{a}+\boldsymbol{b})\cdot(\boldsymbol{c}+\boldsymbol{d})=\boldsymbol{a}\cdot\boldsymbol{c}+\boldsymbol{a}\cdot\boldsymbol{d}+\boldsymbol{b}\cdot\boldsymbol{c}+\boldsymbol{b}\cdot\boldsymbol{d}$

（2）　$(\boldsymbol{a}+\boldsymbol{b})\cdot(\boldsymbol{a}-\boldsymbol{b})=|\boldsymbol{a}|^2-|\boldsymbol{b}|^2$

（3）　$(a\boldsymbol{a})\cdot(b\boldsymbol{b})=ab(\boldsymbol{a}\cdot\boldsymbol{b})$　（a, b はスカラー）

1.2　$\boldsymbol{i}\cdot\boldsymbol{i}=\boldsymbol{j}\cdot\boldsymbol{j}=\boldsymbol{k}\cdot\boldsymbol{k}=1,\ \boldsymbol{i}\cdot\boldsymbol{j}=\boldsymbol{j}\cdot\boldsymbol{k}=\boldsymbol{k}\cdot\boldsymbol{i}=0$ を示せ．

1.3　$\boldsymbol{a}=(\boldsymbol{a}\cdot\boldsymbol{i})\boldsymbol{i}+(\boldsymbol{a}\cdot\boldsymbol{j})\boldsymbol{j}+(\boldsymbol{a}\cdot\boldsymbol{k})\boldsymbol{k}$ を示せ．

1.4　$|\boldsymbol{a}\cdot\boldsymbol{b}|=|\boldsymbol{a}||\boldsymbol{b}|$ となるのはどんなときか．

1.5　$\left|\dfrac{\boldsymbol{a}}{|\boldsymbol{a}|^2}-\dfrac{\boldsymbol{b}}{|\boldsymbol{b}|^2}\right|^2=\dfrac{|\boldsymbol{a}-\boldsymbol{b}|^2}{|\boldsymbol{a}|^2|\boldsymbol{b}|^2}$ を示せ．

例題 2　　　　**内積**

(1)　$\boldsymbol{a} = -\boldsymbol{i} + 3\boldsymbol{j} - 4\boldsymbol{k}$ の方向余弦を求めよ．

(2)　$\boldsymbol{a} = 2\boldsymbol{i} - \boldsymbol{j} + 3\boldsymbol{k}$, $\boldsymbol{b} = 6\boldsymbol{i} - 2\boldsymbol{j} + 4\boldsymbol{k}$ のとき，内積 $\boldsymbol{a} \cdot \boldsymbol{b}$ および $\boldsymbol{a}, \boldsymbol{b}$ の交角の余弦を求めよ．

(3)　$\boldsymbol{a} = \lambda\boldsymbol{i} + 2\boldsymbol{j} + \boldsymbol{k}$ と $\boldsymbol{b} = -2\boldsymbol{i} + 4\boldsymbol{j} - 2\boldsymbol{k}$ が直交するように λ の値を定めよ．

(4)　1 辺の長さ 1 の正四面体 OABC において，$\overrightarrow{\mathrm{OA}} \cdot \overrightarrow{\mathrm{OB}}$, $\overrightarrow{\mathrm{OA}} \cdot \overrightarrow{\mathrm{BC}}$ を求めよ．

解答　(1)　$|\boldsymbol{a}| = \sqrt{(-1)^2 + 3^2 + (-4)^2} = \sqrt{26}$ だから，方向余弦を l, m, n とすると，$l = \dfrac{-1}{\sqrt{26}}$，$m = \dfrac{3}{\sqrt{26}}$，$n = \dfrac{-4}{\sqrt{26}}$.

(2)　$\boldsymbol{a} \cdot \boldsymbol{b} = 2 \cdot 6 + (-1) \cdot (-2) + 3 \cdot 4 = 12 + 1 + 12 = 26$

$$|\boldsymbol{a}| = \sqrt{2^2 + (-1)^2 + 3^2} = \sqrt{14}, \quad |\boldsymbol{b}| = \sqrt{6^2 + (-2)^2 + 4^2} = \sqrt{56}$$

であるから，$\boldsymbol{a}$ と $\boldsymbol{b}$ の交角を θ とすると

$$\cos\theta = \frac{\boldsymbol{a} \cdot \boldsymbol{b}}{|\boldsymbol{a}||\boldsymbol{b}|} = \frac{26}{\sqrt{14}\sqrt{56}} = \frac{13}{14}$$

(3)　$\boldsymbol{a} \cdot \boldsymbol{b} = \lambda \cdot (-2) + 2 \cdot 4 + 1 \cdot (-2) = -2\lambda + 6 = 0$ になればよい．よって

$$\lambda = 3$$

(4)　OAB は正三角形ゆえ $\overrightarrow{\mathrm{OA}}$ と $\overrightarrow{\mathrm{OB}}$ のなす角は $\dfrac{\pi}{3}$. よって

$$\overrightarrow{\mathrm{OA}} \cdot \overrightarrow{\mathrm{OB}} = \cos\frac{\pi}{3} = \frac{1}{2} \quad \text{同様に} \quad \overrightarrow{\mathrm{OA}} \cdot \overrightarrow{\mathrm{OC}} = \frac{1}{2}$$

$$\therefore \quad \overrightarrow{\mathrm{OA}} \cdot \overrightarrow{\mathrm{BC}} = \overrightarrow{\mathrm{OA}} \cdot (\overrightarrow{\mathrm{OC}} - \overrightarrow{\mathrm{OB}}) = \overrightarrow{\mathrm{OA}} \cdot \overrightarrow{\mathrm{OC}} - \overrightarrow{\mathrm{OA}} \cdot \overrightarrow{\mathrm{OB}} = 0$$

問　題

2.1　$\boldsymbol{a} = 3\boldsymbol{i} - \boldsymbol{j} + 3\boldsymbol{k}$, $\boldsymbol{b} = -3\boldsymbol{i} - 5\boldsymbol{j} + 2\boldsymbol{k}$ のとき，$\boldsymbol{a} \cdot \boldsymbol{b}$ および $\boldsymbol{a}, \boldsymbol{b}$ の交角の余弦を求めよ．

2.2　$\boldsymbol{a} = \lambda\boldsymbol{i} - 2\lambda\boldsymbol{j} + 2\boldsymbol{k}$, $\boldsymbol{b} = 4\boldsymbol{i} + \lambda\boldsymbol{j} + 3\boldsymbol{k}$ が直交するように λ の値を定めよ．

2.3　3 点 $\mathrm{A}(-1, 3, 0)$, $\mathrm{B}(1, 1, 3)$, $\mathrm{C}(-2, 5, 2)$ に対し，$\overrightarrow{\mathrm{AB}}$ と $\overrightarrow{\mathrm{AC}}$ のなす角を求めよ．

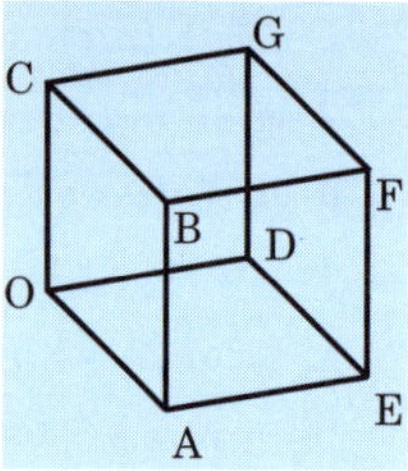

2.4　立方体 OABCDEFG について

(1)　$\overrightarrow{\mathrm{OE}}$ と $\overrightarrow{\mathrm{OG}}$ のなす角を求めよ．

(2)　$\overrightarrow{\mathrm{OD}}$ と $\overrightarrow{\mathrm{CE}}$ のなす角の余弦を求めよ．

(3)　$\overrightarrow{\mathrm{CE}}$ と $\overrightarrow{\mathrm{OG}}$ は直交することを示せ．

例題 3　　**正射影**

（1）2つのベクトル $\boldsymbol{a}$ と $\boldsymbol{b}$ の始点を一致させて，$\boldsymbol{a} = \overrightarrow{\mathrm{PA}}$, $\boldsymbol{b} = \overrightarrow{\mathrm{PB}}$ と考える．A から直線 PB に下ろした垂線の足を R としたとき，$\overrightarrow{\mathrm{PR}}$ を $\boldsymbol{a}$ の $\boldsymbol{b}$ 上への**正射影**という．

$$\overrightarrow{\mathrm{PR}} = \frac{\boldsymbol{a}\cdot\boldsymbol{b}}{|\boldsymbol{b}|^2}\boldsymbol{b}$$

であることを示せ．

（2）$\boldsymbol{a} = 2\boldsymbol{i} - 3\boldsymbol{j} + 5\boldsymbol{k}$, $\boldsymbol{b} = \boldsymbol{i} - 2\boldsymbol{j} + \boldsymbol{k}$ のとき，$\boldsymbol{a}$ の $\boldsymbol{b}$ 上への正射影を求めよ．

解答　（1）$\boldsymbol{a}$ と $\boldsymbol{b}$ のなす角を θ とすると，

$$|\overrightarrow{\mathrm{PR}}| = |\overrightarrow{\mathrm{PA}}|\cos\theta = |\boldsymbol{a}|\frac{\boldsymbol{a}\cdot\boldsymbol{b}}{|\boldsymbol{a}||\boldsymbol{b}|}$$

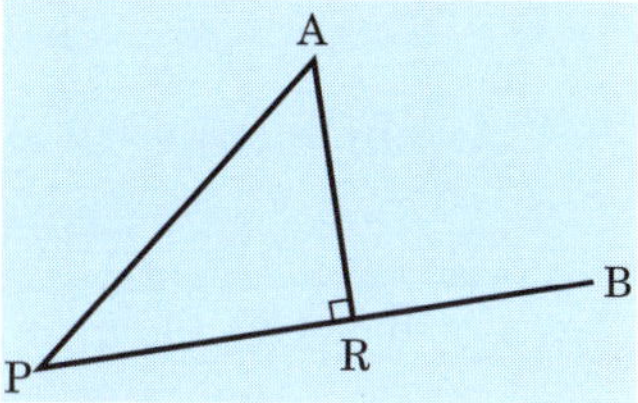

$\boldsymbol{b}$ と同じ向きの単位ベクトル $\boldsymbol{u}$ は $\boldsymbol{u} = \dfrac{\boldsymbol{b}}{|\boldsymbol{b}|}$ で与えられるから

$$\overrightarrow{\mathrm{PR}} = |\overrightarrow{\mathrm{PR}}|\boldsymbol{u} = |\boldsymbol{a}|\frac{\boldsymbol{a}\cdot\boldsymbol{b}}{|\boldsymbol{a}||\boldsymbol{b}|}\frac{\boldsymbol{b}}{|\boldsymbol{b}|} = \frac{\boldsymbol{a}\cdot\boldsymbol{b}}{|\boldsymbol{b}|^2}\boldsymbol{b}$$

【別解】　$\overrightarrow{\mathrm{PR}} = t\boldsymbol{b}$ とすると，

$$\overrightarrow{\mathrm{AR}} = \overrightarrow{\mathrm{AP}} + \overrightarrow{\mathrm{PR}} = -\boldsymbol{a} + t\boldsymbol{b}$$

PB ⊥ AR だから，$\boldsymbol{b}\cdot(-\boldsymbol{a} + t\boldsymbol{b}) = -\boldsymbol{a}\cdot\boldsymbol{b} + t|\boldsymbol{b}|^2 = 0$ である．よって

$$t = \frac{\boldsymbol{a}\cdot\boldsymbol{b}}{|\boldsymbol{b}|^2} \qquad \therefore\ \overrightarrow{\mathrm{PR}} = \frac{\boldsymbol{a}\cdot\boldsymbol{b}}{|\boldsymbol{b}|^2}\boldsymbol{b}$$

（2）（1）より求めるベクトルは

$$\frac{\boldsymbol{a}\cdot\boldsymbol{b}}{|\boldsymbol{b}|^2}\boldsymbol{b} = \frac{2\cdot1 + (-3)\cdot(-2) + 5\cdot1}{1^2 + (-2)^2 + 1^2}\boldsymbol{b} = \frac{13}{6}(\boldsymbol{i} - 2\boldsymbol{j} + \boldsymbol{k})$$

問　題

3.1　$\boldsymbol{a} = -4\boldsymbol{i} - 7\boldsymbol{j} + 4\boldsymbol{k}$, $\boldsymbol{b} = \boldsymbol{i} - 2\boldsymbol{j} + 5\boldsymbol{k}$ とする．$\boldsymbol{a}$ の $\boldsymbol{b}$ への正射影および $\boldsymbol{b}$ の $\boldsymbol{a}$ への正射影を求めよ．

3.2　$\boldsymbol{a} = 3\boldsymbol{i} + 6\boldsymbol{j} - 4\boldsymbol{k}$, $\boldsymbol{b} = 3\boldsymbol{i} - 2\boldsymbol{j} + \boldsymbol{k}$ とする．$\boldsymbol{a}$ を $\boldsymbol{b}$ と平行な成分および $\boldsymbol{b}$ と垂直な成分に分解せよ．

例題 4　直線と平面の方程式

(1)　3 点を $A(-3,2,5)$, $B(3,-6,9)$, $C(-1,-3,8)$ とする．正射影の考えを用いて A から直線 BC に下ろした垂線の足の座標を求めよ．

(2)　2 点 $A(2,-2,3)$, $B(-2,-5,6)$ を通る直線の方程式を求めよ．

(3)　$A(2,-2,3)$ を通り $\boldsymbol{n}=2\boldsymbol{i}+3\boldsymbol{j}+4\boldsymbol{k}$ に垂直な平面の方程式を求めよ．

解答　(1)　垂線の足を R とすると，例題 3 より

$$\overrightarrow{\mathrm{BR}}=\frac{\overrightarrow{\mathrm{BA}}\cdot\overrightarrow{\mathrm{BC}}}{|\overrightarrow{\mathrm{BC}}|^2}\overrightarrow{\mathrm{BC}}=\frac{(-6\boldsymbol{i}+8\boldsymbol{j}-4\boldsymbol{k})\cdot(-4\boldsymbol{i}+3\boldsymbol{j}-\boldsymbol{k})}{(-4\boldsymbol{i}+3\boldsymbol{j}-\boldsymbol{k})\cdot(-4\boldsymbol{i}+3\boldsymbol{j}-\boldsymbol{k})}(-4\boldsymbol{i}+3\boldsymbol{j}-\boldsymbol{k})$$

$$=2(-4\boldsymbol{i}+3\boldsymbol{j}-\boldsymbol{k})$$

$$\therefore\quad \overrightarrow{\mathrm{OR}}=\overrightarrow{\mathrm{OB}}+\overrightarrow{\mathrm{BR}}=3\boldsymbol{i}-6\boldsymbol{j}+9\boldsymbol{k}+2(-4\boldsymbol{i}+3\boldsymbol{j}-\boldsymbol{k})$$

$$=-5\boldsymbol{i}+7\boldsymbol{k}$$

$$\therefore\quad \mathrm{R}=(-5,0,7)$$

(2)　$\overrightarrow{\mathrm{AB}}=-4\boldsymbol{i}-3\boldsymbol{j}+3\boldsymbol{k}$ だから，直線 AB 上の点 P の位置ベクトルを $\boldsymbol{r}=x\boldsymbol{i}+y\boldsymbol{j}+z\boldsymbol{k}$ とすると，

$$\boldsymbol{r}=\overrightarrow{\mathrm{OA}}+t\overrightarrow{\mathrm{AB}}=2\boldsymbol{i}-2\boldsymbol{j}+3\boldsymbol{k}+t(-4\boldsymbol{i}-3\boldsymbol{j}+3\boldsymbol{k})$$

$$=(2-4t)\boldsymbol{i}+(-2-3t)\boldsymbol{j}+(3+3t)\boldsymbol{k}$$

$$\therefore\quad x=2-4t,\quad y=-2-3t,\quad z=3+3t$$

これより t を消去すると，$\dfrac{x-2}{-4}=\dfrac{y+2}{-3}=\dfrac{z-3}{3}$.

(3)　平面上の点 P の位置ベクトルを $\boldsymbol{r}=x\boldsymbol{i}+y\boldsymbol{j}+z\boldsymbol{k}$ とすると，

$$\overrightarrow{\mathrm{PA}}\cdot\boldsymbol{n}=\big((x-2)\boldsymbol{i}+(y+2)\boldsymbol{j}+(z-3)\boldsymbol{k}\big)\cdot(2\boldsymbol{i}+3\boldsymbol{j}+4\boldsymbol{k})$$

$$=2(x-2)+3(y+2)+4(z-3)=0$$

$$\therefore\quad 2x+3y+4z-10=0$$

問　題

4.1　O を原点とし $\overrightarrow{\mathrm{OA}}=2\boldsymbol{i}+2\boldsymbol{j}+5\boldsymbol{k}$ とするとき，点 $P(1,2,1)$ から $\overrightarrow{\mathrm{OA}}$ に下ろした垂線 PR を表すベクトル $\overrightarrow{\mathrm{PR}}$ とその長さを求めよ．

4.2　xy 平面に平行で $4\boldsymbol{i}-3\boldsymbol{j}+\boldsymbol{k}$ に垂直な単位ベクトルを求めよ．

4.3　点 $A(1,5,3)$ を通り，$\boldsymbol{n}=2\boldsymbol{i}+3\boldsymbol{j}+6\boldsymbol{k}$ に垂直な平面の方程式を求めよ．

例題 5　　**球面と接平面の方程式**

次の図形のベクトル方程式を求めよ．

(1)　2 点 A, B を直径とする球面．ただし，$\overrightarrow{\mathrm{OA}} = \boldsymbol{a}$, $\overrightarrow{\mathrm{OB}} = \boldsymbol{b}$ とせよ．

(2)　C を中心とする半径 R の球面上の点 A における接平面．ただし，$\overrightarrow{\mathrm{OA}} = \boldsymbol{a}$, $\overrightarrow{\mathrm{OC}} = \boldsymbol{c}$ とせよ．

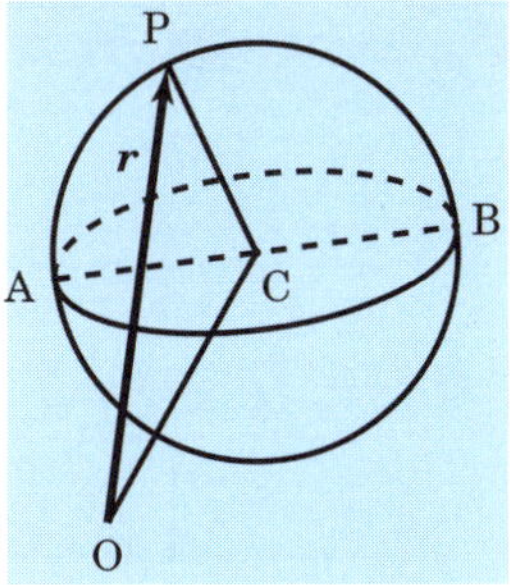

解答　(1)　AB の中点を C とすると，C の位置ベクトルは $\dfrac{1}{2}(\boldsymbol{a}+\boldsymbol{b})$ である．求める球面は C を中心とする半径 $\dfrac{1}{2}|\mathrm{AB}| = \dfrac{1}{2}|\boldsymbol{a}-\boldsymbol{b}|$ の球面であるから，球面上の点の位置ベクトルを $\boldsymbol{r}$ とすれば，

$$\left|\boldsymbol{r} - \frac{1}{2}(\boldsymbol{a}+\boldsymbol{b})\right| = \frac{1}{2}|\boldsymbol{a}-\boldsymbol{b}|$$

これが求める方程式である．

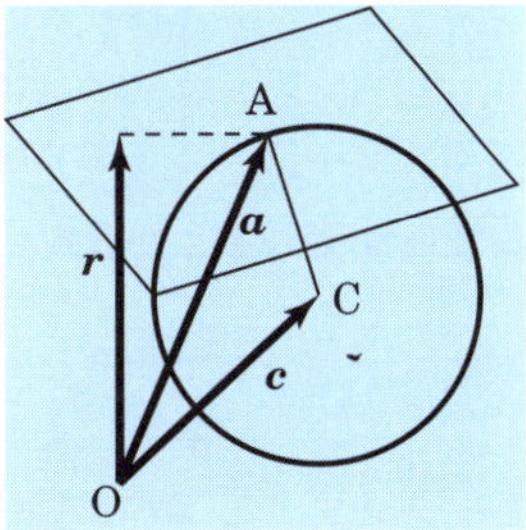

(2)　点 A を通り，$\overrightarrow{\mathrm{CA}} = \boldsymbol{a}-\boldsymbol{c}$ に垂直な平面が求める平面である．したがって，平面上の点の位置ベクトルを $\boldsymbol{r}$ とすると，

$$(\boldsymbol{r}-\boldsymbol{a})\cdot(\boldsymbol{a}-\boldsymbol{c}) = 0 \qquad \text{(a)}$$

これが求める方程式である．

注意　上の方程式は R を含んでいない．これを

$$\begin{aligned}(\boldsymbol{r}-\boldsymbol{a})\cdot(\boldsymbol{a}-\boldsymbol{c}) &= \big((\boldsymbol{r}-\boldsymbol{c})+(\boldsymbol{c}-\boldsymbol{a})\big)\cdot(\boldsymbol{a}-\boldsymbol{c}) \\ &= (\boldsymbol{r}-\boldsymbol{c})\cdot(\boldsymbol{a}-\boldsymbol{c}) - (\boldsymbol{a}-\boldsymbol{c})\cdot(\boldsymbol{a}-\boldsymbol{c}) \\ &= (\boldsymbol{r}-\boldsymbol{c})\cdot(\boldsymbol{a}-\boldsymbol{c}) - R^2\end{aligned}$$

と変形して $(\boldsymbol{r}-\boldsymbol{c})\cdot(\boldsymbol{a}-\boldsymbol{c}) = R^2$ としてもよい．これは (a) と同値である．

問　題

5.1　2 点 A, B を直径とする球面の A における接平面のベクトル方程式を求めよ．ただし，$\overrightarrow{\mathrm{OA}} = \boldsymbol{a}$, $\overrightarrow{\mathrm{OB}} = \boldsymbol{b}$ とせよ．

5.2　次のベクトル方程式はどのような図形を表すか．

(1)　$\boldsymbol{a}\cdot(\boldsymbol{r}-\boldsymbol{b}) = 0$

(2)　$\boldsymbol{a}\cdot(\boldsymbol{r}-\boldsymbol{a}) = 0$

(3)　$\boldsymbol{r}\cdot(\boldsymbol{r}-\boldsymbol{a}) = 0$

2.2 ベクトルの外積

● 外積 ● 2つのベクトル $\boldsymbol{a}=(a_1, a_2, a_3)$ と $\boldsymbol{b}=(b_1, b_2, b_3)$ に対し，

$$\boldsymbol{a}\times\boldsymbol{b}=\left(\begin{vmatrix} a_2 & a_3 \\ b_2 & b_3 \end{vmatrix}, \begin{vmatrix} a_3 & a_1 \\ b_3 & b_1 \end{vmatrix}, \begin{vmatrix} a_1 & a_2 \\ b_1 & b_2 \end{vmatrix}\right) \tag{2.1}$$

を $\boldsymbol{a}$ と $\boldsymbol{b}$ の**外積**と呼ぶ．外積はベクトルである．基本ベクトル $\boldsymbol{i}, \boldsymbol{j}, \boldsymbol{k}$ を用いて

$$\boldsymbol{a}\times\boldsymbol{b}=\begin{vmatrix} \boldsymbol{i} & \boldsymbol{j} & \boldsymbol{k} \\ a_1 & a_2 & a_3 \\ b_1 & b_2 & b_3 \end{vmatrix} \tag{2.2}$$

と形式的に表すと覚えやすい．外積については次の性質が基本的である．

$$\begin{cases} \boldsymbol{a}\times\boldsymbol{a}=\boldsymbol{0} \\ \boldsymbol{a}\times\boldsymbol{b}=-\boldsymbol{b}\times\boldsymbol{a} \\ \lambda\boldsymbol{a}\times\boldsymbol{b}=\boldsymbol{a}\times\lambda\boldsymbol{b}=\lambda(\boldsymbol{a}\times\boldsymbol{b}) \quad (\lambda \text{ はスカラー}) \\ \boldsymbol{a}\times(\boldsymbol{b}+\boldsymbol{c})=\boldsymbol{a}\times\boldsymbol{b}+\boldsymbol{a}\times\boldsymbol{c} \\ (\boldsymbol{a}+\boldsymbol{b})\times\boldsymbol{c}=\boldsymbol{a}\times\boldsymbol{c}+\boldsymbol{b}\times\boldsymbol{c} \end{cases}$$

これらは (2.2) と行列式の性質から導かれる．特に基本ベクトルに対しては

$$\boldsymbol{i}\times\boldsymbol{i}=\boldsymbol{j}\times\boldsymbol{j}=\boldsymbol{k}\times\boldsymbol{k}=\boldsymbol{0},$$

$$\boldsymbol{i}\times\boldsymbol{j}=\boldsymbol{k}, \quad \boldsymbol{j}\times\boldsymbol{k}=\boldsymbol{i}, \quad \boldsymbol{k}\times\boldsymbol{i}=\boldsymbol{j}$$

であるから，$\boldsymbol{a}=a_1\boldsymbol{i}+a_2\boldsymbol{j}+a_3\boldsymbol{k}$, $\boldsymbol{b}=b_1\boldsymbol{i}+b_2\boldsymbol{j}+b_3\boldsymbol{k}$ のときも (2.2) はそのまま成り立つ．

● 外積の幾何学的意味 ● 2つのベクトル $\boldsymbol{a}$ と $\boldsymbol{b}$ がともに零ベクトルでないとし，それらのなす角を $0 \leqq \theta \leqq \pi$ とすると，$\boldsymbol{a}\times\boldsymbol{b}$ は $\boldsymbol{a}$ と $\boldsymbol{b}$ の両方に直交する長さ $|\boldsymbol{a}||\boldsymbol{b}|\sin\theta$ のベクトルである．$\boldsymbol{a}$ を右手の親指の方向に，$\boldsymbol{b}$ を人差指の方向にあわせたとき，$\boldsymbol{a}\times\boldsymbol{b}$ は中指の方向である．このことを $\boldsymbol{a}, \boldsymbol{b}, \boldsymbol{a}\times\boldsymbol{b}$ は**右手系**であると表現する．$\boldsymbol{a}$ と $\boldsymbol{b}$ が平行であるのは $\theta=0$ または π のときであるから

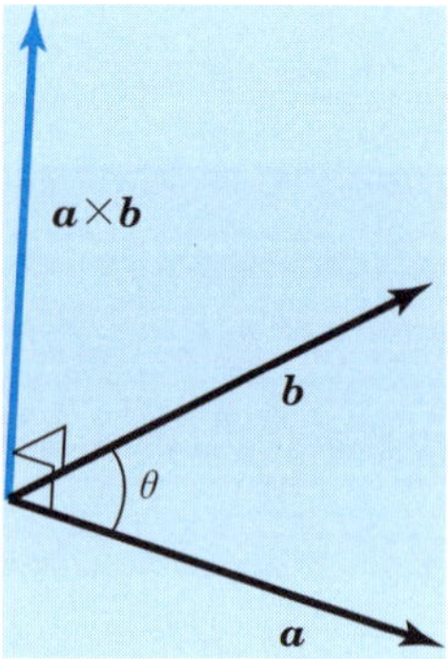

$$\boldsymbol{a} \text{ と } \boldsymbol{b} \text{ が平行} \iff \boldsymbol{a}\times\boldsymbol{b}=\boldsymbol{0}$$

例題 6 **外積の計算 (1)**

（1） 次の計算をせよ．

（i） $(\boldsymbol{a}+\boldsymbol{b})\times(\boldsymbol{c}+\boldsymbol{d})$ （ii） $(\lambda\boldsymbol{a})\times(\mu\boldsymbol{b})$

（iii） $(\boldsymbol{a}-\boldsymbol{b})\times(\boldsymbol{a}+\boldsymbol{b})$ （iv） $(2\boldsymbol{a}-3\boldsymbol{b})\times(3\boldsymbol{a}+4\boldsymbol{b})$

（2） $\boldsymbol{a}+\boldsymbol{b}+\boldsymbol{c}=\boldsymbol{0}$ のとき，$\boldsymbol{a}\times\boldsymbol{b}=\boldsymbol{b}\times\boldsymbol{c}=\boldsymbol{c}\times\boldsymbol{a}$ が成り立つことを示せ．

解答 （1） （i）
$$\begin{aligned}(\boldsymbol{a}+\boldsymbol{b})\times(\boldsymbol{c}+\boldsymbol{d}) &= \boldsymbol{a}\times(\boldsymbol{c}+\boldsymbol{d})+\boldsymbol{b}\times(\boldsymbol{c}+\boldsymbol{d})\\ &= \boldsymbol{a}\times\boldsymbol{c}+\boldsymbol{a}\times\boldsymbol{d}+\boldsymbol{b}\times\boldsymbol{c}+\boldsymbol{b}\times\boldsymbol{d}\end{aligned}$$

（ii）
$$\begin{aligned}(\lambda\boldsymbol{a})\times(\mu\boldsymbol{b}) &= \lambda(\boldsymbol{a}\times(\mu\boldsymbol{b}))=\lambda(\mu(\boldsymbol{a}\times\boldsymbol{b}))\\ &= \lambda\mu(\boldsymbol{a}\times\boldsymbol{b})\end{aligned}$$

（iii）
$$\begin{aligned}(\boldsymbol{a}-\boldsymbol{b})\times(\boldsymbol{a}+\boldsymbol{b}) &= \boldsymbol{a}\times\boldsymbol{a}+\boldsymbol{a}\times\boldsymbol{b}-\boldsymbol{b}\times\boldsymbol{a}-\boldsymbol{b}\times\boldsymbol{b}\\ &= \boldsymbol{a}\times\boldsymbol{b}-(-\boldsymbol{a}\times\boldsymbol{b})\\ &= 2(\boldsymbol{a}\times\boldsymbol{b})\end{aligned}$$

（iv）
$$\begin{aligned}(2\boldsymbol{a}-3\boldsymbol{b})\times(3\boldsymbol{a}+4\boldsymbol{b}) &= 6\boldsymbol{a}\times\boldsymbol{a}+8\boldsymbol{a}\times\boldsymbol{b}-9\boldsymbol{b}\times\boldsymbol{a}-12\boldsymbol{b}\times\boldsymbol{b}\\ &= 8\boldsymbol{a}\times\boldsymbol{b}-(-9\boldsymbol{a}\times\boldsymbol{b})\\ &= 17(\boldsymbol{a}\times\boldsymbol{b})\end{aligned}$$

（2） $\boldsymbol{b}=-\boldsymbol{a}-\boldsymbol{c}$ だから

$$\begin{aligned}\boldsymbol{a}\times\boldsymbol{b} &= \boldsymbol{a}\times(-\boldsymbol{a}-\boldsymbol{c})=-\boldsymbol{a}\times\boldsymbol{a}-\boldsymbol{a}\times\boldsymbol{c}\\ &= \boldsymbol{c}\times\boldsymbol{a}\end{aligned}$$

同様に

$$\begin{aligned}\boldsymbol{b}\times\boldsymbol{c} &= \boldsymbol{b}\times(-\boldsymbol{a}-\boldsymbol{b})=-\boldsymbol{b}\times\boldsymbol{a}-\boldsymbol{b}\times\boldsymbol{b}\\ &= \boldsymbol{a}\times\boldsymbol{b}\end{aligned}$$

問　題

6.1 $\boldsymbol{i}\times\boldsymbol{j}=\boldsymbol{k}$，$\boldsymbol{j}\times\boldsymbol{k}=\boldsymbol{i}$，$\boldsymbol{k}\times\boldsymbol{i}=\boldsymbol{j}$ を確かめよ．

6.2 $(\boldsymbol{a}+\boldsymbol{b}+\boldsymbol{c})\times(\boldsymbol{a}-\boldsymbol{b}-\boldsymbol{c})$ を計算せよ．

6.3 $\boldsymbol{0}$ でないベクトル $\boldsymbol{a}, \boldsymbol{b}, \boldsymbol{c}$ が $\boldsymbol{a}\times\boldsymbol{b}=\boldsymbol{c}$, $\boldsymbol{b}\times\boldsymbol{c}=\boldsymbol{a}$ を満たせば $\boldsymbol{a}, \boldsymbol{b}, \boldsymbol{c}$ は互いに直交することを示せ．

6.4 任意のベクトル $\boldsymbol{a}$ に対し，

$$(\boldsymbol{i}\cdot\boldsymbol{a})(\boldsymbol{i}\times\boldsymbol{a})+(\boldsymbol{j}\cdot\boldsymbol{a})(\boldsymbol{j}\times\boldsymbol{a})+(\boldsymbol{k}\cdot\boldsymbol{a})(\boldsymbol{k}\times\boldsymbol{a})=\boldsymbol{0}$$

が成り立つことを示せ．

6.5 $\boldsymbol{a}, \boldsymbol{b}, \boldsymbol{c}, \boldsymbol{d}$ が同一平面上のベクトルなら $(\boldsymbol{a}\times\boldsymbol{b})\times(\boldsymbol{c}\times\boldsymbol{d})=\boldsymbol{0}$ であることを示せ．

例題 7 　　外積の計算 (2)

$\boldsymbol{a} = 2\boldsymbol{i} - 3\boldsymbol{j} - \boldsymbol{k}$, $\boldsymbol{b} = \boldsymbol{i} + 4\boldsymbol{j} - 2\boldsymbol{k}$ のとき，次のものを求めよ．

（1）$\boldsymbol{a} \times \boldsymbol{b}$ 　（2）$\boldsymbol{a} \times (\boldsymbol{a} \times \boldsymbol{b})$

（3）$(2\boldsymbol{a} - \boldsymbol{b}) \times (3\boldsymbol{a} + 2\boldsymbol{b})$ 　（4）$(\boldsymbol{a} \cdot \boldsymbol{b})^2 + (\boldsymbol{a} \times \boldsymbol{b}) \cdot (\boldsymbol{a} \times \boldsymbol{b})$

（5）$\boldsymbol{a}$ と $\boldsymbol{b}$ に直交する単位ベクトル

解答 （1）
$$\boldsymbol{a} \times \boldsymbol{b} = \begin{vmatrix} \boldsymbol{i} & \boldsymbol{j} & \boldsymbol{k} \\ 2 & -3 & -1 \\ 1 & 4 & -2 \end{vmatrix} = \begin{vmatrix} -3 & -1 \\ 4 & -2 \end{vmatrix} \boldsymbol{i} + \begin{vmatrix} -1 & 2 \\ -2 & 1 \end{vmatrix} \boldsymbol{j} + \begin{vmatrix} 2 & -3 \\ 1 & 4 \end{vmatrix} \boldsymbol{k}$$
$$= 10\boldsymbol{i} + 3\boldsymbol{j} + 11\boldsymbol{k}$$

（2）
$$\boldsymbol{a} \times (\boldsymbol{a} \times \boldsymbol{b}) = \begin{vmatrix} \boldsymbol{i} & \boldsymbol{j} & \boldsymbol{k} \\ 2 & -3 & -1 \\ 10 & 3 & 11 \end{vmatrix} = \begin{vmatrix} -3 & -1 \\ 3 & 11 \end{vmatrix} \boldsymbol{i} + \begin{vmatrix} -1 & 2 \\ 11 & 10 \end{vmatrix} \boldsymbol{j} + \begin{vmatrix} 2 & -3 \\ 10 & 3 \end{vmatrix} \boldsymbol{k}$$
$$= -30\boldsymbol{i} - 32\boldsymbol{j} + 36\boldsymbol{k}$$

（3）
$$(2\boldsymbol{a} - \boldsymbol{b}) \times (3\boldsymbol{a} + 2\boldsymbol{b}) = 4\boldsymbol{a} \times \boldsymbol{b} - 3\boldsymbol{b} \times \boldsymbol{a} = 7\boldsymbol{a} \times \boldsymbol{b}$$
$$= 70\boldsymbol{i} + 21\boldsymbol{j} + 77\boldsymbol{k}$$

（4）
$$\boldsymbol{a} \cdot \boldsymbol{b} = 2 \cdot 1 + (-3) \cdot 4 + (-1) \cdot (-2) = -8$$
$$(\boldsymbol{a} \times \boldsymbol{b}) \cdot (\boldsymbol{a} \times \boldsymbol{b}) = 10^2 + 3^2 + 11^2 = 230$$
$$\therefore \quad (\boldsymbol{a} \cdot \boldsymbol{b})^2 + (\boldsymbol{a} \times \boldsymbol{b}) \cdot (\boldsymbol{a} \times \boldsymbol{b}) = (-8)^2 + 230 = 294$$

（5）
$$\pm \frac{\boldsymbol{a} \times \boldsymbol{b}}{|\boldsymbol{a} \times \boldsymbol{b}|} = \pm \frac{1}{\sqrt{230}}(10\boldsymbol{i} + 3\boldsymbol{j} + 11\boldsymbol{k})$$

問　題

7.1 $\boldsymbol{a} = 2\boldsymbol{i} - 3\boldsymbol{j} + 5\boldsymbol{k}, \boldsymbol{b} = -\boldsymbol{i} + 2\boldsymbol{j} - 3\boldsymbol{k}$ のとき，次の計算をせよ．

（1）$\boldsymbol{a} \times \boldsymbol{b}$

（2）$(\boldsymbol{a} + 2\boldsymbol{b}) \times (2\boldsymbol{a} - \boldsymbol{b})$

（3）$(\boldsymbol{a} + \boldsymbol{b}) \times (\boldsymbol{a} - \boldsymbol{b})$

7.2 $\boldsymbol{a} = 2\boldsymbol{i} + \boldsymbol{j} - 3\boldsymbol{k}$, $\boldsymbol{b} = \boldsymbol{i} - 2\boldsymbol{j} + \boldsymbol{k}$ に垂直で長さ 5 のベクトルを求めよ．

7.3 3 点を A(3, 4, 6), B(6, −4, 3), C(5, 4, 0) とする．

（1）三角形 ABC に垂直な単位ベクトル $\boldsymbol{n}$ を求めよ．

（2）A, B, C を通る平面の方程式を求めよ．

7.4 $\boldsymbol{a} = \boldsymbol{i} - \boldsymbol{j} + \boldsymbol{k}$, $\boldsymbol{b} = \boldsymbol{i} + 2\boldsymbol{j} + \boldsymbol{k}$, $\boldsymbol{c} = \boldsymbol{i} + \boldsymbol{j} + 2\boldsymbol{k}$ のとき，

$$\boldsymbol{a} \times \boldsymbol{x} = \boldsymbol{b}, \quad \boldsymbol{c} \cdot \boldsymbol{x} = 0$$

を満たすベクトル $\boldsymbol{x}$ を求めよ．

例題 8 **三角形の面積と外積**

(1) $\boldsymbol{a}$ と $\boldsymbol{b}$ のなす角を θ とするとき，$|\boldsymbol{a}\times\boldsymbol{b}| = |\boldsymbol{a}||\boldsymbol{b}|\sin\theta$ であることを示せ．

(2) $\boldsymbol{a}$ と $\boldsymbol{b}$ で張られる三角形の面積は $\dfrac{1}{2}|\boldsymbol{a}\times\boldsymbol{b}|$ であることを示せ．

解答 (1) $\boldsymbol{a} = a_1\boldsymbol{i} + a_2\boldsymbol{j} + a_3\boldsymbol{k},\ \boldsymbol{b} = b_1\boldsymbol{i} + b_2\boldsymbol{j} + b_3\boldsymbol{k}$ とする．

$$\boldsymbol{a}\times\boldsymbol{b} = \begin{vmatrix} a_2 & a_3 \\ b_2 & b_3 \end{vmatrix}\boldsymbol{i} + \begin{vmatrix} a_3 & a_1 \\ b_3 & b_1 \end{vmatrix}\boldsymbol{j} + \begin{vmatrix} a_1 & a_2 \\ b_1 & b_2 \end{vmatrix}\boldsymbol{k}$$

に注意すると

$$\begin{aligned}
|\boldsymbol{a}|^2|\boldsymbol{b}|^2\sin^2\theta &= |\boldsymbol{a}|^2|\boldsymbol{b}|^2(1-\cos^2\theta) = |\boldsymbol{a}|^2|\boldsymbol{b}|^2\left(1 - \frac{(\boldsymbol{a}\cdot\boldsymbol{b})^2}{|\boldsymbol{a}|^2|\boldsymbol{b}|^2}\right) \\
&= |\boldsymbol{a}|^2|\boldsymbol{b}|^2 - (\boldsymbol{a}\cdot\boldsymbol{b})^2 \\
&= (a_1^2+a_2^2+a_3^2)(b_1^2+b_2^2+b_3^2) - (a_1b_1+a_2b_2+a_3b_3)^2 \\
&= a_1^2b_2^2 + a_1^2b_3^2 + a_2^2b_1^2 + a_2^2b_3^2 + a_3^2b_1^2 + a_3^2b_2^2 \\
&\quad -2(a_1a_2b_1b_2 + a_2a_3b_2b_3 + a_3a_1b_3b_1) \\
&= (a_2b_3-a_3b_2)^2 + (a_3b_1-a_1b_3)^2 + (a_1b_2-a_2b_1)^2 \\
&= |\boldsymbol{a}\times\boldsymbol{b}|^2
\end{aligned}$$

$$\therefore\quad |\boldsymbol{a}\times\boldsymbol{b}| = |\boldsymbol{a}||\boldsymbol{b}|\sin\theta$$

(2) 三角形の面積を S とすれば

$$S = \frac{1}{2}|\boldsymbol{a}||\boldsymbol{b}|\sin\theta$$

である．

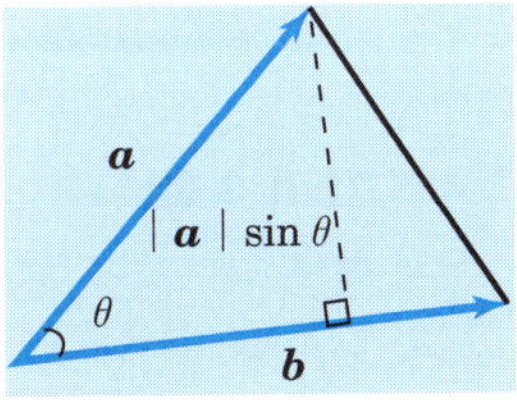

注意 (1)の途中から

$$|\boldsymbol{a}\times\boldsymbol{b}|^2 = |\boldsymbol{a}|^2|\boldsymbol{b}|^2 - (\boldsymbol{a}\cdot\boldsymbol{b})^2$$

問　題

8.1 3 点 A(3, 4, 6), B(6, −4, 3), C(5, 4, 0) を頂点とする三角形 ABC の面積を求めよ．

8.2 O を原点とし，A(−1, 2, −3), B(2, −3, 5) とする．OA と OB を 2 辺とする平行四辺形のもう 1 つの頂点 C の座標を求めよ．また平行四辺形 OACB の面積を求めよ．

2.3 ベクトルの3重積

●スカラー3重積● ベクトル $\boldsymbol{a}, \boldsymbol{b}, \boldsymbol{c}$ に対し，$(\boldsymbol{a}\times\boldsymbol{b})\cdot\boldsymbol{c}$ と $\boldsymbol{a}\cdot(\boldsymbol{b}\times\boldsymbol{c})$ は一致する．これを $\boldsymbol{a}, \boldsymbol{b}, \boldsymbol{c}$ のスカラー3重積といい $(\boldsymbol{a}, \boldsymbol{b}, \boldsymbol{c})$ で表す．$\boldsymbol{a}=(a_1, a_2, a_3)$, $\boldsymbol{b}=(b_1, b_2, b_3)$, $\boldsymbol{c}=(c_1, c_2, c_3)$ のとき，

$$(\boldsymbol{a}, \boldsymbol{b}, \boldsymbol{c}) = \begin{vmatrix} a_1 & a_2 & a_3 \\ b_1 & b_2 & b_3 \\ c_1 & c_2 & c_3 \end{vmatrix} = \begin{vmatrix} a_1 & b_1 & c_1 \\ a_2 & b_2 & c_2 \\ a_3 & b_3 & c_3 \end{vmatrix} \tag{2.3}$$

となる．スカラー3重積については次の関係式が成り立つ．

$$(\boldsymbol{a}, \boldsymbol{b}, \boldsymbol{c}) = (\boldsymbol{b}, \boldsymbol{c}, \boldsymbol{a}) = -(\boldsymbol{b}, \boldsymbol{a}, \boldsymbol{c}) \tag{2.4}$$

●スカラー3重積の幾何学的意味● $|(\boldsymbol{a}, \boldsymbol{b}, \boldsymbol{c})|$ は $\boldsymbol{a}, \boldsymbol{b}, \boldsymbol{c}$ で張られる平行六面体の体積になる．実際右図において $\boldsymbol{b}$ と $\boldsymbol{c}$ で張られる平行四辺形の面積は $|\boldsymbol{b}\times\boldsymbol{c}|$ であり，この平行四辺形を底面とみたときの平行六面体の高さは $|\boldsymbol{a}|\sin(\frac{\pi}{2}-\theta)$ であるから，体積 V は

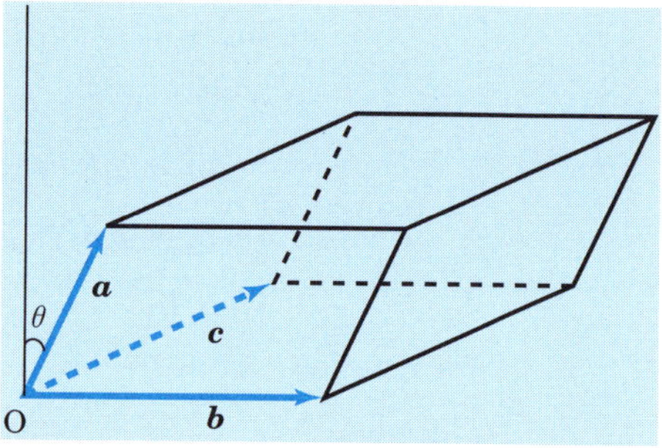

$$\begin{aligned} V &= |\boldsymbol{a}||\boldsymbol{b}\times\boldsymbol{c}|\sin\left(\frac{\pi}{2}-\theta\right) \\ &= |\boldsymbol{a}||\boldsymbol{b}\times\boldsymbol{c}|\cos\theta \\ &= \boldsymbol{a}\cdot(\boldsymbol{b}\times\boldsymbol{c}) \end{aligned}$$

となる．この図は $\boldsymbol{a}, \boldsymbol{b}, \boldsymbol{c}$ が右手系をなす場合であり，左手系の場合は $\boldsymbol{a}\cdot(\boldsymbol{b}\times\boldsymbol{c})$ は負の値になる．

●ベクトル3重積● ベクトル $\boldsymbol{a}, \boldsymbol{b}, \boldsymbol{c}$ に対し，$\boldsymbol{a}\times(\boldsymbol{b}\times\boldsymbol{c})$, $(\boldsymbol{a}\times\boldsymbol{b})\times\boldsymbol{c}$ をベクトル3重積という．一般に $\boldsymbol{a}\times(\boldsymbol{b}\times\boldsymbol{c})$ と $(\boldsymbol{a}\times\boldsymbol{b})\times\boldsymbol{c}$ は異なる．ベクトル3重積については次の関係式が成り立つ．

$$\boldsymbol{a}\times(\boldsymbol{b}\times\boldsymbol{c}) = (\boldsymbol{a}\cdot\boldsymbol{c})\boldsymbol{b} - (\boldsymbol{a}\cdot\boldsymbol{b})\boldsymbol{c} \tag{2.5}$$

$$(\boldsymbol{a}\times\boldsymbol{b})\times\boldsymbol{c} = (\boldsymbol{a}\cdot\boldsymbol{c})\boldsymbol{b} - (\boldsymbol{b}\cdot\boldsymbol{c})\boldsymbol{a} \tag{2.6}$$

例題 9 **3重積 (1)**

$\boldsymbol{a}=(a_1,\,a_2,\,a_3),\ \boldsymbol{b}=(b_1,\,b_2,\,b_3),\ \boldsymbol{c}=(c_1,\,c_2,\,c_3)$ のとき，次を示せ．

(1) $(\boldsymbol{a}\times\boldsymbol{b})\cdot\boldsymbol{c}=\boldsymbol{a}\cdot(\boldsymbol{b}\times\boldsymbol{c})=\begin{vmatrix} a_1 & a_2 & a_3 \\ b_1 & b_2 & b_3 \\ c_1 & c_2 & c_3 \end{vmatrix}$

(2) $\boldsymbol{a}\times(\boldsymbol{b}\times\boldsymbol{c})=(\boldsymbol{a}\cdot\boldsymbol{c})\boldsymbol{b}-(\boldsymbol{a}\cdot\boldsymbol{b})\boldsymbol{c}$

解答 (1) $\boldsymbol{b}\times\boldsymbol{c}=\begin{vmatrix} \boldsymbol{i} & \boldsymbol{j} & \boldsymbol{k} \\ b_1 & b_2 & b_3 \\ c_1 & c_2 & c_3 \end{vmatrix}=\begin{vmatrix} b_2 & b_3 \\ c_2 & c_3 \end{vmatrix}\boldsymbol{i}-\begin{vmatrix} b_1 & b_3 \\ c_1 & c_3 \end{vmatrix}\boldsymbol{j}+\begin{vmatrix} b_1 & b_2 \\ c_1 & c_2 \end{vmatrix}\boldsymbol{k}$

$$\begin{aligned}\therefore\quad \boldsymbol{a}\cdot(\boldsymbol{b}\times\boldsymbol{c}) &= a_1\begin{vmatrix} b_2 & b_3 \\ c_2 & c_3 \end{vmatrix}-a_2\begin{vmatrix} b_1 & b_3 \\ c_1 & c_3 \end{vmatrix}+a_3\begin{vmatrix} b_1 & b_2 \\ c_1 & c_2 \end{vmatrix} \\ &= \begin{vmatrix} a_1 & a_2 & a_3 \\ b_1 & b_2 & b_3 \\ c_1 & c_2 & c_3 \end{vmatrix}=\begin{vmatrix} c_1 & c_2 & c_3 \\ a_1 & a_2 & a_3 \\ b_1 & b_2 & b_3 \end{vmatrix}=\boldsymbol{c}\cdot(\boldsymbol{a}\times\boldsymbol{b})=(\boldsymbol{a}\times\boldsymbol{b})\cdot\boldsymbol{c}\end{aligned}$$

(2) $\boldsymbol{b}\times\boldsymbol{c}=d_1\boldsymbol{i}+d_2\boldsymbol{j}+d_3\boldsymbol{k}$ とおくと

$$\boldsymbol{a}\times(\boldsymbol{b}\times\boldsymbol{c})=(a_2d_3-a_3d_2)\boldsymbol{i}+(a_3d_1-a_1d_3)\boldsymbol{j}+(a_1d_2-a_2d_1)\boldsymbol{k}$$

ここで

$$\begin{aligned} a_2d_3-a_3d_2 &= a_2(b_1c_2-b_2c_1)-a_3(b_3c_1-b_1c_3) \\ &= (a_1c_1+a_2c_2+a_3c_3)b_1-(a_1b_1+a_2b_2+a_3b_3)c_1 \\ &= (\boldsymbol{a}\cdot\boldsymbol{c})b_1-(\boldsymbol{a}\cdot\boldsymbol{b})c_1 \end{aligned}$$

同様に

$$a_3d_1-a_1d_3=(\boldsymbol{a}\cdot\boldsymbol{c})b_2-(\boldsymbol{a}\cdot\boldsymbol{b})c_2\,,\ a_1d_2-a_2d_1=(\boldsymbol{a}\cdot\boldsymbol{c})b_3-(\boldsymbol{a}\cdot\boldsymbol{b})c_3$$

$$\therefore\quad \boldsymbol{a}\times(\boldsymbol{b}\times\boldsymbol{c})=(\boldsymbol{a}\cdot\boldsymbol{c})\boldsymbol{b}-(\boldsymbol{a}\cdot\boldsymbol{b})\boldsymbol{c}$$

問 題

9.1 $\boldsymbol{a}=(1,2,1),\ \boldsymbol{b}=(2,-1,1),\ \boldsymbol{c}=(-1,1,2)$ のとき，$\boldsymbol{a}\cdot(\boldsymbol{b}\times\boldsymbol{c}),\ \boldsymbol{a}\times(\boldsymbol{b}\times\boldsymbol{c}),$ $(\boldsymbol{a}\times\boldsymbol{b})\times\boldsymbol{c}$ を求めよ．

9.2 次の等式を証明せよ．

(1) $(\boldsymbol{a},\,\boldsymbol{b},\,\boldsymbol{c})=(\boldsymbol{b},\,\boldsymbol{c},\,\boldsymbol{a})=-(\boldsymbol{b},\,\boldsymbol{a},\,\boldsymbol{c})$

(2) $(k\boldsymbol{a},\,\boldsymbol{b},\,\boldsymbol{c})=k(\boldsymbol{a},\,\boldsymbol{b},\,\boldsymbol{c})$ ($\boldsymbol{b},\,\boldsymbol{c}$ に関しても同様)

(3) $(\boldsymbol{a}_1+\boldsymbol{a}_2,\,\boldsymbol{b},\,\boldsymbol{c})=(\boldsymbol{a}_1,\,\boldsymbol{b},\,\boldsymbol{c})+(\boldsymbol{a}_2,\,\boldsymbol{b},\,\boldsymbol{c})$ ($\boldsymbol{b},\,\boldsymbol{c}$ に関しても同様)

例題 10 **3 重積 (2)**

次の等式を示せ．

(1) $(\boldsymbol{a}\times\boldsymbol{b})\cdot(\boldsymbol{c}\times\boldsymbol{d})=\boldsymbol{a}\cdot\big(\boldsymbol{b}\times(\boldsymbol{c}\times\boldsymbol{d})\big)=(\boldsymbol{a}\cdot\boldsymbol{c})(\boldsymbol{b}\cdot\boldsymbol{d})-(\boldsymbol{b}\cdot\boldsymbol{c})(\boldsymbol{a}\cdot\boldsymbol{d})$

(2) $(\boldsymbol{a}\times\boldsymbol{b})\times(\boldsymbol{c}\times\boldsymbol{d})=(\boldsymbol{a},\,\boldsymbol{b},\,\boldsymbol{d})\boldsymbol{c}-(\boldsymbol{a},\,\boldsymbol{b},\,\boldsymbol{c})\boldsymbol{d}=(\boldsymbol{a},\,\boldsymbol{c},\,\boldsymbol{d})\boldsymbol{b}-(\boldsymbol{b},\,\boldsymbol{c},\,\boldsymbol{d})\boldsymbol{a}$

解答 (1) $\boldsymbol{e}=\boldsymbol{c}\times\boldsymbol{d}$ とおくと，例題9より，

$$\begin{aligned}(\boldsymbol{a}\times\boldsymbol{b})\cdot(\boldsymbol{c}\times\boldsymbol{d}) &= (\boldsymbol{a}\times\boldsymbol{b})\cdot\boldsymbol{e}=\boldsymbol{a}\cdot(\boldsymbol{b}\times\boldsymbol{e})=\boldsymbol{a}\cdot\Big(\boldsymbol{b}\times(\boldsymbol{c}\times\boldsymbol{d})\Big)\\ &= \boldsymbol{a}\cdot\Big((\boldsymbol{b}\cdot\boldsymbol{d})\boldsymbol{c}-(\boldsymbol{b}\cdot\boldsymbol{c})\boldsymbol{d}\Big)\\ &= (\boldsymbol{b}\cdot\boldsymbol{d})(\boldsymbol{a}\cdot\boldsymbol{c})-(\boldsymbol{b}\cdot\boldsymbol{c})(\boldsymbol{a}\cdot\boldsymbol{d})\end{aligned}$$

(2) $\boldsymbol{e}=\boldsymbol{a}\times\boldsymbol{b}$ とおいて例題9を使うと，

$$\begin{aligned}(\boldsymbol{a}\times\boldsymbol{b})\times(\boldsymbol{c}\times\boldsymbol{d}) &= \boldsymbol{e}\times(\boldsymbol{c}\times\boldsymbol{d})=(\boldsymbol{e}\cdot\boldsymbol{d})\boldsymbol{c}-(\boldsymbol{e}\cdot\boldsymbol{c})\boldsymbol{d}\\ &= \Big((\boldsymbol{a}\times\boldsymbol{b})\cdot\boldsymbol{d}\Big)\boldsymbol{c}-\Big((\boldsymbol{a}\times\boldsymbol{b})\cdot\boldsymbol{c}\Big)\boldsymbol{d}\\ &= (\boldsymbol{a},\,\boldsymbol{b},\,\boldsymbol{d})\boldsymbol{c}-(\boldsymbol{a},\,\boldsymbol{b},\,\boldsymbol{c})\boldsymbol{d}\end{aligned}$$

残りの等式も同様である．

問 題

10.1 $\boldsymbol{a}=(\boldsymbol{a},\,\boldsymbol{j},\,\boldsymbol{k})\boldsymbol{i}+(\boldsymbol{i},\,\boldsymbol{a},\,\boldsymbol{k})\boldsymbol{j}+(\boldsymbol{i},\,\boldsymbol{j},\,\boldsymbol{a})\boldsymbol{k}$ を示せ．

10.2 次の等式を証明せよ．

(1) $(\boldsymbol{a}\times\boldsymbol{b})\times(\boldsymbol{b}\times\boldsymbol{c})=(\boldsymbol{a},\,\boldsymbol{b},\,\boldsymbol{c})\boldsymbol{b}$

(2) $\boldsymbol{a}\times(\boldsymbol{b}\times\boldsymbol{c})+\boldsymbol{b}\times(\boldsymbol{c}\times\boldsymbol{a})+\boldsymbol{c}\times(\boldsymbol{a}\times\boldsymbol{b})=\boldsymbol{0}$

(3) $(\boldsymbol{a}\times\boldsymbol{b},\,\boldsymbol{b}\times\boldsymbol{c},\,\boldsymbol{c}\times\boldsymbol{a})=(\boldsymbol{a},\,\boldsymbol{b},\,\boldsymbol{c})^2$

(4) $(\boldsymbol{a}\times\boldsymbol{b})\cdot(\boldsymbol{c}\times\boldsymbol{d})+(\boldsymbol{b}\times\boldsymbol{c})\cdot(\boldsymbol{a}\times\boldsymbol{d})+(\boldsymbol{c}\times\boldsymbol{a})\cdot(\boldsymbol{b}\times\boldsymbol{d})=0$

(5) $\boldsymbol{a}\times\big(\boldsymbol{b}\times(\boldsymbol{c}\times\boldsymbol{d})\big)=(\boldsymbol{a},\,\boldsymbol{c},\,\boldsymbol{d})\boldsymbol{b}-(\boldsymbol{a}\cdot\boldsymbol{b})(\boldsymbol{c}\times\boldsymbol{d})$

10.3 次の等式を証明せよ．

(1) $(\boldsymbol{a}\times\boldsymbol{b})\times(\boldsymbol{a}\times\boldsymbol{c})+(\boldsymbol{b}\times\boldsymbol{c})\times(\boldsymbol{b}\times\boldsymbol{a})+(\boldsymbol{c}\times\boldsymbol{a})\times(\boldsymbol{c}\times\boldsymbol{b})$
$=(\boldsymbol{a},\,\boldsymbol{b},\,\boldsymbol{c})(\boldsymbol{a}+\boldsymbol{b}+\boldsymbol{c})$

(2) $\big(\boldsymbol{d}\times(\boldsymbol{a}\times\boldsymbol{b})\big)\cdot(\boldsymbol{a}\times\boldsymbol{c})=(\boldsymbol{a},\,\boldsymbol{b},\,\boldsymbol{c})(\boldsymbol{a}\cdot\boldsymbol{d})$

10.4 次の等式を証明せよ．

$$(\boldsymbol{a},\,\boldsymbol{b},\,\boldsymbol{c})(\boldsymbol{x},\,\boldsymbol{y},\,\boldsymbol{z})=\begin{vmatrix}\boldsymbol{a}\cdot\boldsymbol{x} & \boldsymbol{a}\cdot\boldsymbol{y} & \boldsymbol{a}\cdot\boldsymbol{z}\\ \boldsymbol{b}\cdot\boldsymbol{x} & \boldsymbol{b}\cdot\boldsymbol{y} & \boldsymbol{b}\cdot\boldsymbol{z}\\ \boldsymbol{c}\cdot\boldsymbol{x} & \boldsymbol{c}\cdot\boldsymbol{y} & \boldsymbol{c}\cdot\boldsymbol{z}\end{vmatrix}$$

例題 11　　　　**平行六面体の体積**

（1）$\boldsymbol{a} = 3\boldsymbol{i} - 2\boldsymbol{j} + 4\boldsymbol{k}$, $\boldsymbol{b} = 2\boldsymbol{i} - \boldsymbol{j} + \boldsymbol{k}$, $\boldsymbol{c} = 3\boldsymbol{i} - \boldsymbol{j} - 2\boldsymbol{k}$ のとき，$\boldsymbol{a}, \boldsymbol{b}, \boldsymbol{c}$ で張られる平行六面体の体積 V を求めよ．

（2）3辺の長さが a, b, c で，その2つずつのなす角が α, β, γ である平行六面体の体積 V を求めよ．

解答（1）$(\boldsymbol{a},\ \boldsymbol{b},\ \boldsymbol{c}) = \begin{vmatrix} 3 & -2 & 4 \\ 2 & -1 & 1 \\ 3 & -1 & -2 \end{vmatrix} = -1$ だから

$$V = |-1| = 1$$

（2）3辺を表すベクトルを $\boldsymbol{a}, \boldsymbol{b}, \boldsymbol{c}$ とし，それぞれの長さを a, b, c, $\boldsymbol{b}$ と $\boldsymbol{c}$ のなす角を α, $\boldsymbol{c}$ と $\boldsymbol{a}$ のなす角を β, $\boldsymbol{a}$ と $\boldsymbol{b}$ のなす角を γ とすると，問題10.4より

$$V^2 = (\boldsymbol{a},\ \boldsymbol{b},\ \boldsymbol{c})(\boldsymbol{a},\ \boldsymbol{b},\ \boldsymbol{c}) = \begin{vmatrix} \boldsymbol{a}\cdot\boldsymbol{a} & \boldsymbol{a}\cdot\boldsymbol{b} & \boldsymbol{a}\cdot\boldsymbol{c} \\ \boldsymbol{b}\cdot\boldsymbol{a} & \boldsymbol{b}\cdot\boldsymbol{b} & \boldsymbol{b}\cdot\boldsymbol{c} \\ \boldsymbol{c}\cdot\boldsymbol{a} & \boldsymbol{c}\cdot\boldsymbol{b} & \boldsymbol{c}\cdot\boldsymbol{c} \end{vmatrix}$$

$$= \begin{vmatrix} a^2 & ab\cos\gamma & ac\cos\beta \\ ab\cos\gamma & b^2 & bc\cos\alpha \\ ac\cos\beta & bc\cos\alpha & c^2 \end{vmatrix} = abc \begin{vmatrix} a & a\cos\gamma & a\cos\beta \\ b\cos\gamma & b & b\cos\alpha \\ c\cos\beta & c\cos\alpha & c \end{vmatrix}$$

$$= a^2b^2c^2 \begin{vmatrix} 1 & \cos\gamma & \cos\beta \\ \cos\gamma & 1 & \cos\alpha \\ \cos\beta & \cos\alpha & 1 \end{vmatrix}$$

$$= a^2b^2c^2(1 + 2\cos\alpha\cos\beta\cos\gamma - \cos^2\alpha - \cos^2\beta - \cos^2\gamma)$$

$$\therefore\quad V = abc\sqrt{1 + 2\cos\alpha\cos\beta\cos\gamma - \cos^2\alpha - \cos^2\beta - \cos^2\gamma}$$

問　題

11.1　$\mathrm{A} = (2, -3, 4)$, $\mathrm{B} = (1, 2, -1)$, $\mathrm{C} = (3, -1, 2)$ のとき，OA, OB, OC を3辺とする平行六面体の体積を求めよ．

11.2　4点 (x, y, z), $(a, 0, 0)$, $(0, b, 0)$, $(0, 0, c)$ を頂点にもつ四面体の体積は次の式で表されることを示せ．

$$\frac{1}{6}\left|abc\left(\frac{x}{a} + \frac{y}{b} + \frac{z}{c} - 1\right)\right|$$

演習問題

演習 1 3 点 A, B, C の位置ベクトルを $\boldsymbol{a}, \boldsymbol{b}, \boldsymbol{c}$ とする．

(1) 原点 O から直線 BC に下ろした垂線の長さは

$$\frac{|\boldsymbol{b}\times\boldsymbol{c}|}{|\boldsymbol{b}-\boldsymbol{c}|}$$

であることを示せ．

(2) 点 A から直線 BC に下ろした垂線の長さは

$$\frac{|\boldsymbol{a}\times\boldsymbol{b}+\boldsymbol{b}\times\boldsymbol{c}+\boldsymbol{c}\times\boldsymbol{a}|}{|\boldsymbol{b}-\boldsymbol{c}|}$$

であることを示せ．

演習 2 3 点 A, B, C の位置ベクトルを $\boldsymbol{a}, \boldsymbol{b}, \boldsymbol{c}$ とする．外積を利用して次の図形のベクトル方程式を求めよ．

(1) 直線 AB (2) 点 A を通り $\overrightarrow{\mathrm{BC}}$ に平行な直線

(3) 3 点 A, B, C を通る平面

演習 3 $\boldsymbol{a}, \boldsymbol{b}$ をベクトルとし，$\boldsymbol{a} \fallingdotseq \boldsymbol{0}$ とする．$\boldsymbol{a}\times\boldsymbol{x}=\boldsymbol{b}$ を満たすベクトル $\boldsymbol{x}$ が存在するための必要十分条件は $\boldsymbol{a}\cdot\boldsymbol{b}=0$ であることを示せ．またこのとき $\boldsymbol{x}$ は

$$\boldsymbol{x}=\frac{\boldsymbol{b}\times\boldsymbol{a}}{|\boldsymbol{a}|^2}+t\boldsymbol{a} \quad (t \text{ は任意定数})$$

で与えられることを示せ．

演習 4 $\boldsymbol{a}=\boldsymbol{i}+\boldsymbol{j}+\boldsymbol{k}$, $\boldsymbol{b}=\boldsymbol{i}+2\boldsymbol{j}-3\boldsymbol{k}$ のとき，次のベクトル方程式を解け．

(1) $\boldsymbol{a}\times\boldsymbol{x}=\boldsymbol{b}$ (2) $\boldsymbol{b}\times\boldsymbol{x}=\boldsymbol{a}$ (3) $(\boldsymbol{a}+\boldsymbol{b})\times\boldsymbol{x}=\boldsymbol{b}$

演習 5 $\boldsymbol{a}=\boldsymbol{i}-\boldsymbol{j}+\boldsymbol{k}$, $\boldsymbol{b}=\boldsymbol{i}+2\boldsymbol{j}+\boldsymbol{k}$, $\boldsymbol{c}=3\boldsymbol{i}+\boldsymbol{j}-\boldsymbol{k}$ のとき，

$$\boldsymbol{a}\times\boldsymbol{x}=\boldsymbol{b}, \quad \boldsymbol{c}\cdot\boldsymbol{x}=0$$

を満たす $\boldsymbol{x}$ を求めよ．

演習 6 四面体の各面の外側に向き，大きさがその面の面積に等しい 4 つのベクトルの和は $\boldsymbol{0}$ になることを示せ．

演習 7 $\boldsymbol{x}=x_1\boldsymbol{a}+x_2\boldsymbol{b}+x_3\boldsymbol{c}$, $\boldsymbol{y}=y_1\boldsymbol{a}+y_2\boldsymbol{b}+y_4\boldsymbol{c}$, $\boldsymbol{z}=z_1\boldsymbol{a}+z_2\boldsymbol{b}+z_3\boldsymbol{c}$ のとき，

$$(\boldsymbol{x}, \boldsymbol{y}, \boldsymbol{z}) = \begin{vmatrix} x_1 & x_2 & x_3 \\ y_1 & y_2 & y_3 \\ z_1 & z_2 & z_3 \end{vmatrix} (\boldsymbol{a}, \boldsymbol{b}, \boldsymbol{c})$$

を示せ．

3　ベクトル関数の微分と積分

3.1　1変数ベクトル関数の微分

● 1変数ベクトル関数 ●　実数 t の 3 つの実数値関数 $x(t),\ y(t),\ z(t)$ を用いて，ベクトル $\boldsymbol{A}$ が

$$\boldsymbol{A} = \boldsymbol{A}(t) = (x(t),\ y(t),\ z(t))$$

と表せるとき，$\boldsymbol{A}$ を **1 変数ベクトル値関数**あるいは **1 変数ベクトル関数**という．これに対し，実数値関数のことを**スカラー関数**ともいう．ベクトル関数は基本ベクトルを用いて

$$\boldsymbol{A} = x(t)\boldsymbol{i} + y(t)\boldsymbol{j} + z(t)\boldsymbol{k}$$

と表すことも多い．$x(t),\ y(t),\ z(t)$ がすべて定数のとき，$\boldsymbol{A}$ を**定ベクトル**という．

● ベクトル関数の極限 ●　定ベクトル $\boldsymbol{B}$ があって

$$\lim_{t\to t_0} |\,\boldsymbol{A}(t) - \boldsymbol{B}\,| = 0$$

となるならば，$\boldsymbol{A}(t)$ は $t \to t_0$ のとき $\boldsymbol{B}$ に**収束する**といい

$$\lim_{t\to t_0} \boldsymbol{A}(t) = \boldsymbol{B}$$

と表す．特に $\lim\limits_{t\to t_0} \boldsymbol{A}(t) = \boldsymbol{A}(t_0)$ のとき，$\boldsymbol{A}(t)$ は t_0 で**連続**であるという．$\boldsymbol{A}(t) = x(t)\boldsymbol{i} + y(t)\boldsymbol{j} + z(t)\boldsymbol{k}$ のとき，

$$\boldsymbol{A}(t) \text{ が } t_0 \text{ で連続} \iff x(t),\ y(t),\ z(t) \text{ が } t_0 \text{ で連続}$$

● ベクトル関数の微分 ●　$\displaystyle\lim_{\Delta t\to 0} \frac{\boldsymbol{A}(t+\Delta t) - \boldsymbol{A}(t)}{\Delta t}$

が存在するとき，$\boldsymbol{A}(t)$ は t において**微分可能**であるといい，この値を t における**微分係数**という．t に対して，t における $\boldsymbol{A}(t)$ の微分係数を対応させる関数を $\boldsymbol{A}(t)$ の**導関数**といい

$$\frac{d}{dt}\boldsymbol{A}(t), \quad \frac{d\boldsymbol{A}}{dt}, \quad \boldsymbol{A}'(t)$$

などと表す．

$\boldsymbol{A}(t)=x(t)\boldsymbol{i}+y(t)\boldsymbol{j}+z(t)\boldsymbol{k}$ のとき，

$$\boldsymbol{A}(t) \text{ が微分可能} \iff x(t),\ y(t),\ z(t) \text{ が微分可能}$$

$$\frac{d\boldsymbol{A}}{dt}=\frac{dx}{dt}\boldsymbol{i}+\frac{dy}{dt}\boldsymbol{j}+\frac{dz}{dt}\boldsymbol{k}$$

となる．

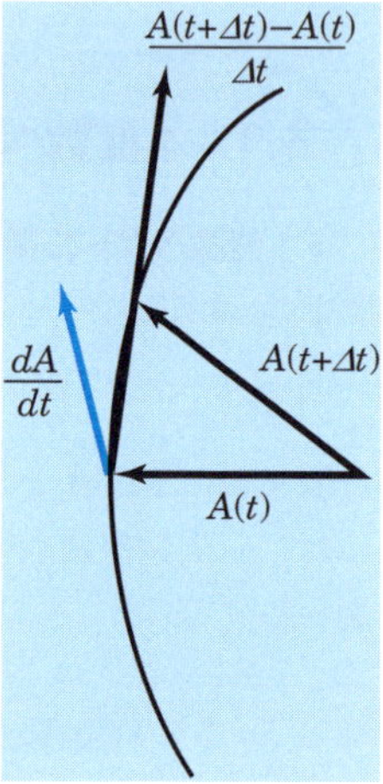

● **高階導関数** ●　$$\frac{d^n\boldsymbol{A}}{dt^n}=\frac{d}{dt}\left(\frac{d^{n-1}\boldsymbol{A}}{dt^{n-1}}\right)\quad(n\geqq 2)$$

で n 階導関数 $\dfrac{d^n\boldsymbol{A}}{dt^n}$ を定義する．

$\boldsymbol{A}(t)=x(t)\boldsymbol{i}+y(t)\boldsymbol{j}+z(t)\boldsymbol{k}$ ならば

$$\frac{d^n\boldsymbol{A}}{dt^n}=\frac{d^nx}{dt^n}\boldsymbol{i}+\frac{d^ny}{dt^n}\boldsymbol{j}+\frac{d^nz}{dt^n}\boldsymbol{k}$$

となる．

● **公式** ●　$\boldsymbol{A}(t)$, $\boldsymbol{B}(t)$, $\boldsymbol{C}(t)$ をベクトル関数，$\lambda(t)$ をスカラー関数とするとき，次の公式が成り立つ．証明はいずれも容易である．

公式 1

$$\frac{d}{dt}(\lambda\boldsymbol{A})=\frac{d\lambda}{dt}\boldsymbol{A}+\lambda\frac{d\boldsymbol{A}}{dt}$$

$$\frac{d}{dt}(\boldsymbol{A}+\boldsymbol{B})=\frac{d\boldsymbol{A}}{dt}+\frac{d\boldsymbol{B}}{dt}$$

$$\frac{d}{dt}(\boldsymbol{A}\cdot\boldsymbol{B})=\frac{d\boldsymbol{A}}{dt}\cdot\boldsymbol{B}+\boldsymbol{A}\cdot\frac{d\boldsymbol{B}}{dt}$$

$$\frac{d}{dt}(\boldsymbol{A}\times\boldsymbol{B})=\frac{d\boldsymbol{A}}{dt}\times\boldsymbol{B}+\boldsymbol{A}\times\frac{d\boldsymbol{B}}{dt}$$

$$\frac{d}{dt}(\boldsymbol{A},\boldsymbol{B},\boldsymbol{C})=\left(\frac{d\boldsymbol{A}}{dt},\boldsymbol{B},\boldsymbol{C}\right)+\left(\boldsymbol{A},\frac{d\boldsymbol{B}}{dt},\boldsymbol{C}\right)+\left(\boldsymbol{A},\boldsymbol{B},\frac{d\boldsymbol{C}}{dt}\right)$$

$$\frac{d}{dt}(\boldsymbol{A}\times(\boldsymbol{B}\times\boldsymbol{C}))=\frac{d\boldsymbol{A}}{dt}\times(\boldsymbol{B}\times\boldsymbol{C})+\boldsymbol{A}\times\left(\frac{d\boldsymbol{B}}{dt}\times\boldsymbol{C}\right)+\boldsymbol{A}\times\left(\boldsymbol{B}\times\frac{d\boldsymbol{C}}{dt}\right)$$

例題 1　**導関数の計算 (1)**

$\boldsymbol{F}(t) = t\boldsymbol{i} + t^2\boldsymbol{j} + t^3\boldsymbol{k}$, $\boldsymbol{G}(t) = (2t^3+1)\boldsymbol{i} + (3t-1)\boldsymbol{j} - (2t+3)\boldsymbol{k}$ のとき，次の関数を微分せよ．

（1）$\boldsymbol{F}$　（2）$\boldsymbol{G}$　（3）$2\boldsymbol{F}+3\boldsymbol{G}$

（4）$\boldsymbol{F}\cdot\boldsymbol{G}$　（5）$\boldsymbol{F}\times\boldsymbol{G}$

解答　（1）$\dfrac{d\boldsymbol{F}}{dt} = \boldsymbol{i} + 2t\boldsymbol{j} + 3t^2\boldsymbol{k}$

（2）$\dfrac{d\boldsymbol{G}}{dt} = 6t^2\boldsymbol{i} + 3\boldsymbol{j} - 2\boldsymbol{k}$

（3）
$$\frac{d}{dt}(2\boldsymbol{F}+3\boldsymbol{G}) = 2\frac{d\boldsymbol{F}}{dt} + 3\frac{d\boldsymbol{G}}{dt} = 2(\boldsymbol{i}+2t\boldsymbol{j}+3t^2\boldsymbol{k}) + 3(6t^2\boldsymbol{i}+3\boldsymbol{j}-2\boldsymbol{k})$$
$$= (18t^2+2)\boldsymbol{i} + (4t+9)\boldsymbol{j} + (6t^2-6)\boldsymbol{k}$$

（4）$\boldsymbol{F}\cdot\boldsymbol{G} = t(2t^3+1) + t^2(3t-1) - t^3(2t+3) = -t^2+t$ だから
$$\frac{d}{dt}(\boldsymbol{F}\cdot\boldsymbol{G}) = -2t+1$$

（5）
$$\boldsymbol{F}\times\boldsymbol{G} = \begin{vmatrix} \boldsymbol{i} & \boldsymbol{j} & \boldsymbol{k} \\ t & t^2 & t^3 \\ 2t^3+1 & 3t-1 & -(2t+3) \end{vmatrix}$$
$$= \begin{vmatrix} t^2 & t^3 \\ 3t-1 & -2t-3 \end{vmatrix}\boldsymbol{i} + \begin{vmatrix} t^3 & t \\ -2t-3 & 2t^3+1 \end{vmatrix}\boldsymbol{j} + \begin{vmatrix} t & t^2 \\ 2t^3+1 & 3t-1 \end{vmatrix}\boldsymbol{k}$$
$$= (-3t^4-t^3-3t^2)\boldsymbol{i} + (2t^6+t^3+2t^2+3t)\boldsymbol{j} + (-2t^5+2t^2-t)\boldsymbol{k}$$
$$\therefore\quad \frac{d}{dt}(\boldsymbol{F}\times\boldsymbol{G}) = (-12t^3-3t^2-6t)\boldsymbol{i} + (12t^5+3t^2+4t+3)\boldsymbol{j} + (-10t^4+4t-1)\boldsymbol{k}$$

問　題

1.1　次の関数を微分せよ．

（1）$\boldsymbol{F}(t) = e^{-2t}\boldsymbol{i} + \log(t^3+1)\boldsymbol{j} - \cos t\,\boldsymbol{k}$

（2）$\boldsymbol{F}(t) = 2t\boldsymbol{i} + (3+5t)\boldsymbol{j} + 2t^2\boldsymbol{k}$

1.2　$\boldsymbol{F}(t) = 5t^2\boldsymbol{i} + t\boldsymbol{j} - t^3\boldsymbol{k}$, $\boldsymbol{G}(t) = \sin t\,\boldsymbol{i} - \cos t\,\boldsymbol{j} + t\boldsymbol{k}$ のとき，$\boldsymbol{F}\cdot\boldsymbol{G}$, $\boldsymbol{F}\times\boldsymbol{G}$ を微分せよ．

1.3　公式 1 を証明せよ．

例題 2 **導関数の計算 (2)**

$\boldsymbol{r} = \boldsymbol{r}(t)$ を t のベクトル関数とし，$r = |\boldsymbol{r}|$ とするとき，次の関数を微分せよ．

(1) $\dfrac{\boldsymbol{r}}{r}$　(2) $\boldsymbol{r} \times \dfrac{d\boldsymbol{r}}{dt}$　(3) $\boldsymbol{r} \cdot \boldsymbol{r}$

(4) $(\boldsymbol{r} \cdot \boldsymbol{r})\boldsymbol{r}$　(5) $\left(\boldsymbol{r}, \dfrac{d\boldsymbol{r}}{dt}, \dfrac{d^2\boldsymbol{r}}{dt^2}\right)$　(6) $\boldsymbol{r} \times \left(\dfrac{d\boldsymbol{r}}{dt} \times \dfrac{d^2\boldsymbol{r}}{dt^2}\right)$

解答 公式1を用いる．

(1) $\dfrac{d}{dt}\left(\dfrac{\boldsymbol{r}}{r}\right) = \dfrac{1}{r}\dfrac{d\boldsymbol{r}}{dt} + \dfrac{d}{dt}\left(\dfrac{1}{r}\right)\boldsymbol{r} = \dfrac{1}{r}\dfrac{d\boldsymbol{r}}{dt} - \dfrac{dr}{dt}\dfrac{\boldsymbol{r}}{r^2}$

(2) $\dfrac{d}{dt}\left(\boldsymbol{r} \times \dfrac{d\boldsymbol{r}}{dt}\right) = \dfrac{d\boldsymbol{r}}{dt} \times \dfrac{d\boldsymbol{r}}{dt} + \boldsymbol{r} \times \dfrac{d^2\boldsymbol{r}}{dt^2} = \boldsymbol{r} \times \dfrac{d^2\boldsymbol{r}}{dt^2}$

(3) $\dfrac{d}{dt}(\boldsymbol{r} \cdot \boldsymbol{r}) = \dfrac{d\boldsymbol{r}}{dt} \cdot \boldsymbol{r} + \boldsymbol{r} \cdot \dfrac{d\boldsymbol{r}}{dt} = 2\boldsymbol{r} \cdot \dfrac{d\boldsymbol{r}}{dt}$

(4) $\dfrac{d}{dt}\Big((\boldsymbol{r} \cdot \boldsymbol{r})\boldsymbol{r}\Big) = \left(\dfrac{d}{dt}(\boldsymbol{r} \cdot \boldsymbol{r})\right)\boldsymbol{r} + (\boldsymbol{r} \cdot \boldsymbol{r})\dfrac{d\boldsymbol{r}}{dt} = \left(2\boldsymbol{r} \cdot \dfrac{d\boldsymbol{r}}{dt}\right)\boldsymbol{r} + (\boldsymbol{r} \cdot \boldsymbol{r})\dfrac{d\boldsymbol{r}}{dt}$

(5)
$$\frac{d}{dt}\left(\boldsymbol{r}, \frac{d\boldsymbol{r}}{dt}, \frac{d^2\boldsymbol{r}}{dt^2}\right) = \left(\frac{d\boldsymbol{r}}{dt}, \frac{d\boldsymbol{r}}{dt}, \frac{d^2\boldsymbol{r}}{dt^2}\right) + \left(\boldsymbol{r}, \frac{d^2\boldsymbol{r}}{dt^2}, \frac{d^2\boldsymbol{r}}{dt^2}\right)$$
$$+ \left(\boldsymbol{r}, \frac{d\boldsymbol{r}}{dt}, \frac{d^3\boldsymbol{r}}{dt^3}\right) = \left(\boldsymbol{r}, \frac{d\boldsymbol{r}}{dt}, \frac{d^3\boldsymbol{r}}{dt^3}\right)$$

(6)
$$\frac{d}{dt}\left(\boldsymbol{r} \times \left(\frac{d\boldsymbol{r}}{dt} \times \frac{d^2\boldsymbol{r}}{dt^2}\right)\right)$$
$$= \frac{d\boldsymbol{r}}{dt} \times \left(\frac{d\boldsymbol{r}}{dt} \times \frac{d^2\boldsymbol{r}}{dt^2}\right) + \boldsymbol{r} \times \left(\frac{d^2\boldsymbol{r}}{dt^2} \times \frac{d^2\boldsymbol{r}}{dt^2}\right) + \boldsymbol{r} \times \left(\frac{d\boldsymbol{r}}{dt} \times \frac{d^3\boldsymbol{r}}{dt^3}\right)$$
$$= \frac{d\boldsymbol{r}}{dt} \times \left(\frac{d\boldsymbol{r}}{dt} \times \frac{d^2\boldsymbol{r}}{dt^2}\right) + \boldsymbol{r} \times \left(\frac{d\boldsymbol{r}}{dt} \times \frac{d^3\boldsymbol{r}}{dt^3}\right)$$

問　題

2.1 $\boldsymbol{r} = \boldsymbol{r}(t)$ を t のベクトル関数とし，$r = |\boldsymbol{r}|$ とするとき，次の関数を微分せよ．

(1) $\boldsymbol{r} \cdot \boldsymbol{r} + \dfrac{1}{r^2}$　(2) $\left(\boldsymbol{r}, \dfrac{d\boldsymbol{r}}{dt}, \dfrac{d^3\boldsymbol{r}}{dt^3}\right)$

2.2 次の式が成り立つベクトル関数 $\boldsymbol{r}(t)$ はどんな関数か．

(1) $\boldsymbol{r} \cdot \dfrac{d\boldsymbol{r}}{dt} = 0$　(2) $\boldsymbol{r} \times \dfrac{d\boldsymbol{r}}{dt} = \boldsymbol{0}$

例題 3 ――――――――――――――――――――――――――――― **導関数の応用**

$\boldsymbol{A}(t)$, $\boldsymbol{B}(t)$ をベクトル関数とする．

（1） $\dfrac{d}{dt}\left|\boldsymbol{A}(t)\right|^2 = 2\boldsymbol{A}(t)\cdot\boldsymbol{A}'(t)$, $|\boldsymbol{A}(t)|\,|\boldsymbol{A}'(t)| = \boldsymbol{A}(t)\cdot\boldsymbol{A}'(t)$ を証明せよ．

（2） $|\boldsymbol{A}(t)| =$ 一定のとき，$\boldsymbol{A}(t)$ と $\boldsymbol{A}'(t)$ は直交することを示せ．

（3） $\boldsymbol{A}(t)$ と $\boldsymbol{B}(t)$ が直交し，$\boldsymbol{A}'(t)$ と $\boldsymbol{B}(t)$ が直交すれば，$\boldsymbol{A}(t)$ と $\boldsymbol{B}'(t)$ も直交することを示せ．

解答 （1）

$$\frac{d}{dt}\left|\boldsymbol{A}(t)\right|^2 = \frac{d}{dt}\big(\boldsymbol{A}(t)\cdot\boldsymbol{A}(t)\big) = \frac{d}{dt}\boldsymbol{A}(t)\cdot\boldsymbol{A}(t) + \boldsymbol{A}(t)\cdot\left(\frac{d}{dt}\boldsymbol{A}(t)\right)$$
$$= 2\boldsymbol{A}(t)\cdot\boldsymbol{A}'(t)$$

一方，$\dfrac{d}{dt}\left|\boldsymbol{A}(t)\right|^2 = 2|\boldsymbol{A}(t)|\,|\boldsymbol{A}(t)|'$ より $|\boldsymbol{A}(t)|\,|\boldsymbol{A}(t)|' = \boldsymbol{A}(t)\cdot\boldsymbol{A}'(t)$ を得る．

（2） $|\boldsymbol{A}(t)|$ が一定であるから $\dfrac{d}{dt}\left|\boldsymbol{A}(t)\right|^2 = 0$ である．したがって（1）より

$$\boldsymbol{A}(t)\cdot\boldsymbol{A}'(t) = 0$$

これは $\boldsymbol{A}(t)$ と $\boldsymbol{A}'(t)$ が直交することを意味している．

（3） $\dfrac{d}{dt}\big(\boldsymbol{A}(t)\cdot\boldsymbol{B}(t)\big) = \boldsymbol{A}'(t)\cdot\boldsymbol{B}(t) + \boldsymbol{A}(t)\cdot\boldsymbol{B}'(t)$ より

$$\boldsymbol{A}(t)\cdot\boldsymbol{B}'(t) = \frac{d}{dt}\big(\boldsymbol{A}(t)\cdot\boldsymbol{B}(t)\big) - \boldsymbol{A}'(t)\cdot\boldsymbol{B}(t) = 0$$

ゆえに $\boldsymbol{A}(t)$ と $\boldsymbol{B}'(t)$ は直交する．

問　題

3.1 ベクトル関数 $\boldsymbol{A}(t)$ の向きが一定のとき，$\boldsymbol{A}(t)$ と $\boldsymbol{A}'(t)$ は平行であることを示せ．

3.2 ベクトル関数 $\boldsymbol{r} = \boldsymbol{r}(t)$ において，$(\boldsymbol{r}, \boldsymbol{r}', \boldsymbol{r}'') = 0$ ならば，$\boldsymbol{r}\times\boldsymbol{r}'$ の向きは一定であることを示せ．

3.3 $\boldsymbol{r} = \boldsymbol{r}(t)$ をベクトル関数とし，$r = |\,\boldsymbol{r}\,|$ とするとき，次の式を証明せよ．

（1） $\boldsymbol{r}\cdot\dfrac{d\boldsymbol{r}}{dt} = r\dfrac{dr}{dt}$

（2） $\dfrac{d}{dt}\left(\boldsymbol{r}\times\dfrac{d\boldsymbol{r}}{dt}\right) = \boldsymbol{r}\times\dfrac{d^2\boldsymbol{r}}{dt^2}$

（3） $\dfrac{d}{dt}\left(\boldsymbol{r}\cdot\left(\dfrac{d\boldsymbol{r}}{dt}\times\dfrac{d^2\boldsymbol{r}}{dt^2}\right)\right) = \boldsymbol{r}\cdot\left(\dfrac{d\boldsymbol{r}}{dt}\times\dfrac{d^3\boldsymbol{r}}{dt^3}\right)$

3.2　1 変数ベクトル関数の積分

● 不定積分 ●　$\boldsymbol{A}(t), \boldsymbol{B}(t)$ をベクトル関数とする．$\dfrac{d}{dt}\boldsymbol{B}(t) = \boldsymbol{A}(t)$ のとき，$\boldsymbol{B}(t)$ を $\boldsymbol{A}(t)$ の不定積分といい

$$\boldsymbol{B}(t) = \int \boldsymbol{A}(t)dt$$

と書く．$\boldsymbol{A}(t)$ の不定積分は定ベクトルを除いて一意的に定まる．

$\boldsymbol{A}(t) = x(t)\boldsymbol{i} + y(t)\boldsymbol{j} + z(t)\boldsymbol{k}$ のときは

$$\int \boldsymbol{A}(t)dt = \left(\int x(t)dt\right)\boldsymbol{i} + \left(\int y(t)dt\right)\boldsymbol{j} + \left(\int z(t)dt\right)\boldsymbol{k}$$

である．スカラー関数の場合と同様に次の公式が成り立つ．

公式 2　$\boldsymbol{A}(t), \boldsymbol{B}(t)$ がベクトル関数，$\lambda(t)$ がスカラー関数，c が定数のとき，

$$\int c\boldsymbol{A}\,dt = c\int \boldsymbol{A}\,dt$$

$$\int (\boldsymbol{A}+\boldsymbol{B})dt = \int \boldsymbol{A}\,dt + \int \boldsymbol{B}\,dt$$

$$\int \lambda\frac{d\boldsymbol{A}}{dt}dt = \lambda\boldsymbol{A} - \int \frac{d\lambda}{dt}\boldsymbol{A}\,dt$$

$$\int \frac{d\lambda}{dt}\boldsymbol{A}\,dt = \lambda\boldsymbol{A} - \int \lambda\frac{d\boldsymbol{A}}{dt}dt$$

$$\int \boldsymbol{A}\cdot\frac{d\boldsymbol{B}}{dt}dt = \boldsymbol{A}\cdot\boldsymbol{B} - \int \frac{d\boldsymbol{A}}{dt}\cdot\boldsymbol{B}\,dt$$

$$\int \boldsymbol{A}\times\frac{d\boldsymbol{B}}{dt}dt = \boldsymbol{A}\times\boldsymbol{B} - \int \frac{d\boldsymbol{A}}{dt}\times\boldsymbol{B}\,dt$$

● 定積分 ●　$\boldsymbol{A}(t)$ の不定積分を $\boldsymbol{B}(t)$ とするとき，

$$\int_a^b \boldsymbol{A}(t)dt = \boldsymbol{B}(b) - \boldsymbol{B}(a) = \Big[\boldsymbol{B}(t)\Big]_a^b$$

を $\boldsymbol{A}(t)$ の定積分という．$\boldsymbol{A}(t) = x(t)\boldsymbol{i} + y(t)\boldsymbol{j} + z(t)\boldsymbol{k}$ ならば

$$\int_a^b \boldsymbol{A}(t)dt = \left(\int_a^b x(t)dt\right)\boldsymbol{i} + \left(\int_a^b y(t)dt\right)\boldsymbol{j} + \left(\int_a^b z(t)dt\right)\boldsymbol{k}$$

である．

例題 4　　**積分の計算**

（1）次の積分を求めよ．

（i）$\displaystyle\int (t\boldsymbol{i} + 2t^3\boldsymbol{j} - 3\boldsymbol{k})dt$　　（ii）$\displaystyle\int_1^2 (\boldsymbol{i} + 2t\boldsymbol{j} + 6t^2\boldsymbol{k})dt$

（2）ベクトル関数 $\boldsymbol{A}(t)$ が $\boldsymbol{A}(2) = 2\boldsymbol{i} - \boldsymbol{j} + 2\boldsymbol{k}$, $\boldsymbol{A}(3) = 4\boldsymbol{i} - 2\boldsymbol{j} + 3\boldsymbol{k}$ を満たすとき，$\displaystyle\int_2^3 \boldsymbol{A} \cdot \frac{d\boldsymbol{A}}{dt} dt$ を求めよ．

（3）$\boldsymbol{A}(t) = t\boldsymbol{i} - 3\boldsymbol{j} + 2t\boldsymbol{k}$, $\boldsymbol{B}(t) = \boldsymbol{i} + 2t\boldsymbol{j} + 2\boldsymbol{k}$, $\boldsymbol{C}(t) = 3\boldsymbol{i} + t\boldsymbol{j} - \boldsymbol{k}$ のとき，$\displaystyle\int_1^2 \boldsymbol{A} \times (\boldsymbol{B} \times \boldsymbol{C})dt$ を求めよ．

解答　（1）

（i）
$$\int (t\boldsymbol{i} + 2t^3\boldsymbol{j} - 3\boldsymbol{k})dt = \left(\int t dt\right)\boldsymbol{i} + \left(\int 2t^3 dt\right)\boldsymbol{j} - \left(\int 3dt\right)\boldsymbol{k}$$
$$= \frac{t^2}{2}\boldsymbol{i} + \frac{t^4}{2}\boldsymbol{j} - 3t\boldsymbol{k}$$

（ii）
$$\int_1^2 (\boldsymbol{i} + 2t\boldsymbol{j} + 6t^2\boldsymbol{k})dt = \Big[t\boldsymbol{i} + t^2\boldsymbol{j} + 2t^3\boldsymbol{k}\Big]_1^2 = \boldsymbol{i} + 3\boldsymbol{j} + 14\boldsymbol{k}$$

（2）$\displaystyle\frac{d}{dt}(\boldsymbol{A} \cdot \boldsymbol{A}) = 2\boldsymbol{A} \cdot \frac{d\boldsymbol{A}}{dt}$ を思い出すと (例題 3 参照),

$$\int_2^3 \boldsymbol{A} \cdot \frac{d\boldsymbol{A}}{dt}dt = \frac{1}{2}\Big[\boldsymbol{A} \cdot \boldsymbol{A}\Big]_2^3 = \frac{1}{2}\Big(\boldsymbol{A}(3) \cdot \boldsymbol{A}(3) - \boldsymbol{A}(2) \cdot \boldsymbol{A}(2)\Big)$$
$$= \frac{1}{2}\Big(|\,4\boldsymbol{i} - 2\boldsymbol{j} + 3\boldsymbol{k}\,|^2 - |\,2\boldsymbol{i} - \boldsymbol{j} + 2\boldsymbol{k}\,|^2\Big) = \frac{1}{2}(29 - 9) = 10$$

（3）
$$\boldsymbol{A} \times (\boldsymbol{B} \times \boldsymbol{C}) = (\boldsymbol{A} \cdot \boldsymbol{C})\boldsymbol{B} - (\boldsymbol{A} \cdot \boldsymbol{B})\boldsymbol{C}$$
$$= (3t - 3t - 2t)\boldsymbol{B} - (t - 6t + 4t)\boldsymbol{C}$$
$$= -2t(\boldsymbol{i} + 2t\boldsymbol{j} + 2\boldsymbol{k}) + t(3\boldsymbol{i} + t\boldsymbol{j} - \boldsymbol{k}) = t\boldsymbol{i} - 3t^2\boldsymbol{j} - 5t\boldsymbol{k}$$
$$\therefore \quad \int_1^2 \boldsymbol{A} \times (\boldsymbol{B} \times \boldsymbol{C})dt = \left[\frac{t^2}{2}\boldsymbol{i} - t^3\boldsymbol{j} - \frac{5t^2}{2}\boldsymbol{k}\right]_1^2 = \frac{3}{2}\boldsymbol{i} - 7\boldsymbol{j} - \frac{15}{2}\boldsymbol{k}$$

問　題

4.1　$\boldsymbol{A}(t) = t^2\boldsymbol{i} - t\boldsymbol{j} + (2t+1)\boldsymbol{k}$, $\boldsymbol{B}(t) = (2t-3)\boldsymbol{i} + \boldsymbol{j} - t\boldsymbol{k}$ のとき，次を求めよ．

（1）$\displaystyle\int_0^1 \boldsymbol{A}\, dt$　　（2）$\displaystyle\int_0^1 \boldsymbol{A} \times \boldsymbol{B}\, dt$　　（3）$\displaystyle\int_0^1 \boldsymbol{A} \cdot \frac{d\boldsymbol{B}}{dt}dt$

例題 5 **部分積分法**

次の公式を証明せよ．

(1) $\displaystyle\int \boldsymbol{A}\cdot\frac{d\boldsymbol{B}}{dt}dt = \boldsymbol{A}\cdot\boldsymbol{B} - \int\frac{d\boldsymbol{A}}{dt}\cdot\boldsymbol{B}\,dt$

(2) $\displaystyle\int \boldsymbol{A}\times\frac{d\boldsymbol{B}}{dt}dt = \boldsymbol{A}\times\boldsymbol{B} - \int\frac{d\boldsymbol{A}}{dt}\times\boldsymbol{B}\,dt$

(3) $\displaystyle\int \boldsymbol{r}\times\frac{d^2\boldsymbol{r}}{dt^2}dt = \boldsymbol{r}\times\frac{d\boldsymbol{r}}{dt} + \boldsymbol{K}$ （$\boldsymbol{K}$ は定ベクトル）

解答 (1) $\displaystyle\frac{d}{dt}(\boldsymbol{A}\cdot\boldsymbol{B}) = \frac{d\boldsymbol{A}}{dt}\cdot\boldsymbol{B} + \boldsymbol{A}\cdot\frac{d\boldsymbol{B}}{dt}$ より

$$\boldsymbol{A}\cdot\boldsymbol{B} = \int\frac{d\boldsymbol{A}}{dt}\cdot\boldsymbol{B}\,dt + \int\boldsymbol{A}\cdot\frac{d\boldsymbol{B}}{dt}dt$$

$$\therefore\quad \int \boldsymbol{A}\cdot\frac{d\boldsymbol{B}}{dt}dt = \boldsymbol{A}\cdot\boldsymbol{B} - \int\frac{d\boldsymbol{A}}{dt}\cdot\boldsymbol{B}\,dt$$

(2) 同様に $\displaystyle\frac{d}{dt}(\boldsymbol{A}\times\boldsymbol{B}) = \frac{d\boldsymbol{A}}{dt}\times\boldsymbol{B} + \boldsymbol{A}\times\frac{d\boldsymbol{B}}{dt}$ より

$$\int \boldsymbol{A}\times\frac{d\boldsymbol{B}}{dt}dt = \boldsymbol{A}\times\boldsymbol{B} - \int\frac{d\boldsymbol{A}}{dt}\times\boldsymbol{B}\,dt$$

(3) (2)より

$$\begin{aligned}\int \boldsymbol{r}\times\frac{d}{dt}\frac{d\boldsymbol{r}}{dt}dt &= \boldsymbol{r}\times\frac{d\boldsymbol{r}}{dt} - \int\frac{d\boldsymbol{r}}{dt}\times\frac{d\boldsymbol{r}}{dt}dt \\ &= \boldsymbol{r}\times\frac{d\boldsymbol{r}}{dt} + \boldsymbol{K}\end{aligned}$$

問 題

5.1 $\boldsymbol{r} = \boldsymbol{r}(t)$ をベクトル関数とし，$r = |\boldsymbol{r}|$ とおくとき，次の式を証明せよ．

$$\int\left(\frac{1}{r}\frac{d\boldsymbol{r}}{dt} - \frac{dr}{dt}\frac{\boldsymbol{r}}{r^2}\right)dt = \frac{\boldsymbol{r}}{r} + \boldsymbol{K} \quad (\boldsymbol{K}\text{ は定ベクトル})$$

5.2 次の式を満たすベクトル関数 $\boldsymbol{r} = \boldsymbol{r}(t)$ を求めよ．ただし，$\boldsymbol{a}, \boldsymbol{b}$ は定ベクトルで $\boldsymbol{a}\cdot\boldsymbol{b} = 0$ を満たすとする．

(1) $\displaystyle\boldsymbol{a}\times\frac{d\boldsymbol{r}}{dt} = \boldsymbol{0}$

(2) $\displaystyle\boldsymbol{a}\times\frac{d\boldsymbol{r}}{dt} = \boldsymbol{b}$

3.3 空間曲線

●曲線のベクトル表示● 空間内の点 P の座標が実数 t の関数として

$$\boldsymbol{r}(t) = x(t)\boldsymbol{i} + y(t)\boldsymbol{j} + z(t)\boldsymbol{k}$$

と表されているとき，t を動かせば P の軌跡として曲線 C が定まる．これを C のベクトル表示という．$\boldsymbol{r}(t)$ によって曲線が定まるのだから，誤解の恐れがない場合は $\boldsymbol{r}(t)$ そのものを曲線という．

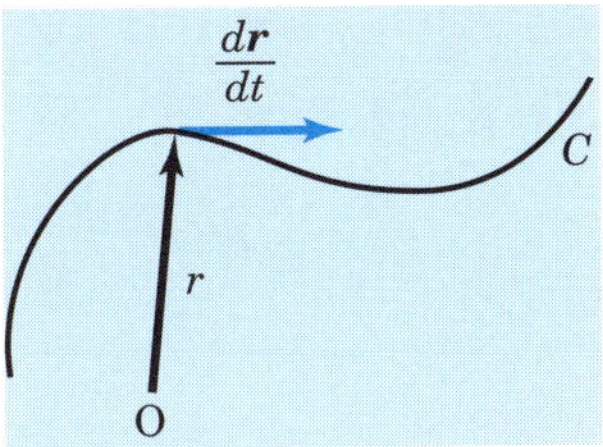

●接線ベクトル● $\dfrac{d\boldsymbol{r}}{dt} = \dfrac{dx}{dt}\boldsymbol{i} + \dfrac{dy}{dt}\boldsymbol{j} + \dfrac{dz}{dt}\boldsymbol{k}$ で定まるベクトルが零ベクトルでなければ，これを接線ベクトルという．

●曲線の長さ● 曲線 $\boldsymbol{r}(t)$ 上の点 $\mathrm{P}_0 = \boldsymbol{r}(t_0)$ を固定すると，曲線上の任意の点 P$= \boldsymbol{r}(t)$ までの距離は，$t > t_0$ のとき t の関数として，

$$\begin{aligned} s(t) &= \int_{t_0}^{t} \left| \frac{d\boldsymbol{r}}{dt} \right| dt \\ &= \int_{t_0}^{t} \sqrt{\left(\frac{dx}{dt}\right)^2 + \left(\frac{dy}{dt}\right)^2 + \left(\frac{dz}{dt}\right)^2}\, dt \end{aligned}$$

で与えられる．

$$ds = \sqrt{\left(\frac{dx}{dt}\right)^2 + \left(\frac{dy}{dt}\right)^2 + \left(\frac{dz}{dt}\right)^2}\, dt$$

を線素という．

●弧長をパラメータとする曲線● $s(t)$ は t の単調増加関数だから，その逆関数が考えられる．したがって $\boldsymbol{r}$ は弧長 s をパラメータとする関数と考えることができる．このとき，

$$\boldsymbol{t} = \frac{d\boldsymbol{r}}{ds} = \frac{d\boldsymbol{r}}{dt}\frac{dt}{ds} = \frac{d\boldsymbol{r}}{dt} \Big/ \left| \frac{d\boldsymbol{r}}{dt} \right|$$

は接線ベクトルと同じ向きの単位ベクトルになる．$\boldsymbol{t}$ を**単位接線ベクトル**という．

●曲率と捩率● $\boldsymbol{t} \cdot \boldsymbol{t} = 1$ を微分すると $\boldsymbol{t} \cdot \dfrac{d\boldsymbol{t}}{ds} = 0$ だから $\dfrac{d\boldsymbol{t}}{ds}$ は $\boldsymbol{t}$ と直交する．

$\dfrac{d\boldsymbol{t}}{ds}$ と同じ向きの単位ベクトル

$$\boldsymbol{n} = \frac{d\boldsymbol{t}}{ds} \Big/ \left| \frac{d\boldsymbol{t}}{ds} \right|$$

を**単位主法線ベクトル**という．また $\dfrac{d\boldsymbol{t}}{ds}$ は接線の変化の様子を表している．そこで

$$\kappa = \left|\frac{d\boldsymbol{t}}{ds}\right| = \left|\frac{d^2\boldsymbol{r}}{ds^2}\right|$$

とおき，κ を**曲率**，$\rho = 1/\kappa$ を**曲率半径**という．曲線はその点の近くでは半径 ρ の円で近似され

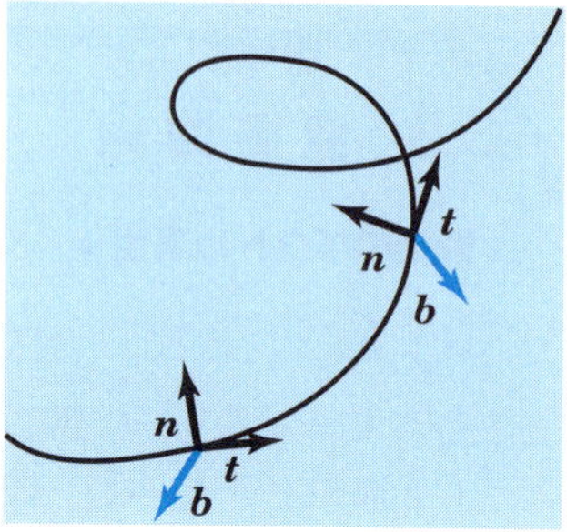

$$\frac{d\boldsymbol{t}}{ds} = \kappa\boldsymbol{n}$$

が成り立つ．$\boldsymbol{t}$ と $\boldsymbol{n}$ は単位ベクトルだから $\boldsymbol{b} = \boldsymbol{t}\times\boldsymbol{n}$ も単位ベクトルになる．$\boldsymbol{b}$ を**単位従法線ベクトル**という．$\dfrac{d\boldsymbol{b}}{ds} = \boldsymbol{t}\times\dfrac{d\boldsymbol{n}}{ds}$ であるから $\dfrac{d\boldsymbol{b}}{ds}$ は $\boldsymbol{t}$ に直交し，また $\boldsymbol{b}$ にも直交するから $\boldsymbol{n}$ と平行であり，したがって

$$\frac{d\boldsymbol{b}}{ds} = -\tau\boldsymbol{n}$$

となるスカラー τ がある．τ を曲線の**捩率**という．曲率は C の2次元的な曲がり具合を，捩率は3次元的な捻れ具合を表している．たとえば，

$$C\text{ が直線} \iff C\text{ 上のすべての点で } \kappa = 0$$
$$C\text{ が平面曲線} \iff C\text{ 上のすべての点で } \tau = 0$$

●フルネ・セレーの公式●　$\boldsymbol{t}, \boldsymbol{n}, \boldsymbol{b}$ について

$$\frac{d\boldsymbol{t}}{ds} = \kappa\boldsymbol{n}, \quad \frac{d\boldsymbol{n}}{ds} = \tau\boldsymbol{b} - \kappa\boldsymbol{t}, \quad \frac{d\boldsymbol{b}}{ds} = -\tau\boldsymbol{n} \tag{3.1}$$

の関係が成り立つ．曲線 C の各点 P において，P を通り $\boldsymbol{t}$ と $\boldsymbol{n}$ を含む平面を**接触平面**，$\boldsymbol{n}$ と $\boldsymbol{b}$ を含む平面を**法平面**，$\boldsymbol{t}$ と $\boldsymbol{b}$ を含む平面を**展直面**という．**フルネ・セレーの公式**は接触平面，法平面，展直面に曲線の部分を投影したときの関係を記述している．

●曲率，捩率の計算●　曲率と捩率は弧長での微分であるから $\boldsymbol{r}(t)$ の形が簡単な場合以外は定義に基づく計算は煩雑になる．複雑な場合には次の公式を使うのがよい．

公式3　$\dot{\boldsymbol{r}} = \dfrac{d\boldsymbol{r}}{dt},\ \ddot{\boldsymbol{r}} = \dfrac{d^2\boldsymbol{r}}{dt^2},\ \dddot{\boldsymbol{r}} = \dfrac{d^3\boldsymbol{r}}{dt^3}$ とおくと，

$$\kappa^2 = \frac{|\dot{\boldsymbol{r}}|^2|\ddot{\boldsymbol{r}}|^2 - (\dot{\boldsymbol{r}}\cdot\ddot{\boldsymbol{r}})^2}{|\dot{\boldsymbol{r}}|^6}, \quad \tau = \frac{(\dot{\boldsymbol{r}}, \ddot{\boldsymbol{r}}, \dddot{\boldsymbol{r}})}{\kappa^2|\dot{\boldsymbol{r}}|^6} = \frac{(\dot{\boldsymbol{r}}, \ddot{\boldsymbol{r}}, \dddot{\boldsymbol{r}})}{|\dot{\boldsymbol{r}}|^2|\ddot{\boldsymbol{r}}|^2 - (\dot{\boldsymbol{r}}\cdot\ddot{\boldsymbol{r}})^2}$$

例題 6 **曲率と振率**

空間曲線 $\boldsymbol{r}(t) = 3\cos t\,\boldsymbol{i} + 3\sin t\,\boldsymbol{j} + 4t\boldsymbol{k}$ の単位接線ベクトル，単位主法線ベクトル，単位従法線ベクトル，曲率および振率を定義に従って求めよ．

解答 $\dfrac{d\boldsymbol{r}}{dt} = -3\sin t\,\boldsymbol{i} + 3\cos t\,\boldsymbol{j} + 4\boldsymbol{k}$ より

$$ds = \sqrt{(-3\sin t)^2 + (3\cos t)^2 + 4^2}dt = \sqrt{9(\sin^2 t + \cos^2 t) + 16}\,dt = 5\,dt$$

ゆえに単位接線ベクトルは

$$\boldsymbol{t} = \frac{d\boldsymbol{r}}{ds} = \frac{d\boldsymbol{r}}{dt}\frac{dt}{ds} = \frac{1}{5}(-3\sin t\,\boldsymbol{i} + 3\cos t\,\boldsymbol{j} + 4\boldsymbol{k})$$

また

$$\frac{d\boldsymbol{t}}{ds} = \frac{d\boldsymbol{t}}{dt}\frac{dt}{ds} = \frac{1}{5}(-3\cos t\,\boldsymbol{i} - 3\sin t\,\boldsymbol{j})\frac{1}{5} = -\frac{1}{25}(3\cos t\,\boldsymbol{i} + 3\sin t\,\boldsymbol{j})$$

より，曲率は

$$\kappa = \left|\frac{d\boldsymbol{t}}{ds}\right| = \frac{1}{25}\sqrt{(3\cos t)^2 + (3\sin t)^2} = \frac{3}{25}$$

したがって，単位主法線ベクトルと単位従法線ベクトルは

$$\boldsymbol{n} = \frac{1}{\kappa}\frac{d\boldsymbol{t}}{ds} = \frac{1}{3}(-3\cos t\,\boldsymbol{i} - 3\sin t\,\boldsymbol{j}) = -\cos t\,\boldsymbol{i} - \sin t\,\boldsymbol{j}$$

$$\begin{aligned}
\boldsymbol{b} = \boldsymbol{t}\times\boldsymbol{n} &= \frac{1}{5}\begin{vmatrix} \boldsymbol{i} & \boldsymbol{j} & \boldsymbol{k} \\ -3\sin t & 3\cos t & 4 \\ -\cos t & -\sin t & 0 \end{vmatrix} \\
&= \frac{1}{5}\begin{vmatrix} 3\cos t & 4 \\ -\sin t & 0 \end{vmatrix}\boldsymbol{i} + \frac{1}{5}\begin{vmatrix} 4 & -3\sin t \\ 0 & -\cos t \end{vmatrix}\boldsymbol{j} + \frac{1}{5}\begin{vmatrix} -3\sin t & 3\cos t \\ -\cos t & -\sin t \end{vmatrix}\boldsymbol{k} \\
&= \frac{1}{5}(4\sin t\,\boldsymbol{i} - 4\cos t\,\boldsymbol{j} + 3\boldsymbol{k})
\end{aligned}$$

最後に振率は $\dfrac{d\boldsymbol{b}}{ds} = \dfrac{d\boldsymbol{b}}{dt}\dfrac{dt}{ds} = \dfrac{1}{25}(4\cos t\,\boldsymbol{i} + 4\sin t\,\boldsymbol{j}) = -\dfrac{4}{25}\boldsymbol{n}$ より $\tau = \dfrac{4}{25}$.

問 題

6.1 次の空間曲線について単位接線ベクトル，単位主法線ベクトル，単位従法線ベクトルを求めよ．

(1) $\boldsymbol{r} = (3t - t^3)\boldsymbol{i} + 3t^2\boldsymbol{j} + (3t + t^3)\boldsymbol{k}$　　(2) $\boldsymbol{r} = e^t\boldsymbol{i} + e^{-t}\boldsymbol{j} + \sqrt{2}t\boldsymbol{k}$

例題 7 **曲率と捩率の公式**

空間曲線 $\boldsymbol{r}(t) = 3t\boldsymbol{i} - 3t^2\boldsymbol{j} + 2t^3\boldsymbol{k}$ について曲率と捩率を公式 3 を用いて求めよ．また $\boldsymbol{r}(0)$ から $\boldsymbol{r}(3)$ までの弧長を求めよ．

解答 （1） $\dot{\boldsymbol{r}} = 3\boldsymbol{i} - 6t\boldsymbol{j} + 6t^2\boldsymbol{k}$， $\ddot{\boldsymbol{r}} = -6\boldsymbol{j} + 12t\boldsymbol{k}$， $\dddot{\boldsymbol{r}} = 12\boldsymbol{k}$ より

$$|\dot{\boldsymbol{r}}|^2 = 3^2 + (-6t)^2 + (6t^2)^2 = 9(1 + 4t^2 + 4t^4) = 9(1 + 2t^2)^2$$
$$|\ddot{\boldsymbol{r}}|^2 = (-6)^2 + (12t)^2 = 36(1 + 4t^2)$$
$$\dot{\boldsymbol{r}} \cdot \ddot{\boldsymbol{r}} = (-6t) \cdot (-6) + (6t^2) \cdot (12t) = 36t(1 + 2t^2)$$

$$(\dot{\boldsymbol{r}}, \ddot{\boldsymbol{r}}, \dddot{\boldsymbol{r}}) = \begin{vmatrix} 3 & -6t & 6t^2 \\ 0 & -6 & 12t \\ 0 & 0 & 12 \end{vmatrix} = -216$$

よって

$$\kappa^2 = \frac{|\dot{\boldsymbol{r}}|^2|\ddot{\boldsymbol{r}}|^2 - (\dot{\boldsymbol{r}} \cdot \ddot{\boldsymbol{r}})^2}{|\dot{\boldsymbol{r}}|^6} = \frac{9 \cdot 36(1 + 2t^2)^2(1 + 4t^2) - 36^2t^2(1 + 2t^2)^2}{9^3(1 + 2t^2)^6}$$
$$= \frac{4}{9(1 + 2t^2)^4}(1 + 4t^2 - 4t^2) = \frac{4}{9(1 + 2t^2)^4}$$
$$\therefore \quad \kappa = \frac{2}{3(1 + 2t^2)^2}$$

また

$$\tau = \frac{(\dot{\boldsymbol{r}}, \ddot{\boldsymbol{r}}, \dddot{\boldsymbol{r}})}{\kappa^2|\dot{\boldsymbol{r}}|^6} = (-216)\frac{9(1 + 2t^2)^4}{4}\frac{1}{9^3(1 + 2t^2)^6} = -\frac{2}{3(1 + 2t^2)^2}$$

（2） $ds = |\dot{\boldsymbol{r}}|dt = 3(1 + 2t^2)dt$ だから

$$s = 3\int_0^3 (1 + 2t^2)dt = 3\left[t + \frac{2}{3}t^3\right]_0^3 = 63$$

問　題

7.1 次の空間曲線について曲率と捩率を求めよ．

（1） $\boldsymbol{r} = (3t - t^3)\boldsymbol{i} + 3t^2\boldsymbol{j} + (3t + t^3)\boldsymbol{k}$

（2） $\boldsymbol{r} = e^t\boldsymbol{i} + e^{-t}\boldsymbol{j} + \sqrt{2}t\boldsymbol{k}$

（3） $\boldsymbol{r} = 2(\sin^{-1} t + t\sqrt{1 - t^2})\boldsymbol{i} + 2t^2\boldsymbol{j} + 4t\boldsymbol{k}$

例題 8 **接触平面**

$\boldsymbol{r} = \boldsymbol{r}(t)$ を空間曲線とする．

(1) $\boldsymbol{t} \times \boldsymbol{n}$ と $\dot{\boldsymbol{r}} \times \ddot{\boldsymbol{r}}$ は平行であることを示せ．ただし，$\dot{\boldsymbol{r}} = \dfrac{d\boldsymbol{r}}{dt}$，$\ddot{\boldsymbol{r}} = \dfrac{d^2\boldsymbol{r}}{dt^2}$ である．

(2) $t = t_0$ における接触平面のベクトル方程式は

$$\Big(\dot{\boldsymbol{r}}(t_0) \times \ddot{\boldsymbol{r}}(t_0)\Big) \cdot \Big(\boldsymbol{R} - \boldsymbol{r}(t_0)\Big) = 0$$

で与えられることを示せ．ただし，$\boldsymbol{R}$ は接触平面上の点の位置ベクトルを表す．

解答 (1) $\boldsymbol{t} = \dfrac{d\boldsymbol{r}}{ds} = \dfrac{d\boldsymbol{r}}{dt}\dfrac{dt}{ds} = \dfrac{dt}{ds}\dot{\boldsymbol{r}}$

$$\boldsymbol{n} = \frac{1}{\kappa}\frac{d\boldsymbol{t}}{ds} = \frac{1}{\kappa}\left(\frac{d^2t}{ds^2}\dot{\boldsymbol{r}} + \frac{d\dot{\boldsymbol{r}}}{dt}\frac{dt}{ds}\right) = \frac{1}{\kappa}\left(\frac{d^2t}{ds^2}\dot{\boldsymbol{r}} + \frac{dt}{ds}\ddot{\boldsymbol{r}}\right)$$

より $\dot{\boldsymbol{r}} \times \dot{\boldsymbol{r}} = \boldsymbol{0}$ を用いて

$$\begin{aligned} \boldsymbol{t} \times \boldsymbol{n} &= \frac{1}{\kappa}\frac{dt}{ds}\frac{d^2t}{ds^2}(\dot{\boldsymbol{r}} \times \dot{\boldsymbol{r}}) + \frac{1}{\kappa}\left(\frac{dt}{ds}\right)^2(\dot{\boldsymbol{r}} \times \ddot{\boldsymbol{r}}) \\ &= \frac{1}{\kappa}\left(\frac{dt}{ds}\right)^2(\dot{\boldsymbol{r}} \times \ddot{\boldsymbol{r}}) \end{aligned}$$

よって $\boldsymbol{t} \times \boldsymbol{n}$ と $\dot{\boldsymbol{r}} \times \ddot{\boldsymbol{r}}$ は平行である．

(2) 接触平面は $\boldsymbol{t}$ と $\boldsymbol{n}$ で定まる平面だから，$\boldsymbol{t} \times \boldsymbol{n}$ がその法線ベクトルである．ところが (1) より，$\dot{\boldsymbol{r}} \times \ddot{\boldsymbol{r}}$ も法線ベクトルである．よって接触平面は

$$\Big(\dot{\boldsymbol{r}}(t_0) \times \ddot{\boldsymbol{r}}(t_0)\Big) \cdot \Big(\boldsymbol{R} - \boldsymbol{r}(t_0)\Big) = 0$$

で与えられる．

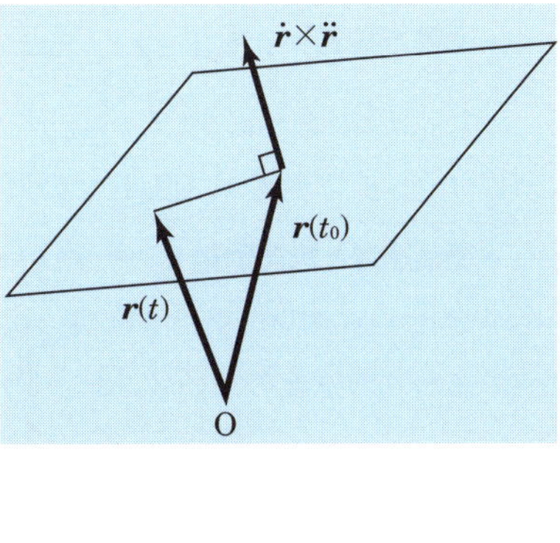

問 題

8.1 $\boldsymbol{r} = \cos t\ \boldsymbol{i} + \sin t\ \boldsymbol{j} + 2t\boldsymbol{k}$ の $t = \dfrac{\pi}{2}$ における接触平面を求めよ．

8.2 $\boldsymbol{r} = \cos t\ \boldsymbol{i} + \sin t\ \boldsymbol{j} + (2\cos t + 3\sin t)\boldsymbol{k}$ は平面曲線であることを示せ．

8.3 $\boldsymbol{r} = (1 + t^2)\boldsymbol{i} + \left(t + \dfrac{t^3}{3}\right)\boldsymbol{j} + \left(2 + t - \dfrac{t^3}{3}\right)\boldsymbol{k}$ の曲率半径を求めよ．

3.4 点の運動

● **点の運動** ●　空間内の点 P の位置ベクトルが時間 t の関数として

$$\boldsymbol{r}(t) = x(t)\boldsymbol{i} + y(t)\boldsymbol{j} + z(t)\boldsymbol{k}$$

のように表されているとき，$\boldsymbol{r}(t)$ は点 P の運動の様子を記述している．運動する点の位置ベクトルを特に**動径**という．このとき，

$$\boldsymbol{v} = \frac{d\boldsymbol{r}}{dt}$$

を**速度**，

$$\boldsymbol{a} = \frac{d\boldsymbol{v}}{dt} = \frac{d^2\boldsymbol{r}}{dt^2}$$

を**加速度**という．速度と加速度はともにベクトル関数である．速度の大きさ，すなわち

$$v(t) = |\,\boldsymbol{v}(t)\,| = \frac{ds}{dt}$$

を**速さ**という．速さと曲率 κ を用いると，加速度は

$$\boldsymbol{a} = \frac{dv}{dt}\boldsymbol{t} + v^2\kappa\boldsymbol{n} \tag{3.2}$$

として，接線方向と法線方向に分解できる．

● **運動方程式** ●　質量 m の質点が外力 $\boldsymbol{F}$ を受けて運動するとき，

$$\boldsymbol{F} = m\boldsymbol{a}$$

が成り立つ．これを**ニュートンの運動方程式**という．

● **面積速度と角運動量** ●　原点 O に対する質点の位置ベクトルを $\boldsymbol{r}$，速度ベクトルを $\boldsymbol{v}$ とするとき，$\boldsymbol{r} \times \boldsymbol{v}$ を原点のまわりの**速度のモーメント**，$\dfrac{1}{2}\boldsymbol{r} \times \boldsymbol{v}$ を**面積速度**という．原点と質点を結ぶ線分が単位時間あたりに通過する領域の面積が面積速度である．また，質点の質量を m とするとき，$m\boldsymbol{v}$ を**運動量**，$m\boldsymbol{r} \times \boldsymbol{v}$ を**角運動量**という．

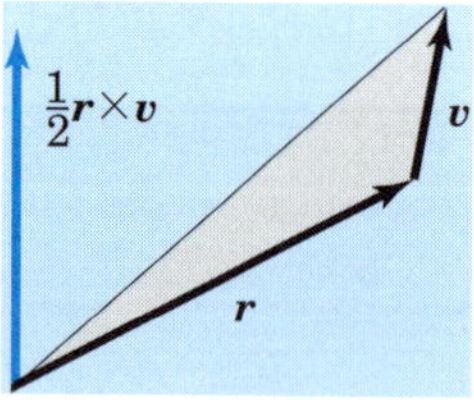

● **ケプラーの法則** ●　質点が原点 O に向かう力を受けて運動するとき，面積速度は一定になる．これを**ケプラーの法則**という．太陽に向かう引力を受ける惑星の運動がこれにあてはまる．

例題 9 **加速度の分解**

点の位置ベクトルが $\boldsymbol{r} = (t^2+4t)\boldsymbol{i} + (8t^2-3t^3)\boldsymbol{j} + (t^3-4t)\boldsymbol{k}$ で与えられているとき，速度と加速度を求めよ．また $t=2$ における加速度を接線方向と法線方向に分解せよ．

解答
$$\boldsymbol{v} = \frac{d\boldsymbol{r}}{dt} = (2t+4)\boldsymbol{i} + (16t-9t^2)\boldsymbol{j} + (3t^2-4)\boldsymbol{k}$$
$$\boldsymbol{a} = \frac{d\boldsymbol{v}}{dt} = 2\boldsymbol{i} + (16-18t)\boldsymbol{j} + 6t\boldsymbol{k}$$

加速度 $\boldsymbol{a}$ を接線方向と法線方向に分解するには式 (3.2) を用いる．まず

$$\boldsymbol{v}(2) = 8\boldsymbol{i} - 4\boldsymbol{j} + 8\boldsymbol{k}, \quad \boldsymbol{a}(2) = 2\boldsymbol{i} - 20\boldsymbol{j} + 12\boldsymbol{k}$$

だから $t=2$ では

$$|\boldsymbol{v}|^2 = 2^4 3^2, \quad |\boldsymbol{a}|^2 = 2^2 137, \quad \boldsymbol{v}\cdot\boldsymbol{a} = 2^6 3$$

となり，$\boldsymbol{v} = \dot{\boldsymbol{r}}$, $\boldsymbol{a} = \ddot{\boldsymbol{r}}$ に注意すると，公式 3 より曲率 κ は

$$\kappa^2 = \frac{|\boldsymbol{v}|^2|\boldsymbol{a}|^2 - (\boldsymbol{v}\cdot\boldsymbol{a})^2}{|\boldsymbol{v}|^6} = \frac{2^4 3^2 2^2 137 - 2^{12}3^2}{2^{12}3^6} = \frac{73}{2^6 3^4}$$

また $t=2$ における単位接線ベクトル $\boldsymbol{t}$ は

$$\boldsymbol{t} = \frac{\boldsymbol{v}(2)}{|\boldsymbol{v}(2)|} = \frac{1}{12}(8\boldsymbol{i} - 4\boldsymbol{j} + 8\boldsymbol{k}) = \frac{2}{3}\boldsymbol{i} - \frac{1}{3}\boldsymbol{j} + \frac{2}{3}\boldsymbol{k}$$

であり，$\boldsymbol{t}\cdot\boldsymbol{t} = 1$，$\boldsymbol{n}\cdot\boldsymbol{t} = 0$ であるから，式 (3.2) より

$$\frac{dv}{dt} = \boldsymbol{a}(2)\cdot\boldsymbol{t} = \frac{4}{3} + \frac{20}{3} + 8 = 16$$

よって，再び式 (3.2) より

$$\boldsymbol{a} = \frac{dv}{dt}\boldsymbol{t} + v^2\kappa\boldsymbol{n} = 16\boldsymbol{t} + 2^4 3^2\frac{\sqrt{73}}{2^3 3^2}\boldsymbol{n} = 16\boldsymbol{t} + 2\sqrt{73}\boldsymbol{n}$$

注意 式 (3.2) は $\boldsymbol{v} = v(t)\boldsymbol{t}$ を $\boldsymbol{t}$ で微分し $\dfrac{d\boldsymbol{t}}{dt} = \dfrac{d\boldsymbol{t}}{ds}\dfrac{ds}{dt} = \kappa\boldsymbol{n}v(t)$ を用いればよい．

問　題

9.1 次の運動の $t=0$ における加速度を接線方向と法線方向に分解せよ．

(1) $\boldsymbol{r} = e^{-t}\boldsymbol{i} + 2\cos t\,\boldsymbol{j} + 2\sin t\,\boldsymbol{k}$

(2) $\boldsymbol{r} = \sin t\,\boldsymbol{i} + 2\sin 2t\,\boldsymbol{j} + \cos 3t\,\boldsymbol{k}$

例題 10 ———— **投げ出された質点**

点Oから水平面と θ の角度の方向に初速度 $\boldsymbol{v}_0$ で投げ出された質点の軌道 $\boldsymbol{r} = \boldsymbol{r}(t)$ を求めよ．また水平到達距離も求めよ．

解答　Oを原点，質点が投げ出された方向に x 軸をとり，鉛直上向きに z 軸をとる．質点の質量を m とすると，質点に作用する力 $\boldsymbol{F}$ は重力だから

$$\boldsymbol{F} = -mg\boldsymbol{k}$$

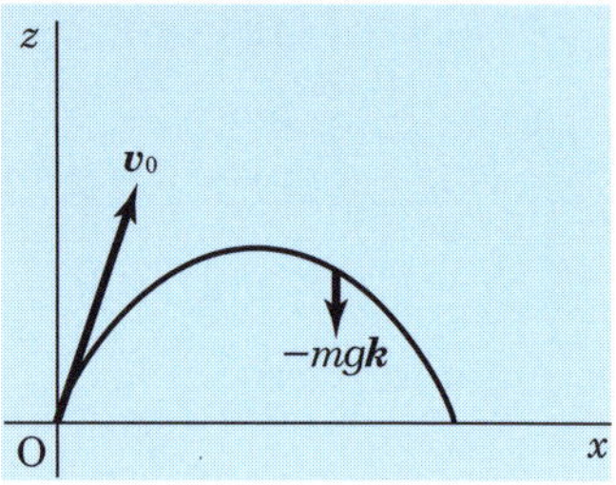

となる．ただし，g は定数である．したがって運動方程式は

$$\boldsymbol{a} = \frac{d\boldsymbol{v}}{dt} = -g\boldsymbol{k}$$

となり，t で積分すれば

$$\boldsymbol{v} = \frac{d\boldsymbol{r}}{dt} = -gt\boldsymbol{k} + \boldsymbol{v}_0 \quad (\because \quad \boldsymbol{v}(0) = \boldsymbol{v}_0)$$

となる．よって，もう一度 t で積分して

$$\boldsymbol{r} = -\frac{1}{2}gt^2\boldsymbol{k} + t\boldsymbol{v}_0 \quad (\because \quad \boldsymbol{r}(0) = \boldsymbol{0})$$

を得る．

ここで $\boldsymbol{v}_0 = |\,\boldsymbol{v}_0\,|\cos\theta\ \boldsymbol{i} + |\,\boldsymbol{v}_0\,|\sin\theta\ \boldsymbol{k}$ と書けるから，

$$\boldsymbol{r} = |\,\boldsymbol{v}_0\,|t\cos\theta\ \boldsymbol{i} + \left(|\,\boldsymbol{v}_0\,|t\sin\theta - \frac{1}{2}gt^2\right)\boldsymbol{k}$$

となる．この質点が地面に落ちる時刻を t_0 とすれば，このとき $\boldsymbol{k}$ 成分が 0 になるから，

$$t_0 = \frac{2|\,\boldsymbol{v}_0\,|\sin\theta}{g} \quad (\because \quad t_0 \fallingdotseq 0)$$

である．

$$\boldsymbol{r}(t_0) = \frac{2|\,\boldsymbol{v}_0\,|^2\sin\theta\cos\theta}{g}\boldsymbol{i} = \frac{|\,\boldsymbol{v}_0\,|^2\sin 2\theta}{g}\boldsymbol{i}$$

だから，水平到達距離は $\dfrac{|\,\boldsymbol{v}_0\,|^2\sin 2\theta}{g}$ である．

問　題

10.1　質点が定点Oに向かう力(中心力)を受けて運動するとき，面積速度は一定であることを示せ．

3.5　2 変数ベクトル関数

● **2 変数ベクトル関数** ●　2 つの実数 u, v の実数値関数 $x(u,v), y(u,v), z(u,v)$ を用いて，ベクトル $\boldsymbol{A}$ が

$$\boldsymbol{A} = \boldsymbol{A}(u,v) = x(u,v)\boldsymbol{i} + y(u,v)\boldsymbol{j} + z(u,v)\boldsymbol{k}$$

と表せるとき，$\boldsymbol{A}$ を **2 変数ベクトル関数**という．

● **偏微分** ●　2 変数ベクトル関数 $\boldsymbol{A} = \boldsymbol{A}(u,v)$ の**偏微分**は

$$\frac{\partial \boldsymbol{A}}{\partial u} = \frac{\partial x}{\partial u}\boldsymbol{i} + \frac{\partial y}{\partial u}\boldsymbol{j} + \frac{\partial z}{\partial u}\boldsymbol{k}, \quad \frac{\partial \boldsymbol{A}}{\partial v} = \frac{\partial x}{\partial v}\boldsymbol{i} + \frac{\partial y}{\partial v}\boldsymbol{j} + \frac{\partial z}{\partial v}\boldsymbol{k}$$

で定義する．高階導関数も同様である．スカラー関数の場合と同様に，連続微分可能であれば，高階導関数は偏微分の順序によらない．u, v がさらに s, t の関数 $u(s,t), v(s,t)$ のときに，

$$\frac{\partial \boldsymbol{A}}{\partial s} = \frac{\partial \boldsymbol{A}}{\partial u}\frac{\partial u}{\partial s} + \frac{\partial \boldsymbol{A}}{\partial v}\frac{\partial v}{\partial s}, \quad \frac{\partial \boldsymbol{A}}{\partial t} = \frac{\partial \boldsymbol{A}}{\partial u}\frac{\partial u}{\partial t} + \frac{\partial \boldsymbol{A}}{\partial v}\frac{\partial v}{\partial t}$$

となるのもスカラー関数の場合と同様である．

● **全微分** ●　全微分もスカラー関数と同様に

$$d\boldsymbol{A} = \frac{\partial \boldsymbol{A}}{\partial u}du + \frac{\partial \boldsymbol{A}}{\partial v}dv$$

で定義する．$\boldsymbol{A} = x(u,v)\boldsymbol{i} + y(u,v)\boldsymbol{j} + z(u,v)\boldsymbol{k}$ ならば次のようになる．

$$d\boldsymbol{A} = dx\boldsymbol{i} + dy\boldsymbol{j} + dz\boldsymbol{k}$$

● **曲面と法線ベクトル** ●　空間の点 P の位置ベクトルが u, v のベクトル関数として $\boldsymbol{r} = \boldsymbol{r}(u,v)$ で与えられているとき，P の軌跡として曲面 S が定まる．$\boldsymbol{r}(u,v)$ を曲面ということもある．$\dfrac{\partial \boldsymbol{r}}{\partial u}, \dfrac{\partial \boldsymbol{r}}{\partial v}$ は点 P において曲面 S に接しているから，P を通り $\dfrac{\partial \boldsymbol{r}}{\partial u}, \dfrac{\partial \boldsymbol{r}}{\partial v}$ を含む平面は S に接している．これを P における S の**接平面**という．接平面に垂直なベクトルを**法線ベクトル**という．

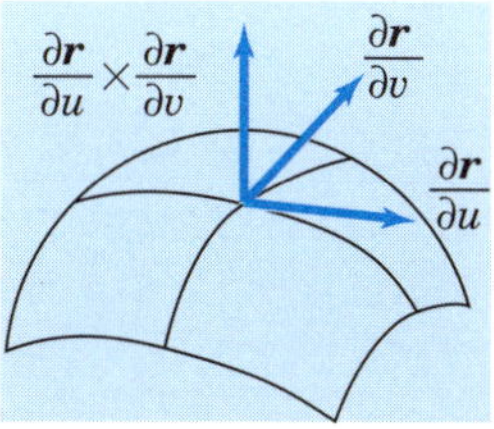

$$\boldsymbol{n} = \pm \frac{\partial \boldsymbol{r}}{\partial u} \times \frac{\partial \boldsymbol{r}}{\partial v} \Big/ \left| \frac{\partial \boldsymbol{r}}{\partial u} \times \frac{\partial \boldsymbol{r}}{\partial v} \right|$$

は**単位法線ベクトル**である．

● 第 1 基本量 ●　曲面 $S : \boldsymbol{r}(u,v) = x(u,v)\boldsymbol{i} + y(u,v)\boldsymbol{j} + z(u,v)\boldsymbol{k}$ に対し，

$$\begin{aligned} E &= \frac{\partial \boldsymbol{r}}{\partial u}\cdot\frac{\partial \boldsymbol{r}}{\partial u} = \left(\frac{\partial x}{\partial u}\right)^2 + \left(\frac{\partial y}{\partial u}\right)^2 + \left(\frac{\partial z}{\partial u}\right)^2 \\ F &= \frac{\partial \boldsymbol{r}}{\partial u}\cdot\frac{\partial \boldsymbol{r}}{\partial v} = \frac{\partial x}{\partial u}\frac{\partial x}{\partial v} + \frac{\partial y}{\partial u}\frac{\partial y}{\partial v} + \frac{\partial z}{\partial u}\frac{\partial z}{\partial v} \\ G &= \frac{\partial \boldsymbol{r}}{\partial v}\cdot\frac{\partial \boldsymbol{r}}{\partial v} = \left(\frac{\partial x}{\partial v}\right)^2 + \left(\frac{\partial y}{\partial v}\right)^2 + \left(\frac{\partial z}{\partial v}\right)^2 \end{aligned} \tag{3.3}$$

を曲面 S の**第 1 基本量**という．19 頁の注意に述べたように

$$\left|\frac{\partial \boldsymbol{r}}{\partial u}\times\frac{\partial \boldsymbol{r}}{\partial v}\right|^2 = \left|\frac{\partial \boldsymbol{r}}{\partial u}\right|^2\left|\frac{\partial \boldsymbol{r}}{\partial v}\right|^2 - \left(\frac{\partial \boldsymbol{r}}{\partial u}\cdot\frac{\partial \boldsymbol{r}}{\partial v}\right)^2$$

だから，単位法線ベクトル $\boldsymbol{n}$ は次のように書ける．

$$\boldsymbol{n} = \pm\frac{1}{\sqrt{EG-F^2}}\frac{\partial \boldsymbol{r}}{\partial u}\times\frac{\partial \boldsymbol{r}}{\partial v} \tag{3.4}$$

● 曲面積 ●　第 1 基本量は曲面の面積や曲面上の曲線の長さにも関係している．微小ベクトル $\frac{\partial \boldsymbol{r}}{\partial u}du$ と $\frac{\partial \boldsymbol{r}}{\partial v}dv$ で張られる平行四辺形の面積は

$$\left|\frac{\partial \boldsymbol{r}}{\partial u}du\times\frac{\partial \boldsymbol{r}}{\partial v}dv\right| = \left|\frac{\partial \boldsymbol{r}}{\partial u}\times\frac{\partial \boldsymbol{r}}{\partial v}\right| du\,dv = \sqrt{EG-F^2}\,du\,dv$$

だから，(u,v) が平面上の領域 D を動くとき，これに対応する曲面 $S : \boldsymbol{r}(u,v)$ の面積は

$$S = \iint_D \sqrt{EG-F^2}\,du\,dv \tag{3.5}$$

で与えられる．$dS = \sqrt{EG-F^2}\,du\,dv$ を**面素**という．また

$$(ds)^2 = E(du)^2 + 2F\,du\,dv + G(dv)^2 \tag{3.6}$$

とおくと，ds は u, v の値が微小値 du, dv だけへだたった曲面上の 2 点の距離を表している．したがって u, v が t の関数 $u(t)$, $v(t)$ であるとき，t が a から b まで動くのに対応して定まる曲線の長さは

$$s = \int_a^b \sqrt{E\left(\frac{du}{dt}\right)^2 + 2F\left(\frac{du}{dt}\right)\left(\frac{dv}{dt}\right) + G\left(\frac{dv}{dt}\right)^2}\,dt \tag{3.7}$$

で与えられる．ds を**線素**という．

例題 11　　$\dfrac{\partial \boldsymbol{r}}{\partial u} \times \dfrac{\partial \boldsymbol{r}}{\partial v}$ **の成分表示**

ベクトル関数 $\boldsymbol{r}(u,v) = x(u,v)\boldsymbol{i} + y(u,v)\boldsymbol{j} + z(u,v)\boldsymbol{k}$ に対し，

$$\frac{\partial \boldsymbol{r}}{\partial u} \times \frac{\partial \boldsymbol{r}}{\partial v} = \frac{\partial(y,z)}{\partial(u,v)}\boldsymbol{i} + \frac{\partial(z,x)}{\partial(u,v)}\boldsymbol{j} + \frac{\partial(x,y)}{\partial(u,v)}\boldsymbol{k}$$

であることを示せ．

解答　$\dfrac{\partial \boldsymbol{r}}{\partial u} = \dfrac{\partial x}{\partial u}\boldsymbol{i} + \dfrac{\partial y}{\partial u}\boldsymbol{i} + \dfrac{\partial z}{\partial u}\boldsymbol{k}$，　$\dfrac{\partial \boldsymbol{r}}{\partial v} = \dfrac{\partial x}{\partial v}\boldsymbol{i} + \dfrac{\partial y}{\partial v}\boldsymbol{i} + \dfrac{\partial z}{\partial v}\boldsymbol{k}$

より，

$$\begin{aligned}
\frac{\partial \boldsymbol{r}}{\partial u} \times \frac{\partial \boldsymbol{r}}{\partial v} &= \begin{vmatrix} \boldsymbol{i} & \boldsymbol{j} & \boldsymbol{k} \\ \dfrac{\partial x}{\partial u} & \dfrac{\partial y}{\partial u} & \dfrac{\partial z}{\partial u} \\ \dfrac{\partial x}{\partial v} & \dfrac{\partial y}{\partial v} & \dfrac{\partial z}{\partial v} \end{vmatrix} \\
&= \begin{vmatrix} \dfrac{\partial y}{\partial u} & \dfrac{\partial z}{\partial u} \\ \dfrac{\partial y}{\partial v} & \dfrac{\partial z}{\partial v} \end{vmatrix}\boldsymbol{i} + \begin{vmatrix} \dfrac{\partial z}{\partial u} & \dfrac{\partial x}{\partial u} \\ \dfrac{\partial z}{\partial v} & \dfrac{\partial x}{\partial v} \end{vmatrix}\boldsymbol{j} + \begin{vmatrix} \dfrac{\partial x}{\partial u} & \dfrac{\partial y}{\partial u} \\ \dfrac{\partial x}{\partial v} & \dfrac{\partial y}{\partial v} \end{vmatrix}\boldsymbol{k} \\
&= \frac{\partial\,(y,z)}{\partial(u,v)}\boldsymbol{i} + \frac{\partial\,(z,x)}{\partial(u,v)}\boldsymbol{j} + \frac{\partial\,(x,y)}{\partial(u,v)}\boldsymbol{k}
\end{aligned}$$

問　題

11.1　曲面 $\boldsymbol{r}(u,v) = x(u,v)\boldsymbol{i} + y(u,v)\boldsymbol{j} + z(u,v)\boldsymbol{k}$ の単位法線ベクトルを $\boldsymbol{n}$ とするとき，

$$\boldsymbol{n} \cdot \boldsymbol{i} = \pm \frac{1}{\sqrt{EG - F^2}} \frac{\partial(y,z)}{\partial(u,v)}$$

$$\boldsymbol{n} \cdot \boldsymbol{j} = \pm \frac{1}{\sqrt{EG - F^2}} \frac{\partial(z,x)}{\partial(u,v)}$$

$$\boldsymbol{n} \cdot \boldsymbol{k} = \pm \frac{1}{\sqrt{EG - F^2}} \frac{\partial(x,y)}{\partial(u,v)}$$

を示せ．ただし，E, F, G は第 1 基本量である．

例題 12 **偏微分の計算**

(1) $\boldsymbol{A}(u,v) = a\cos u \sin v\ \boldsymbol{i} + a\sin u \sin v\ \boldsymbol{j} + a\cos v\ \boldsymbol{k}$ に対して,

$$\frac{\partial \boldsymbol{A}}{\partial u}\cdot\frac{\partial \boldsymbol{A}}{\partial u}+\frac{\partial \boldsymbol{A}}{\partial v}\cdot\frac{\partial \boldsymbol{A}}{\partial v}$$

を求めよ．ただし，a は定数とする．

(2) $\boldsymbol{H}(u,v) = e^{-au}(\sin av\ \boldsymbol{K}_1 + \cos av\ \boldsymbol{K}_2)$ に対して,

$$\frac{\partial^2 \boldsymbol{H}}{\partial u^2}+\frac{\partial^2 \boldsymbol{H}}{\partial v^2}$$

を求めよ．ただし，$\boldsymbol{K}_1$, $\boldsymbol{K}_2$ は定ベクトルとする．

解答 (1)

$$\frac{\partial \boldsymbol{A}}{\partial u} = -a\sin u\sin v\ \boldsymbol{i} + a\cos u\sin v\ \boldsymbol{j}$$

$$\frac{\partial \boldsymbol{A}}{\partial v} = a\cos u\cos v\ \boldsymbol{i} + a\sin u\cos v\ \boldsymbol{j} - a\sin v\ \boldsymbol{k}$$

より

$$\begin{aligned}\frac{\partial \boldsymbol{A}}{\partial u}\cdot\frac{\partial \boldsymbol{A}}{\partial u}+\frac{\partial \boldsymbol{A}}{\partial v}\cdot\frac{\partial \boldsymbol{A}}{\partial v} &= a^2\sin^2 u\sin^2 v + a^2\cos^2 u\sin^2 v \\ &\quad + a^2\cos^2 u\cos^2 v + a^2\sin^2 u\cos^2 v + a^2\sin^2 v \\ &= a^2(\sin^2 u + \cos^2 u)(\sin^2 v + \cos^2 v) + a^2\sin^2 v \\ &= a^2(1+\sin^2 v)\end{aligned}$$

(2)

$$\frac{\partial \boldsymbol{H}}{\partial u} = -ae^{-au}(\sin av\ \boldsymbol{K}_1 + \cos av\ \boldsymbol{K}_2)$$

$$\frac{\partial \boldsymbol{H}}{\partial v} = e^{-au}(a\cos av\ \boldsymbol{K}_1 - a\sin av\ \boldsymbol{K}_2)$$

より

$$\begin{aligned}\frac{\partial^2 \boldsymbol{H}}{\partial u^2}+\frac{\partial^2 \boldsymbol{H}}{\partial v^2} &= a^2e^{-au}(\sin av\ \boldsymbol{K}_1 + \cos av\ \boldsymbol{K}_2) \\ &\quad + e^{-au}(-a^2\sin av\ \boldsymbol{K}_1 - a^2\cos av\ \boldsymbol{K}_2) \\ &= 0\end{aligned}$$

問 題

12.1 次のベクトル関数の1次および2次導関数を求めよ．

(1) $\boldsymbol{A}(u,v) = u\boldsymbol{i} + v\boldsymbol{j} + (u^2+v^2)\boldsymbol{k}$

(2) $\boldsymbol{A}(u,v) = \cos(uv)\boldsymbol{i} + (3uv-2u^2)\boldsymbol{j} - (3u+2v)\boldsymbol{k}$

例題 13　　**接平面**

曲面 $\boldsymbol{r} = \boldsymbol{r}(u, v)$ の接平面のベクトル方程式は

$$\left(\frac{\partial \boldsymbol{r}}{\partial u} \times \frac{\partial \boldsymbol{r}}{\partial v}\right) \cdot (\boldsymbol{R} - \boldsymbol{r}) = 0$$

と表されることを示せ．ただし $\boldsymbol{R}$ は接平面上の点の位置ベクトルを表す．
これを用いて，曲面 $\boldsymbol{r} = u\boldsymbol{i} + v\boldsymbol{j} + (u^2 + v^2)\boldsymbol{k}$ 上の点 $(1, 1, 2)$ における接平面を求めよ．

解答　曲面上の点を P とし，P における接平面上の点を R とすると，R が満たすべき条件は

$$\text{法線ベクトル} \perp \overrightarrow{\mathrm{PR}}$$

である．したがって，ベクトル方程式は

$$\left(\frac{\partial \boldsymbol{r}}{\partial u} \times \frac{\partial \boldsymbol{r}}{\partial v}\right) \cdot (\boldsymbol{R} - \boldsymbol{r}) = 0$$

となる．

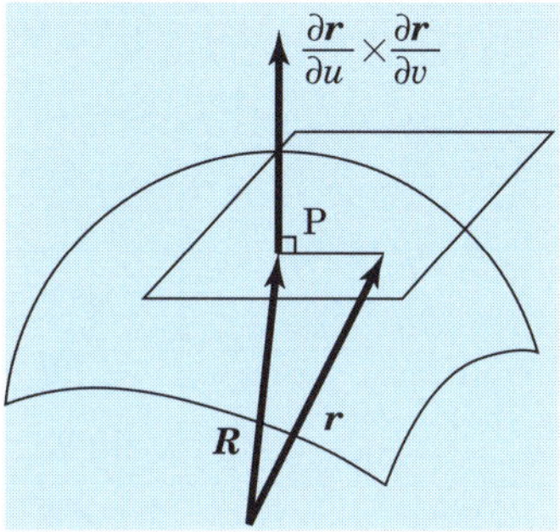

$\boldsymbol{r} = u\boldsymbol{i} + v\boldsymbol{j} + (u^2 + v^2)\boldsymbol{k}$ のときは，$\frac{\partial \boldsymbol{r}}{\partial u} = \boldsymbol{i} + 2u\boldsymbol{k}$，$\frac{\partial \boldsymbol{r}}{\partial v} = \boldsymbol{j} + 2v\boldsymbol{k}$ より

$$\frac{\partial \boldsymbol{r}}{\partial u} \times \frac{\partial \boldsymbol{r}}{\partial v} = \begin{vmatrix} \boldsymbol{i} & \boldsymbol{j} & \boldsymbol{k} \\ 1 & 0 & 2u \\ 0 & 1 & 2v \end{vmatrix} = \begin{vmatrix} 0 & 2u \\ 1 & 2v \end{vmatrix} \boldsymbol{i} + \begin{vmatrix} 2u & 1 \\ 2v & 0 \end{vmatrix} \boldsymbol{j} + \begin{vmatrix} 1 & 0 \\ 0 & 1 \end{vmatrix} \boldsymbol{k}$$
$$= -2u\boldsymbol{i} - 2v\boldsymbol{j} + \boldsymbol{k}$$

ゆえに $\boldsymbol{R} = x\boldsymbol{i} + y\boldsymbol{j} + z\boldsymbol{k}$ とすると，点 $(1, 1, 2)$ 上では $(u, v) = (1, 1)$ だから

$$\left(\frac{\partial \boldsymbol{r}}{\partial u} \times \frac{\partial \boldsymbol{r}}{\partial v}\right) \cdot (\boldsymbol{R} - \boldsymbol{r}) = (-2\boldsymbol{i} - 2\boldsymbol{j} + \boldsymbol{k}) \cdot \Big((x-1)\boldsymbol{i} + (y-1)\boldsymbol{j} + (z-2)\boldsymbol{k}\Big)$$
$$= -2(x-1) - 2(y-1) + (z-2) = 0$$

より $2x + 2y - z = 2$ が求める接平面である．

問　題

13.1　曲面 $\boldsymbol{r} = u\boldsymbol{i} + v\boldsymbol{j} + (u^2 - v^2)\boldsymbol{k}$ 上の点 $(2, 1, 3)$ における接平面を求めよ．

13.2　曲面 $z = \sqrt{6 - x^2 - y^2}$ 上の点 $(1, 1, 2)$ における接平面を求めよ．

例題 14 **曲面の単位法線ベクトル**

曲面 $\boldsymbol{r} = u\cos v\ \boldsymbol{i} + u\sin v\ \boldsymbol{j} + v\boldsymbol{k}$ の第1基本量と単位法線ベクトルを求めよ.

解答 $\dfrac{\partial \boldsymbol{r}}{\partial u} = \cos v\ \boldsymbol{i} + \sin v\ \boldsymbol{j}$, $\dfrac{\partial \boldsymbol{r}}{\partial v} = -u\sin v\ \boldsymbol{i} + u\cos v\ \boldsymbol{j} + \boldsymbol{k}$

より, 第1基本量 E, F, G は

$$\begin{aligned} E &= \frac{\partial \boldsymbol{r}}{\partial u}\cdot\frac{\partial \boldsymbol{r}}{\partial u} = \cos^2 v + \sin^2 v = 1 \\ F &= \frac{\partial \boldsymbol{r}}{\partial u}\cdot\frac{\partial \boldsymbol{r}}{\partial v} = -u\cos v\sin v + u\sin v\cos v = 0 \\ G &= \frac{\partial \boldsymbol{r}}{\partial v}\cdot\frac{\partial \boldsymbol{r}}{\partial v} = u^2\sin^2 v + u^2\cos^2 v + 1 = 1 + u^2 \end{aligned}$$

また

$$\begin{aligned} \frac{\partial \boldsymbol{r}}{\partial u}\times\frac{\partial \boldsymbol{r}}{\partial v} &= \begin{vmatrix} \boldsymbol{i} & \boldsymbol{j} & \boldsymbol{k} \\ \cos v & \sin v & 0 \\ -u\sin v & u\cos v & 1 \end{vmatrix} \\ &= \begin{vmatrix} \sin v & 0 \\ u\cos v & 1 \end{vmatrix}\boldsymbol{i} + \begin{vmatrix} 0 & \cos v \\ 1 & -u\sin v \end{vmatrix}\boldsymbol{j} + \begin{vmatrix} \cos v & \sin v \\ -u\sin v & u\cos v \end{vmatrix}\boldsymbol{k} \\ &= \sin v\ \boldsymbol{i} - \cos v\ \boldsymbol{j} + u\boldsymbol{k} \end{aligned}$$

より単位法線ベクトル $\boldsymbol{n}$ は

$$\begin{aligned} \boldsymbol{n} &= \pm\frac{1}{\sqrt{EG - F^2}}\frac{\partial \boldsymbol{r}}{\partial u}\times\frac{\partial \boldsymbol{r}}{\partial v} \\ &= \pm\frac{1}{\sqrt{1+u^2}}(\sin v\ \boldsymbol{i} - \cos v\ \boldsymbol{j} + u\boldsymbol{k}) \end{aligned}$$

問 題

14.1 次の曲面の単位法線ベクトルを求めよ.

(1) $\boldsymbol{r} = a\cos u\sin v\ \boldsymbol{i} + a\sin u\sin v\ \boldsymbol{j} + a\cos v\ \boldsymbol{k}$ $(a > 0,\ 0 < v < \pi)$

(2) $\boldsymbol{r} = au\cos v\ \boldsymbol{i} + au\sin v\ \boldsymbol{j} + bu\boldsymbol{k}$ $(a > 0)$

14.2 曲面 $z = f(x, y)$ の単位法線ベクトルは

$$\boldsymbol{n} = \frac{-f_x\boldsymbol{i} - f_y\boldsymbol{j} + \boldsymbol{k}}{\sqrt{1 + f_x^2 + f_y^2}}$$

で表されることを示せ.

例題 15 ―――― **曲面積**

単位球面 $\boldsymbol{r} = \sin u \cos v\ \boldsymbol{i} + \sin u \sin v\ \boldsymbol{j} + \cos u\ \boldsymbol{k}$　$(0 \leqq u \leqq \pi,\ 0 \leqq v \leqq 2\pi)$ の表面積を求めよ．

解答　式 (3.5) を用いる．

$$\frac{\partial \boldsymbol{r}}{\partial u} = \cos u \cos v\ \boldsymbol{i} + \cos u \sin v\ \boldsymbol{j} - \sin u\ \boldsymbol{k}$$
$$\frac{\partial \boldsymbol{r}}{\partial v} = -\sin u \sin v\ \boldsymbol{i} + \sin u \cos v\ \boldsymbol{j}$$

より，第 1 基本量 E, F, G は

$$E = \frac{\partial \boldsymbol{r}}{\partial u} \cdot \frac{\partial \boldsymbol{r}}{\partial u} = \cos^2 u \cos^2 v + \cos^2 u \sin^2 v + \sin^2 u = 1$$
$$F = \frac{\partial \boldsymbol{r}}{\partial u} \cdot \frac{\partial \boldsymbol{r}}{\partial v} = -\cos u \cos v \sin u \sin v + \cos u \sin v \sin u \cos v = 0$$
$$G = \frac{\partial \boldsymbol{r}}{\partial v} \cdot \frac{\partial \boldsymbol{r}}{\partial v} = \sin^2 u \sin^2 v + \sin^2 u \cos^2 v = \sin^2 u$$

よって表面積は

$$\begin{aligned} S &= \iint_D \sqrt{EG - F^2}\, du\, dv \\ &= \iint_D \sin u\, du\, dv \\ &= \int_0^{2\pi} dv \int_0^{\pi} \sin u\, du \\ &= \Big[v\Big]_0^{2\pi} \Big[-\cos u\Big]_0^{\pi} = 4\pi \end{aligned}$$

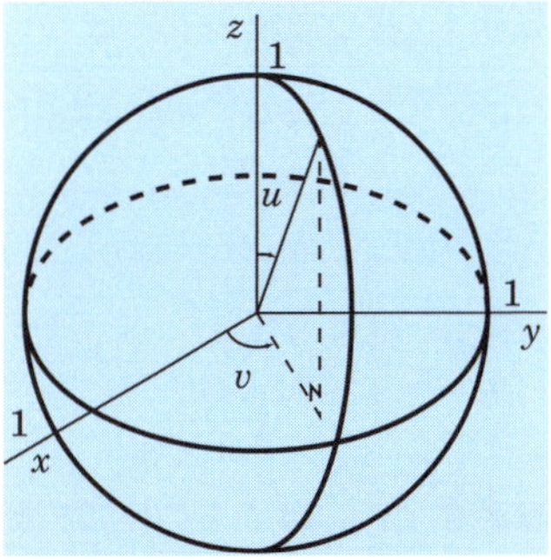

問　題

15.1　曲面 $\boldsymbol{r} = a \cos u \sin v\ \boldsymbol{i} + a \sin u \sin v\ \boldsymbol{j} + b \cos v\ \boldsymbol{k}$ の第 1 基本量を求めよ．

15.2　曲面 $\boldsymbol{r} = (b + a\cos v)\cos u\ \boldsymbol{i} + (b + a \cos v) \sin u\ \boldsymbol{j} + a \sin v\ \boldsymbol{k}$　$(0 < a < b,\ 0 \leqq u,\ v \leqq 2\pi)$ の第 1 基本量と表面積を求めよ．

15.3　(x, y) が平面上の領域 D を動くとき，曲面 $z = f(x, y)$ の表面積は

$$\iint_D \sqrt{1 + f_x^2 + f_y^2}\, dx\, dy$$

であることを示せ．

演習問題

演習 1 $\boldsymbol{F}(t) = \cos t \cosh t\, \boldsymbol{i} + \sin t \sinh t\, \boldsymbol{j}$ のとき，次の関係が成り立つことを示せ．

(1) $\left|\dfrac{d^2\boldsymbol{F}}{dt^2}\right| = 2|\boldsymbol{F}|$　　(2) $\dfrac{d^2\boldsymbol{F}}{dt^2} \perp \boldsymbol{F}$

演習 2 ベクトル関数 $\boldsymbol{X} = \boldsymbol{X}(t)$ を未知数とする線形微分方程式

$$\frac{d\boldsymbol{X}}{dt} + P(t)\boldsymbol{X} = \boldsymbol{Q}(t)$$

の一般解の公式を導け．

演習 3 演習2の公式を用いて次の微分方程式を解け．

(1) $\dfrac{d\boldsymbol{X}}{dt} + \dfrac{1}{t}\boldsymbol{X} = 4(1+t^2)\boldsymbol{a}$　($\boldsymbol{a}$ は定ベクトル)

(2) $\dfrac{d\boldsymbol{X}}{dt} = t\boldsymbol{p} + e^{-2t}\boldsymbol{q}$　($\boldsymbol{p}, \boldsymbol{q}$ は定ベクトル)

(3) $\dfrac{d\boldsymbol{X}}{dt} + \tan t\, \boldsymbol{X} = \cos t\, \boldsymbol{i}$

演習 4 次の曲線の $t = \alpha$ から $t = \beta$ までの弧長を求めよ．

(1) $\boldsymbol{r}(t) = (t - \sin t)\boldsymbol{i} + (1 - \cos t)\boldsymbol{j} + 4\sin\dfrac{1}{2}t\, \boldsymbol{k}$

(2) $\boldsymbol{r}(t) = \tan^{-1} t\, \boldsymbol{i} + \dfrac{\sqrt{2}}{2}\log(t^2+1)\boldsymbol{j} + (t - \tan^{-1} t)\boldsymbol{k}$

演習 5 動点の速度を $\boldsymbol{v}$，加速度を $\boldsymbol{a}$ とし，$v = |\boldsymbol{v}|$ とするとき，軌道の曲率半径は $\rho = \dfrac{v^3}{|\boldsymbol{v} \times \boldsymbol{a}|}$ となることを示せ．

演習 6 定点 O からの距離に比例し，O に向かう力の作用を受けて運動する質点の軌道を求めよ．

演習 7 ベクトル関数 $\boldsymbol{A}(t, r) = \dfrac{1}{r}\exp\Bigl(i\omega(t - \dfrac{r}{c})\Bigr)\boldsymbol{P}$ は $\dfrac{\partial^2\boldsymbol{A}}{\partial r^2} + \dfrac{2}{r}\dfrac{\partial\boldsymbol{A}}{\partial r} = \dfrac{1}{c^2}\dfrac{\partial^2\boldsymbol{A}}{\partial t^2}$ を満たすことを示せ．ただし，$\boldsymbol{P}$ は定ベクトル，ω, c は定数で，$i = \sqrt{-1}$ である．

演習 8 曲面 $F(x, y, z) = 0$ の単位法線ベクトルは

$$\boldsymbol{n} = \frac{F_x\boldsymbol{i} + F_y\boldsymbol{j} + F_z\boldsymbol{k}}{\sqrt{F_x^2 + F_y^2 + F_z^2}}$$

となることを示せ．

演習 9 公式3を証明せよ．

4　スカラー場とベクトル場

4.1　スカラー場とベクトル場

● スカラー場とベクトル場 ●　空間内の領域 D 内の点 P にスカラーを対応させる関数 $f(\mathrm{P})$ があるとき，D を $f(\mathrm{P})$ で定まる**スカラー場**，ベクトルを対応させる関数 $\boldsymbol{F}(\mathrm{P})$ があるとき，D を $\boldsymbol{F}(\mathrm{P})$ で定まる**ベクトル場**という．略してスカラー場 $f(\mathrm{P})$，ベクトル場 $\boldsymbol{F}(\mathrm{P})$ などともいう．たとえば点 P における温度や気圧を対応させるとスカラー場が，空気や水の速度を対応させるとベクトル場が得られる．

● スカラー場の等位面 ●　スカラー場 f に対し，

$$f(x, y, z) = c \quad (\text{定数})$$

となる 点 $\mathrm{P}(x, y, z)$ の全体は一般に曲面をつくる．これをスカラー場 f の**等位面**という．

● ベクトル場の流線 ●　ベクトル場 $\boldsymbol{F}$ に対し，曲線 $C : \boldsymbol{r} = \boldsymbol{r}(t) = x(t)\boldsymbol{i}+y(t)\boldsymbol{j}+z(t)\boldsymbol{k}$ の各点における接線ベクトルが $\boldsymbol{F}(x(t), y(t), z(t))$ に平行であるとき，C をベクトル場 $\boldsymbol{F}$ の**流線**という．$\boldsymbol{F}(x, y, z) = F_1(x, y, z)\boldsymbol{i} + F_2(x, y, z)\boldsymbol{j} + F_3(x, y, z)\boldsymbol{k}$ のとき，流線は微分方程式

$$\frac{\dfrac{dx}{dt}}{F_1} = \frac{\dfrac{dy}{dt}}{F_2} = \frac{\dfrac{dz}{dt}}{F_3}$$

あるいは

$$\frac{dx}{F_1} = \frac{dy}{F_2} = \frac{dz}{F_3} \tag{4.1}$$

で決定される．流線は $\boldsymbol{F}$ の方向を表している．$\boldsymbol{F}(x, y, z) \neq \boldsymbol{0}$ なる点 (x, y, z) では，この点を必ず 1 本の流線が通っている．また，このような点を通過する流線は交わらない．$\boldsymbol{F}(x, y, z) = \boldsymbol{0}$ なる点では，この点を通る流線は 1 本とは限らない．

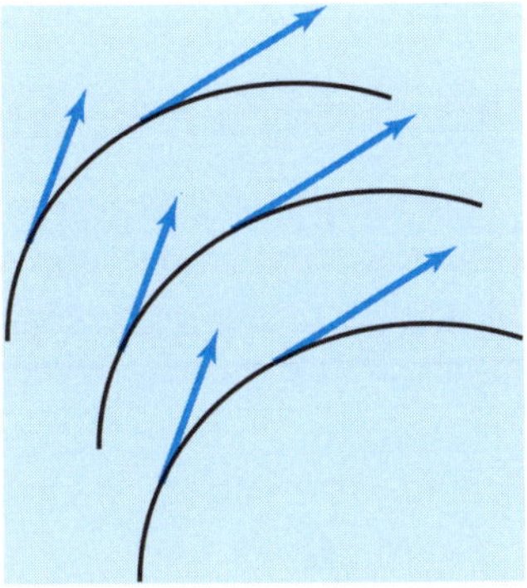

例題 1 **等位面・流線 (1)**

(1) スカラー場 $f(x,y) = x + 2y - 3z$ の等位面を求めよ．

(2) スカラー場 $f(x,y) = \dfrac{2y - 3z}{y + z}$ の等位面を求めよ．

(3) ベクトル場 $\boldsymbol{F} = x\boldsymbol{i} + y\boldsymbol{j} + z\boldsymbol{k}$ の流線を求めよ．

解答 (1) $f(x,y) = c$ より，$x + 2y - 3z = c$ となる．したがって等位面は平面である．c が変化しても平面の法線ベクトルは変化しないから，すべての等位面は互いに平行である．

(2) $f(x,y) = c$ より，$2y - 3z = c(y + z)$．すなわち

$$(2 - c)y - (3 + c)z = 0$$

これは x 軸を含む平面であり，c が変化すると x 軸のまわりに回転する．

(3) 式 (4.1) より

$$\frac{dx}{x} = \frac{dy}{y} = \frac{dz}{z}$$

を解けばよい．

$\dfrac{dy}{y} = \dfrac{dx}{x}$ を積分して $\log|y| = \log|x| + c = \log|e^c x|$ となり，したがって $y = c_1 x$ を得る．同様に $\dfrac{dz}{z} = \dfrac{dx}{x}$ より $z = c_2 x$ となる．すなわち

$$\frac{x}{1} = \frac{y}{c_1} = \frac{z}{c_2}$$

であるから，流線は原点を通る直線である．

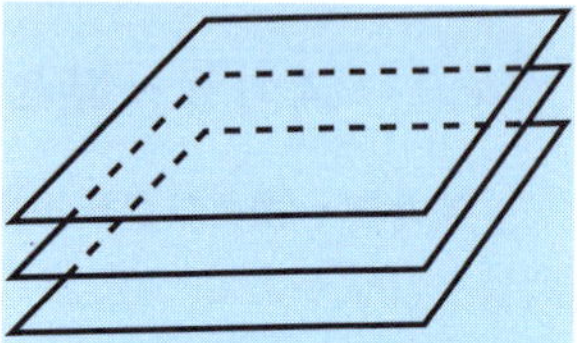

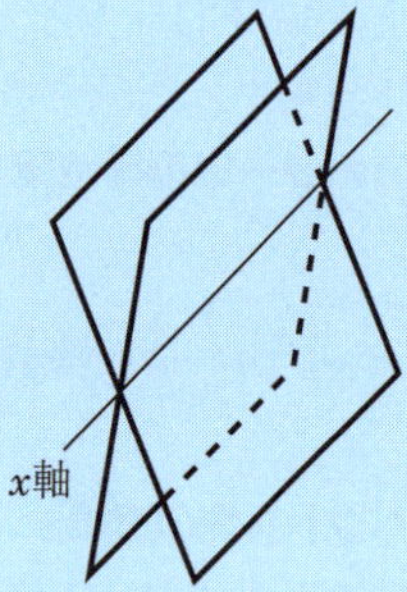

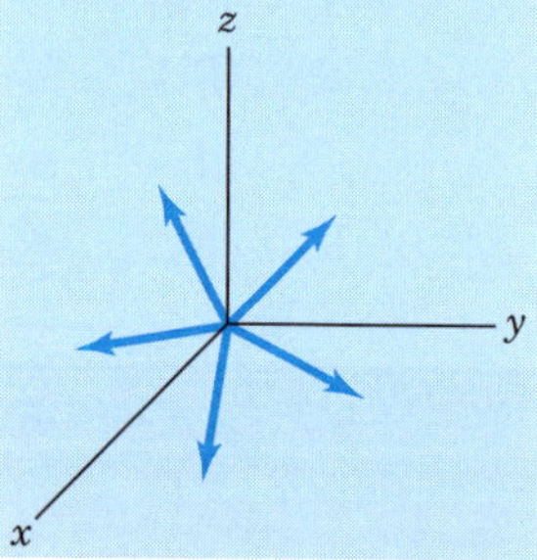

問 題

1.1 スカラー場 $f(x,y) = \dfrac{x + 2y - 3z}{x + y + z}$ の等位面を求めよ．

1.2 ベクトル場 $\boldsymbol{F} = x^2\boldsymbol{i} + y^2\boldsymbol{j} + z^2\boldsymbol{k}$ の流線を求めよ．

例題 2　　**等位面・流線 (2)**

(1)　スカラー場 $f(x,y)=\dfrac{x^2+2y^2-1}{x^2+y^2}$ の等位面を求めよ．

(2)　ベクトル場 $\boldsymbol{F}=-y\boldsymbol{i}+x\boldsymbol{j}$ を図示し，その流線を求めよ．

解答　(1)　$f(x,y)=c$ とおくと，$x^2+2y^2-1=c(x^2+y^2)$ すなわち

$$(1-c)x^2+(2-c)y^2=1$$

したがって等位面は次の 4 つの場合にわけられる．

(i)　$c<1$ の場合
　$1-c>0,\ 2-c>0$ だから楕円柱面である．

(ii)　$c=1$ の場合
　$y^2=1$ より $y=\pm 1$，これは平面である．

(iii)　$1<c<2$ の場合
　$1-c<0,\ 2-c>0$ だから双曲柱面である．

(iv)　$2\leqq c$ の場合
　$1-c<0,\ 2-c\leqq 0$ だから，これを満たす x,y は存在しない．

(2)　式 (4.1) より

$$\frac{dx}{-y}=\frac{dy}{x}$$

を解けばよい．$y\,dy=-x\,dx$ より

$$\int y\,dy=\int -x\,dx$$

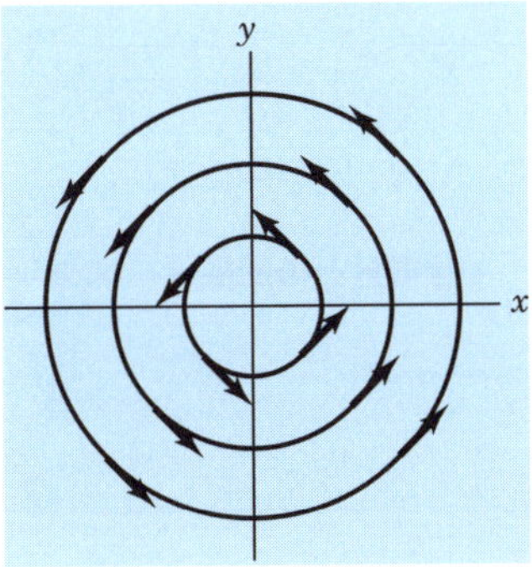

これより，$\dfrac{y^2}{2}=-\dfrac{x^2}{2}+c$，すなわち $x^2+y^2=2c$．よって流線は原点 O を中心とする同心円群である．また，$\boldsymbol{r}=x\boldsymbol{i}+y\boldsymbol{j}$ とすると，$\boldsymbol{r}\cdot\boldsymbol{F}=0$ より $\boldsymbol{F}$ は $\boldsymbol{r}$ と直交し，$\boldsymbol{r}\times\boldsymbol{F}=(x^2+y^2)\boldsymbol{k}$ より向きは図のようになることがわかる．

問　題

2.1　次のベクトル場の流線を求めよ．

(1)　$\boldsymbol{F}=x^2\boldsymbol{i}-xy\boldsymbol{j}-y^2\boldsymbol{k}$

(2)　$\boldsymbol{F}=x\boldsymbol{i}-y\boldsymbol{j}+2z\boldsymbol{k}$

4.2 スカラー場の微分と勾配ベクトル

● スカラー場の勾配 ●　スカラー場 $f(x,y,z)$ に対し，

$$\text{grad } f = \frac{\partial f}{\partial x}\boldsymbol{i} + \frac{\partial f}{\partial y}\boldsymbol{j} + \frac{\partial f}{\partial z}\boldsymbol{k} \tag{4.2}$$

を f の**勾配**という．勾配はベクトル場である．勾配は f の値の変化の様子を表している．f の値の変化が最も大きくなるのが勾配ベクトルの方向である．

● ハミルトン演算子 ●

$$\nabla = \boldsymbol{i}\frac{\partial}{\partial x} + \boldsymbol{j}\frac{\partial}{\partial y} + \boldsymbol{k}\frac{\partial}{\partial z} \tag{4.3}$$

で定義される演算子を**ハミルトン演算子**という．∇ は**ナブラ**と読む．これを用いると，スカラー場 $f(x,y,z)$ の勾配は

$$\nabla f = \text{grad } f$$

と形式的に表すことができる．∇ は 1 変数スカラー関数の微分と同様の性質をもつ．

公式 1　f, g をスカラー場，c を定数，φ をスカラー関数とすると

$$\nabla(f+g) = \nabla f + \nabla g \tag{4.4}$$

$$\nabla(cf) = c\nabla f \tag{4.5}$$

$$\nabla(fg) = (\nabla f)g + f(\nabla g) \tag{4.6}$$

$$\nabla\left(\frac{f}{g}\right) = \frac{(\nabla f)g - f(\nabla g)}{g^2} \tag{4.7}$$

$$\nabla(\varphi(f)) = \varphi'(f)\nabla f \tag{4.8}$$

● 全微分との関係 ●　スカラー場 f の全微分 df は

$$df = \frac{\partial f}{\partial x}dx + \frac{\partial f}{\partial y}dy + \frac{\partial f}{\partial z}dz$$

であった．$\boldsymbol{r} = x\boldsymbol{i} + y\boldsymbol{j} + z\boldsymbol{k}$ を位置ベクトルとすれば ($d\boldsymbol{r} = dx\boldsymbol{i} + dy\boldsymbol{j} + dz\boldsymbol{k}$ だから)，これを

$$df = (\nabla f)\cdot d\boldsymbol{r}$$

と表すこともできる．

● ポテンシャル ●　ベクトル場 $\boldsymbol{F}(x,y,z)$ に対し，

$$\boldsymbol{F} = -\nabla f$$

を満たすスカラー場 $f(x,y,z)$ が存在するとき，ベクトル場 $\boldsymbol{F}(x,y,z)$ は**ポテンシャルをもつ**といい，f を $\boldsymbol{F}$ の**スカラー・ポテンシャル**という．

● 等位面の法線 ●　スカラー場 $f(x,y,z)$ の等位面 $f(x,y,z)=c$ 上の点 A において，勾配 ∇f は等位面に垂直であるから (例題 6 参照)

$$\boldsymbol{n} = \frac{\nabla f}{|\nabla f|}$$

は単位法線ベクトルである．A の位置ベクトルを $\boldsymbol{a}$，等位面の A における接平面上の点の位置ベクトルを $\boldsymbol{r}$ とすると

$$\nabla f \cdot (\boldsymbol{r} - \boldsymbol{a}) = 0$$

は接平面の方程式である．

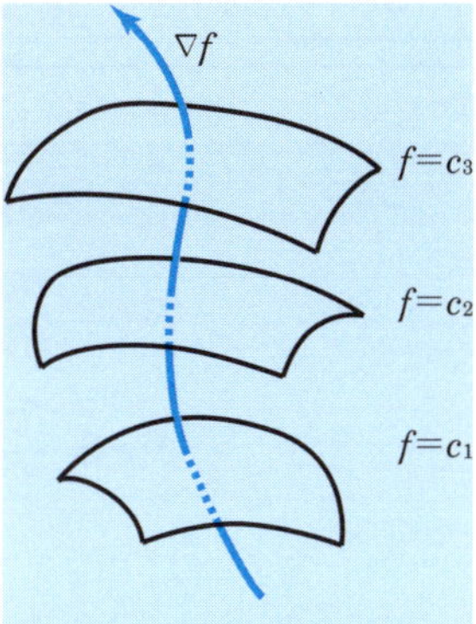

● 方向微分係数 ●　$f(x,y,z)$ をスカラー場とする．単位ベクトル $\boldsymbol{a}=l\boldsymbol{i}+m\boldsymbol{j}+n\boldsymbol{k}$　$(l^2+m^2+n^2=1)$ と定点 $\mathrm{P}(x,y,z)$ が与えられたとき，動点 P' を

$$\overrightarrow{\mathrm{PP}'} = (\Delta s)\boldsymbol{a}$$

で決めると

$$\frac{\partial f}{\partial s} = \lim_{\Delta s \to 0} \frac{f(\mathrm{P}') - f(\mathrm{P})}{\Delta s}$$

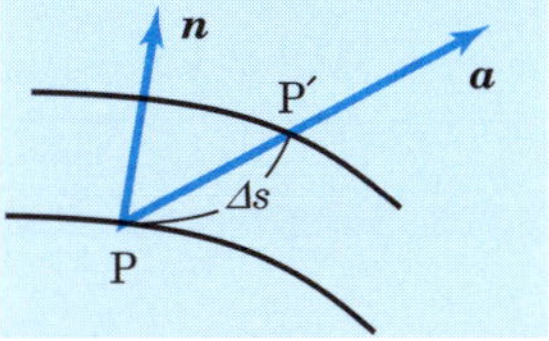

は f の $\boldsymbol{a}$ 方向への変化率を表している．さらに，

$$\frac{\partial f}{\partial s} = l\frac{\partial f}{\partial x} + m\frac{\partial f}{\partial y} + n\frac{\partial f}{\partial z} = \boldsymbol{a}\cdot\nabla f$$

となる．これを f の $\boldsymbol{a}$ の方向への**方向微分係数**という．特に，等位面の単位法線ベクトル n の方向への方向微分係数を $\dfrac{\partial f}{\partial n}$ と書く．

$$\frac{\partial f}{\partial n} = \boldsymbol{n}\cdot\nabla f, \quad \nabla f = \frac{\partial f}{\partial n}\boldsymbol{n}$$

である．$\boldsymbol{a}$ と ∇f のなす角を θ とすれば，$\boldsymbol{a}\cdot\nabla f = \cos\theta$ であるから，f の変化率は等位面の法線ベクトル方向が最も大きい．

例題 3 **grad $\boldsymbol{f}$**

（1） $\nabla x = \boldsymbol{i}$, $\nabla y = \boldsymbol{j}$, $\nabla z = \boldsymbol{k}$ を示せ.

（2） $f(x,y,z) = xz^3 - x^4y$ について点 $(1,-1,2)$ における勾配を求めよ.

解答 （1）

$$\nabla x = \frac{\partial x}{\partial x}\boldsymbol{i} + \frac{\partial x}{\partial y}\boldsymbol{j} + \frac{\partial x}{\partial z}\boldsymbol{k} = 1\boldsymbol{i} + 0\boldsymbol{j} + 0\boldsymbol{k} = \boldsymbol{i}$$

$$\nabla y = \frac{\partial y}{\partial x}\boldsymbol{i} + \frac{\partial y}{\partial y}\boldsymbol{j} + \frac{\partial y}{\partial z}\boldsymbol{k} = 0\boldsymbol{i} + 1\boldsymbol{j} + 0\boldsymbol{k} = \boldsymbol{j}$$

$$\nabla z = \frac{\partial z}{\partial x}\boldsymbol{i} + \frac{\partial z}{\partial y}\boldsymbol{j} + \frac{\partial z}{\partial z}\boldsymbol{k} = 0\boldsymbol{i} + 0\boldsymbol{j} + 1\boldsymbol{k} = \boldsymbol{k}$$

（2）

$$\begin{aligned}\nabla f &= \boldsymbol{i}\frac{\partial}{\partial x}(xz^3 - x^4y) + \boldsymbol{j}\frac{\partial}{\partial y}(xz^3 - x^4y) + \boldsymbol{k}\frac{\partial}{\partial z}(xz^3 - x^4y)\\ &= (z^3 - 4x^3y)\boldsymbol{i} - x^4\boldsymbol{j} + 3xz^2\boldsymbol{k}\end{aligned}$$

であるから，点 $(1,-1,2)$ においては

$$\nabla f = \Big(2^3 - 4\cdot 1^3\cdot(-1)\Big)\boldsymbol{i} - 1^4\boldsymbol{j} + 3\cdot 1\cdot 2^2\boldsymbol{k} = 12\boldsymbol{i} - \boldsymbol{j} + 12\boldsymbol{k}$$

問　題

3.1 $u(x,y,z)$, $v(x,y,z)$ をスカラー場とし,

$$\frac{\partial(u,v)}{\partial(y,z)} = \begin{vmatrix} u_y & u_z \\ v_y & v_z \end{vmatrix}, \quad \frac{\partial(u,v)}{\partial(z,x)} = \begin{vmatrix} u_z & u_x \\ v_z & v_x \end{vmatrix}, \quad \frac{\partial(u,v)}{\partial(x,y)} = \begin{vmatrix} u_x & u_y \\ v_x & v_y \end{vmatrix}$$

をヤコビアンとするとき，次を示せ.

$$\nabla u \times \nabla v = \frac{\partial(u,v)}{\partial(y,z)}\boldsymbol{i} + \frac{\partial(u,v)}{\partial(z,x)}\boldsymbol{j} + \frac{\partial(u,v)}{\partial(x,y)}\boldsymbol{k}$$

3.2 f を u,v,w の関数とし，u,v,w を x,y,z の関数とする.

（1） f を x,y,z の関数とみたとき，f の勾配は

$$\nabla f = \frac{\partial f}{\partial u}\nabla u + \frac{\partial f}{\partial v}\nabla v + \frac{\partial f}{\partial w}\nabla w$$

となることを示せ.

（2） $f(u,v,w) = 0$ ならば $(\nabla u,\ \nabla v,\ \nabla w) = 0$ となることを示せ.

例題 4　　　　　　　　　　　　　　　　　　　　　　　　**方向微分係数 (1)**

$\boldsymbol{r} = x\boldsymbol{i} + y\boldsymbol{j} + z\boldsymbol{k}$, $r = |\boldsymbol{r}|$ とするとき，次を示せ．

(1)　$\nabla r^n = nr^{n-2}\boldsymbol{r}$　　$(n = \pm 1, \pm 2, \cdots)$

(2)　$\dfrac{\partial r}{\partial n} = 1$　　(3)　$\dfrac{\partial}{\partial n}\left(\dfrac{1}{r}\right) = \dfrac{1}{r^2}$

解答　(1)　$\nabla(\varphi(f)) = \varphi'(f)\nabla f$ を利用する．

$$\begin{aligned}\nabla r &= \nabla\sqrt{x^2+y^2+z^2}\\ &= \frac{x}{\sqrt{x^2+y^2+z^2}}\boldsymbol{i} + \frac{y}{\sqrt{x^2+y^2+z^2}}\boldsymbol{j} + \frac{z}{\sqrt{x^2+y^2+z^2}}\boldsymbol{k}\\ &= \frac{\boldsymbol{r}}{r}\end{aligned}$$

よって，$\varphi(f) = f^n$，$f = r$ と考えれば

$$\nabla r^n = \frac{dr^n}{dr}\nabla r = nr^{n-1}\frac{\boldsymbol{r}}{r} = nr^{n-2}\boldsymbol{r}$$

(2)　(1)より $\nabla r = \dfrac{\boldsymbol{r}}{r}$ で $\left|\dfrac{\boldsymbol{r}}{r}\right| = 1$ だから，単位法線ベクトル $\boldsymbol{n}$ は

$$\boldsymbol{n} = \frac{\nabla r}{|\nabla r|} = \frac{\boldsymbol{r}}{r}$$

$$\therefore\quad \frac{\partial r}{\partial n} = \boldsymbol{n}\cdot\nabla r = \frac{\boldsymbol{r}}{r}\cdot\frac{\boldsymbol{r}}{r} = \frac{|\boldsymbol{r}|^2}{r^2} = 1$$

(3)　(1)より $\nabla\left(\dfrac{1}{r}\right) = -\dfrac{\boldsymbol{r}}{r^3}$ で $\left|\dfrac{\boldsymbol{r}}{r^3}\right| = \dfrac{1}{r^2}$ だから，$\boldsymbol{n} = r^2\left(-\dfrac{\boldsymbol{r}}{r^3}\right) = -\dfrac{\boldsymbol{r}}{r}$.
よって

$$\frac{\partial}{\partial n}\left(\frac{1}{r}\right) = \boldsymbol{n}\cdot\nabla\left(\frac{1}{r}\right) = \left(-\frac{\boldsymbol{r}}{r}\right)\cdot\left(-\frac{\boldsymbol{r}}{r^3}\right) = \frac{|\boldsymbol{r}|^2}{r^4} = \frac{1}{r^2}$$

問　題

4.1　$\boldsymbol{r} = x\boldsymbol{i} + y\boldsymbol{j} + z\boldsymbol{k}$, $r = |\boldsymbol{r}|$ とするとき，次の勾配を求めよ．

(1)　$\log r$　　(2)　$\dfrac{e^{-r}}{r}$　　(3)　r^2e^{-r}

4.2　$f(x, y, z) = 4xz^3 - 3xyz$ の，点 $(1, 2, 1)$ における $6\boldsymbol{i} - 3\boldsymbol{j} + 2\boldsymbol{k}$ 方向の方向微分係数を求めよ．

例題 5 **方向微分係数 (2)**

曲線 $x^2y + y^2x + z^2y = 3$ 上の点 P$(0, 3, 1)$ において，次のものを求めよ．

(1) 単位法線ベクトル $\boldsymbol{n}$

(2) 接平面

(3) 法線方向に対する $g(x, y, z) = xyz$ の方向微分係数

解答 $f(x, y, z) = x^2y + y^2x + z^2y$ とおく．

(1) f の等位面 $f(x, y, z) = 3$ における単位法線ベクトルを求めればよい．

$$\nabla f = \frac{\partial f}{\partial x}\boldsymbol{i} + \frac{\partial f}{\partial y}\boldsymbol{j} + \frac{\partial f}{\partial z}\boldsymbol{k} = (2xy + y^2)\boldsymbol{i} + (x^2 + 2xy + z^2)\boldsymbol{j} + 2yz\boldsymbol{k}$$

であるから，点 $(0, 3, 1)$ においては

$$\nabla f = 9\boldsymbol{i} + \boldsymbol{j} + 6\boldsymbol{k}, \quad |\nabla f| = \sqrt{9^2 + 1^2 + 6^2} = \sqrt{118}$$

$$\therefore \quad \boldsymbol{n} = \frac{\nabla f}{|\nabla f|} = \frac{1}{\sqrt{118}}(9\boldsymbol{i} + \boldsymbol{j} + 6\boldsymbol{k})$$

(2) 接平面上の点の位置ベクトルを $\boldsymbol{r} = x\boldsymbol{i} + y\boldsymbol{j} + z\boldsymbol{k}$ ，点 P の位置ベクトルを $\boldsymbol{a} = 3\boldsymbol{j} + \boldsymbol{k}$ とすれば，接平面のベクトル方程式は

$$\begin{aligned} \nabla f \cdot (\boldsymbol{r} - \boldsymbol{a}) &= (9\boldsymbol{i} + \boldsymbol{j} + 6\boldsymbol{k}) \cdot (x\boldsymbol{i} + (y - 3)\boldsymbol{j} + (z - 1)\boldsymbol{k}) \\ &= 9x + (y - 3) + 6(z - 1) = 0 \end{aligned}$$

よって $9x + y + 6z = 9$ が接平面である．

(3) $\nabla g = yz\boldsymbol{i} + xz\boldsymbol{j} + xy\boldsymbol{k}$ であるから，点 P においては $\nabla g = 3\boldsymbol{i}$ である．よって求める方向微分係数は

$$\boldsymbol{n} \cdot \nabla g = \frac{1}{\sqrt{118}}(9\boldsymbol{i} + \boldsymbol{j} + 6\boldsymbol{k}) \cdot 3\boldsymbol{i} = \frac{27}{\sqrt{118}}$$

問　題

5.1 曲面 $x^2y + 2xz = 4$ 上の点 $(2, -2, 3)$ における単位法線ベクトルとその点における接平面を求めよ．

5.2 曲面 $x^2y + y^2z + z^2x = 1$ 上の点 $(-2, 1, -1)$ において，単位法線ベクトルと $\boldsymbol{a} = \boldsymbol{i} - 2\boldsymbol{j} + 2\boldsymbol{k}$ 方向の方向微分係数を求めよ．

5.3 $f(x, y, z) = x^2y + y^2z - xyz$ について，点 P$(1, 2, 3)$ における P の位置ベクトルと同じ方向の方向微分係数を求めよ．また P における方向微分係数の最大値を求めよ．

例題 6　　**勾配の意味**

（1）　点 (x, y, z) の位置ベクトルを $\boldsymbol{r}$ とするとき，スカラー場 f に対して

$$df = (\nabla f) \cdot d\boldsymbol{r} = (d\boldsymbol{r} \cdot \nabla) f$$

を示せ．

（2）　スカラー場 f の勾配 ∇f は等位面 $f(x, y, z) = c$ に垂直であることを示せ．

解答　（1）　$\boldsymbol{r} = x\boldsymbol{i} + y\boldsymbol{j} + z\boldsymbol{k}$ であるから，

$$\begin{aligned}(\nabla f) \cdot d\boldsymbol{r} &= \left(\frac{\partial f}{\partial x}\boldsymbol{i} + \frac{\partial f}{\partial y}\boldsymbol{j} + \frac{\partial f}{\partial z}\boldsymbol{k}\right) \cdot (dx\boldsymbol{i} + dy\boldsymbol{j} + dz\boldsymbol{k}) \\ &= \frac{\partial f}{\partial x}dx + \frac{\partial f}{\partial y}dy + \frac{\partial f}{\partial z}dz = df \\ (d\boldsymbol{r} \cdot \nabla) f &= \left((dx\boldsymbol{i} + dy\boldsymbol{j} + dz\boldsymbol{k}) \cdot \left(\boldsymbol{i}\frac{\partial}{\partial x} + \boldsymbol{j}\frac{\partial}{\partial y} + \boldsymbol{k}\frac{\partial}{\partial z}\right)\right) f \\ &= \left(dx\frac{\partial}{\partial x} + dy\frac{\partial}{\partial y} + dz\frac{\partial}{\partial z}\right) f \\ &= \frac{\partial f}{\partial x}dx + \frac{\partial f}{\partial y}dy + \frac{\partial f}{\partial z}dz = df\end{aligned}$$

（2）　曲面 $f(x, y, z) = c$ 上の十分近い点 $\mathrm{P}(x, y, z)$, $\mathrm{Q}(x + dx, y + dy, z + dz)$ をとり，$d\boldsymbol{r} = \overrightarrow{\mathrm{PQ}} = dx\boldsymbol{i} + dy\boldsymbol{j} + dz\boldsymbol{k}$ とおけば，$d\boldsymbol{r}$ は曲面に接する．

$$\begin{aligned}df &= \frac{\partial f}{\partial x}dx + \frac{\partial f}{\partial y}dy + \frac{\partial f}{\partial z}dz \\ &= f(x + dx, y + dy, z + dz) - f(x, y, z) \\ &= c - c = 0\end{aligned}$$

だから，(1) より $(\nabla f) \cdot d\boldsymbol{r} = 0$ すなわち ∇f は $d\boldsymbol{r}$ に垂直である．$d\boldsymbol{r}$ の向きは P で曲面に接する任意の向きにとれるから，∇f は P において曲面に垂直である．

問　題

6.1　$\nabla f = \boldsymbol{0}$ を満たすスカラー場 f は定数であることを示せ．

6.2　点 (x, y, z) の位置ベクトルを $\boldsymbol{r}$ とし，f を x, y, z, t のスカラー関数とするとき，$df = (d\boldsymbol{r} \cdot \nabla) f + \dfrac{\partial f}{\partial t}dt$ となることを示せ．

4.3 ベクトル場の発散と回転

● ベクトル場の発散 ●　ベクトル場 $\boldsymbol{F}(x,y,z) = F_1(x,y,z)\boldsymbol{i} + F_2(x,y,z)\boldsymbol{j} + F_3(x,y,z)\boldsymbol{k}$ に対し，

$$\operatorname{div}\boldsymbol{F} = \frac{\partial F_1}{\partial x} + \frac{\partial F_2}{\partial y} + \frac{\partial F_3}{\partial z} \tag{4.9}$$

を $\boldsymbol{F}$ の発散という．発散はスカラー場である．$\boldsymbol{F}$ が水などの流れを表している場合，$\operatorname{div}\boldsymbol{F} > 0$ はその点で流れが湧き出していることを，$\operatorname{div}\boldsymbol{F} < 0$ はその点で流れが消滅していることを意味する．$\operatorname{div}\boldsymbol{F} = 0$ である点では湧き出しも消滅もない．

● ハミルトン演算子による表現 ●　ハミルトン演算子

$$\nabla = \frac{\partial}{\partial x}\boldsymbol{i} + \frac{\partial}{\partial y}\boldsymbol{j} + \frac{\partial}{\partial z}\boldsymbol{k}$$

とベクトル場 $\boldsymbol{F} = F_1\boldsymbol{i} + F_2\boldsymbol{j} + F_3\boldsymbol{k}$ の形式的な内積を考えると

$$\nabla\cdot\boldsymbol{F} = \left(\frac{\partial}{\partial x}\boldsymbol{i} + \frac{\partial}{\partial y}\boldsymbol{j} + \frac{\partial}{\partial z}\boldsymbol{k}\right)\cdot\left(F_1\boldsymbol{i} + F_2\boldsymbol{j} + F_3\boldsymbol{k}\right) = \frac{\partial F_1}{\partial x} + \frac{\partial F_2}{\partial y} + \frac{\partial F_3}{\partial z}$$

であるから，発散は

$$\operatorname{div}\boldsymbol{F} = \nabla\cdot\boldsymbol{F}$$

と書くこともできる．発散に対しても勾配と似た次の公式が成り立つ．

公式 2　$\boldsymbol{F}, \boldsymbol{G}$ をベクトル場，f をスカラー場，k を定数とすると

$$\nabla\cdot(\boldsymbol{F}+\boldsymbol{G}) = \nabla\cdot\boldsymbol{F} + \nabla\cdot\boldsymbol{G} \tag{4.10}$$

$$\nabla\cdot(k\boldsymbol{F}) = k\nabla\cdot\boldsymbol{F} \tag{4.11}$$

$$\nabla\cdot(f\boldsymbol{F}) = (\nabla f)\cdot\boldsymbol{F} + f(\nabla\cdot\boldsymbol{F}) \tag{4.12}$$

注意　$\boldsymbol{F}\cdot\nabla$ と $\nabla\cdot\boldsymbol{F}$ は異なる．$\boldsymbol{F}\cdot\nabla$ は次の意味の演算子になる．

$$\boldsymbol{F}\cdot\nabla = F_1\frac{\partial}{\partial x} + F_2\frac{\partial}{\partial y} + F_3\frac{\partial}{\partial z}$$

● ラプラスの演算子 ●　スカラー場 $f(x,y,z)$ に対し，勾配 ∇f の発散

$$\begin{aligned}\operatorname{div}(\nabla f) &= \nabla\cdot(\nabla f)\\ &= \left(\frac{\partial}{\partial x}\boldsymbol{i} + \frac{\partial}{\partial y}\boldsymbol{j} + \frac{\partial}{\partial z}\boldsymbol{k}\right)\cdot\left(\frac{\partial f}{\partial x}\boldsymbol{i} + \frac{\partial f}{\partial y}\boldsymbol{j} + \frac{\partial f}{\partial z}\boldsymbol{k}\right)\\ &= \frac{\partial^2 f}{\partial x^2} + \frac{\partial^2 f}{\partial y^2} + \frac{\partial^2 f}{\partial z^2}\end{aligned}$$

を $\nabla^2 f$ または Δf と書く．

$$\nabla^2 = \Delta = \frac{\partial^2}{\partial x^2} + \frac{\partial^2}{\partial y^2} + \frac{\partial^2}{\partial z^2}$$

を**ラプラスの演算子**という．Δ は**ラプラシアン**または**デルタ**と読む．$\Delta f = 0$ を満たす関数 f を**調和関数**という．

Δ をベクトル場 $\boldsymbol{F} = F_1\boldsymbol{i} + F_2\boldsymbol{j} + F_3\boldsymbol{k}$ に作用させるときは，

$$\Delta\boldsymbol{F} = (\Delta F_1)\boldsymbol{i} + (\Delta F_2)\boldsymbol{j} + (\Delta F_3)\boldsymbol{k}$$

と約束する．

● ベクトル場の回転 ●　ベクトル場 $\boldsymbol{F} = F_1\boldsymbol{i} + F_2\boldsymbol{j} + F_3\boldsymbol{k}$ に対し，

$$\operatorname{rot}\boldsymbol{F} = \left(\frac{\partial F_3}{\partial y} - \frac{\partial F_2}{\partial z}\right)\boldsymbol{i} + \left(\frac{\partial F_1}{\partial z} - \frac{\partial F_3}{\partial x}\right)\boldsymbol{j} + \left(\frac{\partial F_2}{\partial x} - \frac{\partial F_1}{\partial y}\right)\boldsymbol{k} \tag{4.13}$$

を $\boldsymbol{F}$ の**回転**という．回転はベクトル場である．ハミルトン演算子を用いると

$$\operatorname{rot}\boldsymbol{F} = \nabla \times \boldsymbol{F} = \begin{vmatrix} \boldsymbol{i} & \boldsymbol{j} & \boldsymbol{k} \\ \dfrac{\partial}{\partial x} & \dfrac{\partial}{\partial y} & \dfrac{\partial}{\partial z} \\ F_1 & F_2 & F_3 \end{vmatrix} \tag{4.14}$$

と表すことができる．回転に関しては次の公式が成り立つ．

公式 3　$\boldsymbol{F}, \boldsymbol{G}$ をベクトル場，f をスカラー場，k を定数とすると

$$\operatorname{rot}(\boldsymbol{F} + \boldsymbol{G}) = \operatorname{rot}\boldsymbol{F} + \operatorname{rot}\boldsymbol{G} \tag{4.15}$$

$$\operatorname{rot}(k\boldsymbol{F}) = k(\operatorname{rot}\boldsymbol{F}) \tag{4.16}$$

$$\operatorname{rot}(f\boldsymbol{F}) = (\nabla f) \times \boldsymbol{F} + f(\operatorname{rot}\boldsymbol{F}) \tag{4.17}$$

● ポテンシャル ●　ベクトル場 $\boldsymbol{F}$ に対し，

$$\boldsymbol{F} = -\operatorname{grad} f$$

を満たすスカラー場 f が存在するとき，$\boldsymbol{F}$ はスカラー・ポテンシャル f をもつといった．同様に

$$\boldsymbol{F} = \operatorname{rot}\boldsymbol{f}$$

を満たすベクトル場 $\boldsymbol{f}$ が存在するとき，$\boldsymbol{F}$ は**ベクトル・ポテンシャル** $\boldsymbol{f}$ をもつという．

$$\boldsymbol{F} \text{ がスカラー・ポテンシャルをもつ} \iff \operatorname{rot}\boldsymbol{F} = \boldsymbol{0}$$

$$\boldsymbol{F} \text{ がベクトル・ポテンシャルをもつ} \iff \operatorname{div}\boldsymbol{F} = 0$$

例題 7 **発散**

(1) $\boldsymbol{F}(x,y,z)$ をベクトル場，$f(x,y,z)$ をスカラー場とするとき，

$$\nabla\cdot(f\boldsymbol{F}) = (\nabla f)\cdot\boldsymbol{F} + f(\nabla\cdot\boldsymbol{F})$$

を示せ．

(2) 点 (x,y,z) の位置ベクトルを $\boldsymbol{r}$ とし，$r = |\boldsymbol{r}|$ とするとき，

$$\nabla\cdot\left(\frac{\boldsymbol{r}}{r}\right),\quad \nabla\cdot\left(\frac{\boldsymbol{r}}{r^3}\right)$$

を計算せよ．

解答 (1) $\boldsymbol{F} = F_1\boldsymbol{i} + F_2\boldsymbol{j} + F_3\boldsymbol{k}$ とすると，$f\boldsymbol{F} = fF_1\boldsymbol{i} + fF_2\boldsymbol{j} + fF_3\boldsymbol{k}$ だから

$$\begin{aligned}\nabla\cdot(f\boldsymbol{F}) &= \frac{\partial}{\partial x}(fF_1) + \frac{\partial}{\partial y}(fF_2) + \frac{\partial}{\partial z}(fF_3)\\ &= \left(\frac{\partial f}{\partial x}F_1 + f\frac{\partial F_1}{\partial x}\right) + \left(\frac{\partial f}{\partial y}F_2 + f\frac{\partial F_2}{\partial y}\right) + \left(\frac{\partial f}{\partial z}F_3 + f\frac{\partial F_3}{\partial z}\right)\\ &= \left(\frac{\partial f}{\partial x}F_1 + \frac{\partial f}{\partial y}F_2 + \frac{\partial f}{\partial z}F_3\right) + f\left(\frac{\partial F_1}{\partial x} + \frac{\partial F_2}{\partial y} + \frac{\partial F_3}{\partial z}\right)\\ &= (\nabla f)\cdot\boldsymbol{F} + f(\nabla\cdot\boldsymbol{F})\end{aligned}$$

(2) $\boldsymbol{r} = x\boldsymbol{i} + y\boldsymbol{j} + z\boldsymbol{k}$ だから，(1) と例題 4 の (1) を使うと，

$$\begin{aligned}\nabla\cdot\left(\frac{\boldsymbol{r}}{r}\right) &= \left(\nabla\frac{1}{r}\right)\cdot\boldsymbol{r} + \frac{1}{r}(\nabla\cdot\boldsymbol{r}) = -\frac{\boldsymbol{r}}{r^3}\cdot\boldsymbol{r} + \frac{1}{r}\left(\frac{\partial x}{\partial x} + \frac{\partial y}{\partial y} + \frac{\partial z}{\partial z}\right)\\ &= -\frac{r^2}{r^3} + \frac{3}{r} = \frac{2}{r}\end{aligned}$$

$$\begin{aligned}\nabla\cdot\left(\frac{\boldsymbol{r}}{r^3}\right) &= \left(\nabla\frac{1}{r^3}\right)\cdot\boldsymbol{r} + \frac{1}{r^3}(\nabla\cdot\boldsymbol{r}) = -\frac{3\boldsymbol{r}}{r^5}\cdot\boldsymbol{r} + \frac{1}{r^3}\left(\frac{\partial x}{\partial x} + \frac{\partial y}{\partial y} + \frac{\partial z}{\partial z}\right)\\ &= -\frac{3r^2}{r^5} + \frac{3}{r^3} = 0\end{aligned}$$

問 題

7.1 次のベクトル場の $(1,-1,1)$ における発散の値を求めよ．

(1) $\boldsymbol{F} = (x^2+yz)\boldsymbol{i} + (y^2+zx)\boldsymbol{j} + (z^2+xy)\boldsymbol{k}$

(2) $\boldsymbol{F} = 2x^2z\boldsymbol{i} - xy^2z\boldsymbol{j} + 3yz^2\boldsymbol{k}$

7.2 ベクトル場 $\boldsymbol{F} = (x+3y)\boldsymbol{i} + (y-2z)\boldsymbol{j} + (x+az)\boldsymbol{k}$ の発散が至るところで 0 になるように定数 a を定めよ．

例題 8 **div と rot**

ベクトル場 $\boldsymbol{F}(x,y,z)=x^2y\boldsymbol{i}-2xz\boldsymbol{j}+2yz\boldsymbol{k}$ について，

$$\mathrm{div}\,\boldsymbol{F},\quad \mathrm{rot}\,\boldsymbol{F},\quad \mathrm{rot}\,(\mathrm{rot}\,\boldsymbol{F})$$

を求めよ．

解答

$$\mathrm{div}\,\boldsymbol{F}=\frac{\partial}{\partial x}\left(x^2y\right)+\frac{\partial}{\partial y}(-2xz)+\frac{\partial}{\partial z}(2yz)=2xy+2y$$

$$\mathrm{rot}\,\boldsymbol{F}=\begin{vmatrix}\boldsymbol{i}&\boldsymbol{j}&\boldsymbol{k}\\ \dfrac{\partial}{\partial x}&\dfrac{\partial}{\partial y}&\dfrac{\partial}{\partial z}\\ x^2y&-2xz&2yz\end{vmatrix}$$

$$=\begin{vmatrix}\dfrac{\partial}{\partial y}&\dfrac{\partial}{\partial z}\\ -2xz&2yz\end{vmatrix}\boldsymbol{i}+\begin{vmatrix}\dfrac{\partial}{\partial z}&\dfrac{\partial}{\partial x}\\ 2yz&x^2y\end{vmatrix}\boldsymbol{j}+\begin{vmatrix}\dfrac{\partial}{\partial x}&\dfrac{\partial}{\partial y}\\ x^2y&-2xz\end{vmatrix}\boldsymbol{k}$$

$$=\{2z-(-2x)\}\boldsymbol{i}+(0-0)\boldsymbol{j}+(-2z-x^2)\boldsymbol{k}=(2x+2z)\boldsymbol{i}-(x^2+2z)\boldsymbol{k}$$

$$\mathrm{rot}\,(\mathrm{rot}\,\boldsymbol{F})=\begin{vmatrix}\boldsymbol{i}&\boldsymbol{j}&\boldsymbol{k}\\ \dfrac{\partial}{\partial x}&\dfrac{\partial}{\partial y}&\dfrac{\partial}{\partial z}\\ 2x+2z&0&-x^2-2z\end{vmatrix}$$

$$=\begin{vmatrix}\dfrac{\partial}{\partial y}&\dfrac{\partial}{\partial z}\\ 0&-x^2-2z\end{vmatrix}\boldsymbol{i}+\begin{vmatrix}\dfrac{\partial}{\partial z}&\dfrac{\partial}{\partial x}\\ -x^2-2z&2x+2z\end{vmatrix}\boldsymbol{j}+\begin{vmatrix}\dfrac{\partial}{\partial x}&\dfrac{\partial}{\partial y}\\ 2x+2z&0\end{vmatrix}\boldsymbol{k}$$

$$=(0-0)\boldsymbol{i}+\{2-(-2x)\}\boldsymbol{j}+(0-0)\boldsymbol{k}=(2x+2)\boldsymbol{j}$$

問　題

8.1 $\boldsymbol{F}=xz^3\boldsymbol{i}-2x^2yz\boldsymbol{j}+2yz^4\boldsymbol{k}$ について，点 $(1,-1,1)$ における $\mathrm{rot}\,\boldsymbol{F}$ を求めよ．

8.2 $\boldsymbol{F}=(axy-z^3)\boldsymbol{i}+(a-2)x^2\boldsymbol{j}+(1-a)xz^2\boldsymbol{k}$ が至るところで $\mathrm{rot}\,\boldsymbol{F}=\boldsymbol{0}$ となるように定数 a を定めよ．

例題 9 **grad の計算**

ベクトル場 $\boldsymbol{F}(x,y,z)=F_1(x,y,z)\boldsymbol{i}+F_2(x,y,z)\boldsymbol{j}+F_3(x,y,z)\boldsymbol{k}$ が $\mathrm{rot}\,\boldsymbol{F}=\boldsymbol{0}$ を満たせば，スカラー場

$$f(x,y,z)=\int_{x_0}^{x}F_1(x,y,z)dx+\int_{y_0}^{y}F_2(x_0,y,z)dy+\int_{z_0}^{z}F_3(x_0,y_0,z)dz$$

は $\mathrm{grad}\,f=\boldsymbol{F}$ を満たすことを示せ．

解答 第1の積分は x,y,z の関数，第2の積分は y,z の関数，第3の積分は z の関数であること，さらに $\mathrm{rot}\,\boldsymbol{F}=\boldsymbol{0}$ であることに注意すると，

$$\frac{\partial f}{\partial x}=\frac{\partial}{\partial x}\int_{x_0}^{x}F_1(x,y,z)dx=F_1(x,y,z)$$

$$\begin{aligned}\frac{\partial f}{\partial y}&=\frac{\partial}{\partial y}\int_{x_0}^{x}F_1(x,y,z)dx+\frac{\partial}{\partial y}\int_{y_0}^{y}F_2(x_0,y,z)dy\\&=\int_{x_0}^{x}\frac{\partial}{\partial y}\bigl(F_1(x,y,z)\bigr)dx+F_2(x_0,y,z)\\&=\int_{x_0}^{x}\frac{\partial}{\partial x}\bigl(F_2(x,y,z)\bigr)dx+F_2(x_0,y,z)\qquad\left(\because\quad \mathrm{rot}\,\boldsymbol{F}=\boldsymbol{0}\text{ より }\frac{\partial F_1}{\partial y}=\frac{\partial F_2}{\partial x}\right)\\&=\Bigl[F_2(x,y,z)\Bigr]_{x_0}^{x}+F_2(x_0,y,z)=F_2(x,y,z)\end{aligned}$$

$$\begin{aligned}\frac{\partial f}{\partial z}&=\frac{\partial}{\partial z}\int_{x_0}^{x}F_1(x,y,z)dx+\frac{\partial}{\partial z}\int_{y_0}^{y}F_2(x_0,y,z)dy+\frac{\partial}{\partial z}\int_{z_0}^{z}F_3(x_0,y_0,z)dz\\&=\int_{x_0}^{x}\frac{\partial}{\partial z}\bigl(F_1(x,y,z)\bigr)dx+\int_{y_0}^{y}\frac{\partial}{\partial z}\bigl(F_2(x_0,y,z)\bigr)dy+F_3(x_0,y_0,z)\\&=\int_{x_0}^{x}\frac{\partial}{\partial x}\bigl(F_3(x,y,z)\bigr)dx+\int_{y_0}^{y}\frac{\partial}{\partial y}\bigl(F_3(x_0,y,z)\bigr)dy+F_3(x_0,y_0,z)\\&=\Bigl[F_3(x,y,z)\Bigr]_{x_0}^{x}+\Bigl[F_3(x_0,y,z)\Bigr]_{y_0}^{y}+F_3(x_0,y_0,z)=F_3(x,y,z)\end{aligned}$$

$$\therefore\quad \nabla f=\frac{\partial f}{\partial x}\boldsymbol{i}+\frac{\partial f}{\partial y}\boldsymbol{j}+\frac{\partial f}{\partial z}\boldsymbol{k}=F_1(x,y,z)\boldsymbol{i}+F_2(x,y,z)\boldsymbol{j}+F_3(x,y,z)\boldsymbol{k}=\boldsymbol{F}$$

問 題

9.1 次のベクトル場 $\boldsymbol{F}$ に対し，$\nabla f=\boldsymbol{F}$ となるスカラー場 $f(x,y,z)$ を求めよ．

（1） $\boldsymbol{F}=(6xy+z^3)\boldsymbol{i}+(3x^2-z)\boldsymbol{j}+(3xz^2-y)\boldsymbol{k}$

（2） $\boldsymbol{F}=2xyz^3\boldsymbol{i}+x^2z^3\boldsymbol{j}+3x^2yz^2\boldsymbol{k}$

例題 10 **rot の計算**

ベクトル場 $\boldsymbol{F}(x,y,z)=F_1(x,y,z)\boldsymbol{i}+F_2(x,y,z)\boldsymbol{j}+F_3(x,y,z)\boldsymbol{k}$ が $\operatorname{div}\boldsymbol{F}=0$ を満たせば，

$$V_1(x,y,z) = 0, \quad V_2(x,y,z)=\int_{x_0}^{x} F_3(x,y,z)dx$$

$$V_3(x,y,z) = -\int_{x_0}^{x} F_2(x,y,z)dx+\int_{y_0}^{y} F_1(x_0,y,z)dy$$

から定まるベクトル場 $\boldsymbol{V}=V_1\boldsymbol{i}+V_2\boldsymbol{j}+V_3\boldsymbol{k}$ は $\operatorname{rot}\boldsymbol{V}=\boldsymbol{F}$ を満たすことを示せ．

解答 $\operatorname{div}\boldsymbol{F}=\dfrac{\partial F_1}{\partial x}+\dfrac{\partial F_2}{\partial y}+\dfrac{\partial F_3}{\partial z}=0$ より $\dfrac{\partial F_2}{\partial y}+\dfrac{\partial F_3}{\partial z}=-\dfrac{\partial F_1}{\partial x}$ であることに注意する．式 (4.13) より

$$\operatorname{rot}\boldsymbol{V}=\left(\frac{\partial V_3}{\partial y}-\frac{\partial V_2}{\partial z}\right)\boldsymbol{i}+\left(\frac{\partial V_1}{\partial z}-\frac{\partial V_3}{\partial x}\right)\boldsymbol{j}+\left(\frac{\partial V_2}{\partial x}-\frac{\partial V_1}{\partial y}\right)\boldsymbol{k}$$

ここで

$$\begin{aligned}\frac{\partial V_3}{\partial y}-\frac{\partial V_2}{\partial z} &= -\int_{x_0}^{x}\frac{\partial}{\partial y}F_2(x,y,z)\,dx+F_1(x_0,y,z)-\int_{x_0}^{x}\frac{\partial}{\partial z}F_3(x,y,z)\,dx\\ &= F_1(x_0,y,z)-\int_{x_0}^{x}\left(\frac{\partial}{\partial y}F_2(x,y,z)+\frac{\partial}{\partial z}F_3(x,y,z)\right)dx\\ &= F_1(x_0,y,z)+\int_{x_0}^{x}\frac{\partial}{\partial x}F_1(x,y,z)\,dx\\ &= F_1(x_0,y,z)+\Big[F_1(x,y,z)\Big]_{x_0}^{x}=F_1(x,y,z)\end{aligned}$$

$$\frac{\partial V_1}{\partial z}-\frac{\partial V_3}{\partial x}=-\frac{\partial V_3}{\partial x}=F_2(x,y,z) \quad (\because\ V_3\text{の第 2 の積分は } x \text{ に関して定数})$$

$$\frac{\partial V_2}{\partial x}-\frac{\partial V_1}{\partial y}=\frac{\partial V_2}{\partial x}=F_3(x,y,z)$$

$$\therefore\quad \operatorname{rot}\boldsymbol{V}=F_1(x,y,z)\boldsymbol{i}+F_2(x,y,z)\boldsymbol{j}+F_3(x,y,z)\boldsymbol{k}=\boldsymbol{F}$$

問　題

10.1 次のベクトル場 $\boldsymbol{F}$ に対し，$\operatorname{rot}\boldsymbol{V}=\boldsymbol{F}$ となるベクトル場 $\boldsymbol{V}$ を求めよ．

（1） $\boldsymbol{F}=(x+3y)\boldsymbol{i}+(y-2z)\boldsymbol{j}+(x-2z)\boldsymbol{k}$

（2） $\boldsymbol{F}=2y\boldsymbol{i}+2xz\boldsymbol{j}+3\boldsymbol{k}$

例題 11 **rot grad と div rot**

（1） 任意のスカラー場 f に対し，$\mathrm{rot\,grad}\, f = \mathbf{0}$ であることを示せ．

（2） 任意のベクトル場 $\boldsymbol{F}$ に対し，$\mathrm{div\,rot}\,\boldsymbol{F} = 0$ であることを示せ．

解答 （1）

$$
\begin{aligned}
&\mathrm{rot\,grad}\ f = \nabla \times (\nabla f)\\
&= \left(\boldsymbol{i}\frac{\partial}{\partial x} + \boldsymbol{j}\frac{\partial}{\partial y} + \boldsymbol{k}\frac{\partial}{\partial z}\right) \times \left(\frac{\partial f}{\partial x}\boldsymbol{i} + \frac{\partial f}{\partial y}\boldsymbol{j} + \frac{\partial f}{\partial z}\boldsymbol{k}\right)\\
&= \begin{vmatrix} \boldsymbol{i} & \boldsymbol{j} & \boldsymbol{k} \\ \dfrac{\partial}{\partial x} & \dfrac{\partial}{\partial y} & \dfrac{\partial}{\partial z} \\ \dfrac{\partial f}{\partial x} & \dfrac{\partial f}{\partial y} & \dfrac{\partial f}{\partial z} \end{vmatrix}\\
&= \begin{vmatrix} \dfrac{\partial}{\partial y} & \dfrac{\partial}{\partial z} \\ \dfrac{\partial f}{\partial y} & \dfrac{\partial f}{\partial z} \end{vmatrix}\boldsymbol{i} + \begin{vmatrix} \dfrac{\partial}{\partial z} & \dfrac{\partial}{\partial x} \\ \dfrac{\partial f}{\partial z} & \dfrac{\partial f}{\partial x} \end{vmatrix}\boldsymbol{j} + \begin{vmatrix} \dfrac{\partial}{\partial x} & \dfrac{\partial}{\partial y} \\ \dfrac{\partial f}{\partial x} & \dfrac{\partial f}{\partial y} \end{vmatrix}\boldsymbol{k}\\
&= \left(\frac{\partial^2 f}{\partial y \partial z} - \frac{\partial^2 f}{\partial z \partial y}\right)\boldsymbol{i} + \left(\frac{\partial^2 f}{\partial z \partial x} - \frac{\partial^2 f}{\partial x \partial z}\right)\boldsymbol{j} + \left(\frac{\partial^2 f}{\partial x \partial y} - \frac{\partial^2 f}{\partial y \partial x}\right)\boldsymbol{k}\\
&= \mathbf{0}
\end{aligned}
$$

（2） $\boldsymbol{F} = F_1\boldsymbol{i} + F_2\boldsymbol{j} + F_3\boldsymbol{k}$ とすると，

$$
\begin{aligned}
\mathrm{div\,rot}\,\boldsymbol{F} &= \nabla \cdot (\nabla \times \boldsymbol{F})\\
&= \nabla \cdot \left(\left(\frac{\partial F_3}{\partial y} - \frac{\partial F_2}{\partial z}\right)\boldsymbol{i} + \left(\frac{\partial F_1}{\partial z} - \frac{\partial F_3}{\partial x}\right)\boldsymbol{j} + \left(\frac{\partial F_2}{\partial x} - \frac{\partial F_1}{\partial y}\right)\boldsymbol{k}\right)\\
&= \frac{\partial^2 F_3}{\partial x \partial y} - \frac{\partial^2 F_2}{\partial x \partial z} + \frac{\partial^2 F_1}{\partial y \partial z} - \frac{\partial^2 F_3}{\partial y \partial x} + \frac{\partial^2 F_2}{\partial z \partial x} - \frac{\partial^2 F_1}{\partial z \partial y}\\
&= 0
\end{aligned}
$$

問 題

11.1 f, g をスカラー関数とし $\boldsymbol{F} = f\,\mathrm{grad}\,g$ とするとき，$\boldsymbol{F} \cdot (\mathrm{rot}\,\boldsymbol{F}) = \mathbf{0}$ となることを示せ．

11.2 f が調和関数なら，定ベクトル $\boldsymbol{c}$ に対し

$$\mathrm{rot}(\boldsymbol{c} \times \mathrm{grad}\ f) = -(\boldsymbol{c} \cdot \nabla)\mathrm{grad}\ f$$

となることを示せ．

4.4 演算子 ∇ を含む公式

● 勾配，発散，回転に関する公式 ● これまでにあげた公式の他に，次の公式がある．

公式 4 $\boldsymbol{F}, \boldsymbol{G}$ をベクトル場，f をスカラー場とすると

$$\nabla(\boldsymbol{F}\cdot\boldsymbol{G}) = (\boldsymbol{G}\cdot\nabla)\boldsymbol{F} + (\boldsymbol{F}\cdot\nabla)\boldsymbol{G} + \boldsymbol{G}\times(\nabla\times\boldsymbol{F}) + \boldsymbol{F}\times(\nabla\times\boldsymbol{G})$$

$$\nabla\cdot(\boldsymbol{F}\times\boldsymbol{G}) = \boldsymbol{G}\cdot(\nabla\times\boldsymbol{F}) - \boldsymbol{F}\cdot(\nabla\times\boldsymbol{G})$$

$$\nabla\times(\nabla f) = \boldsymbol{0}$$

$$\nabla\cdot(\nabla\times\boldsymbol{F}) = 0$$

$$\nabla\times(\nabla\times\boldsymbol{F}) = \nabla(\nabla\cdot\boldsymbol{F}) - \nabla^2\boldsymbol{F}$$

$$\nabla\times(\boldsymbol{F}\times\boldsymbol{G}) = (\boldsymbol{G}\cdot\nabla)\boldsymbol{F} - (\boldsymbol{F}\cdot\nabla)\boldsymbol{G} + \boldsymbol{F}(\nabla\cdot\boldsymbol{G}) - \boldsymbol{G}(\nabla\cdot\boldsymbol{F})$$

公式 5 （位置ベクトル関する公式） 点 (x, y, z) の位置ベクトルを $\boldsymbol{r} = x\boldsymbol{i} + y\boldsymbol{j} + z\boldsymbol{k}$ とし，$r = |\boldsymbol{r}|$ とするとき，

$$\nabla r^n = nr^{n-2}\boldsymbol{r} \quad (n = 0, \pm 1, \pm 2, \cdots)$$

$$\nabla\cdot\boldsymbol{r} = 3$$

$f(r)$ を r のスカラー関数とすれば $\nabla\cdot\dfrac{f(r)\boldsymbol{r}}{r} = \dfrac{1}{r^2}\dfrac{d}{dr}(r^2 f)$

$$\nabla\times\boldsymbol{r} = \boldsymbol{0}$$

$\boldsymbol{F}$ をベクトル場とすれば $(\boldsymbol{F}\times\nabla)\boldsymbol{r} = \boldsymbol{F}$

$\boldsymbol{C}$ を定ベクトルとすれば $\nabla(\boldsymbol{C}\cdot\boldsymbol{r}) = \boldsymbol{C}$

● 微分演算子 $\boldsymbol{U}\times\nabla$ ● ベクトル場 $\boldsymbol{U} = U_1\boldsymbol{i} + U_2\boldsymbol{j} + U_3\boldsymbol{k}$ に対し，

$$\boldsymbol{U}\times\nabla = \begin{vmatrix} \boldsymbol{i} & \boldsymbol{j} & \boldsymbol{k} \\ U_1 & U_2 & U_3 \\ \dfrac{\partial}{\partial x} & \dfrac{\partial}{\partial y} & \dfrac{\partial}{\partial z} \end{vmatrix}$$

で微分演算子 $\boldsymbol{U}\times\nabla$ を定義すると，次の公式が成り立つ．

公式 6 $\boldsymbol{F}$ をベクトル場，f をスカラー場とすると，

$$(\boldsymbol{U}\times\nabla)f = \boldsymbol{U}\times(\nabla f)$$

$$(\boldsymbol{U}\times\nabla)\cdot\boldsymbol{F} = \boldsymbol{U}\cdot(\nabla\times\boldsymbol{F})$$

$$\boldsymbol{U}\times(\nabla\times\boldsymbol{F}) - (\boldsymbol{U}\times\nabla)\times\boldsymbol{F} = \boldsymbol{U}(\nabla\cdot\boldsymbol{F}) - (\boldsymbol{U}\cdot\nabla)\boldsymbol{F}$$

例題 12 ——— **∇ を含む式 (1)**

$\boldsymbol{F}, \boldsymbol{G}$ をベクトル場，f をスカラー場とするとき，次の関係式を示せ．

(1)　$\nabla\cdot(\boldsymbol{F}\times\boldsymbol{G}) = \boldsymbol{G}\cdot(\nabla\times\boldsymbol{F}) - \boldsymbol{F}\cdot(\nabla\times\boldsymbol{G})$

(2)　$\nabla\cdot(\boldsymbol{F}\times\nabla f) = (\nabla f)\cdot(\nabla\times\boldsymbol{F})$

解答　(1)　$\boldsymbol{F} = F_1\boldsymbol{i} + F_2\boldsymbol{j} + F_3\boldsymbol{k}$, $\boldsymbol{G} = G_1\boldsymbol{i} + G_2\boldsymbol{j} + G_3\boldsymbol{k}$ とすると

$$\boldsymbol{F}\times\boldsymbol{G} = (F_2G_3 - F_2G_2)\boldsymbol{i} + (F_3G_1 - F_1G_3)\boldsymbol{j} + (F_1G_2 - F_2G_1)\boldsymbol{k}$$

より

$$\begin{aligned}
\nabla\cdot(\boldsymbol{F}\times\boldsymbol{G}) &= \frac{\partial}{\partial x}(F_2G_3 - F_3G_2) + \frac{\partial}{\partial y}(F_3G_1 - F_1G_3) + \frac{\partial}{\partial z}(F_1G_2 - F_2G_1) \\
&= \frac{\partial F_2}{\partial x}G_3 + F_2\frac{\partial G_3}{\partial x} - \frac{\partial F_3}{\partial x}G_2 - F_3\frac{\partial G_2}{\partial x} \\
&\quad + \frac{\partial F_3}{\partial y}G_1 + F_3\frac{\partial G_1}{\partial y} - \frac{\partial F_1}{\partial y}G_3 - F_1\frac{\partial G_3}{\partial y} \\
&\quad + \frac{\partial F_1}{\partial z}G_2 + F_1\frac{\partial G_2}{\partial z} - \frac{\partial F_2}{\partial z}G_1 - F_2\frac{\partial G_1}{\partial z} \\
&= G_1\left(\frac{\partial F_3}{\partial y} - \frac{\partial F_2}{\partial z}\right) + G_2\left(\frac{\partial F_1}{\partial z} - \frac{\partial F_3}{\partial x}\right) + G_3\left(\frac{\partial F_2}{\partial x} - \frac{\partial F_1}{\partial y}\right) \\
&\quad - F_1\left(\frac{\partial G_3}{\partial y} - \frac{\partial G_2}{\partial z}\right) - F_2\left(\frac{\partial G_1}{\partial z} - \frac{\partial G_3}{\partial x}\right) \\
&\quad - F_3\left(\frac{\partial G_2}{\partial x} - \frac{\partial G_1}{\partial y}\right) \\
&= \boldsymbol{G}\cdot(\nabla\times\boldsymbol{F}) - \boldsymbol{F}\cdot(\nabla\times\boldsymbol{G})
\end{aligned}$$

(2)　(1)において $\boldsymbol{G} = \nabla f$ とすると

$$\begin{aligned}
\nabla\cdot(\boldsymbol{F}\times\nabla f) &= \nabla f\cdot(\nabla\times\boldsymbol{F}) - \boldsymbol{F}\cdot(\nabla\times\nabla f) \\
&= \nabla f\cdot(\nabla\times\boldsymbol{F}) \quad (\because\ \ \nabla\times\nabla f = \boldsymbol{0})
\end{aligned}$$

問　題

12.1　スカラー場 f, g に対し，

$$\nabla\big((\nabla f)\cdot(\nabla g)\big) = \big((\nabla f)\cdot\nabla\big)\nabla g + \big((\nabla g)\cdot\nabla\big)\nabla f$$

となることをを示せ．

12.2　ベクトル場 $\boldsymbol{F}, \boldsymbol{G}$ が $\nabla\times\boldsymbol{F} = \nabla\times\boldsymbol{G} = \boldsymbol{0}$ を満たせば $\nabla\cdot(\boldsymbol{F}\times\boldsymbol{G}) = 0$ となることを示せ．

例題 13　∇ を含む式 (2)

ベクトル関数 $\boldsymbol{U} = U_1\boldsymbol{i} + U_2\boldsymbol{j} + U_3\boldsymbol{k}$ に対する微分演算子 $\boldsymbol{U}\times\nabla$ に関する次の関係式を示せ．ただし，f はスカラー場，$\boldsymbol{F}$ はベクトル場とする．

(1)　$(\boldsymbol{U}\times\nabla)f = \boldsymbol{U}\times(\nabla f)$

(2)　$(\boldsymbol{U}\times\nabla)\cdot\boldsymbol{F} = \boldsymbol{U}\cdot(\nabla\times\boldsymbol{F})$

解答　(1)

$$\boldsymbol{U}\times\nabla = \begin{vmatrix} \boldsymbol{i} & \boldsymbol{j} & \boldsymbol{k} \\ U_1 & U_2 & U_3 \\ \dfrac{\partial}{\partial x} & \dfrac{\partial}{\partial y} & \dfrac{\partial}{\partial z} \end{vmatrix}$$
$$= \boldsymbol{i}\left(U_2\frac{\partial}{\partial z} - U_3\frac{\partial}{\partial y}\right) + \boldsymbol{j}\left(U_3\frac{\partial}{\partial x} - U_1\frac{\partial}{\partial z}\right) + \boldsymbol{k}\left(U_1\frac{\partial}{\partial y} - U_2\frac{\partial}{\partial x}\right)$$

だから

$$\begin{aligned}(\boldsymbol{U}\times\nabla)f &= \boldsymbol{i}\left(U_2\frac{\partial f}{\partial z} - U_3\frac{\partial f}{\partial y}\right) + \boldsymbol{j}\left(U_3\frac{\partial f}{\partial x} - U_1\frac{\partial f}{\partial z}\right) \\ &\qquad + \boldsymbol{k}\left(U_1\frac{\partial f}{\partial y} - U_2\frac{\partial f}{\partial x}\right) \\ &= \boldsymbol{U}\times(\nabla f)\end{aligned}$$

(2)　$\boldsymbol{F} = F_1\boldsymbol{i} + F_2\boldsymbol{j} + F_3\boldsymbol{k}$ とすると，

$$\begin{aligned}(\boldsymbol{U}\times\nabla)\cdot\boldsymbol{F} &= \left(U_2\frac{\partial F_1}{\partial z} - U_3\frac{\partial F_1}{\partial y}\right) + \left(U_3\frac{\partial F_2}{\partial x} - U_1\frac{\partial F_2}{\partial z}\right) \\ &\qquad + \left(U_1\frac{\partial F_3}{\partial y} - U_2\frac{\partial F_3}{\partial x}\right) \\ &= U_1\left(\frac{\partial F_3}{\partial y} - \frac{\partial F_2}{\partial z}\right) + U_2\left(\frac{\partial F_1}{\partial z} - \frac{\partial F_3}{\partial x}\right) + U_3\left(\frac{\partial F_2}{\partial x} - \frac{\partial F_1}{\partial y}\right) \\ &= \boldsymbol{U}\cdot(\nabla\times\boldsymbol{F})\end{aligned}$$

問　題

13.1　微分演算子 $\boldsymbol{U}\times\nabla$ に関する次の関係式を示せ．

$$(\boldsymbol{U}\times\nabla)\times\boldsymbol{F} = \boldsymbol{U}\times(\nabla\times\boldsymbol{F}) - \boldsymbol{U}(\nabla\cdot\boldsymbol{F}) + (\boldsymbol{U}\cdot\nabla)\boldsymbol{F}$$

例題 14 **電磁方程式**

c が定数，$\boldsymbol{E}$, $\boldsymbol{H}$ が x, y, z, t の関数で，マックスウェルの電磁方程式

(i) $\mathrm{rot}\,\boldsymbol{H} - \dfrac{1}{c}\dfrac{\partial \boldsymbol{E}}{\partial t} = \boldsymbol{0}$　　(ii) $\mathrm{rot}\,\boldsymbol{E} + \dfrac{1}{c}\dfrac{\partial \boldsymbol{H}}{\partial t} = \boldsymbol{0}$

(iii) $\mathrm{div}\,\boldsymbol{E} = 0$　　(iv) $\mathrm{div}\,\boldsymbol{H} = 0$

を満たすならば，$\boldsymbol{E}$, $\boldsymbol{H}$ は波動方程式

$$\frac{1}{c^2}\frac{\partial^2 \boldsymbol{E}}{\partial t^2} - \nabla^2 \boldsymbol{E} = \boldsymbol{0}\,, \quad \frac{1}{c^2}\frac{\partial^2 \boldsymbol{H}}{\partial t^2} - \nabla^2 \boldsymbol{H} = \boldsymbol{0}$$

を満たすことを証明せよ．

解答 (i)と(ii)より $\mathrm{rot}\,\mathrm{rot}\,\boldsymbol{H} = \dfrac{1}{c}\mathrm{rot}\left(\dfrac{\partial \boldsymbol{E}}{\partial t}\right) = \dfrac{1}{c}\dfrac{\partial}{\partial t}(\mathrm{rot}\,\boldsymbol{E}) = -\dfrac{1}{c^2}\dfrac{\partial^2 \boldsymbol{H}}{\partial t^2}$.

一方

$$\begin{aligned}\mathrm{rot}\,\mathrm{rot}\,\boldsymbol{H} &= \nabla\times(\nabla\times\boldsymbol{H}) = \nabla(\nabla\cdot\boldsymbol{H}) - \nabla^2\boldsymbol{H} \quad (\text{公式 4 より})\\ &= -\nabla^2\boldsymbol{H} \qquad (\because\ \text{(iv)より}\ \nabla\cdot\boldsymbol{H} = \mathrm{div}\,\boldsymbol{H} = 0)\\ &\therefore\ \frac{1}{c^2}\frac{\partial^2 \boldsymbol{H}}{\partial t^2} - \nabla^2\boldsymbol{H} = \boldsymbol{0}\end{aligned}$$

(ii)と(i)より $\mathrm{rot}\,\mathrm{rot}\,\boldsymbol{E} = -\dfrac{1}{c}\mathrm{rot}\left(\dfrac{\partial \boldsymbol{H}}{\partial t}\right) = -\dfrac{1}{c}\dfrac{\partial}{\partial t}(\mathrm{rot}\boldsymbol{H}) = -\dfrac{1}{c^2}\dfrac{\partial^2 \boldsymbol{E}}{\partial t^2}$.

また

$$\begin{aligned}\mathrm{rot}\,\mathrm{rot}\,\boldsymbol{E} &= \nabla\times(\nabla\times\boldsymbol{E}) = \nabla(\nabla\cdot\boldsymbol{E}) - \nabla^2\boldsymbol{E} \quad (\text{公式 4 より})\\ &= -\nabla^2\boldsymbol{E} \qquad (\because\ \text{(iii) より}\ \nabla\cdot\boldsymbol{E} = \mathrm{div}\,\boldsymbol{E} = 0)\\ &\therefore\ \frac{1}{c^2}\frac{\partial^2 \boldsymbol{E}}{\partial t^2} - \nabla^2\boldsymbol{E} = \boldsymbol{0}\end{aligned}$$

問 題

14.1 例題 14 の(iii)を $\mathrm{div}\,\boldsymbol{E} = 4\pi\rho$ でおきかえたマックスウェルの電磁方程式において，$\boldsymbol{E} = -\nabla\phi - \dfrac{1}{c}\dfrac{\partial \boldsymbol{A}}{\partial t}$, $\boldsymbol{H} = \nabla\times\boldsymbol{A}$ とするとき，

$$\nabla^2\phi - \frac{1}{c^2}\frac{\partial^2\phi}{\partial t^2} = -4\pi\rho\,, \quad \nabla^2\boldsymbol{A} - \frac{1}{c^2}\frac{\partial^2 \boldsymbol{A}}{\partial t^2} = \boldsymbol{0}$$

を示せ．ただし，ρ は x, y, z の関数で $\nabla\cdot\boldsymbol{A} + \dfrac{1}{c}\dfrac{\partial\phi}{\partial t} = 0$ とする．

演習問題

演習 1　$\boldsymbol{a}, \boldsymbol{b}$ を定ベクトル，$\boldsymbol{r} = x\boldsymbol{i} + y\boldsymbol{j} + z\boldsymbol{k}$ とし，$f = (\boldsymbol{r}\times\boldsymbol{a})\cdot(\boldsymbol{r}\times\boldsymbol{b})$ とするとき，

$$\nabla f = \boldsymbol{b}\times(\boldsymbol{r}\times\boldsymbol{a}) + \boldsymbol{a}\times(\boldsymbol{r}\times\boldsymbol{b})$$

となることを示せ．

演習 2　$\boldsymbol{r} = x\boldsymbol{i} + y\boldsymbol{j} + z\boldsymbol{k}$, $r = |\,\boldsymbol{r}\,|$ とするとき，

$$(\boldsymbol{r}\cdot\nabla)r^n = nr^n$$

となることを示せ．

演習 3　次のスカラー場 f に対し，∇f を求めよ．

(1)　$f(x, y, z) = 3x^2y - y^3z^2$

(2)　$f(x, y, z) = \dfrac{b}{\sqrt{(x+a)^2 + y^2 + z^2}} + \dfrac{c}{\sqrt{(x-a)^2 + y^2 + z^2}}$

演習 4　点 (x, y, z) の位置ベクトルを $\boldsymbol{r}$ とし，$r = |\,\boldsymbol{r}\,|$ とするとき，

$$\nabla\cdot\left(\frac{\boldsymbol{r}}{r^2}\right), \quad \nabla^2 r, \quad \nabla^2\left(\frac{1}{r^2}\right)$$

を計算せよ．

演習 5　$\boldsymbol{F}(x, y, z) = \lambda(x, y, z)x\boldsymbol{i} - \lambda(x, y, z)y\boldsymbol{j}$ が至るところで $\mathrm{div}\,\boldsymbol{F} = 0$, $\mathrm{rot}\,\boldsymbol{F} = \boldsymbol{0}$ を満たすならば λ は定数であることを示せ．

演習 6　$\boldsymbol{r} = x\boldsymbol{i} + y\boldsymbol{j} + z\boldsymbol{k}$, $r = |\,\boldsymbol{r}\,|$ とするとき，次を示せ．ただし，$f(r)$ はスカラー関数で，$\boldsymbol{a}$ は定ベクトルである．

(1)　$\mathrm{div}(r^n\boldsymbol{r}) = (n+3)r^3$　　(2)　$\mathrm{rot}(f(r)\boldsymbol{r}) = \boldsymbol{0}$

(3)　$\mathrm{rot}\left(\dfrac{\boldsymbol{a}\times\boldsymbol{r}}{r^3}\right) = -\dfrac{\boldsymbol{a}}{r^3} + 3\dfrac{\boldsymbol{a}\cdot\boldsymbol{r}}{r^5}\boldsymbol{r}$

演習 7　$\boldsymbol{F} = 2xz^2\boldsymbol{i} - yz\boldsymbol{j} + 3xz^3\boldsymbol{k}$，$f = x^2yz$ のとき，$\mathrm{rot}(f\boldsymbol{F})$ を求めよ．

演習 8　公式 4 を用いて次の関係式を証明せよ．ただし，$\boldsymbol{F}$ はベクトル場，f はスカラー場，$\boldsymbol{K}$ は定ベクトルである．

(1)　$\nabla\cdot(\boldsymbol{F} + \nabla\times\boldsymbol{F}) = \nabla\cdot\boldsymbol{F}$

(2)　$\nabla\times\big(\nabla\times(\nabla\times\boldsymbol{F})\big) = -\nabla^2(\nabla\times\boldsymbol{F})$

(3)　$\nabla\cdot(\boldsymbol{F}\times\nabla f) = (\nabla f)\cdot(\nabla\times\boldsymbol{F})$

(4)　$\nabla\times\big(\boldsymbol{K}\times(\nabla\times\boldsymbol{F})\big) = -(\boldsymbol{K}\cdot\nabla)(\nabla\times\boldsymbol{F})$

5　線積分と面積分

5.1 線　積　分

• スカラーの線積分 •　$f(x, y, z)$ をスカラー場とする．A を始点，B を終点とする曲線 $C : \boldsymbol{r}(t) = x(t)\boldsymbol{i} + y(t)\boldsymbol{j} + z(t)\boldsymbol{k}$ に沿って f を積分することを考える．A $= \boldsymbol{r}(a)$, B $= \boldsymbol{r}(b)$　$(a < b)$ とし，A から測った C の弧長を $s = s(t)$ と書く．区間 $[a, b]$ を $a = t_0 < t_1 < t_2 < \cdots < t_n = b$ と分割し，この分割を細かくしていったときの

$$\sum_{i=1}^{n} f(x(t_i),\, y(t_i),\, z(t_i))(s(t_i) - s(t_{i-1}))$$

の極限値を f の C に沿っての**線積分**といい

$$\int_C f\, ds$$

で表す．また，

$$\sum_{i=1}^{n} f(x(t_i),\, y(t_i),\, z(t_i))(x(t_i) - x(t_{i-1}))$$

の極限値を f の C に沿っての x に関する線積分といい

$$\int_C f\, dx$$

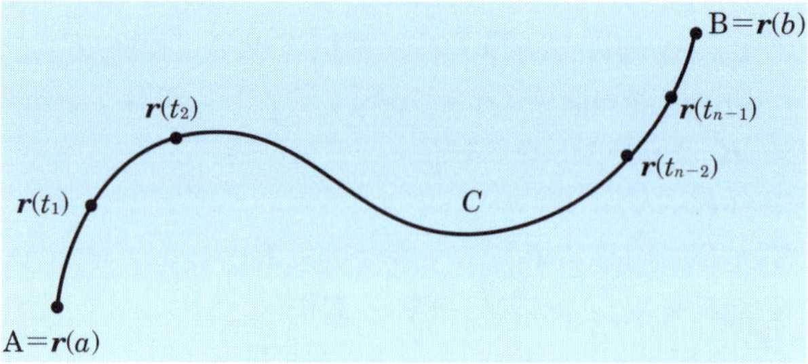

で表す．y に関する線積分，z に関する線積分も同様に定義する．$d\boldsymbol{r} = \boldsymbol{i}\,dx + \boldsymbol{j}\,dy + \boldsymbol{k}\,dz$ だから

$$\int_C f\,d\boldsymbol{r} = \boldsymbol{i}\int_C f\,dx + \boldsymbol{j}\int_C f\,dy + \boldsymbol{k}\int_C f\,dz \tag{5.1}$$

という線積分も定義できる．

B から A へ向かう逆向きの曲線を $-C$ で表すと，

$$\int_{-C} f\,ds = -\int_C f\,ds$$

である．C が 2 つの曲線 C_1 と C_2 に分解できるときは，

$$\int_C f\,ds = \int_{C_1} f\,ds + \int_{C_2} f\,ds$$

である．

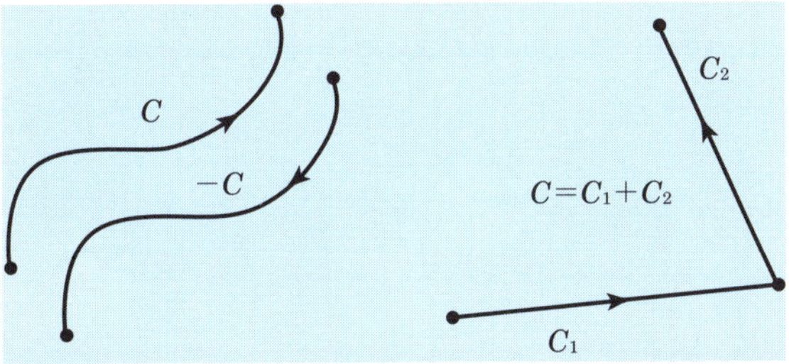

● ベクトルの線積分 ●　ベクトル場 $\boldsymbol{F} = F_1\boldsymbol{i} + F_2\boldsymbol{j} + F_3\boldsymbol{k}$ の線積分にはいろいろなものが考えられるが，$\boldsymbol{F}$ と単位接線ベクトル $\dfrac{d\boldsymbol{r}}{ds}$ との内積 $\boldsymbol{F}\cdot\dfrac{d\boldsymbol{r}}{ds}$ の C に沿っての線積分

$$\begin{aligned}\int_C \boldsymbol{F}\cdot\frac{d\boldsymbol{r}}{ds}ds &= \int_C \left(F_1\frac{dx}{ds} + F_2\frac{dy}{ds} + F_3\frac{dz}{ds}\right)ds \\ &= \int_C F_1dx + \int_C F_2dy + \int_C F_3dz\end{aligned}$$

が基本的である．これを $\boldsymbol{F}$ の C に沿っての線積分といい

$$\int_C \boldsymbol{F}\cdot d\boldsymbol{r}$$

で表す．質点が力 $\boldsymbol{F}$ の作用を受けて曲線上を動くとき，力 $\boldsymbol{F}$ のなす仕事が $\displaystyle\int_C \boldsymbol{F}\cdot d\boldsymbol{r}$ である．この他に

$$\int_C \boldsymbol{F}ds = \boldsymbol{i}\int_C F_1 ds + \boldsymbol{j}\int_C F_2 ds + \boldsymbol{k}\int_C F_3 ds$$

$$\int_C \boldsymbol{F}\times d\boldsymbol{r} = \int_C \left(\boldsymbol{F}\times\frac{d\boldsymbol{r}}{ds}\right)ds$$

などの線積分が考えられる．

● 線積分の計算 ●　線積分はすべて通常の1変数定積分に帰着して計算できる．曲線 C が $\boldsymbol{r} = \boldsymbol{r}(t) = x(t)\boldsymbol{i} + y(t)\boldsymbol{j} + z(t)\boldsymbol{k}\quad (a \leqq t \leqq b)$ で与えられているとき，

$$\begin{aligned}\int_C f(x,y,z)ds &= \int_a^b f(x(t),\, y(t),\, z(t))\frac{ds}{dt}dt \\ &= \int_a^b f(x(t),\, y(t),\, z(t))\sqrt{\left(\frac{dx}{dt}\right)^2 + \left(\frac{dy}{dt}\right)^2 + \left(\frac{dz}{dt}\right)^2}\,dt\end{aligned} \tag{5.2}$$

$$\int_C f(x,y,z)dx = \int_a^b f(x(t),\, y(t),\, z(t))\frac{dx}{dt}dt \tag{5.3}$$

$$\int_C \boldsymbol{F}\cdot d\boldsymbol{r} = \int_a^b \left(\boldsymbol{F}\cdot\frac{d\boldsymbol{r}}{dt}\right)dt \tag{5.4}$$

$$\int_C \boldsymbol{F}\times d\boldsymbol{r} = \int_a^b \left(\boldsymbol{F}\times\frac{d\boldsymbol{r}}{dt}\right)dt \tag{5.5}$$

などとすればよい．

● 線積分の性質 ●　ベクトル場の線積分については次の定理が重要である．始点と終点が一致する曲線を**閉曲線**という．

定理1　ベクトル場 $\boldsymbol{F}$ が定義されている領域内の任意の閉曲線 C に対し

$$\int_C \boldsymbol{F}\cdot d\boldsymbol{r} = 0$$

であるための必要十分条件は，$\boldsymbol{F}$ がスカラー・ポテンシャルをもつことである．

定理2　ベクトル場 $\boldsymbol{F}$ がスカラー・ポテンシャル $-f$ をもてば，すなわち $\boldsymbol{F} = \nabla f$ であれば，A から B へ向かう任意の曲線 C に対し

$$\int_C \boldsymbol{F}\cdot d\boldsymbol{r} = f(\mathrm{B}) - f(\mathrm{A})$$

である．

例題 1 **スカラーの線積分**

原点 O から点 A(12, 16, 20) に向かう線分を C とするとき,

$$\int_C (x+y+z)ds$$

を求めよ.

解答 C を $\boldsymbol{r}(t) = x(t)\boldsymbol{i} + y(t)\boldsymbol{j} + z(t)\boldsymbol{k}$ とパラメータ表示し, 式 (5.2) を用いる. $\overrightarrow{\mathrm{OA}} = 12\boldsymbol{i} + 16\boldsymbol{j} + 20\boldsymbol{k}$ だから $\boldsymbol{r}(t)$ は

$$x(t) = 12t\,, \quad y(t) = 16t\,, \quad z(t) = 20t \quad (0 \leqq t \leqq 1)$$

と表すことができる.

$$\frac{ds}{dt} = \sqrt{\left(\frac{dx}{dt}\right)^2 + \left(\frac{dy}{dt}\right)^2 + \left(\frac{dz}{dt}\right)^2} = \sqrt{12^2 + 16^2 + 20^2} = 20\sqrt{2}$$

より

$$\begin{aligned}\int_C (x+y+z)ds &= \int_0^1 (12t + 16t + 20t)20\sqrt{2}dt = 20\sqrt{2}\int_0^1 48t\,dt \\ &= 20\sqrt{2}\Big[24t^2\Big]_0^1 = 480\sqrt{2}\end{aligned}$$

注意 $\boldsymbol{r}(t)$ は 1 通りではないことに注意する. 実際 C は $\boldsymbol{r}(t) = 3t^2\boldsymbol{i} + 4t^2\boldsymbol{j} + 5t^2\boldsymbol{k}$ $(0 \leqq t \leqq 2)$ と表すこともできる.

$$\frac{ds}{dt} = \sqrt{(6t)^2 + (8t)^2 + (10t)^2} = 10\sqrt{2}t$$

より

$$\begin{aligned}\int_C (x+y+z)ds &= \int_0^1 (3t^2 + 4t^2 + 5t^2)10\sqrt{2}t\,dt = 10\sqrt{2}\int_0^1 12t^3\,dt \\ &= 10\sqrt{2}\Big[3t^4\Big]_0^2 = 480\sqrt{2}\end{aligned}$$

すなわち線積分の値は C の表示の仕方にはよらない.

問 題

1.1 次の場合について線積分 $\displaystyle\int_C f\,ds$, $\displaystyle\int_C f\,dx$ を求めよ.

(1) $f(x,y,z) = x+y+z$, C : 原点 O から B(12, 16, 0) を通り A(12, 16, 20) に向かう折線

(2) $f(x,y,z) = xy + yz + zx$, $C : \boldsymbol{r} = t\boldsymbol{i} + t^2\boldsymbol{j}$ $(0 \leqq t \leqq 1)$

例題 2 ──── **ベクトルの線積分 (1)**

円柱ら線 $C : \boldsymbol{r} = 2\cos t\,\boldsymbol{i} + 2\sin t\,\boldsymbol{j} + t\,\boldsymbol{k} \quad (0 \leqq t \leqq \pi)$ に沿っての，ベクトル $\boldsymbol{F} = y\boldsymbol{i} - z\,\boldsymbol{j} + x\boldsymbol{k}$ の線積分 $\displaystyle\int_C \boldsymbol{F}\cdot d\boldsymbol{r}$ を求めよ．

解答 式 (5.4) を用いる．C 上では

$$\boldsymbol{F} = 2\sin t\,\boldsymbol{i} - t\boldsymbol{j} + 2\cos t\,\boldsymbol{k}$$

であるから，

$$\begin{aligned}
\int_C \boldsymbol{F}\cdot d\boldsymbol{r} &= \int_0^{\pi}\left(\boldsymbol{F}\cdot\frac{d\boldsymbol{r}}{dt}\right)dt \\
&= \int_0^{\pi}(2\sin t\,\boldsymbol{i} - t\boldsymbol{j} + 2\cos t\,\boldsymbol{k})\cdot(-2\sin t\,\boldsymbol{i} + 2\cos t\,\boldsymbol{j} + \boldsymbol{k})dt \\
&= \int_0^{\pi}(-4\sin^2 t - 2t\cos t + 2\cos t)dt \\
&= -2\int_0^{\pi}(1-\cos 2t)dt - 2\int_0^{\pi} t\cos t\,dt + 2\int_0^{\pi}\cos t\,dt \\
&= -2\left[t - \frac{1}{2}\sin 2t\right]_0^{\pi} - 2\Big[t\sin t + \cos t\Big]_0^{\pi} + 2\Big[\sin t\Big]_0^{\pi} \\
&= -2(\pi - 0) - 2(-1-1) + 2(0-0) \\
&= 4 - 2\pi
\end{aligned}$$

問　題

2.1 $\boldsymbol{F} = (3x^2 + 6y)\boldsymbol{i} - 14yz\boldsymbol{j} + 20xz^2\boldsymbol{k}$ とする．次の曲線 C に対し，$\displaystyle\int_C \boldsymbol{F}\cdot d\boldsymbol{r}$ を求めよ．

(1) $C : \boldsymbol{r} = t\boldsymbol{i} + t^2\boldsymbol{j} + t^3\boldsymbol{k} \quad (0 \leqq t \leqq 1)$

(2) C : $(0,0,0)$ から $(1,1,1)$ へ向かう線分

2.2 $\boldsymbol{F} = (2x - y + z)\boldsymbol{i} + (x + y - z^2)\boldsymbol{j} + (3x - 2y + 4)\boldsymbol{k}$ とし，C を xy 平面上の原点を中心とする半径 3 の左回りの円とするとき，$\displaystyle\int_C \boldsymbol{F}\cdot d\boldsymbol{r}$ を求めよ．

2.3 直円柱 $x^2 + y^2 = a^2$ と平面 $x + z = a \quad (a > 0)$ の交わりに沿って点 $\mathrm{P}(a,0,0)$ から点 $\mathrm{Q}(0,a,a)$ に至る曲線を C とする．C に沿っての $\boldsymbol{F} = a^2x\boldsymbol{i} + ayz\boldsymbol{j} + xz^2\boldsymbol{k}$ の線積分の値を求めよ．

例題 3 ————————————————— **ベクトルの線積分 (2)**

$C : \boldsymbol{r} = t\boldsymbol{i} + t^2\boldsymbol{j} + t^3\boldsymbol{k} \quad (0 \leqq t \leqq 1)$ とする．

（1） $f(x,y,z) = x^2yz$ について，線積分 $\displaystyle\int_C f\,d\boldsymbol{r}$，および f の x, y, z に関する線積分を求めよ．

（2） $\boldsymbol{F}(x,y,z) = y\,\boldsymbol{i} + z\,\boldsymbol{j} + zx\,\boldsymbol{k}$ について，線積分 $\displaystyle\int_C \boldsymbol{F} \times d\boldsymbol{r}$ を求めよ．

解答 （1） C 上では $f(x,y,z) = t^2 \cdot t^2 \cdot t^3 = t^7$ だから，式 (5.3) より

$$\int_C f\,dx = \int_0^1 f(x,y,z)\frac{dx}{dt}dt = \int_0^1 t^7 \cdot 1\,dt = \left[\frac{1}{8}t^8\right]_0^1 = \frac{1}{8}$$

$$\int_C f dy = \int_0^1 f(x,y,z)\frac{dy}{dt}dt = \int_0^1 t^7 \cdot 2t\,dt = \left[\frac{2}{9}t^9\right]_0^1 = \frac{2}{9}$$

$$\int_C f dz = \int_0^1 f(x,y,z)\frac{dz}{dt}dt = \int_0^1 t^7 \cdot 3t^2\,dt = \left[\frac{3}{10}t^{10}\right]_0^1 = \frac{3}{10}$$

よって，式 (5.1) より

$$\int_C f d\boldsymbol{r} = \left(\int_C f dx\right)\boldsymbol{i} + \left(\int_C f dy\right)\boldsymbol{j} + \left(\int_C f dz\right)\boldsymbol{k} = \frac{1}{8}\boldsymbol{i} + \frac{2}{9}\boldsymbol{j} + \frac{3}{10}\boldsymbol{k}$$

（2） C 上では $\boldsymbol{F} = t^2\boldsymbol{i} + t^3\boldsymbol{j} + t^4\boldsymbol{k}$，$\dfrac{d\boldsymbol{r}}{dt} = \boldsymbol{i} + 2t\boldsymbol{j} + 3t^2\boldsymbol{k}$ だから，

$$\boldsymbol{F} \times \frac{d\boldsymbol{r}}{dt} = \begin{vmatrix} \boldsymbol{i} & \boldsymbol{j} & \boldsymbol{k} \\ t^2 & t^3 & t^4 \\ 1 & 2t & 3t^2 \end{vmatrix} = \begin{vmatrix} t^3 & t^4 \\ 2t & 3t^2 \end{vmatrix}\boldsymbol{i} + \begin{vmatrix} t^4 & t^2 \\ 3t^2 & 1 \end{vmatrix}\boldsymbol{j} + \begin{vmatrix} t^2 & t^3 \\ 1 & 2t \end{vmatrix}\boldsymbol{k}$$

$$= t^5\boldsymbol{i} - 2t^4\boldsymbol{j} + t^3\boldsymbol{k}$$

$$\therefore \quad \int_C \boldsymbol{F} \times d\boldsymbol{r} = \int_0^1 \boldsymbol{F} \times \frac{d\boldsymbol{r}}{dt}dt = \boldsymbol{i}\int_0^1 t^5 dt - \boldsymbol{j}\int_0^1 2t^4 dt + \boldsymbol{k}\int_0^1 t^3 dt$$

$$= \frac{1}{6}\boldsymbol{i} - \frac{2}{5}\boldsymbol{j} + \frac{1}{4}\boldsymbol{k}$$

問 題

3.1 $\boldsymbol{F} = x\boldsymbol{i} + 2(x+z)\boldsymbol{j} + y\boldsymbol{k}$ で C が原点 O から点 $(1, 2, 2)$ に向かう線分のとき，次の線積分を求めよ．

（1） $\displaystyle\int_C \boldsymbol{F} ds$ （2） $\displaystyle\int_C \boldsymbol{F} \cdot d\boldsymbol{r}$ （3） $\displaystyle\int_C \boldsymbol{F} \times d\boldsymbol{r}$

例題 4 ——— **ベクトルの線積分 (3)**

$\boldsymbol{F} = (3x^2y - y^2 + yz)\boldsymbol{i} + (x^3 - 2xy + xz)\boldsymbol{j} + (xy - 1)\boldsymbol{k}$ とする．原点 O(0,0,0) から点 A(2,2,2) に至る任意の曲線 C に対し，線積分 $\displaystyle\int_C \boldsymbol{F}\cdot d\boldsymbol{r}$ の値は一定であることを示し，その値を求めよ．

解答 定理 2 より $\boldsymbol{F}$ がスカラー・ポテンシャルをもてば，すなわち $\mathrm{rot}\,\boldsymbol{F} = \boldsymbol{0}$ であればよい．実際

$$\mathrm{rot}\,\boldsymbol{F} = \nabla \times \boldsymbol{F} = \begin{vmatrix} \boldsymbol{i} & \boldsymbol{j} & \boldsymbol{k} \\ \dfrac{\partial}{\partial x} & \dfrac{\partial}{\partial y} & \dfrac{\partial}{\partial z} \\ 3x^2y - y^2 + yz & x^3 - 2xy + xz & xy - 1 \end{vmatrix}$$

$$= (x - x)\boldsymbol{i} + (y - y)\boldsymbol{j} + \Big((3x^2 - 2y + z) - (3x^2 - 2y + z)\Big)\boldsymbol{k} = \boldsymbol{0}$$

である．したがって C をパラメータ表示する仕方はなんでもよいから，

$$C : \boldsymbol{r} = t\boldsymbol{i} + t\boldsymbol{j} + t\boldsymbol{k} \quad (0 \leqq t \leqq 2)$$

としよう．すると C 上では

$$\boldsymbol{F} = (3t^3 - t^2 + t^2)\boldsymbol{i} + (t^3 - 2t^2 + t^2)\boldsymbol{j} + (t^2 - 1)\boldsymbol{k} = 3t^3\boldsymbol{i} + (t^3 - t^2)\boldsymbol{j} + (t^2 - 1)\boldsymbol{k}$$

だから，式 (5.4) より

$$\int_C \boldsymbol{F}\cdot d\boldsymbol{r} = \int_0^2 \left(\boldsymbol{F}\cdot\frac{d\boldsymbol{r}}{dt}\right)dt$$

$$= \int_0^2 (3t^3\boldsymbol{i} + (t^3 - t^2)\boldsymbol{j} + (t^2 - 1)\boldsymbol{k})\cdot(\boldsymbol{i} + \boldsymbol{j} + \boldsymbol{k})dt$$

$$= \int_0^2 (3t^3 + t^3 - t^2 + t^2 - 1)dt = \int_0^2 (4t^3 - 1)dt = \Big[t^4 - t\Big]_0^2 = 14$$

問　題

4.1 C を点 A(1,−1,1) から点 B(3,1,4) に至る任意の曲線とするとき，

$$\int_C \Big((2xy + z^3)\boldsymbol{i} + x^2\boldsymbol{j} + 3xz^2\boldsymbol{k}\Big)\cdot d\boldsymbol{r}$$

を求めよ．

4.2 C を点 A(1,0,−1) から点 B(2,−1,3) に至る任意の曲線とするとき，

$$\int_C (2x + yz)dx + \int_C zx\,dy + \int_C xy\,dz$$

を求めよ．

例題 5 — **ポテンシャルがある場合**

$\boldsymbol{F} = (3x^2y - y^2 + yz)\boldsymbol{i} + (x^3 - 2xy + xz)\boldsymbol{j} + (xy - 1)\boldsymbol{k}$ とする．原点 O(0,0,0) から点 A(2,2,2) に至る任意の曲線 C に対し，定理 2 を利用して，線積分 $\displaystyle\int_C \boldsymbol{F} \cdot d\boldsymbol{r}$ を求めよ．

解答 例題 4 より $\mathrm{rot}\,\boldsymbol{F} = \boldsymbol{0}$ であるから，スカラー・ポテンシャル $-f$ が存在する．62 頁の例題 9 より，

$$
\begin{aligned}
f(x,y,z) &= \int_{x_0}^{x} (3x^2y - y^2 + yz)dx + \int_{y_0}^{y} (x_0^3 - 2x_0y + x_0z)dy \\
&\quad + \int_{z_0}^{z} (x_0y_0 - 1)dz \\
&= \Big[x^3y - xy^2 + xyz\Big]_{x_0}^{x} + \Big[x_0^3y - x_0y^2 + x_0yz\Big]_{y_0}^{y} \\
&\quad + \Big[x_0y_0z - z\Big]_{z_0}^{z} \\
&= (x^3y - xy^2 + xyz) - (x_0^3y - x_0y^2 + x_0yz) \\
&\quad + (x_0^3y - x_0y^2 + x_0yz) - (x_0^3y_0 - x_0y_0^2 + x_0y_0z) \\
&\quad + (x_0y_0z - z) - (x_0y_0z_0 - z_0) \\
&= x^3y - xy^2 + xyz - z - (x_0^3y_0 - x_0y_0^2 + x_0y_0z_0 - z_0) \\
&= x^3y - xy^2 + xyz - z + c \quad (c \text{ は定数})
\end{aligned}
$$

$$
\begin{aligned}
\therefore \quad \int_C \boldsymbol{F} \cdot d\boldsymbol{r} &= f(\mathrm{A}) - f(\mathrm{O}) = f(2,2,2) - f(0,0,0) \\
&= (16 - 8 + 8 - 2 + c) - c = 14
\end{aligned}
$$

問 題

5.1 $\boldsymbol{F} = (2xy + z^3)\boldsymbol{i} + x^2\boldsymbol{j} + 3xz^2\boldsymbol{k}$ とする．次の曲線 C に対し，$\displaystyle\int_C \boldsymbol{F} \cdot d\boldsymbol{r}$ を求めよ．

(1) C は点 A(1, −1, 1) から点 B(3, 1, 4) に至る任意の曲線

(2) C は点 A(1, −1, 1) から点 B(4, −1, −3) に至る任意の曲線

5.2 $\boldsymbol{F} = (2y^2 + 2xz)\boldsymbol{i} + (4xy - z^2)\boldsymbol{j} + (x^2 - 2yz)\boldsymbol{k}$ とする．次の曲線 C に対し，$\displaystyle\int_C \boldsymbol{F} \cdot d\boldsymbol{r}$ を求めよ．

(1) (0, 0, 0) から (−1, 1, 2) に至る直線

(2) (1, 1, 1) から (2, 3, 4) に至る直線

5.2 面 積 分

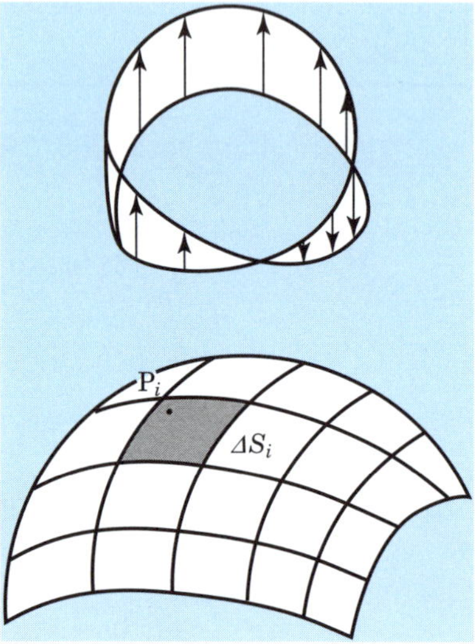

● 曲面の表裏 ● 線積分において曲線の向きを考えたように，面積分においては曲面の向きを考える．曲面の向きとは表裏のことである．単位法線ベクトルは曲面の裏から表へ向かう方向へとる．どちらを表と考えるかは自由であるが，途中で表裏が逆転するような取り方はしない．また閉曲面の場合は外側を表とする．メービウスの帯のような，表側をたどっていくといつのまにか裏側になるような曲面はここでは扱わない．

● スカラーの面積分 ● $f(x, y, z)$ をスカラー場，S を曲面とする．S を微小曲面 S_i の和に分割し，S_i 上から1点 P_i をとる．S_i の面積を ΔS_i で表し，分割を細かくしていったときの

$$\sum_i f(\mathrm{P}_i)\Delta S_i$$

の極限値を f の S 上の**面積分**といい

$$\int_S f\,dS\,, \quad \int_S f(x, y, z)dS$$

などと表す． S が2変数 u, v の関数として $\boldsymbol{r} = \boldsymbol{r}(u, v) = x(u, v)\boldsymbol{i} + y(u, v)\boldsymbol{j} + z(u, v)\boldsymbol{k}$ と表されているとき，面素 dS は第1基本量 E, F, G を用いて $dS = \sqrt{EG - F^2}du\,dv$ を書けるから，S に対応する u, v の領域を D とすれば

$$\int_S f\,dS = \iint_D f(x(u, v),\, y(u, v),\, z(u, v))\sqrt{EG - F^2}du\,dv \tag{5.6}$$

となる．ΔS_i の代わりに S_i を xy 平面上に射影したものの面積を用いた和の極限値を

$$\int_S f\,dx\,dy\,, \quad \int_S f(x, y, z)dx\,dy$$

などと表す．接平面が xy 平面となす角を α とし，$\boldsymbol{n}$ を単位法線ベクトルとすれば

$$S_i \text{ を } xy \text{ 平面上に射影したものの面積 } = \Delta S_i \cos\alpha = (\boldsymbol{n}\cdot\boldsymbol{k})\Delta S_i$$

だから，43 頁の問題 11.1 とあわせて

$$\begin{aligned}\int_S f(x,y,z)dx\,dy &= \int_S f(x,y,z)\boldsymbol{n}\cdot\boldsymbol{k}\,dS \\ &= \iint_D f(x,y,z)\frac{\partial(x,y)}{\partial(u,v)}du\,dv \qquad (5.7)\end{aligned}$$

となる．同様に，

$$\begin{aligned}\int_S f(x,y,z)dy\,dz &= \int_S f(x,y,z)\boldsymbol{n}\cdot\boldsymbol{i}\,dS \\ &= \iint_D f(x,y,z)\frac{\partial(y,z)}{\partial(u,v)}du\,dv \qquad (5.8)\end{aligned}$$

$$\begin{aligned}\int_S f(x,y,z)dz\,dx &= \int_S f(x,y,z)\boldsymbol{n}\cdot\boldsymbol{j}\,dS \\ &= \iint_D f(x,y,z)\frac{\partial(z,x)}{\partial(u,v)}du\,dv \qquad (5.9)\end{aligned}$$

なる面積分も定義できる．ベクトル面積素 $d\boldsymbol{S} = \boldsymbol{n}\,dS$ を用いると

$$\int_S f\,d\boldsymbol{S} = \boldsymbol{i}\int_S f\,dy\,dz + \boldsymbol{j}\int_S f\,dz\,dx + \boldsymbol{k}\int_S f\,dx\,dy \qquad (5.10)$$

とも書ける．

$\int_S dS$ は S の面積，$\int_S dx\,dy$ は S を xy 平面に射影した領域の面積を表す．$\int_S dy\,dz$，$\int_S dz\,dx$ も同様である．

• ベクトルの面積分 •　ベクトル場 $\boldsymbol{F}(x,y,z) = F_1(x,y,z)\boldsymbol{i} + F_2(x,y,z)\boldsymbol{j} + F_3(x,y,z)\boldsymbol{k}$ については

$$\int_S \boldsymbol{F}\cdot d\boldsymbol{S} = \int_S \boldsymbol{F}\cdot\boldsymbol{n}\,dS \qquad (5.11)$$

が基本的である．これを $\boldsymbol{F}$ の S 上の面積分という．この他に

$$\int_S \boldsymbol{F}dS = \boldsymbol{i}\int_S F_1 dS + \boldsymbol{j}\int_S F_2 dS + \boldsymbol{k}\int_S F_3 dS \qquad (5.12)$$

$$\int_S \boldsymbol{F}\times d\boldsymbol{S} = \int_S \boldsymbol{F}\times\boldsymbol{n}\,dS \qquad (5.13)$$

などの面積分も考えられる．(5.10) と (5.12) の違いに注意しよう．

• 特別な形の曲面に対する面積分 • 曲線 S がスカラー場 $g(x,y,z)$ の等位面として与えられている場合は

$$\boldsymbol{n} = \pm\frac{\nabla g}{|\nabla g|}$$

であることに注意する．さらに z が x,y の陰関数として $z=\varphi(x,y)$ と定まるなら，S は $\boldsymbol{r} = x\boldsymbol{i} + y\boldsymbol{j} + \varphi(x,y)\boldsymbol{k}$ と書け，第 1 基本量は

$$E = 1 + \left(\frac{\partial\varphi}{\partial x}\right)^2, \quad F = \frac{\partial\varphi}{\partial x}\frac{\partial\varphi}{\partial y}, \quad G = 1 + \left(\frac{\partial\varphi}{\partial y}\right)^2$$

となる．よって

$$\sqrt{EG - F^2} = \sqrt{1 + \left(\frac{\partial\varphi}{\partial x}\right)^2 + \left(\frac{\partial\varphi}{\partial y}\right)^2}$$

であり，さらに

$$\boldsymbol{n}\cdot\boldsymbol{k} \;=\; \pm\frac{\nabla g}{|\nabla g|}\cdot\boldsymbol{k} = \pm\frac{g_z}{\sqrt{g_x^2 + g_y^2 + g_z^2}} = \pm\frac{1}{\sqrt{1 + z_x^2 + z_y^2}}$$

であることに注意すれば，

$$\int_S f(x,y,z)dS = \iint_D f(x,y,\varphi(x,y))\frac{1}{|\boldsymbol{n}\cdot\boldsymbol{k}|}\,dx\,dy \tag{5.14}$$

$$= \iint_D f(x,y,\varphi(x,y))\sqrt{1 + \left(\frac{\partial\varphi}{\partial x}\right)^2 + \left(\frac{\partial\varphi}{\partial y}\right)^2}\,dx\,dy \tag{5.15}$$

$$\int_S \boldsymbol{F}\cdot d\boldsymbol{S} = \iint_D \boldsymbol{F}\cdot\boldsymbol{n}\frac{1}{|\boldsymbol{n}\cdot\boldsymbol{k}|}dx\,dy \tag{5.16}$$

などとなる．ただし，D は S を xy 平面に射影した領域である．

• 体積分 • 体積分の定義は簡単である．スカラー場 f と空間内の領域 V に対し，通常の 3 重積分

$$\int_V f\,dV = \iiint_V f\,dx\,dy\,dz$$

で f の V における**体積分**を定義する．ベクトル場 $\boldsymbol{F} = F_1\boldsymbol{i} + F_2\boldsymbol{j} + F_3\boldsymbol{k}$ に対しては

$$\int_V \boldsymbol{F}dV = \boldsymbol{i}\int_V F_1dV + \boldsymbol{j}\int_V F_2dV + \boldsymbol{k}\int_V F_3dV$$

とする．

例題 6 **スカラーの面積分**

S を半径 1 の球面 $\boldsymbol{r}(u,v)=\sin u\cos v\,\boldsymbol{i}+\sin u\sin v\,\boldsymbol{j}+\cos u\,\boldsymbol{k}\quad(0\leqq u\leqq\pi,\ 0\leqq v\leqq 2\pi)$ とするとき，面積分 $\displaystyle\int_S dS$, $\displaystyle\int_S d\boldsymbol{S}$ を求めよ．

解答 47 頁の例題 15 より，第 1 基本量は

$$E=1,\quad F=0,\quad G=\sin^2 u$$

$$\begin{aligned}\therefore\quad \int_S dS &= \iint_D \sqrt{EG-F^2}\,du\,dv=\int_0^{2\pi}dv\int_0^{\pi}\sin u\,du\\ &= \Big[v\Big]_0^{2\pi}\Big[-\cos u\Big]_0^{\pi}=4\pi\end{aligned}$$

$\displaystyle\int_S d\boldsymbol{S}$ は式 (5.10) を用いる．式 (5.7)，式 (5.8)，式 (5.9) より，

$$\begin{aligned}\int_S dx\,dy &= \iint_D \frac{\partial(x,y)}{\partial(u,v)}du\,dv=\iint_D \begin{vmatrix}\cos u\cos v & -\sin u\sin v\\ \cos u\sin v & \sin u\cos v\end{vmatrix}du\,dv\\ &= \int_0^{2\pi}dv\int_0^{\pi}\sin u\cos u\,du=\Big[v\Big]_0^{2\pi}\left[\frac{1}{2}\sin^2 u\right]_0^{\pi}=0\\ \int_S dy\,dz &= \iint_D \frac{\partial(y,z)}{\partial(u,v)}du\,dv=\iint_D \begin{vmatrix}\cos u\sin v & \sin u\cos v\\ -\sin u & 0\end{vmatrix}du\,dv\\ &= \int_0^{2\pi}\cos v\,dv\int_0^{\pi}\sin^2 u\,du=\Big[\sin v\Big]_0^{2\pi}\int_0^{\pi}\sin^2 u\,du=0\\ \int_S dz\,dx &= \iint_D \frac{\partial(z,x)}{\partial(u,v)}du\,dv=\iint_D \begin{vmatrix}-\sin u & 0\\ \cos u\cos v & -\sin u\sin v\end{vmatrix}du\,dv\\ &= \int_0^{2\pi}\sin v\,dv\int_0^{\pi}\sin^2 u\,du=\Big[-\cos v\Big]_0^{2\pi}\int_0^{\pi}\sin^2 u\,du=0\end{aligned}$$

よって，式 (5.10) より

$$\int_S d\boldsymbol{S}=\boldsymbol{i}\int_S dy\,dz+\boldsymbol{j}\int_S dz\,dx+\boldsymbol{k}\int_S dx\,dy=\boldsymbol{0}$$

問 題

6.1 S を例題 6 の曲面とするとき，$\displaystyle\int_S(x+y+z)dS$, $\displaystyle\int_S(x+y+z)d\boldsymbol{S}$ を求めよ．

例題 7　　　　**ベクトルの面積分 (1)**

平面 $2x+2y+z=2$ が座標軸と交わる点 A, B, C を頂点とする三角形の領域を S とする．S の単位法線ベクトル $\boldsymbol{n}$ を原点のある側から他の側に向かってとるとき，$\boldsymbol{F}(x,y,z)=x^2\boldsymbol{i}-x\boldsymbol{j}+z\boldsymbol{k}$ の S 上の面積分 $\displaystyle\int_S \boldsymbol{F}\cdot d\boldsymbol{S}$ を求めよ．

解答　公式 (5.16) を用いる．$g(x,y,z)=2x+2y+z$ とおくと，

$$\nabla g = 2\boldsymbol{i}+2\boldsymbol{j}+\boldsymbol{k}, \quad |\nabla g| = \sqrt{2^2+2^2+1^2}=3$$

だから単位法線ベクトル $\boldsymbol{n}$ は

$$\boldsymbol{n}=\frac{\nabla g}{|\nabla g|}=\frac{1}{3}(2\boldsymbol{i}+2\boldsymbol{j}+\boldsymbol{k})$$

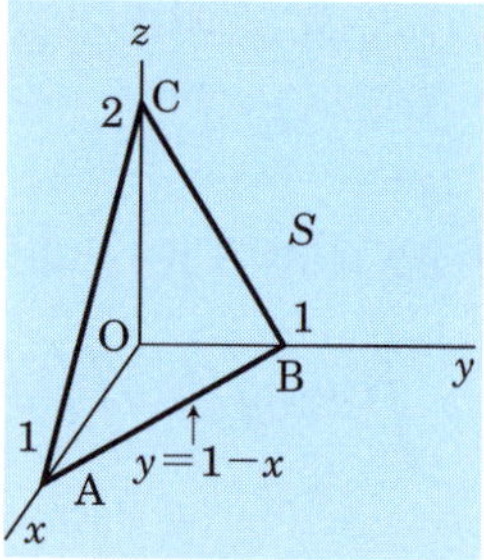

となる．これは明らかに原点のある側から他の側に向かっている．S を xy 平面に射影してできる領域は

$$D=\{(x,y)\mid 0\leqq x\leqq 1,\ 0\leqq y\leqq 1-x\}$$

であり，S 上では $z=2-2x-2y$ となる．$\boldsymbol{n}\cdot\boldsymbol{k}=\dfrac{1}{3}$ に注意すると，

$$\begin{aligned}
\int_S \boldsymbol{F}\cdot d\boldsymbol{S} &= \iint_D \boldsymbol{F}\cdot\boldsymbol{n}\frac{1}{|\boldsymbol{n}\cdot\boldsymbol{k}|}dx\,dy \\
&= \iint_D \left(x^2\boldsymbol{i}-x\boldsymbol{j}+(2-2x-2y)\boldsymbol{j}\right)\cdot\frac{1}{3}(2\boldsymbol{i}+2\boldsymbol{j}+\boldsymbol{k})3dx\,dy \\
&= \int_0^1 dx\int_0^{1-x}(2x^2-2x+2-2x-2y)dy \\
&= \int_0^1 dx\int_0^{1-x}\left(2(1-x)^2-2y\right)dy \\
&= \int_0^1 \Big[2(1-x)^2y-y^2\Big]_0^{1-x}dx = \int_0^1\left(2(1-x)^3-(1-x)^2\right)dx \\
&= \left[-\frac{1}{2}(1-x)^4+\frac{1}{3}(1-x)^3\right]_0^1 = \frac{1}{6}
\end{aligned}$$

問　題

7.1　$z=2-x^2-y^2$ の $x,\,y,\,z\geqq 0$ に対応する部分を S とし，原点のない側を S の正の側とするとき，$\displaystyle\int_S (x^2+y^2)dS$，$\displaystyle\int_S (x\boldsymbol{i}+z\boldsymbol{k})\cdot d\boldsymbol{S}$ を求めよ．

例題 8 ——— **ベクトルの面積分 (2)**

$\boldsymbol{F} = 4x\boldsymbol{i} + 4y\boldsymbol{j} - 2z\boldsymbol{k}$ とし，S を $x^2 + y^2 + z^2 = 4$ の xy 平面より上の半球面とするとき，$\int_S \boldsymbol{F} \cdot d\boldsymbol{S}$ を求めよ．

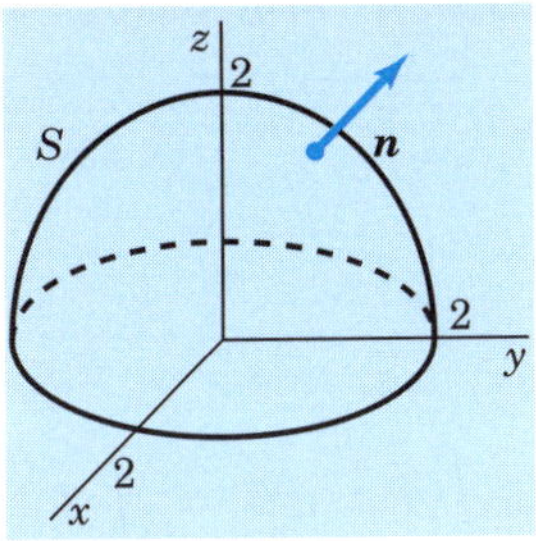

解答 $g(x, y, z) = x^2 + y^2 + z^2$ とおくと，

$$\nabla g = 2x\boldsymbol{i} + 2y\boldsymbol{j} + 2z\boldsymbol{k}$$

$$|\nabla g| = \sqrt{(2x)^2 + (2y)^2 + (2z)^2}$$

$$= 2\sqrt{x^2 + y^2 + z^2} = 4$$

だから単位法線ベクトル $\boldsymbol{n}$ は

$$\boldsymbol{n} = \frac{\nabla g}{|\nabla g|} = \frac{1}{2}(x\boldsymbol{i} + y\boldsymbol{j} + z\boldsymbol{k})$$

となる．したがって，S 上では

$$\begin{aligned} \boldsymbol{F} \cdot \boldsymbol{n} &= (4x\boldsymbol{i} + 4y\boldsymbol{j} - 2z\boldsymbol{k}) \cdot \frac{1}{2}(x\boldsymbol{i} + y\boldsymbol{j} + z\boldsymbol{k}) \\ &= 2x^2 + 2y^2 - z^2 = 3x^2 + 3y^2 - 4 \\ \boldsymbol{n} \cdot \boldsymbol{k} &= \frac{1}{2}(x\boldsymbol{i} + y\boldsymbol{j} + z\boldsymbol{k}) \cdot \boldsymbol{k} = \frac{1}{2}z = \frac{\sqrt{4 - x^2 - y^2}}{2} \end{aligned}$$

S を xy 平面に射影すると $D = \{(x, y) \mid x^2 + y^2 \leqq 4\}$ だから，式 (5.16) より

$$\begin{aligned} \int_S \boldsymbol{F} \cdot d\boldsymbol{S} &= \iint_D \boldsymbol{F} \cdot \boldsymbol{n} \frac{1}{|\boldsymbol{n} \cdot \boldsymbol{k}|}\, dx\, dy = \iint_D \frac{2(3x^2 + 3y^2 - 4)}{\sqrt{4 - x^2 - y^2}}\, dx\, dy \\ &\qquad (x = r\sin\theta,\ y = r\cos\theta \text{ と変数変換すると}) \\ &= 2\int_0^{2\pi} d\theta \int_0^2 \frac{3r^2 - 4}{\sqrt{4 - r^2}}\, r\, dr = 4\pi \int_0^2 \frac{8 - 3(4 - r^2)}{\sqrt{4 - r^2}}\, r\, dr \\ &= 4\pi\Big[-8\sqrt{4 - r^2} + (4 - r^2)^{3/2}\Big]_0^2 = 32\pi \end{aligned}$$

問 題

8.1 $x^2 + y^2 = 4$ の表面で $x \geqq 0, y \geqq 0, 0 \leqq z \leqq 2$ なる部分を S とするとき，$\int_S (2y\boldsymbol{i} + 6xz\boldsymbol{j} + 3x\boldsymbol{k}) \cdot d\boldsymbol{S}$ を求めよ．

8.2 $x^2 + z^2 = 9$ の表面で $x \geqq 0, z \geqq 0, 0 \leqq y \leqq 8$ なる部分を S とするとき，$\int_S (6z\boldsymbol{i} + (2x + y)\boldsymbol{j} - x\boldsymbol{k}) \cdot d\boldsymbol{S}$ を求めよ．

例題 9 —————— **ベクトルの面積分 (3)**

$\boldsymbol{F} = y\boldsymbol{i} - x\boldsymbol{j} + z\boldsymbol{k}$ とし，S を $x^2 + y^2 + z^2 = 4$ の xy 平面より上の半球面とする．面積分 $\displaystyle\int_S \boldsymbol{F} \times d\boldsymbol{S}$ を求めよ．

解答 例題 8 より，$\boldsymbol{n} = \dfrac{1}{2}(x\boldsymbol{i} + y\boldsymbol{j} + z\boldsymbol{k})$ だから $\boldsymbol{n}\cdot\boldsymbol{k} = \dfrac{z}{2}$

$$
\begin{aligned}
2(\boldsymbol{F}\times\boldsymbol{n}) &= \begin{vmatrix} \boldsymbol{i} & \boldsymbol{j} & \boldsymbol{k} \\ y & -x & z \\ x & y & z \end{vmatrix} = \begin{vmatrix} -x & z \\ y & z \end{vmatrix}\boldsymbol{i} + \begin{vmatrix} z & y \\ z & x \end{vmatrix}\boldsymbol{j} + \begin{vmatrix} y & -x \\ x & y \end{vmatrix}\boldsymbol{k} \\
&= (-zx - yz)\boldsymbol{i} + (zx - yz)\boldsymbol{j} + (x^2 + y^2)\boldsymbol{k}
\end{aligned}
$$

$$
\begin{aligned}
\int_S \boldsymbol{F}\times d\boldsymbol{S} &= \int_S \boldsymbol{F}\times\boldsymbol{n}\,dS \\
&= \frac{\boldsymbol{i}}{2}\int_S (-zx - yz)dS + \frac{\boldsymbol{j}}{2}\int_S (zx - yz)dS + \frac{\boldsymbol{k}}{2}\int_S (x^2 + y^2)dS
\end{aligned}
$$

$$
\begin{aligned}
\int_S (-zx - yz)dS &= \iint_D (-zx - yz)\frac{1}{|\boldsymbol{n}\cdot\boldsymbol{k}|}\,dx\,dy = -2\iint_D (x + y)dx\,dy \\
&= -2\int_0^{2\pi}(\cos\theta + \sin\theta)d\theta \int_0^2 r^2 dr = 0
\end{aligned}
$$

同様に $\displaystyle\int_S (zx - yz)dS = 2\iint_D (x - y)dx\,dy = 0.$

$$
\begin{aligned}
\int_S (x^2 + y^2)dS &= \iint_D (x^2 + y^2)\frac{1}{|\boldsymbol{n}\cdot\boldsymbol{k}|}\,dx\,dy = 2\iint_D \frac{x^2 + y^2}{\sqrt{4 - x^2 - y^2}}\,dx\,dy \\
&= 2\int_0^{2\pi} d\theta \int_0^2 \frac{r^3}{\sqrt{4 - r^2}}dr = 4\pi\int_0^2 \frac{r(4 - (4 - r^2))}{\sqrt{4 - r^2}}dr \\
&= 4\pi\int_0^2 \left(\frac{4r}{\sqrt{4 - r^2}} - r\sqrt{4 - r^2}\right)dr \\
&= 4\pi\left[-4\sqrt{4 - r^2} + \frac{1}{3}(4 - r^2)^{3/2}\right]_0^2 = \frac{64\pi}{3}
\end{aligned}
$$

$$
\therefore \quad \int_S \boldsymbol{F}\times d\boldsymbol{S} = 0\frac{\boldsymbol{i}}{2} + 0\frac{\boldsymbol{j}}{2} + \frac{64\pi}{3}\frac{\boldsymbol{k}}{2} = \frac{32\pi}{3}\boldsymbol{k}
$$

問　題

9.1 S を例題 9 と同じ曲面とするとき，$\displaystyle\int_S (\nabla\times\boldsymbol{F})\cdot\boldsymbol{n}\,dS$ を求めよ．

例題 10 **ベクトルの面積分 (4)**

S を球面 $x^2+y^2+z^2=a^2 \quad (a>0)$ とし，$\boldsymbol{r}=x\boldsymbol{i}+y\boldsymbol{j}+z\boldsymbol{k}$, $r=|\boldsymbol{r}|$ とするとき，$\displaystyle\int_S -\nabla\left(\frac{1}{r}\right)\cdot d\boldsymbol{S}$ を求めよ．

解答 55 頁の例題 4 より $-\nabla\left(\dfrac{1}{r}\right)=\dfrac{\boldsymbol{r}}{r^3}$ である．

また単位法線ベクトルが $\boldsymbol{n}=\dfrac{\boldsymbol{r}}{|\boldsymbol{r}|}=\dfrac{\boldsymbol{r}}{r}$ となるのは幾何学的に明らかであろう．

$$
\begin{aligned}
\int_S -\nabla\left(\frac{1}{r}\right)\cdot d\boldsymbol{S} &= \int_S -\nabla\left(\frac{1}{r}\right)\cdot \boldsymbol{n}\,dS \\
&= \int_S \frac{\boldsymbol{r}}{r^3}\cdot\frac{\boldsymbol{r}}{r}\,dS = \int_S \frac{r^2}{r^4}dS \\
&= \int_S \frac{1}{r^2}dS \quad (S\text{ 上では } r=a \text{ だから}) \\
&= \frac{1}{a^2}\int_S dS \quad \left(\int_S dS \text{ は } S \text{ の面積だから}\right) \\
&= \frac{1}{a^2}4\pi a^2 = 4\pi
\end{aligned}
$$

問 題

10.1 球面 $S: x^2+y^2+z^2=a^2 \quad (a>0)$ に対し，

（1） $\displaystyle\int_S \nabla r\cdot d\boldsymbol{S}$ を求めよ．

（2） $\displaystyle\int_S \Big((x+y)\boldsymbol{i}-(x-y)\boldsymbol{j}+z\boldsymbol{k}\Big)\cdot d\boldsymbol{S}$ を求めよ．

10.2 4 点 O(0, 0, 0), A(1, 0, 0), B(0, 1, 0), C(0, 0, 1) を頂点とする四面体の表面を S とするとき，$\displaystyle\int_S (x\boldsymbol{i}+y\boldsymbol{j}-z\boldsymbol{k})\cdot d\boldsymbol{S}$ を求めよ．

10.3 球面 $x^2+y^2+z^2=1$ を S とするとき，$\displaystyle\int_S (y\boldsymbol{i}-x\boldsymbol{j}+z\boldsymbol{k})\times d\boldsymbol{S}$ を求めよ．

10.4 平面 $2x+y+2z=6$ が 4 平面 $x=0, x=1, y=0, y=2$ によって切り取られる部分を S とするとき，$\boldsymbol{F}=(x+2y)\boldsymbol{i}-3z\boldsymbol{j}+x\boldsymbol{k}$ に対し，$\displaystyle\int_S (\nabla\times\boldsymbol{F})\cdot d\boldsymbol{S}$ を求めよ．

5.3 ガウスの積分と立体角

● ガウスの積分 ● 位置ベクトルで定まるベクトル場 $\boldsymbol{r} = x\boldsymbol{i} + y\boldsymbol{j} + z\boldsymbol{k}$ の曲面 S における面積分

$$\int_S \frac{1}{r^3}\boldsymbol{r}\cdot\boldsymbol{n}\,dS = \int_S \frac{1}{r^3}\boldsymbol{r}\cdot d\boldsymbol{S}$$

を**ガウスの積分**という．ただし，$r = |\boldsymbol{r}|$ であり，単位法線ベクトル $\boldsymbol{n}$ は S の外部に向くものとする．

$$\nabla\left(\frac{1}{r}\right) = -\frac{\boldsymbol{r}}{r^3}, \quad \frac{\partial}{\partial n}\left(\frac{1}{r}\right) = \nabla\left(\frac{1}{r}\right)\cdot\boldsymbol{n}$$

であるから

$$\int_S \frac{1}{r^3}\boldsymbol{r}\cdot d\boldsymbol{S} = -\int_S \boldsymbol{n}\cdot\nabla\left(\frac{1}{r}\right)dS = -\int_S \frac{\partial}{\partial n}\left(\frac{1}{r}\right)dS$$

とも書ける．S が閉曲面のときは次の定理がある．

定理 3（**ガウスの積分定理**） O を原点とする．閉曲面 S に対し，

$$\int_S \frac{1}{r^3}\boldsymbol{r}\cdot d\boldsymbol{S} = \begin{cases} 0 & (\text{O が } S \text{ の外部にある}) \\ 4\pi & (\text{O が } S \text{ の内部にある}) \\ 2\pi & (\text{O が } S \text{ 上にある}) \end{cases}$$

● 立体角 ● 原点と曲面 S 上の点を結ぶ線分が S 上の他の点と交わらないとする．点 P が S 上を動くとき，半直線 OP が単位球から切り取る部分の面積 ω を S の O に対する**立体角**という．立体角は O から S をみたときの S の広がりを表している．この場合，立体角はガウスの積分で与えられる．すなわち

$$\omega = \int_S \frac{1}{r^3}\boldsymbol{r}\cdot d\boldsymbol{S} \qquad (5.17)$$

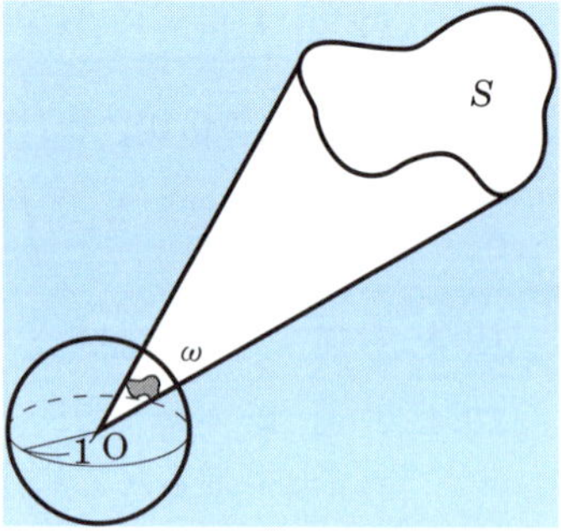

実際，P の付近の微小部分 ΔS を単位球面に落した面積を S 上で積分したものが ω である．動径 $\overrightarrow{\mathrm{OP}}$ 方向の単位ベクトルは $\frac{1}{r}\boldsymbol{r}$ だから，ΔS を $\overrightarrow{\mathrm{OP}}$ に垂直な平面に落とすと，面積は $\frac{1}{r}\boldsymbol{r}\cdot\boldsymbol{n}$ 倍になる．さらにこれを単位球面に落とすと，$\frac{1}{r^2}$ 倍になる．したがって (5.17) を得る．そこで改めて，任意の曲面 S に対して立体角を (5.17) で定義する．こうして定義された立体角は S の符号を込めた広がりを表していると考えられる．

例題 11 **立体角**

高さ h，頂角 2α の円錐の頂点に対する底面の立体角を求めよ．

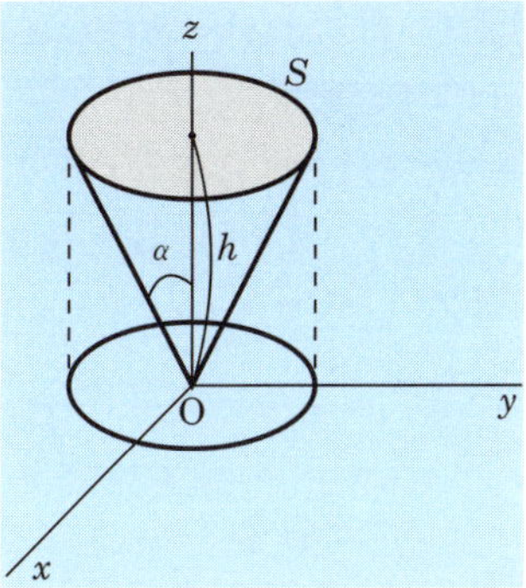

解答 頂点を原点 O にとり，頂点を通り底面に垂直な線を z 軸にとると，底面 S は $z=h$ 上の半径 $h\tan\alpha$ の円になる．単位法線ベクトルは $\boldsymbol{n}=\boldsymbol{k}$ である．S を xy 平面に射影すると $D=\{(x,y)\mid x^2+y^2\leqq h^2\tan^2\alpha\}$ となり，$x=\rho\cos\theta$, $y=\rho\sin\theta$ と極座標変換すると D は $E=\{(\rho,\theta)\mid 0\leqq\rho\leqq h\tan\alpha,\ 0\leqq\theta\leqq 2\pi\}$ に対応する．よって

$$
\begin{aligned}
\omega &= \int_S \frac{1}{r^3}\boldsymbol{r}\cdot d\boldsymbol{S} = \iint_D \frac{1}{r^3}\boldsymbol{r}\cdot\boldsymbol{n}\frac{1}{|\,\boldsymbol{n}\cdot\boldsymbol{k}\,|}\,dx\,dy \\
&= \iint_D \frac{1}{(x^2+y^2+z^2)^{3/2}}(x\boldsymbol{i}+y\boldsymbol{j}+z\boldsymbol{k})\cdot\boldsymbol{k}\,dx\,dy \\
&= \iint_D \frac{z}{(x^2+y^2+z^2)^{3/2}}\,dx\,dy \\
&= \iint_D \frac{h}{(x^2+y^2+h^2)^{3/2}}\,dx\,dy \\
&= \int_0^{2\pi} d\theta \int_0^{h\tan\alpha} \frac{h\rho}{(\rho^2+h^2)^{3/2}}\,d\rho \\
&= [\theta]_0^{2\pi}\left[-\frac{h}{\sqrt{\rho^2+h^2}}\right]_0^{h\tan\alpha} \\
&= 2\pi\left(1-\frac{1}{\sqrt{\tan^2\alpha+1}}\right) = 2\pi(1-\cos\alpha)
\end{aligned}
$$

問 題

11.1 閉曲面 S が $\boldsymbol{r}=x(u,v)\boldsymbol{i}+y(u,v)\boldsymbol{j}+z(u,v)\boldsymbol{k}$ と表されるとき，立体角は

$$
\omega = \iint_D \frac{1}{r^3}\left(\boldsymbol{r},\ \frac{\partial\boldsymbol{r}}{\partial u},\ \frac{\partial\boldsymbol{r}}{\partial v}\right)du\,dv
$$

で与えられることを示せ．ただし，D は S に対する (u,v) の領域である．

演習問題

演習 1 $f(x, y, z) = yz + zx + xy$ とするとき，次の曲線 C に対し，線積分 $\displaystyle\int_C f\,ds$ を求めよ．

(1) C は原点 O から点 A(1, 2, 3) に至る線分 OA

(2) C は点 B(1, 0, 0) と点 C(1, 2, 0) を通り，O から A に至る折線 OBCA

演習 2 C を $\boldsymbol{r} = \cos t\,\boldsymbol{i} + \sin t\,\boldsymbol{j} + 2t\,\boldsymbol{k}$ $(0 \leqq t \leqq \pi)$ とするとき，

$$\int_C (x+y+z)ds\,, \quad \int_C (x+y+z)d\boldsymbol{r}$$

を求めよ．

演習 3 C を $\boldsymbol{r} = \cos t\,\boldsymbol{i} + \sin t\,\boldsymbol{j} + 2\cos t\,\boldsymbol{k}$ $(0 \leqq t \leqq \pi/2)$ とするとき，

$$\int_C (2y\boldsymbol{i} - z\boldsymbol{j} + z\boldsymbol{k}) \times d\boldsymbol{r}$$

を求めよ．

演習 4 $\boldsymbol{r} = x\boldsymbol{i} + y\boldsymbol{j} + z\boldsymbol{k}$ とするとき，任意の閉曲線 C に対し $\displaystyle\int_C \boldsymbol{r} \cdot d\boldsymbol{r} = 0$ となることを示せ．

演習 5 xy 平面上の原点を中心とする半径 $a\ (>0)$ の円周を正の方向に一周する曲線を C とし，$\varphi(x, y, z) = \tan^{-1}\dfrac{y}{x}$ とするとき，線積分

$$\int_C (\nabla\varphi) \cdot d\boldsymbol{r}$$

を求めよ．

演習 6 xy 平面上の原点を中心とする半径 2 の円周を正の方向に一周する曲線を C とし，$\boldsymbol{F} = (3x+y)\boldsymbol{i} - x\boldsymbol{j} + (y-2)\boldsymbol{k}$, $\boldsymbol{G} = 2\boldsymbol{i} - 3\boldsymbol{j} + \boldsymbol{k}$ とするとき，線積分

$$\int_C (\boldsymbol{F} \times \boldsymbol{G}) \times d\boldsymbol{r}$$

を求めよ．

演習 7 平面 $2x + 2y + z = 4$ が座標軸と交わる 3 点からできる三角形を S とし，原点のない側を S の正の側とする．ベクトル場 $\boldsymbol{F} = 2y\boldsymbol{i} + z\boldsymbol{j}$ に対し，面積分

$$\int_S \boldsymbol{F} \cdot \boldsymbol{n}\,dS\,, \quad \int_S \boldsymbol{F} \times \boldsymbol{n}\,dS$$

を求めよ．

演習 8　平面 $6x+3y+2z=6$ が平面 $x=0,\ y=0,\ x+y=1$ で切り取られる領域を S とし，原点のない側を S の正の側とする．このとき，面積分

$$\int_S (y+z)dS\,,\quad \int_S (x\boldsymbol{i}+y^2\boldsymbol{j})\cdot d\boldsymbol{S}$$

を求めよ．

演習 9　平面 $2x+y+2z=6$ が平面 $x=1,\ x=2,\ y=3,\ y=4$ で切り取られる領域を S とし，原点のない側を S の正の側とする．このとき，面積分

$$\int_S (4x+3y-2z)dS$$

を求めよ．

演習 10　円柱 $x^2+y^2=4$ の $x \geqq 0,\ y \geqq 0,\ 0 \leqq z \leqq 3$ の部分を S とするとき，

$$\int_S (6z\boldsymbol{i}+2x\boldsymbol{j}-3y\boldsymbol{k})\cdot \boldsymbol{n}\,dS$$

を求めよ．

演習 11　S を球面 $x^2+y^2+z^2=1$ とし，$\boldsymbol{F}=y\boldsymbol{k}$，$\boldsymbol{r}=x\boldsymbol{i}+y\boldsymbol{j}+z\boldsymbol{k}$ とするとき，$\displaystyle\int_S \boldsymbol{r}\times\boldsymbol{F}\,dS$ を求めよ．

演習 12　S を xy 平面上の 4 直線 $x=0,\ x=1,\ y=0,\ y=b$ で囲まれた領域とするとき，$\boldsymbol{F}=-3x^2y\boldsymbol{i}+(x^3+y^3)\boldsymbol{j}$ の面積分

$$\int_S (\nabla\times\boldsymbol{F})\cdot d\boldsymbol{S}$$

を求めよ．

演習 13　V を球 $x^2+y^2+z^2 \leqq 1$ とするとき，体積分

$$\int_V (x+y+z)dV$$

を求めよ．

演習 14　円柱 $x^2+y^2 \leqq 1,\ 0 \leqq z \leqq 1$ を V とし，$\boldsymbol{F}=x^2\boldsymbol{i}-xy\boldsymbol{j}+z^2\boldsymbol{k}$ とするとき，体積分 $\displaystyle\int_V \nabla\cdot\boldsymbol{F}\,dV$ を求めよ．

演習 15　V を球 $x^2+y^2+z^2 \leqq a^2\ (a>0)$ の $x \geqq 0,\ y \geqq 0,\ z \geqq 0$ の部分とし，$\boldsymbol{r}=x\boldsymbol{i}+y\boldsymbol{j}+z\boldsymbol{k}$ とするとき，$\displaystyle\int_V \boldsymbol{r}\,dV$ を求めよ．

6 積分定理

6.1 積分公式

● **線積分，面積分，体積分の関係** ●　これらは以下のように関係している．

定理 1 （線積分と面積分）曲面 S が閉曲線 C を境界にもつとき，S 上のスカラー場 f に対して，

$$\int_S \left(\frac{\partial f}{\partial z}\boldsymbol{n}\cdot\boldsymbol{j} - \frac{\partial f}{\partial y}\boldsymbol{n}\cdot\boldsymbol{k}\right) dS = \int_C f\,dx \tag{6.1}$$

$$\int_S \left(\frac{\partial f}{\partial x}\boldsymbol{n}\cdot\boldsymbol{k} - \frac{\partial f}{\partial z}\boldsymbol{n}\cdot\boldsymbol{i}\right) dS = \int_C f\,dy \tag{6.2}$$

$$\int_S \left(\frac{\partial f}{\partial y}\boldsymbol{n}\cdot\boldsymbol{i} - \frac{\partial f}{\partial x}\boldsymbol{n}\cdot\boldsymbol{j}\right) dS = \int_C f\,dz \tag{6.3}$$

ただし，C の向きにネジを回すときネジが進む方向に $\boldsymbol{n}$ をとる．

定理 2 （面積分と体積分）空間内の領域 V が閉曲面 S で囲まれているとき，V 上のスカラー場 f に対して，

$$\iiint_V \frac{\partial f}{\partial x}dx\,dy\,dz = \int_S f\,dy\,dz = \int_S f\boldsymbol{n}\cdot\boldsymbol{i}\,dS \tag{6.4}$$

$$\iiint_V \frac{\partial f}{\partial y}dx\,dy\,dz = \int_S f\,dz\,dx = \int_S f\boldsymbol{n}\cdot\boldsymbol{j}\,dS \tag{6.5}$$

$$\iiint_V \frac{\partial f}{\partial z}dx\,dy\,dz = \int_S f\,dx\,dy = \int_S f\boldsymbol{n}\cdot\boldsymbol{k}\,dS \tag{6.6}$$

ただし，S の単位法線ベクトル $\boldsymbol{n}$ は S の外側に向かうとする．

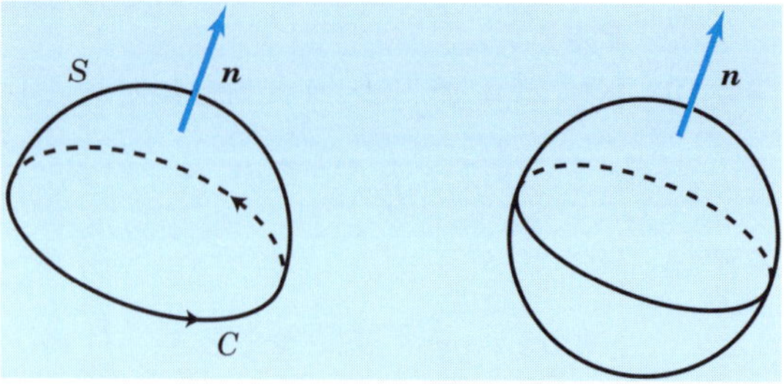

• ガウスの発散定理 • 次の定理が定理 2 より導かれる．

定理 3 （ガウスの発散定理） 閉曲面 S で囲まれた領域 V 上のベクトル場 $\boldsymbol{F}$ およびスカラー場 f に対して，

$$\int_V \nabla \cdot \boldsymbol{F}\, dV = \int_S \boldsymbol{F} \cdot \boldsymbol{n}\, dS = \int_S \boldsymbol{F} \cdot d\boldsymbol{S} \tag{6.7}$$

$$\int_V \nabla f dV = \int_S f\boldsymbol{n}\, dS = \int_S f\, d\boldsymbol{S} \tag{6.8}$$

$$\int_V \nabla \times \boldsymbol{F}\, dV = \int_S \boldsymbol{n} \times \boldsymbol{F}\, dS = -\int_S \boldsymbol{F} \times d\boldsymbol{S} \tag{6.9}$$

ただし，S の単位法線ベクトル $\boldsymbol{n}$ は S の外側に向かうとする．

• ストークスの定理 • 次の定理が定理 1 より導かれる．

定理 4 （ストークスの定理） 閉曲線 C を境界にもつ曲面 S 上のベクトル場 $\boldsymbol{F}$ およびスカラー場 f に対して，

$$\int_S (\nabla \times \boldsymbol{F}) \cdot d\boldsymbol{S} = \int_S (\nabla \times \boldsymbol{F}) \cdot \boldsymbol{n}\, dS = \int_C \boldsymbol{F} \cdot d\boldsymbol{r} \tag{6.10}$$

$$\int_S (\boldsymbol{n} \times \nabla) f\, dS = \int_C f\, d\boldsymbol{r} \tag{6.11}$$

$$\int_S (\boldsymbol{n} \times \nabla) \times \boldsymbol{F}\, dS = \int_C d\boldsymbol{r} \times \boldsymbol{F} \tag{6.12}$$

ただし，C と $\boldsymbol{n}$ の向きは定理 1 と同じように選ぶ．

• 平面でのグリーンの定理 • 最後に次の定理を述べておく．これは重積分の学習においてすでに学んでいるであろう．

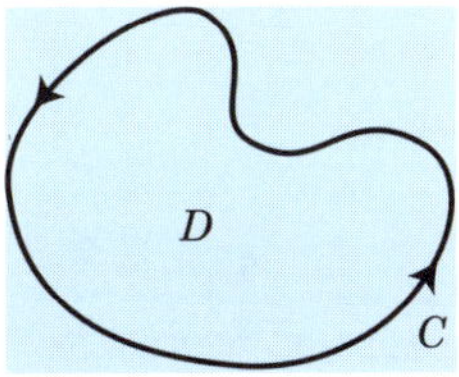

定理 5 （平面でのグリーンの定理） xy 平面上において，単一閉曲線 C で囲まれた領域 D 上のスカラー場 f, g に対して，

$$\iint_D \left(\frac{\partial g}{\partial x} - \frac{\partial f}{\partial y}\right) dx\, dy = \int_C (f\, dx + g\, dy)$$
$$= \int_C (f\boldsymbol{i} + g\boldsymbol{j}) \cdot d\boldsymbol{r} \tag{6.13}$$

ただし，C は左向きとする．

例題 1　　**ガウスの発散定理**

V を球面 $S: x^2+y^2+z^2=4$ の内部とするとき，$\boldsymbol{F}=4x\boldsymbol{i}+4y\boldsymbol{j}-2z\boldsymbol{k}$ に対し，ガウスの発散定理

$$\int_V \operatorname{div}\boldsymbol{F}\,dV=\int_S \boldsymbol{F}\cdot d\boldsymbol{S}$$

を確かめよ．

解答　S を $z \geqq 0$ である部分 S_1 と $z \leqq 0$ である部分 S_2 に分けると，83 頁の例題 8 より $\displaystyle\int_{S_1}\boldsymbol{F}\cdot d\boldsymbol{S}=32\pi$ である．S_2 については

$$\boldsymbol{n}\cdot\boldsymbol{k}=\frac{1}{2}z=-\frac{\sqrt{4-x^2-y^2}}{2}$$

となるが，$|\boldsymbol{n}\cdot\boldsymbol{k}|$ は S_1 の場合と同じである．したがって $\displaystyle\int_{S_2}\boldsymbol{F}\cdot d\boldsymbol{S}=32\pi$ を得る．

$$\therefore\quad \int_S \boldsymbol{F}\cdot d\boldsymbol{S}=\int_{S_1}\boldsymbol{F}\cdot d\boldsymbol{S}+\int_{S_2}\boldsymbol{F}\cdot d\boldsymbol{S}=64\pi$$

一方，

$$\begin{aligned}\int_V \operatorname{div}\boldsymbol{F}\,dV &= \int_V (4+4-2)dV=\int_V 6\,dV\\ &= 6\cdot(V\ \text{の体積})\\ &= 6\cdot\frac{4}{3}\pi\,2^3=64\pi\end{aligned}$$

問　題

1.1　V を球面 $S: x^2+y^2+z^2=4$ の内部とするとき，$\boldsymbol{F}=y\boldsymbol{i}-x\boldsymbol{j}+z\boldsymbol{k}$ に対し，ガウスの発散定理

$$\int_V \nabla\times\boldsymbol{F}\,dV=\int_S \boldsymbol{n}\times\boldsymbol{F}\,dS$$

を確かめよ．

1.2　S を球面 $x^2+y^2+z^2=4$ の $z\geqq 0$ である部分，C を xy 平面上の円周 $x^2+y^2=4$ とするとき，$\boldsymbol{F}=y\boldsymbol{i}-x\boldsymbol{j}+z\boldsymbol{k}$ に対し，ストークスの定理

$$\int_S (\nabla\times\boldsymbol{F})\cdot d\boldsymbol{S}=\int_C \boldsymbol{F}\cdot d\boldsymbol{r}$$

を確かめよ．

例題 2 **グリーンの定理の応用**

グリーンの定理を用いて次の積分を求めよ．

（1） C を $y=x^2$ と $y=\sqrt{x}$ で囲まれる曲線とするとき，

$$\int_C \Big((x^2-y^2)dx + (y-xy)dy \Big)$$

（2） C を原点を中心とする半径 2 の円周とするとき，ベクトル場 $\boldsymbol{F}=(xy^2-x^2y)\boldsymbol{i}+x^2y\boldsymbol{j}$ に対し，$\displaystyle\int_C \boldsymbol{F}\cdot d\boldsymbol{r}$

解答 C で囲まれた領域を D とする．

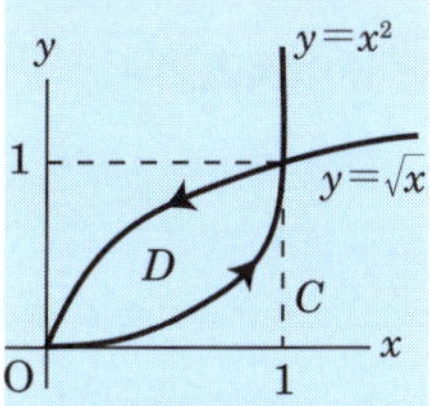

（1）

$$\begin{aligned}
&\int_C \Big((x^2-y^2)dx + (y-xy)dy \Big) \\
&= \iint_D \left(\frac{\partial}{\partial x}(y-xy) - \frac{\partial}{\partial y}(x^2-y^2) \right) dx\,dy \\
&= \iint_D y\,dx\,dy = \int_0^1 dx \int_{x^2}^{\sqrt{x}} y\,dy \\
&= \int_0^1 \left[\frac{y^2}{2} \right]_{x^2}^{\sqrt{x}} dx = \int_0^1 \frac{x-x^4}{2} dx = \frac{3}{20}
\end{aligned}$$

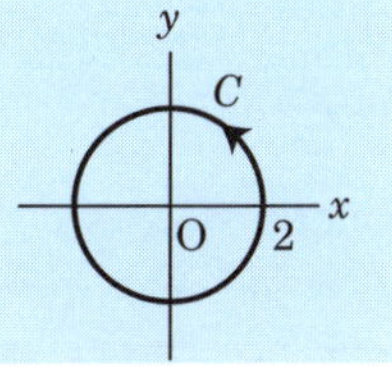

（2）

$$\begin{aligned}
&\int_C \boldsymbol{F}\cdot d\boldsymbol{r} = \int_C \Big((xy^2-x^2y)dx + x^2y\,dy \Big) \\
&= \iint_D \left(\frac{\partial}{\partial x}(x^2y) - \frac{\partial}{\partial y}(xy^2-x^2y) \right) dx\,dy
\end{aligned}$$

（$x=r\cos\theta,\ y=r\sin\theta$ と変数変換して）

$$\begin{aligned}
&= \iint_D x^2\,dx\,dy = \int_0^{2\pi} d\theta \int_0^2 (r^2\cos^2\theta) r\,dr \\
&= \int_0^{2\pi} \frac{1+\cos 2\theta}{2} d\theta \int_0^2 r^3\,dr = \left[\frac{1}{2}\theta + \frac{\sin 2\theta}{4} \right]_0^{2\pi} \left[\frac{r^4}{4} \right]_0^2 = 4\pi
\end{aligned}$$

問　題

2.1 グリーンの定理を用いて次の積分を求めよ．ただし，C は D の境界とする．

（1） $\displaystyle\int_C \Big((y-\sin x)dx + \cos x\,dy \Big),\quad D=\left\{ (x,y) \mid 0 \leqq x,\ y \leqq \frac{\pi}{2} \right\}$

（2） $\displaystyle\int_C \Big((3x+4y)\boldsymbol{i}+(2x-3y)\boldsymbol{j} \Big)\cdot d\boldsymbol{r},\quad D=\{ (x,y) \mid (x,y) \mid x^2+y^2 \leqq 4 \}$

例題 3 ガウスの発散定理

原点を中心とする半径 a の球面を S とする．ベクトル場 $\boldsymbol{F} = x^3\boldsymbol{i} + y^3\boldsymbol{j} + z^3\boldsymbol{k}$ に対し，$\displaystyle\int_S \boldsymbol{F}\cdot d\boldsymbol{S}$ を求めよ．

解答 ガウスの発散定理を用いる．S で囲まれた領域を V とすると，

$$\int_S \boldsymbol{F}\cdot d\boldsymbol{S} = \int_V \mathrm{div}\,\boldsymbol{F}\,dV = \iiint_V (3x^2+3y^2+3z^2)dx\,dy\,dz$$

$$x = r\sin\theta\cos\varphi, \quad y = r\sin\theta\sin\varphi, \quad z = r\cos\theta$$

と極座標変換すると，ヤコビアンは $J = r^2\sin\theta$ で

$$0 \leqq r \leqq a, \quad 0 \leqq \theta \leqq \pi, \quad 0 \leqq \varphi \leqq 2\pi$$

だから，

$$\begin{aligned}\int_S \boldsymbol{F}\cdot d\boldsymbol{S} &= \int_0^{2\pi} d\varphi \int_0^{\pi} d\theta \int_0^a 3r^2\cdot r^2\sin\theta\,dr \\ &= 3\int_0^{2\pi} d\varphi \int_0^{\pi} \sin\theta\,d\theta \int_0^a r^4\,dr \\ &= 3[\varphi]_0^{2\pi}[-\cos\theta]_0^{\pi}\left[\frac{r^5}{5}\right]_0^a = \frac{12}{5}\pi a^5\end{aligned}$$

問題

3.1 S を座標平面および $x = 2,\ y = 2,\ z = 2$ で囲まれた立方体の表面とするとき，$\displaystyle\int_S (x^2\boldsymbol{i} + xy\boldsymbol{j} + z\boldsymbol{k})\cdot d\boldsymbol{S}$ を求めよ．

3.2 S を原点を中心とする半径 1 の球面とするとき，$\displaystyle\int_S (2x\boldsymbol{i} + 3y\boldsymbol{j} + 4z\boldsymbol{k})\cdot d\boldsymbol{S}$ を求めよ．

3.3 S を平面 $x = 0,\ y = 0,\ y = 3,\ z = 0,\ x + 2z = 6$ で囲まれる立体の表面とするとき，$\displaystyle\int_S (2xy\boldsymbol{i} + yz^2\boldsymbol{j} + xz\boldsymbol{k})\cdot d\boldsymbol{S}$ を求めよ．

3.4 S を $x^2 + y^2 = 1,\ z = 0,\ z = 1$ で囲まれる立体の表面とし，$\boldsymbol{F} = x^2\boldsymbol{i} + 2xy\boldsymbol{j} + 2yz\boldsymbol{k}$ とするとき，

$$\int_S \boldsymbol{F}\cdot d\boldsymbol{S}, \quad \int_S \boldsymbol{F}\times d\boldsymbol{S}$$

を求めよ．

例題 4 **ストークスの定理**

xy 平面上の円 $x^2+y^2=4$ に沿っての $\boldsymbol{F}=(x^2+y)\boldsymbol{i}+(x^2+2z)\boldsymbol{j}+2y\boldsymbol{k}$ の線積分 $\displaystyle\int_C \boldsymbol{F}\cdot d\boldsymbol{r}$ をストークスの定理を用いて求めよ．

解答 S を C で囲まれた領域とする．

$$\nabla\times\boldsymbol{F} = \begin{vmatrix} \boldsymbol{i} & \boldsymbol{j} & \boldsymbol{k} \\ \dfrac{\partial}{\partial x} & \dfrac{\partial}{\partial y} & \dfrac{\partial}{\partial z} \\ x^2+y & x^2+2z & 2y \end{vmatrix}$$

$$= \left(\frac{\partial}{\partial y}(2y)-\frac{\partial}{\partial z}(x^2+2z)\right)\boldsymbol{i}+\left(\frac{\partial}{\partial z}(x^2+y)-\frac{\partial}{\partial x}(2y)\right)\boldsymbol{j}$$

$$+\left(\frac{\partial}{\partial x}(x^2+2z)-\frac{\partial}{\partial y}(x^2+y)\right)\boldsymbol{k}=(2x-1)\boldsymbol{k}$$

であり，$d\boldsymbol{S}=\boldsymbol{n}\,dS=\boldsymbol{k}\,dS$ であるから，

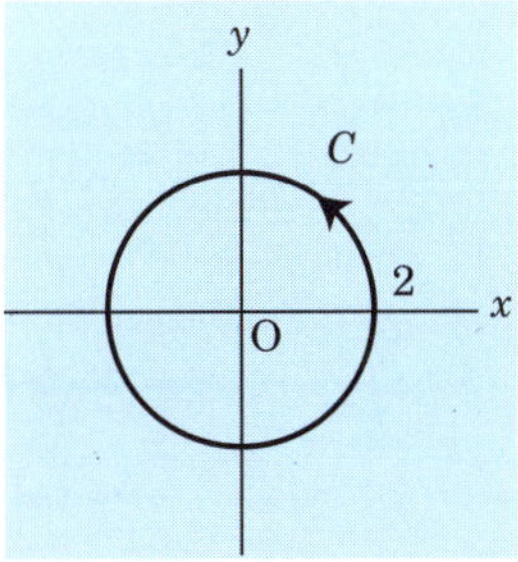

$$\int_C \boldsymbol{F}\cdot d\boldsymbol{r} = \int_S (\nabla\times\boldsymbol{F})\cdot d\boldsymbol{S}$$

$$(\text{式 } (5.16)) \quad = \iint_D \boldsymbol{F}\cdot\boldsymbol{n}\frac{1}{|\,\boldsymbol{n}\cdot\boldsymbol{k}\,|}\,dx\,dy \quad (D=S)$$

$$= \iint_D (2x-1)dx\,dy$$

$$(\text{極座標変換}) \quad = \int_0^{2\pi} d\theta \int_0^2 (2\rho\cos\theta-1)\rho\,d\rho$$

$$= 2\int_0^{2\pi}\cos\theta\,d\theta\int_0^2 \rho^2\,d\rho-\int_0^{2\pi}d\theta\int_0^2\rho\,d\rho$$

$$= 2[\sin\theta]_0^{2\pi}\left[\frac{\rho^3}{3}\right]_0^2-[\theta]_0^{2\pi}\left[\frac{\rho^2}{2}\right]_0^2=-4\pi$$

問題

4.1 例題 4 の積分をグリーンの定理を利用して求めよ．

4.2 3 点 $(1,0,0)$, $(0,1,0)$, $(0,0,1)$ を頂点とする三角形の周を C とするとき，次の線積分を求めよ．

(1) $\boldsymbol{F}=(y+z)\boldsymbol{i}+(z+x)\boldsymbol{j}+(x+y)\boldsymbol{k}$ に対し，$\displaystyle\int_C \boldsymbol{F}\cdot d\boldsymbol{r}$

(2) $f=xy+yz+zx$ に対し，$\displaystyle\int_C f\,d\boldsymbol{r}$

例題 5 ―――― **ストークスの定理とグリーンの定理**

曲面 $z = 4 - x^2 - y^2$ の $z \geqq 0$ の部分を S とし，法線ベクトルは上向きにとる．$\boldsymbol{F} = (x^2 + y - 4)\boldsymbol{i} + 3xy^2\boldsymbol{j} + (2xz + z^2)\boldsymbol{k}$ に対し，$\displaystyle\int_S (\nabla \times \boldsymbol{F}) \cdot d\boldsymbol{S}$ を求めよ．

解答 ストークスの定理を用いて線積分になおし，さらにグリーンの定理を利用する．S は xy 平面上の円周 $x^2+y^2 = 4$ を境界にもち，C 上では $\boldsymbol{r} = x\boldsymbol{i} + y\boldsymbol{j}$ であるから，C で囲まれる領域を D とすれば，

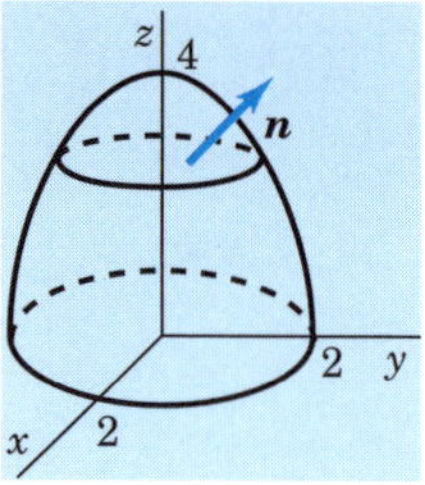

$$
\begin{aligned}
\int_S (\nabla \times \boldsymbol{F}) \cdot d\boldsymbol{S} &= \int_C \boldsymbol{F} \cdot d\boldsymbol{r} \quad (\text{定理 } 4) \\
&= \int_C \Big((x^2 + y - 4)dx + 3xy^2 dy \Big) \\
&= \iint_D \left(\frac{\partial}{\partial x}(3xy^2) - \frac{\partial}{\partial y}(x^2 + y - 4) \right) dx\,dy \quad (\text{定理 } 5) \\
&= \iint_D (3y^2 - 1) dx\,dy \\
&= \int_0^{2\pi} d\theta \int_0^2 (3\rho^2 \sin^2\theta - 1)\rho\,d\rho \quad (\text{極座標変換}) \\
&= 3\int_0^{2\pi} \frac{1 - \cos 2\theta}{2} d\theta \int_0^2 \rho^3 d\rho - \int_0^{2\pi} d\theta \int_0^2 \rho\,d\rho \\
&= 3\left[\frac{\theta}{2} - \frac{\sin 2\theta}{4}\right]_0^{2\pi} \left[\frac{\rho^4}{4}\right]_0^2 - [\theta]_0^{2\pi} \left[\frac{\rho^2}{2}\right]_0^2 = 8\pi
\end{aligned}
$$

問　題

5.1 4平面 $x = 0$, $y = 0$, $z = 0$, $2x + y + 2z = 8$ で囲まれた領域で zx 平面上にない部分の表面を S とするとき，$\boldsymbol{F} = xz\boldsymbol{i} - y\boldsymbol{j} + x^2y\boldsymbol{k}$ に対し，$\displaystyle\int_S (\nabla \times \boldsymbol{F}) \cdot \boldsymbol{n}\,dS$ を求めよ．

5.2 任意の閉曲線 C に対し，次が成り立つことを示せ．ただし，$\boldsymbol{r} = x\boldsymbol{i} + y\boldsymbol{j} + z\boldsymbol{k}$ とする．

(1) $\displaystyle\int_C d\boldsymbol{r} = \boldsymbol{0}$　　(2) $\displaystyle\int_C \boldsymbol{r} \cdot d\boldsymbol{r} = 0$

(3) $\displaystyle\int_C (yz\,dx + xz\,dy + xy\,dz) = 0$

例題 6 ――――― **ガウスの定理利用の一般論**

閉曲面 S で囲まれた領域 V 上のスカラー場 f とベクトル場 $\boldsymbol{F}, \boldsymbol{G}$ に対し，次の関係式を示せ．

(1) $\displaystyle\int_V \boldsymbol{F}\cdot\nabla f\,dV = \int_S f\boldsymbol{F}\cdot d\boldsymbol{S} - \int_V f(\nabla\cdot\boldsymbol{F})dV$

(2) $\displaystyle\int_V \boldsymbol{F}\cdot(\nabla\times\boldsymbol{G})dV = \int_S (\boldsymbol{G}\times\boldsymbol{F})\cdot d\boldsymbol{S} + \int_V \boldsymbol{G}\cdot(\nabla\times\boldsymbol{F})dV$

解答 (1)

$$\begin{aligned}\int_S f\boldsymbol{F}\cdot d\boldsymbol{S} &= \int_V \nabla\cdot(f\boldsymbol{F})\,dV \quad (\text{式 }(6.7))\\ &= \int_V \Big((\nabla f)\cdot\boldsymbol{F} + f(\nabla\cdot\boldsymbol{F})\Big)dV \quad (\text{式 }(4.12))\\ &= \int_V \boldsymbol{F}\cdot\nabla f\,dV + \int_V f(\nabla\cdot\boldsymbol{F})dV\end{aligned}$$

(2)

$$\begin{aligned}\int_S (\boldsymbol{G}\times\boldsymbol{F})\cdot d\boldsymbol{S} &= \int_V \nabla\cdot(\boldsymbol{G}\times\boldsymbol{F})dV \quad (\text{式 }(6.7))\\ &= \int_V \Big(\boldsymbol{F}\cdot(\nabla\times\boldsymbol{G}) - \boldsymbol{G}\cdot(\nabla\times\boldsymbol{F})\Big)dV\\ &= \int_V \boldsymbol{F}\cdot(\nabla\times\boldsymbol{G})\,dV - \int_V \boldsymbol{G}\cdot(\nabla\times\boldsymbol{F})\,dV\end{aligned}$$

問題

6.1 任意の領域 V とその境界 S について $\displaystyle\int_V f\,dV = \int_S \boldsymbol{F}\cdot d\boldsymbol{S}$ ならば，$f = \mathrm{div}\,\boldsymbol{F}$ であることを示せ．

6.2 f が調和関数なら，任意の領域 V とその境界 S について $\displaystyle\int_V |\nabla f|^2\,dV = \int_S f\nabla f\cdot d\boldsymbol{S}$ となることを示せ．

6.3 V を閉曲面 S で囲まれた領域とし，$\boldsymbol{r} = x\boldsymbol{i} + y\boldsymbol{j} + z\boldsymbol{k}$, $r = |\boldsymbol{r}|$，f をスカラー関数とするとき，次を示せ．

(1) $\displaystyle\int_S \nabla f\times d\boldsymbol{S} = \boldsymbol{0}$　　(2) $\displaystyle\int_S \boldsymbol{r}\times d\boldsymbol{S} = \boldsymbol{0}$

(3) $\displaystyle\int_V \boldsymbol{r}\,dV = \frac{1}{2}\int_S r^2 d\boldsymbol{S}$　　(4) $\displaystyle\int_V r^3 dV = \frac{1}{5}\int_S r^2\boldsymbol{r}\cdot d\boldsymbol{S}$

例題 7 ストークスの定理利用の一般論

閉曲線 C で囲まれた曲面 S 上のスカラー場 f, g とベクトル場 $\boldsymbol{F}$ に対し，次の関係式を示せ．

(1) $\displaystyle \int_S f(\nabla \times \boldsymbol{F}) \cdot d\boldsymbol{S} = \int_C f\boldsymbol{F} \cdot d\boldsymbol{r} - \int_S (\nabla f \times \boldsymbol{F}) \cdot d\boldsymbol{S}$

(2) $\displaystyle \int_S (\nabla f \times \nabla g) \cdot d\boldsymbol{S} = \int_C f\nabla g \cdot d\boldsymbol{r} = -\int_C g\nabla f \cdot d\boldsymbol{r}$

解答 (1)
$$\begin{aligned}\int_C f\boldsymbol{F} \cdot d\boldsymbol{r} &= \int_S \Big(\nabla \times (f\boldsymbol{F})\Big) \cdot d\boldsymbol{S} \quad (\text{式 } (6.10)) \\ &= \int_S \Big((\nabla f) \times \boldsymbol{F} + f(\nabla \times \boldsymbol{F})\Big) \cdot d\boldsymbol{S} \quad (\text{式 } (4.17)) \\ &= \int_S (\nabla f \times \boldsymbol{F}) \cdot d\boldsymbol{S} + \int_S f(\nabla \times \boldsymbol{F}) \cdot d\boldsymbol{S}\end{aligned}$$

(2) (1)で $\boldsymbol{F} = \nabla g$ とおくと，

$$\begin{aligned}\int_C f\nabla g \cdot d\boldsymbol{r} &= \int_S (\nabla f \times \nabla g) \cdot d\boldsymbol{S} + \int_S f(\nabla \times \nabla g) \cdot d\boldsymbol{S} \\ &= \int_S (\nabla f \times \nabla g) \cdot d\boldsymbol{S} \quad (\because \nabla \times \nabla g = \boldsymbol{0})\end{aligned}$$

もう一方は $\nabla f \times \nabla g = -\nabla g \times \nabla f$ に注意すれば同様である．

問 題

7.1 任意の曲面 S とその境界 C について $\displaystyle \int_S \boldsymbol{G} \cdot d\boldsymbol{S} = \int_C \boldsymbol{F} \cdot d\boldsymbol{r}$ ならば $\boldsymbol{G} = \mathrm{rot}\,\boldsymbol{F}$ であることを示せ．

7.2 閉曲線 C で囲まれた曲面 S について次の関係式を示せ．ただし，f はスカラー関数で，$\boldsymbol{r} = x\boldsymbol{i} + y\boldsymbol{j} + z\boldsymbol{k}$, $r = |\boldsymbol{r}|$ とする．

(1) $\displaystyle \int_S d\boldsymbol{S} = \frac{1}{2}\int_C \boldsymbol{r} \times d\boldsymbol{r}$ (2) $\displaystyle \int_S \boldsymbol{n} \times \boldsymbol{r}\, dS = \frac{1}{2}\int_C r^2 d\boldsymbol{r}$

(3) $\displaystyle \int_S (\nabla f) \times d\boldsymbol{S} = \int_C \boldsymbol{r}(\nabla f) \cdot d\boldsymbol{r}$

7.3 閉曲面 S に関する面積分について次の関係式を示せ．ただし，f はスカラー場，$\boldsymbol{F}$ はベクトル場である．

(1) $\displaystyle \int_S (\mathrm{rot}\,\boldsymbol{F}) \cdot \boldsymbol{n}\, dS = 0$ (2) $\displaystyle \int_S \boldsymbol{n} \times \nabla f\, dS = \boldsymbol{0}$

例題 8 **線積分と体積**

閉曲面 S で囲まれた領域の体積を V とするとき，次の式を示せ．

(1) $\displaystyle\int_S x\,dy\,dz = \int_C y\,dz\,dx = \int_C z\,dx\,dy = V$

(2) $\boldsymbol{r} = x\boldsymbol{i} + y\boldsymbol{j} + z\boldsymbol{k}$ に対し，$\displaystyle\int_S \boldsymbol{r}\cdot d\boldsymbol{S} = 3V$

(3) $\boldsymbol{F} = ax\boldsymbol{i} + by\boldsymbol{j} + cz\boldsymbol{k}$ に対し，$\displaystyle\int_S \boldsymbol{F}\cdot d\boldsymbol{S} = (a+b+c)V$

解答 S で囲まれた領域を Ω とする．

(1) 式 (6.4) において $f = x$ とおくと，

$$\int_S x\,dy\,dz = \int_S f\,dy\,dz = \iiint_\Omega \frac{\partial f}{\partial x}dx\,dy\,dz = \iiint_\Omega dx\,dy\,dz = V$$

残りも同様にできる．

(2) 式 (6.7) より

$$\int_S \boldsymbol{r}\cdot d\boldsymbol{S} = \int_\Omega \nabla\cdot\boldsymbol{r}\,dV = \int_\Omega\left(\frac{\partial x}{\partial x} + \frac{\partial y}{\partial y} + \frac{\partial z}{\partial z}\right)dV = 3\int_\Omega dV = 3V$$

(3) 同様に式 (6.7) より

$$\begin{aligned}\int_S \boldsymbol{F}\cdot d\boldsymbol{S} &= \int_\Omega \nabla\cdot\boldsymbol{F}\,dV = \int_\Omega\left(\frac{\partial}{\partial x}(ax) + \frac{\partial}{\partial y}(ay) + \frac{\partial}{\partial z}(az)\right)dV \\ &= (a+b+c)\int_\Omega dV = (a+b+c)V\end{aligned}$$

問 題

8.1 閉曲面 S で囲まれた領域の体積を V とするとき，定ベクトル $\boldsymbol{a}$ に対し，$\displaystyle\int_S (\boldsymbol{a}\cdot\boldsymbol{r})d\boldsymbol{S} = V\boldsymbol{a}$ であることを示せ．

8.2 閉曲面 S で囲まれた領域 V について，次の関係式を示せ．ただし，f はスカラー場，$\boldsymbol{F}$ はベクトル場である．

(1) $\boldsymbol{F}$ が S に垂直ならば $\displaystyle\int_V \mathrm{rot}\,\boldsymbol{F}\,dV = \boldsymbol{0}$

(2) f が調和関数ならば $\displaystyle\int_V (\nabla f)^2 dV = \int_S f\nabla f\cdot d\boldsymbol{S}$

(3) S が f の等位面ならば $\displaystyle\int_V \nabla f\cdot \mathrm{rot}\,\boldsymbol{F}\,dV = 0$

6.2 グリーンの定理と調和関数

●グリーンの定理● 発散定理3より次の定理が導かれる．

定理6（グリーンの定理） 閉曲面Sで囲まれた領域V上のスカラー場f, gに対し，

$$\int_V (f\nabla^2 g + \nabla f\cdot\nabla g)dV = \int_S f\frac{\partial g}{\partial n}\,dS = \int_S f\nabla g\cdot d\boldsymbol{S} \tag{6.14}$$

$$\int_V (g\nabla^2 f - f\nabla^2 g)dV = \int_S \left(g\frac{\partial f}{\partial n} - f\frac{\partial g}{\partial n}\right)dS = \int_S (g\nabla f - f\nabla g)\cdot d\boldsymbol{S} \tag{6.15}$$

ただし，$\dfrac{\partial f}{\partial n}, \dfrac{\partial g}{\partial n}$は$f, g$の法線方向に対する方向微分係数であり，単位法線ベクトル$\boldsymbol{n}$は外側に向くようにとる．

定理7（グリーンの公式） 定理6と同じ状況で，rを点PからV内の動点Qまでの距離とするとき，

1. 点PがVの内部に含まれれば，

$$4\pi f(\mathrm{P}) = -\int_V \frac{1}{r}\nabla^2 f\,dV + \int_S \left(\frac{1}{r}\frac{\partial f}{\partial n} - f\frac{\partial}{\partial n}\left(\frac{1}{r}\right)\right)dS \tag{6.16}$$

2. 点PがVの外部にあれば，

$$0 = -\int_V \frac{1}{r}\nabla^2 f\,dV + \int_S \left(\frac{1}{r}\frac{\partial f}{\partial n} - f\frac{\partial}{\partial n}\left(\frac{1}{r}\right)\right)dS \tag{6.17}$$

3. $\nabla^2 f = -4\pi\rho$とすれば，V内の点Pに対し，

$$f(\mathrm{P}) = \int_V \frac{\rho}{r}dV + \frac{1}{4\pi}\int_S \left(\frac{1}{r}\frac{\partial f}{\partial n} - f\frac{\partial}{\partial n}\left(\frac{1}{r}\right)\right)dS \tag{6.18}$$

●調和関数● ラプラスの微分方程式$\nabla^2 f = 0$を満たすスカラー関数fを**調和関数**という．調和関数に対するグリーンの公式は次のようになる．

定理8 閉曲面Sを境界とする領域V上の調和関数fに対し，PがV内の点であれば

$$f(\mathrm{P}) = \frac{1}{4\pi}\int_S \left(\frac{1}{r}\frac{\partial f}{\partial n} - f\frac{\partial}{\partial n}\left(\frac{1}{r}\right)\right)dS \tag{6.19}$$

例題 9　　**調和関数の場合**

閉曲面 S で囲まれた領域 V 上のスカラー場 f, g に対し，次を示せ．

（1）　g が調和関数なら

$$\int_V \nabla f \cdot \nabla g \, dV = \int_S f \frac{\partial g}{\partial n} dS , \quad \int_V (\nabla g)^2 dV = \int_S g \frac{\partial g}{\partial n} dS$$

（2）　f, g が共に調和関数なら

$$\int_S \left(g \frac{\partial f}{\partial n} - f \frac{\partial g}{\partial n} \right) dS = 0$$

解答　グリーンの定理を使う．

（1）

$$\begin{aligned} \int_S f \frac{\partial g}{\partial n} dS &= \int_V (f \nabla^2 g + \nabla f \cdot \nabla g) dV \quad (\text{式 } (6.14)) \\ &= \int_V \nabla f \cdot \nabla g \, dV \quad (\because \quad \nabla^2 g = 0) \end{aligned}$$

ここで $f = g$ とすれば第 2 の関係式が得られる．

（2）

$$\begin{aligned} \int_S \left(g \frac{\partial f}{\partial n} - f \frac{\partial g}{\partial n} \right) dS &= \int_V (g \nabla^2 f - f \nabla^2 g) dV \quad (\text{式 } (6.15)) \\ &= 0 \quad (\because \quad \nabla^2 f = \nabla^2 g = 0) \end{aligned}$$

問　題

9.1　f を閉曲面 S で囲まれた領域 V における調和関数とする．

（1）　S 上で $\dfrac{\partial f}{\partial n} =$ ならば，f は V で定数であることを示せ．

（2）　さらに，S 上で $f = 0$ ならば，f は V で 0 であることを示せ．

9.2　V を閉曲面 S で囲まれた領域とし，u, v, w を x, y, z の関数とするとき，次の関係式を示せ．

$$\int_V w \nabla u \cdot \nabla v \, dV = \int_S w u \nabla v \cdot d\boldsymbol{S} - \int_S u \nabla \cdot (w \nabla v) \, dV$$

9.3　閉曲面 S で囲まれた領域 V において，$\boldsymbol{F} = \nabla f$, $\nabla^2 f = 0$ であれば

$$\int_V \boldsymbol{F} \cdot \boldsymbol{F} \, dV = \int_S f \boldsymbol{F} \cdot d\boldsymbol{S}$$

が成り立つことを示せ．

9.4　$\boldsymbol{F} = f \nabla g$ に発散定理を適用することにより，定理 6 を導け．

6.3 層状ベクトル場と管状ベクトル場

● 層状ベクトル場 ● ベクトル場 $\boldsymbol{F}$ が $\mathrm{rot}\,\boldsymbol{F} = \boldsymbol{0}$ を満たすとき，$\boldsymbol{F}$ は渦なしまたは層状 (ラメラー) であるという．第3章の例題9と11より，これは $\boldsymbol{F}$ がスカラー・ポテンシャルをもつことと同値である．

定理 9 ベクトル場 $\boldsymbol{F}$ が層状であるための必要十分条件は $\boldsymbol{F} = \nabla f$ を満たすスカラー場 f が存在することである．さらに，$\boldsymbol{F} = F_1\boldsymbol{i} + F_2\boldsymbol{j} + F_3\boldsymbol{k}$ のとき，f は具体的に次の式で与えられる．

$$f(x,y,z) = \int_{x_0}^{x} F_1(x,y,z)dx + \int_{y_0}^{y} F_2(x_0,y,z)dy + \int_{z_0}^{z} F_3(x_0,y_0,z)dz$$

ただし，x_0, y_0, z_0 は定数であり，式が意味をもつような任意の値でよい．

● 層状ベクトル場の例 ● 重力場や電界などは層状ベクトル場である．

● 管状ベクトル場 ● ベクトル場 $\boldsymbol{F}$ が $\mathrm{div}\,\boldsymbol{F} = 0$ を満たすとき，$\boldsymbol{F}$ は湧き出しなしまたは管状 (ソレノイド) であるという．第3章の例題10と11より，これは $\boldsymbol{F}$ がベクトル・ポテンシャルをもつことと同値である．

定理 10 ベクトル場 $\boldsymbol{F}$ が管状であるための必要十分条件は $\boldsymbol{F} = \nabla \times \boldsymbol{V}$ を満たすベクトル場 $\boldsymbol{V}$ が存在することである．さらに，$\boldsymbol{F} = F_1\boldsymbol{i} + F_2\boldsymbol{j} + F_3\boldsymbol{k}$ のとき，$\boldsymbol{V} = V_1\boldsymbol{i} + V_2\boldsymbol{j} + V_3\boldsymbol{k}$ は具体的に次の式で与えられる．

$$\begin{aligned} V_1(x,y,z) &= 0, \quad V_2(x,y,z) = \int_{x_0}^{x} F_3(x,y,z)dx \\ V_3(x,y,z) &= -\int_{x_0}^{x} F_2(x,y,z)dx + \int_{y_0}^{y} F_1(x_0,y,z)dy \end{aligned}$$

ただし，x_0, y_0, z_0 は定数であり，式が意味をもつような任意の値でよい．

● 管状ベクトル場の例 ● 静磁場における磁界は管状ベクトル場である．

● ベクトル場の分解 ● 層状ベクトル場と管状ベクトル場は次の定理により，理論的にも興味深い．

定理 11 (**ヘルムホルツの定理**) 任意のベクトル場 $\boldsymbol{F}$ は層状ベクトル場と管状ベクトル場の和として表される．すなわち，

$$\boldsymbol{F} = -\nabla f + \mathrm{rot}\,\boldsymbol{V}$$

となるスカラー場 f とベクトル場 $\boldsymbol{V}$ が存在する．

例題 10　　**層状ベクトル場**

ベクトル場 $\boldsymbol{F} = (y + \sin z)\boldsymbol{i} + x\,\boldsymbol{j} + x\cos z\,\boldsymbol{k}$ は層状であることを示し，そのスカラー・ポテンシャルを求めよ．

解答

$$\begin{aligned}
\mathrm{rot}\,\boldsymbol{F} &= \begin{vmatrix} \boldsymbol{i} & \boldsymbol{j} & \boldsymbol{k} \\ \dfrac{\partial}{\partial x} & \dfrac{\partial}{\partial y} & \dfrac{\partial}{\partial z} \\ y+\sin z & x & x\cos z \end{vmatrix} \\
&= \begin{vmatrix} \dfrac{\partial}{\partial y} & \dfrac{\partial}{\partial z} \\ x & x\cos z \end{vmatrix}\boldsymbol{i} + \begin{vmatrix} \dfrac{\partial}{\partial z} & \dfrac{\partial}{\partial x} \\ x\cos z & y+\sin z \end{vmatrix}\boldsymbol{j} + \begin{vmatrix} \dfrac{\partial}{\partial x} & \dfrac{\partial}{\partial y} \\ y+\sin z & x \end{vmatrix}\boldsymbol{k} \\
&= (0-0)\boldsymbol{i} + (\cos z - \cos z)\boldsymbol{j} + (1-1)\boldsymbol{k} = \boldsymbol{0}
\end{aligned}$$

よって $\boldsymbol{F}$ は層状である．次に定理 9 を用いて $\boldsymbol{F} = \nabla f$ となるスカラー場を求める $x_0 = y_0 = z_0 = 0$ としてよいから，

$$\begin{aligned}
f(x,y,z) &= \int_0^x F_1(x,y,z)dx + \int_0^y F_2(0,y,z)dy + \int_0^z F_3(0,0,z)dz \\
&= \int_0^x (y+\sin z)dx + \int_0^y 0\,dy + \int_0^z 0\,dz \\
&= \Big[(y+\sin z)x\Big]_0^x = (y+\sin z)x
\end{aligned}$$

ゆえにスカラー・ポテンシャルは $-x(y+\sin z)+C$ である (C は任意の定数)．

問　題

10.1　次のベクトル場 $\boldsymbol{F}$ は層状であることを示し，そのスカラー・ポテンシャルを求めよ．

(1)　$\boldsymbol{F} = (2y^2 + 2xz)\boldsymbol{i} + (4xy - z^2)\boldsymbol{j} + (x^2 - 2yz)\boldsymbol{k}$

(2)　$\boldsymbol{F} = (\sin y + z\cos x)\boldsymbol{i} + (x\cos y + \sin z)\boldsymbol{j} + (y\cos z + \sin x)\boldsymbol{k}$

(3)　$\boldsymbol{F} = 2xye^z\boldsymbol{i} + x^2e^z\boldsymbol{j} + x^2ye^z\boldsymbol{k}$

10.2　ベクトル場 $\boldsymbol{F} = \dfrac{-y}{x^2+y^2}\boldsymbol{i} + \dfrac{x}{x^2+y^2}\boldsymbol{j}$ は層状であることを示し，$F = \nabla f$ となるスカラー場 f を求めよ．

例題 11 **管状ベクトル場**

ベクトル場 $\boldsymbol{F} = 2x^2y\boldsymbol{i} + (3yz^2 - 2xy^2)\boldsymbol{j} - z^3\boldsymbol{k}$ は管状であることを示し，そのベクトル・ポテンシャルを求めよ．

解答
$$\begin{aligned}\operatorname{div}\boldsymbol{F} &= \frac{\partial}{\partial x}\left(2x^2y\right) + \frac{\partial}{\partial y}\left(3yz^2 - 2xy^2\right) + \frac{\partial}{\partial z}\left(-z^3\right)\\ &= 4xy + (3z^2 - 4xy) + (-3z^2) = 0\end{aligned}$$

であるから，$\boldsymbol{F}$ は管状である．次に定理10を用いて $\boldsymbol{F} = \nabla \times V$ となるベクトル場 $V = V_1\boldsymbol{i} + V_2\boldsymbol{j} + V_3\boldsymbol{k}$ を求める．$x_0 = y_0 = z_0 = 0$ としてよいから，

$$\begin{aligned}V_1(x, y, z) &= 0\\ V_2(x, y, z) &= \int_0^x F_3(x, y, z)dx = \int_0^x (-z^3)dx = -xz^3\\ V_3(x, y, z) &= -\int_0^x F_2(x, y, z)dx + \int_0^y F_1(0, y, z)dy\\ &= -\int_0^x (3yz^2 - 2xy^2)dx + \int_0^y F_1 0\, dy\\ &= -\Big[3xyz^2 - x^2y^2\Big]_0^x\\ &= x^2y^2 - 3xyz^2\end{aligned}$$

ゆえにベクトル・ポテンシャルは $-xz^3\boldsymbol{j} + (x^2y^2 - 3xyz^2)\boldsymbol{k} + \nabla f$ である（f は任意のスカラー関数）．

問　題

11.1 次のベクトル場 $\boldsymbol{F}$ は管状であることを示し，そのベクトル・ポテンシャルを求めよ．

（1） $\boldsymbol{F} = (x + 3y)\boldsymbol{i} + (y - 2z)\boldsymbol{j} + (x - 2z)\boldsymbol{k}$

（2） $\boldsymbol{F} = (y - z)\boldsymbol{i} + (z - x)\boldsymbol{j} + (x - y)\boldsymbol{k}$

（3） $\boldsymbol{F} = yz\boldsymbol{i} - zx\boldsymbol{j} + (x^2 + y^2)\boldsymbol{k}$

（4） $\boldsymbol{F} = yz\boldsymbol{i} + zx\boldsymbol{j} + xy\boldsymbol{k}$

11.2 スカラー関数 f, g に対し，$\nabla f \times \nabla g$ は管状ベクトル場であることを示せ．

11.3 $\boldsymbol{F}$ が層状ベクトル場であれば，$\boldsymbol{F} \times \boldsymbol{r}$ は管状ベクトル場であることを示せ．ただし，$\boldsymbol{r} = x\boldsymbol{i} + y\boldsymbol{j} + z\boldsymbol{k}$ である．

演習問題

演習 1 C を xy 平面上の円周 $x^2+y^2=9$ とするとき，次の $\boldsymbol{F}$ に対し，$\displaystyle\int_C \boldsymbol{F}\cdot d\boldsymbol{r}$ をグリーンの定理を用いて求めよ．

（1） $\boldsymbol{F}=(3x+4y)\boldsymbol{i}+(2x+3y)\boldsymbol{j}+(5z-2x)\boldsymbol{k}$

（2） $\boldsymbol{F}=(2x^2+y)\boldsymbol{i}+(x^2+yz+2z)\boldsymbol{j}+2z\boldsymbol{k}$

（3） $\boldsymbol{F}=\cos y\,\boldsymbol{i}+x(1-\sin y)\boldsymbol{j}$

演習 2 円柱 $x^2+y^2=1$ と平面 $z=1$, $z=3$ で囲まれた立体の表面を S とするとき，$\displaystyle\int_S (xy\,dy\,dz+yz\,dz\,dx+zx\,dx\,dy)$ を求めよ．

演習 3 ベクトル場 $\boldsymbol{F}, \boldsymbol{G}$ が $\mathrm{rot}\,\boldsymbol{F}=\mathrm{rot}\boldsymbol{G}=\boldsymbol{0}$ を満たすならば任意の閉曲面 S に対し，$\displaystyle\int_S (\boldsymbol{F}\times\boldsymbol{G})\cdot d\boldsymbol{S}=0$ であることを示せ．

演習 4 式 (6.7) を用いて式 (6.8) と式 (6.9) を導け．

演習 5 式 (6.10) を用いて式 (6.11) と式 (6.12) を導け．

演習 6 閉曲面 S で囲まれた領域 V において $\mathrm{div}\,\boldsymbol{F}=0$ であれば

$$\int_V (\boldsymbol{F}\cdot\mathrm{grad}f)dV=\int_S f\boldsymbol{F}\cdot d\boldsymbol{S}$$

が成り立つことを示せ．

演習 7 $\boldsymbol{F}=(2xy+z^3)\boldsymbol{i}+x^2\boldsymbol{j}+3xz^2\boldsymbol{k}$ が層状ベクトル場であることを利用して，

$$\int_C \Big((2xy+z^3)dx+x^2dy+3xz^2dz\Big)$$

を求めよ．ただし，C は点 $(1,0,1)$ から点 $(2,1,-3)$ に至る任意の曲線である．

演習 8 $\boldsymbol{F}=(2y^2+2xz)\boldsymbol{i}+(4xy-z^2)\boldsymbol{j}+(x^2-2yz)\boldsymbol{k}$ の接線線積分 $\displaystyle\int_C \boldsymbol{F}\cdot d\boldsymbol{r}$ を求めよ．ただし，C は点 $(1,-1,1)$ から点 $(4,3,2)$ に至る任意の曲線である．

演習 9 $\boldsymbol{F}=\dfrac{-y}{x^2+y^2}\boldsymbol{i}+\dfrac{x}{x^2+y^2}\boldsymbol{j}$ とする．次の閉曲線 C に対し，$\displaystyle\int_C \boldsymbol{F}\cdot d\boldsymbol{r}$ を求めよ．

（1） C は xy 平面上の円周 $(x-2)^2+y^2=1$

（2） C は xy 平面上の円周 $x^2+y^2=1$

7　直交曲線座標

7.1　直交曲線座標

● 曲線座標 ●　空間の直交座標において，x, y, z 座標がそれぞれ u, v, w の関数

$$x = x(u, v, w), \quad y = y(u, v, w), \quad z = z(u, v, w)$$

として定まり，この対応が 1 対 1 であるときは，(x, y, z) の組と (u, v, w) の組を対応させることにより，(u, v, w) も空間内の点を表していると考えることができる．そのためには，たとえば，ヤコビアンについて $\frac{\partial(x,y,z)}{\partial(u,v,w)} \neq 0$ となれば十分である．このとき，(u, v, w) を**曲線座標**という．

● 座標曲線 ●　曲線座標 (u, v, w) において，v, w を固定して u を動かすと空間内に 1 本の曲線が定まる．これを u 曲線という．固定する v, w の値を動かせば u 曲線は無数に現れる．v 曲線，w 曲線も同様に定義する．これらをあわせて**座標曲線**という．直交座標の場合と異なり，u 曲線，v 曲線，w 曲線は一般に直線でなく曲線になる．これが (u, v, w) を曲線座標と呼ぶ理由である．

● 直交曲線座標 ●　曲線座標 (u, v, w) において，すべての u 曲線，v 曲線，w 曲線がすべての点において互いに直交するとき，これを**直交曲線座標**という．点 $\mathrm{P}(x, y, z)$ の位置ベクトル $\boldsymbol{r} = x\boldsymbol{i} + \boldsymbol{j} + z\boldsymbol{k}$ は u, v, w の関数であり，$\frac{\partial \boldsymbol{r}}{\partial u}$，$\frac{\partial \boldsymbol{r}}{\partial v}$，$\frac{\partial \boldsymbol{r}}{\partial w}$ はそれぞれ u 曲線，v 曲線，w 曲線の接線ベクトルになる．そこで

$$h_1 = \left|\frac{\partial \boldsymbol{r}}{\partial u}\right|, \quad h_2 = \left|\frac{\partial \boldsymbol{r}}{\partial v}\right|, \quad h_3 = \left|\frac{\partial \boldsymbol{r}}{\partial w}\right| \tag{7.1}$$

とし，

$$\boldsymbol{e}_1 = \frac{1}{h_1}\frac{\partial \boldsymbol{r}}{\partial u}, \quad \boldsymbol{e}_2 = \frac{1}{h_2}\frac{\partial \boldsymbol{r}}{\partial v}, \quad \boldsymbol{e}_3 = \frac{1}{h_3}\frac{\partial \boldsymbol{r}}{\partial w} \tag{7.2}$$

とおけば，$\boldsymbol{e}_1$, $\boldsymbol{e}_2$, $\boldsymbol{e}_3$ は互いに直交する単位ベクトルになる．$\boldsymbol{e}_1$, $\boldsymbol{e}_2$, $\boldsymbol{e}_3$ を曲線座標 (u, v, w) における基本ベクトルという．$\boldsymbol{e}_1$, $\boldsymbol{e}_2$, $\boldsymbol{e}_3$ の向きは場所によって変化することに注意する．また，u, v, w を x, y, z の関数と考えると

$$h_1 = \frac{1}{|\nabla u|}, \; h_2 = \frac{1}{|\nabla v|}, \; h_3 = \frac{1}{|\nabla w|} \tag{7.3}$$

$$\boldsymbol{e}_1 = h_1 \nabla u, \; \boldsymbol{e}_2 = h_2 \nabla v, \; \boldsymbol{e}_3 = h_3 \nabla w \tag{7.4}$$

となる．

● **基本ベクトルの変換行列** ●　直交曲線座標 (u, v, w) における基本ベクトル $\boldsymbol{e}_1$, $\boldsymbol{e}_2$, $\boldsymbol{e}_3$ を直交座標 (x, y, z) の基本ベクトル $\boldsymbol{i}$, $\boldsymbol{j}$, $\boldsymbol{k}$ を用いて

$$\begin{bmatrix} \boldsymbol{e}_1 \\ \boldsymbol{e}_2 \\ \boldsymbol{e}_3 \end{bmatrix} = A \begin{bmatrix} \boldsymbol{i} \\ \boldsymbol{j} \\ \boldsymbol{k} \end{bmatrix} \tag{7.5}$$

と表すと，A は直交行列になる．したがって $\boldsymbol{i}$, $\boldsymbol{j}$, $\boldsymbol{k}$ は $\boldsymbol{e}_1$, $\boldsymbol{e}_2$, $\boldsymbol{e}_3$ を用いて

$$\begin{bmatrix} \boldsymbol{i} \\ \boldsymbol{j} \\ \boldsymbol{k} \end{bmatrix} = {}^t\!A \begin{bmatrix} \boldsymbol{e}_1 \\ \boldsymbol{e}_2 \\ \boldsymbol{e}_3 \end{bmatrix} \tag{7.6}$$

と表すことができる．ここで ${}^t\!A$ は A の転置行列である．また

$$\boldsymbol{e}_1, \boldsymbol{e}_2, \boldsymbol{e}_3 \text{ が右手系} \iff |A| = 1$$

● **ベクトルの成分** ●　ベクトル $\boldsymbol{a}$ が基本ベクトル $\boldsymbol{e}_1$, $\boldsymbol{e}_2$, $\boldsymbol{e}_3$ を用いて

$$\boldsymbol{a} = a_1\boldsymbol{e}_1 + a_2\boldsymbol{e}_2 + a_3\boldsymbol{e}_3$$

と書けるとき，a_1, a_2, a_3 を曲線座標 (u, v, w) における u 成分，v 成分，w 成分という．

$$a_1 = \boldsymbol{a} \cdot \boldsymbol{e}_1\,, \quad a_2 = \boldsymbol{a} \cdot \boldsymbol{e}_2\,, \quad a_3 = \boldsymbol{a} \cdot \boldsymbol{e}_3$$

である．また $\boldsymbol{b} = b_1\boldsymbol{e}_1 + b_2\boldsymbol{e}_2 + b_3\boldsymbol{e}_3$ のとき，

$$\boldsymbol{a} \cdot \boldsymbol{b} = a_1b_1 + a_2b_2 + a_3b_3$$

となる．さらに $\boldsymbol{e}_1$, $\boldsymbol{e}_2$, $\boldsymbol{e}_3$ が右手系をなせば

$$\boldsymbol{a} \times \boldsymbol{b} = \begin{vmatrix} \boldsymbol{e}_1 & \boldsymbol{e}_2 & \boldsymbol{e}_3 \\ a_1 & a_2 & a_3 \\ b_1 & b_2 & b_3 \end{vmatrix}$$

となる．

● **線素と体積要素** ●　直交曲線座標において，線素を ds，体積要素を dV とすれば

$$\begin{aligned} ds &= \sqrt{h_1^2 du^2 + h_2^2 dv^2 + h_3^2 dw^2} \\ dV &= h_1 h_2 h_3 du\, dv\, dw \end{aligned}$$

となる．

例題 1 ——— **基本ベクトル $\boldsymbol{e}_1, \boldsymbol{e}_2, \boldsymbol{e}_3$**

直交曲線座標 (u, v, w) について

$$h_1 = \frac{1}{|\nabla u|}, \quad h_2 = \frac{1}{|\nabla v|}, \quad h_3 = \frac{1}{|\nabla w|}$$

$$\boldsymbol{e}_1 = h_1 \nabla u, \quad \boldsymbol{e}_2 = h_2 \nabla v, \quad \boldsymbol{e}_3 = h_3 \nabla w$$

を示せ．

解答 $\boldsymbol{r} = x\boldsymbol{i} + y\boldsymbol{j} + z\boldsymbol{k}$ とすると，

$$\frac{\partial \boldsymbol{r}}{\partial u} = \frac{\partial \boldsymbol{r}}{\partial x}\frac{\partial x}{\partial u} + \frac{\partial \boldsymbol{r}}{\partial y}\frac{\partial y}{\partial u} + \frac{\partial \boldsymbol{r}}{\partial z}\frac{\partial z}{\partial u} = \frac{\partial x}{\partial u}\boldsymbol{i} + \frac{\partial y}{\partial u}\boldsymbol{j} + \frac{\partial z}{\partial u}\boldsymbol{k}$$

さて $\dfrac{\partial \boldsymbol{r}}{\partial u}, \dfrac{\partial \boldsymbol{r}}{\partial v}, \dfrac{\partial \boldsymbol{r}}{\partial w}$ は互いに直交し，$\dfrac{\partial \boldsymbol{r}}{\partial v}$ と $\dfrac{\partial \boldsymbol{r}}{\partial w}$ で張られる平面は u の等位面に接している．したがって ∇u と $\dfrac{\partial \boldsymbol{r}}{\partial u}$ は平行である．ところが

$$\begin{aligned}\nabla u \cdot \frac{\partial \boldsymbol{r}}{\partial u} &= \left(\frac{\partial u}{\partial x}\boldsymbol{i} + \frac{\partial u}{\partial y}\boldsymbol{j} + \frac{\partial u}{\partial z}\boldsymbol{k}\right) \cdot \left(\frac{\partial x}{\partial u}\boldsymbol{i} + \frac{\partial y}{\partial u}\boldsymbol{j} + \frac{\partial z}{\partial u}\boldsymbol{k}\right) \\ &= \frac{\partial u}{\partial x}\frac{\partial x}{\partial u} + \frac{\partial u}{\partial y}\frac{\partial y}{\partial u} + \frac{\partial u}{\partial z}\frac{\partial z}{\partial u} = \frac{\partial u}{\partial u} = 1\end{aligned}$$

であるから ∇u と $\dfrac{\partial \boldsymbol{r}}{\partial u}$ は同じ向きであって，$|\nabla u|\left|\dfrac{\partial \boldsymbol{r}}{\partial u}\right| = 1$ でなければならない．

$$\therefore \quad h_1 = \left|\frac{\partial \boldsymbol{r}}{\partial u}\right| = \frac{1}{|\nabla u|}, \quad \boldsymbol{e}_1 = \frac{1}{|\nabla u|}\nabla u = h_1 \nabla u$$

h_2, h_3 についても同様である．

問　題

1.1 直交曲線座標 (u, v, w) における基本ベクトル $\boldsymbol{e}_1, \boldsymbol{e}_2, \boldsymbol{e}_3$ と $\boldsymbol{i}, \boldsymbol{j}, \boldsymbol{k}$ の関係が式 (7.5) のようであるとする．ベクトル $\boldsymbol{a}$ の (u, v, w) に関する成分を a_u, a_v, a_w，(x, y, z) に関する成分を (a_x, a_y, a_z) とすると，

$$\begin{bmatrix} a_u \\ a_v \\ a_w \end{bmatrix} = A \begin{bmatrix} a_x \\ a_y \\ a_z \end{bmatrix}$$

であることを示せ．

例題 2 ―――――――――――――――――――――――――― **直交曲線座標**

直交曲線座標 (u, v, w) において，基本ベクトル $\boldsymbol{e}_1, \boldsymbol{e}_2, \boldsymbol{e}_3$ が右手系をなすとき，次を示せ．

（1）$\displaystyle \nabla u \times \nabla v = \frac{h_3}{h_1 h_2}\nabla w = \frac{\boldsymbol{e}_3}{h_1 h_2}, \quad \nabla v \times \nabla w = \frac{h_1}{h_2 h_3}\nabla u = \frac{\boldsymbol{e}_1}{h_2 h_3},$

$$\nabla w \times \nabla u = \frac{h_2}{h_3 h_1}\nabla v = \frac{\boldsymbol{e}_2}{h_3 h_1}$$

（2）$\displaystyle (\nabla u, \nabla v, \nabla w) = \frac{1}{h_1 h_2 h_3}$

解答　（1）$\boldsymbol{e}_1 = h_1 \nabla u$, $\boldsymbol{e}_2 = h_2 \nabla v$, $\boldsymbol{e}_3 = h_3 \nabla w$ より

$$\begin{aligned}
\nabla u \times \nabla v &= \frac{\boldsymbol{e}_1}{h_1} \times \frac{\boldsymbol{e}_2}{h_2} = \frac{1}{h_1 h_2}\boldsymbol{e}_1 \times \boldsymbol{e}_2 = \frac{1}{h_1 h_2}\boldsymbol{e}_3 = \frac{h_3}{h_1 h_2}\nabla w, \\
\nabla v \times \nabla w &= \frac{\boldsymbol{e}_2}{h_2} \times \frac{\boldsymbol{e}_3}{h_3} = \frac{1}{h_2 h_3}\boldsymbol{e}_2 \times \boldsymbol{e}_3 = \frac{1}{h_2 h_3}\boldsymbol{e}_1 = \frac{h_1}{h_2 h_3}\nabla u, \\
\nabla w \times \nabla u &= \frac{\boldsymbol{e}_3}{h_3} \times \frac{\boldsymbol{e}_1}{h_1} = \frac{1}{h_3 h_1}\boldsymbol{e}_3 \times \boldsymbol{e}_3 = \frac{1}{h_3 h_1}\boldsymbol{e}_2 = \frac{h_2}{h_3 h_1}\nabla u
\end{aligned}$$

（2）
$$\begin{aligned}
(\nabla u, \nabla v, \nabla w) &= \left(\frac{\boldsymbol{e}_1}{h_1}, \frac{\boldsymbol{e}_2}{h_2}, \frac{\boldsymbol{e}_3}{h_3}\right) = \frac{1}{h_1 h_2 h_3}(\boldsymbol{e}_1, \boldsymbol{e}_2, \boldsymbol{e}_3) \\
&= \frac{1}{h_1 h_2 h_3}
\end{aligned}$$

問　題

2.1　例題 2 と同じ仮定の下で次を示せ．

（1）$\displaystyle \frac{\partial}{\partial u}(h_2 \boldsymbol{e}_2) = \frac{\partial}{\partial v}(h_1 \boldsymbol{e}_1), \quad \frac{\partial}{\partial v}(h_3 \boldsymbol{e}_3) = \frac{\partial}{\partial w}(h_2 \boldsymbol{e}_2),$

$$\frac{\partial}{\partial w}(h_1 \boldsymbol{e}_1) = \frac{\partial}{\partial u}(h_3 \boldsymbol{e}_3)$$

（2）$\boldsymbol{e}_1 = h_2 h_3 \nabla v \times \nabla w$, $\boldsymbol{e}_2 = h_3 h_1 \nabla w \times \nabla u$, $\boldsymbol{e}_3 = h_1 h_2 \nabla u \times \nabla v$

（3）点 (u, v, w) の位置ベクトルを $\boldsymbol{r}$ とするとき，

$$\frac{\partial \boldsymbol{r}}{\partial u} = h_1^2 \nabla u, \quad \frac{\partial \boldsymbol{r}}{\partial v} = h_2^2 \nabla v, \quad \frac{\partial \boldsymbol{r}}{\partial w} = h_3^2 \nabla w$$

7.2 いろいろな直交曲線座標

円柱座標と極座標が応用面で特に重要である．放物柱座標と楕円柱座標もしばしば利用される．これらの直交曲線座標ではすべての点で単位ベクトル $\boldsymbol{e}_1$, $\boldsymbol{e}_2$, $\boldsymbol{e}_3$ は右手系をなしている．

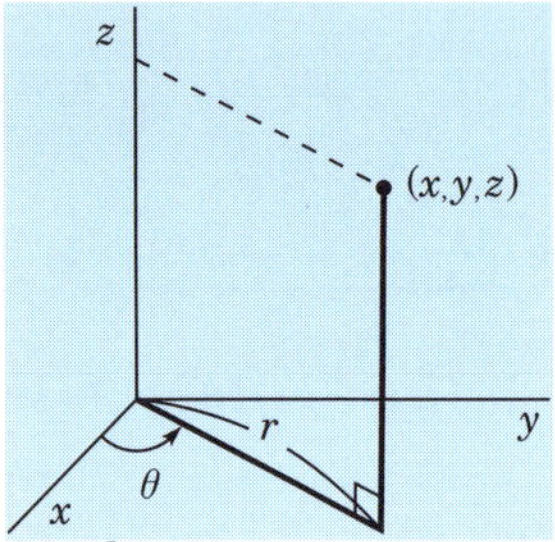

● 円柱座標 ●　次で定まる (r, θ, z) を円柱座標という．

$$x = r\cos\theta, \quad y = r\sin\theta, \quad z = z$$

$$(r \geqq 0,\ 0 \leqq \theta < 2\pi)$$

公式 1

$$h_1 = 1,\ \ h_2 = r,\ \ h_3 = 1$$

$$\boldsymbol{e}_1 = \cos\theta\,\boldsymbol{i} + \sin\theta\,\boldsymbol{j},\ \ \boldsymbol{e}_2 = -\sin\theta\,\boldsymbol{i} + \cos\theta\,\boldsymbol{j},\ \ \boldsymbol{e}_3 = \boldsymbol{k}$$

$$\boldsymbol{i} = \cos\theta\,\boldsymbol{e}_1 - \sin\theta\,\boldsymbol{e}_2,\ \ \boldsymbol{j} = \sin\theta\,\boldsymbol{e}_1 + \cos\theta\,\boldsymbol{e}_2,\ \ \boldsymbol{k} = \boldsymbol{e}_3$$

$$ds = \sqrt{dr^2 + r^2 d\theta^2 + dz^2}$$

$$dV = r\,dr\,d\theta\,dz$$

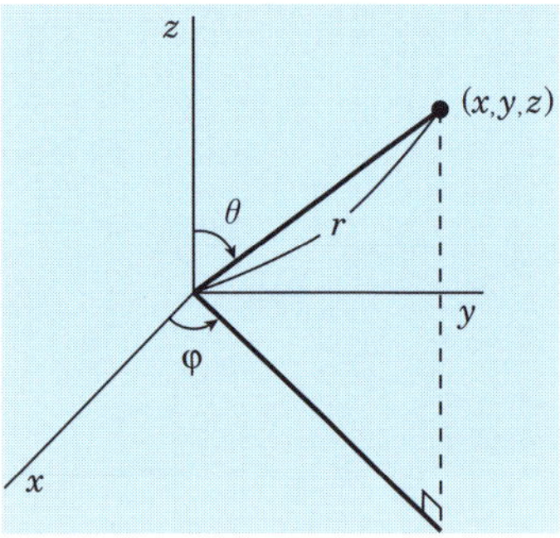

● 極座標 ●　次で定まる (r, θ, φ) を極座標という．

$$x = r\sin\theta\cos\varphi, \quad y = r\sin\theta\sin\varphi,$$

$$z = r\cos\theta$$

$$(r \geqq 0,\ 0 \leqq \theta \leqq \pi,\ 0 \leqq \varphi < 2\pi)$$

公式 2

$$h_1 = 1,\ h_2 = r,\ h_3 = r\sin\theta$$

$$\boldsymbol{e}_1 = \sin\theta\cos\varphi\,\boldsymbol{i} + \sin\theta\sin\varphi\,\boldsymbol{j} + \cos\theta\,\boldsymbol{k}$$

$$\boldsymbol{e}_2 = \cos\theta\cos\varphi\,\boldsymbol{i} + \cos\theta\sin\varphi\,\boldsymbol{j} - \sin\theta\,\boldsymbol{k}$$

$$\boldsymbol{e}_3 = -\sin\varphi\,\boldsymbol{i} + \cos\varphi\,\boldsymbol{j}$$

$$\boldsymbol{i} = \sin\theta\cos\varphi\,\boldsymbol{e}_1 + \cos\theta\cos\varphi\,\boldsymbol{e}_2 - \sin\varphi\,\boldsymbol{e}_3$$

$$\boldsymbol{j} = \sin\theta\sin\varphi\,\boldsymbol{e}_1 + \cos\theta\sin\varphi\,\boldsymbol{e}_2 + \cos\varphi\,\boldsymbol{e}_3$$

$$\boldsymbol{k} = \cos\theta\,\boldsymbol{e}_1 - \sin\theta\,\boldsymbol{e}_2$$

$$ds = \sqrt{dr^2 + r^2 d\theta^2 + r^2\sin^2\theta\,d\varphi^2}$$

$$dV = r^2\sin\theta\,dr\,d\theta\,d\varphi$$

放物柱座標 $(u,\ v,\ z)$ は

$$x = \frac{u^2 - v^2}{2}, \quad y = uv, \quad z = z$$

$$(-\infty < u < \infty,\ v \geqq 0,\ -\infty < u < \infty)$$

で定義される．

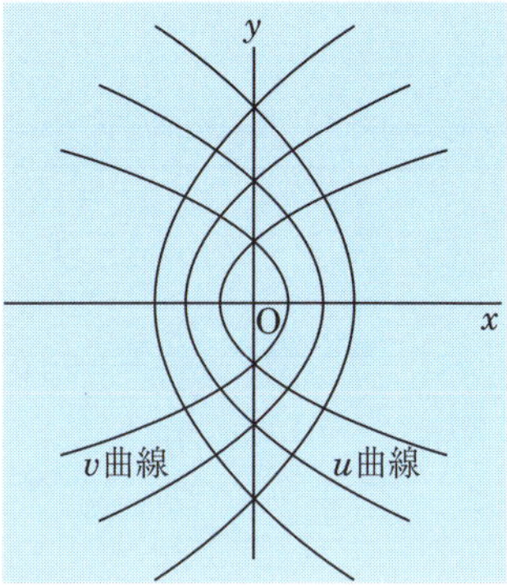

公式 3

$$h_1 = h_2 = \sqrt{u^2+v^2},\ h_3 = 1$$

$$\boldsymbol{e}_1 = \frac{u}{\sqrt{u^2+v^2}}\boldsymbol{i} + \frac{v}{\sqrt{u^2+v^2}}\boldsymbol{j}$$

$$\boldsymbol{e}_2 = \frac{-v}{\sqrt{u^2+v^2}}\boldsymbol{i} + \frac{u}{\sqrt{u^2+v^2}}\boldsymbol{j}$$

$$\boldsymbol{e}_3 = \boldsymbol{k}$$

$$\boldsymbol{i} = \frac{u}{\sqrt{u^2+v^2}}\boldsymbol{e}_1 + \frac{-v}{\sqrt{u^2+v^2}}\boldsymbol{e}_2, \quad \boldsymbol{j} = \frac{v}{\sqrt{u^2+v^2}}\boldsymbol{e}_1 + \frac{u}{\sqrt{u^2+v^2}}\boldsymbol{e}_2$$

$$dV = (u^2+v^2)du\,dv\,dz$$

楕円柱座標 $(u,\ v,\ z)$ は $a > 0$ として，

$$x = a\cosh u\cos v,\ y = a\sinh u\sin v,\ z = z$$

$$(u \geqq 0,\ 0 \leqq v < 2\pi,\ -\infty < u < \infty)$$

で定義される．

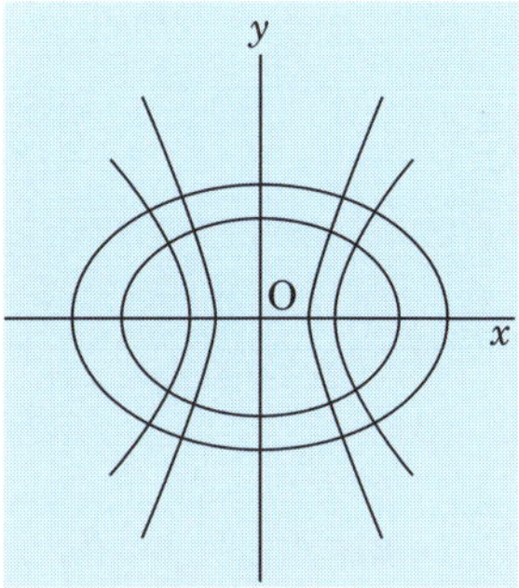

公式 4

$$h_1 = h_2 = a\sqrt{\sinh^2 u + \sin^2 v},\ h_3 = 1$$

$$\boldsymbol{e}_1 = \frac{\sinh u\cos v}{\sqrt{\sinh^2 u + \sin^2 v}}\boldsymbol{i} + \frac{\cosh u\sin v}{\sqrt{\sinh^2 u + \sin^2 v}}\boldsymbol{j}$$

$$\boldsymbol{e}_2 = \frac{-\cosh u\sin v}{\sqrt{\sinh^2 u + \sin^2 v}}\boldsymbol{i} + \frac{\sinh u\cos v}{\sqrt{\sinh^2 u + \sin^2 v}}\boldsymbol{j}$$

$$\boldsymbol{e}_3 = \boldsymbol{k}$$

$$\boldsymbol{i} = \frac{\sinh u\cos v}{\sqrt{\sinh^2 u + \sin^2 v}}\boldsymbol{e}_1 + \frac{-\cosh u\sin v}{\sqrt{\sinh^2 u + \sin^2 v}}\boldsymbol{e}_2$$

$$\boldsymbol{j} = \frac{\cosh u\sin v}{\sqrt{\sinh^2 u + \sin^2 v}}\boldsymbol{e}_1 + \frac{\sinh u\cos v}{\sqrt{\sinh^2 u + \sin^2 v}}\boldsymbol{e}_2$$

$$dV = a^2(\sinh^2 u + \sin^2 v)du\,dv\,dz$$

例題 3 **極座標**

極座標 $(r,\ \theta,\ \varphi)$ の場合の $h_1\ h_2,\ h_3$ および基本ベクトル $\boldsymbol{e}_1,\ \boldsymbol{e}_2,\ \boldsymbol{e}_3$ を求め，極座標は直交曲線座標であることを示せ．

解答 $\boldsymbol{r} = r\sin\theta\cos\varphi\,\boldsymbol{i} + r\sin\theta\sin\varphi\,\boldsymbol{j} + r\cos\theta\,\boldsymbol{k}$ だから

$$\frac{\partial \boldsymbol{r}}{\partial r} = \sin\theta\cos\varphi\,\boldsymbol{i} + \sin\theta\sin\varphi\,\boldsymbol{j} + \cos\theta\,\boldsymbol{k}$$

$$\frac{\partial \boldsymbol{r}}{\partial \theta} = r\cos\theta\cos\varphi\,\boldsymbol{i} + r\cos\theta\sin\varphi\,\boldsymbol{j} - r\sin\theta\,\boldsymbol{k}$$

$$\frac{\partial \boldsymbol{r}}{\partial \varphi} = -r\sin\theta\sin\varphi\,\boldsymbol{i} + r\sin\theta\cos\varphi\,\boldsymbol{j}$$

$$\begin{aligned}\therefore\quad h_1 &= \left|\frac{\partial \boldsymbol{r}}{\partial r}\right| = \sqrt{\sin^2\theta\cos^2\varphi + \sin^2\theta\sin^2\varphi + \cos^2\theta} = 1\\ h_2 &= \left|\frac{\partial \boldsymbol{r}}{\partial \theta}\right| = \sqrt{r^2\cos^2\theta\cos^2\varphi + r^2\cos^2\theta\sin^2\varphi + r^2\sin^2\theta} = r\\ h_3 &= \left|\frac{\partial \boldsymbol{r}}{\partial \varphi}\right| = \sqrt{r^2\sin^2\theta\sin^2\varphi + r^2\sin^2\theta\cos^2\varphi} = r\sin\theta\end{aligned}$$

$$\begin{aligned}\therefore\quad \boldsymbol{e}_1 &= \frac{1}{h_1}\frac{\partial \boldsymbol{r}}{\partial r} = \sin\theta\cos\varphi\,\boldsymbol{i} + \sin\theta\sin\varphi\,\boldsymbol{j} + \cos\theta\,\boldsymbol{k}\\ \boldsymbol{e}_2 &= \frac{1}{h_2}\frac{\partial \boldsymbol{r}}{\partial \theta} = \cos\theta\cos\varphi\,\boldsymbol{i} + \cos\theta\sin\varphi\,\boldsymbol{j} - \sin\theta\,\boldsymbol{k}\\ \boldsymbol{e}_3 &= \frac{1}{h_3}\frac{\partial \boldsymbol{r}}{\partial \varphi} = -\sin\varphi\,\boldsymbol{i} + \cos\varphi\,\boldsymbol{j}\end{aligned}$$

$$\begin{aligned}\boldsymbol{e}_1\cdot\boldsymbol{e}_2 &= \sin\theta\cos\varphi\cos\theta\cos\varphi + \sin\theta\sin\varphi\cos\theta\sin\varphi - \cos\theta\sin\theta\\ &= \sin\theta\cos\theta(\cos^2\varphi + \sin^2\varphi) - \cos\theta\sin\theta = 0\\ \boldsymbol{e}_2\cdot\boldsymbol{e}_3 &= -\cos\theta\cos\varphi\sin\varphi + \cos\theta\sin\varphi\cos\varphi = 0\\ \boldsymbol{e}_3\cdot\boldsymbol{e}_1 &= -\sin\varphi\sin\theta\cos\varphi + \cos\varphi\sin\theta\sin\varphi = 0\end{aligned}$$

であるから，$(r,\ \theta,\ \varphi)$ は直交曲線座標である．

問 題

3.1 円柱座標 $(r,\ \theta,\ z)$ は直交曲線座標であることを示し，$h_1\ h_2,\ h_3$ および基本ベクトル $\boldsymbol{e}_1,\ \boldsymbol{e}_2,\ \boldsymbol{e}_3$ を求めよ．

例題 4 ―――――――――――――――――――――――――――――― **ベクトル場の $\boldsymbol{e}_1, \boldsymbol{e}_2, \boldsymbol{e}_3$ 表示 (1)**

（1）極座標 (r, θ, φ) において $\boldsymbol{i}, \boldsymbol{j}, \boldsymbol{k}$ を $\boldsymbol{e}_1, \boldsymbol{e}_2, \boldsymbol{e}_3$ で表せ．

（2）ベクトル場 $\boldsymbol{F} = 2y\boldsymbol{i} - 2x\boldsymbol{j} + 3z\boldsymbol{k}$ を極座標の $\boldsymbol{e}_1, \boldsymbol{e}_2, \boldsymbol{e}_3$ で表せ．

解答（1）例題 3 より，

$$\begin{bmatrix} \boldsymbol{e}_1 \\ \boldsymbol{e}_2 \\ \boldsymbol{e}_3 \end{bmatrix} = \begin{bmatrix} \sin\theta\cos\varphi & \sin\theta\sin\varphi & \cos\theta \\ \cos\theta\cos\varphi & \cos\theta\sin\varphi & -\sin\theta \\ -\sin\varphi & \cos\varphi & 0 \end{bmatrix} \begin{bmatrix} \boldsymbol{i} \\ \boldsymbol{j} \\ \boldsymbol{k} \end{bmatrix} \qquad \text{(a)}$$

であり，したがって転置行列を用いて

$$\begin{bmatrix} \boldsymbol{i} \\ \boldsymbol{j} \\ \boldsymbol{k} \end{bmatrix} = \begin{bmatrix} \sin\theta\cos\varphi & \cos\theta\cos\varphi & -\sin\varphi \\ \sin\theta\sin\varphi & \cos\theta\sin\varphi & \cos\varphi \\ \cos\theta & -\sin\theta & 0 \end{bmatrix} \begin{bmatrix} \boldsymbol{e}_1 \\ \boldsymbol{e}_2 \\ \boldsymbol{e}_3 \end{bmatrix}$$

（2）
$$\begin{aligned} \boldsymbol{F} &= 2y(\sin\theta\cos\varphi\,\boldsymbol{e}_1 + \cos\theta\cos\varphi\,\boldsymbol{e}_2 - \sin\varphi\,\boldsymbol{e}_3) \\ &\quad - 2x(\sin\theta\sin\varphi\,\boldsymbol{e}_1 + \cos\theta\ \sin\varphi\,\boldsymbol{e}_2 + \cos\varphi\,\boldsymbol{e}_3) \\ &\quad + 3z(\cos\theta\,\boldsymbol{e}_1 - \sin\theta\,\boldsymbol{e}_2) \\ &= (2y\sin\theta\cos\varphi - 2x\sin\theta\sin\varphi + 3z\cos\theta)\boldsymbol{e}_1 \\ &\quad + (2y\cos\theta\cos\varphi - 2x\cos\theta\sin\varphi - 3z\sin\theta)\boldsymbol{e}_2 \\ &\quad + (-2y\sin\varphi - 2x\cos\varphi)\boldsymbol{e}_3 \\ &\qquad \left(x = r\sin\theta\cos\varphi,\ y = r\sin\theta\sin\varphi,\ z = r\cos\theta \text{ を代入}\right) \\ &= 3r\cos^2\theta\,\boldsymbol{e}_1 - 3r\sin\theta\cos\theta\,\boldsymbol{e}_2 - 2r\sin\theta\,\boldsymbol{e}_3 \end{aligned}$$

注意　$\boldsymbol{F} = F_1\boldsymbol{e}_1 + F_2\boldsymbol{e}_2 + F_3\boldsymbol{e}_3$ とすれば (a) より

$$\begin{bmatrix} F_1 \\ F_2 \\ F_3 \end{bmatrix} = \begin{bmatrix} \sin\theta\cos\varphi & \sin\theta\sin\varphi & \cos\theta \\ \cos\theta\cos\varphi & \cos\theta\sin\varphi & \sin\theta \\ -\sin\varphi & \cos\varphi & 0 \end{bmatrix} \begin{bmatrix} 2y \\ -2x \\ 3z \end{bmatrix}$$

となっている．

問　題

4.1　ベクトル場 $\boldsymbol{F} = 2x\boldsymbol{i} + 2y\boldsymbol{j} - 3z\boldsymbol{k}$ を極座標の $\boldsymbol{e}_1, \boldsymbol{e}_2, \boldsymbol{e}_3$ で表せ．

4.2　ベクトル場 $\boldsymbol{F} = z\boldsymbol{i} - 2x\boldsymbol{j} + 3x\boldsymbol{k}$ を円柱座標の $\boldsymbol{e}_1, \boldsymbol{e}_2, \boldsymbol{e}_3$ で表せ．

例題 5 ―――― ベクトル場の $\boldsymbol{e}_1$, $\boldsymbol{e}_2$, $\boldsymbol{e}_3$ 表示 (2)

(r, θ, φ) を極座標とし $\boldsymbol{e}_1$, $\boldsymbol{e}_2$, $\boldsymbol{e}_3$ を基本ベクトルとする.

（1） 動径 $\boldsymbol{r} = x\boldsymbol{i} + y\boldsymbol{j} + z\boldsymbol{k}$ を $\boldsymbol{e}_1$, $\boldsymbol{e}_2$, $\boldsymbol{e}_3$ で表せ.

（2） $\boldsymbol{r}$ が t の関数のとき,

$$\frac{d\boldsymbol{r}}{dt} = \frac{dr}{dt}\boldsymbol{e}_1 + r\frac{d\theta}{dt}\boldsymbol{e}_2 + r\sin\theta\frac{d\varphi}{dt}\boldsymbol{e}_3$$

であることを示せ.

解答 （1） 前例題と同様にして求めてもよいが，極座標の意味から $\boldsymbol{r} = r\boldsymbol{e}_1$ であることはすぐにわかる.

（2） $\boldsymbol{e}_1$ は t の関数であるから，$\dfrac{d\boldsymbol{r}}{dt} = \dfrac{dr}{dt}\boldsymbol{e}_1$ としてはいけない.

$$\boldsymbol{e}_1 = \sin\theta\cos\varphi\,\boldsymbol{i} + \sin\theta\sin\varphi\,\boldsymbol{j} + \cos\theta\,\boldsymbol{k}$$

$$\boldsymbol{e}_2 = \cos\theta\cos\varphi\,\boldsymbol{i} + \cos\theta\sin\varphi\,\boldsymbol{j} - \sin\theta\,\boldsymbol{k}$$

$$\boldsymbol{e}_3 = -\sin\varphi\,\boldsymbol{i} + \cos\varphi\,\boldsymbol{j}$$

に注意すると,

$$\begin{aligned}
\frac{d\boldsymbol{e}_1}{dt} &= \frac{\partial\boldsymbol{e}_1}{\partial r}\frac{dr}{dt} + \frac{\partial\boldsymbol{e}_1}{\partial\theta}\frac{d\theta}{dt} + \frac{\partial\boldsymbol{e}_1}{\partial\varphi}\frac{d\varphi}{dt} \\
&= (\cos\theta\cos\varphi\,\boldsymbol{i} + \cos\theta\sin\varphi\,\boldsymbol{j} - \sin\theta\,\boldsymbol{k})\frac{d\theta}{dt} \\
&\quad +(-\sin\theta\sin\varphi\,\boldsymbol{i} + \sin\theta\cos\varphi\,\boldsymbol{j})\frac{d\varphi}{dt} \\
&= \frac{d\theta}{dt}\boldsymbol{e}_2 + \sin\theta\frac{d\varphi}{dt}\boldsymbol{e}_3
\end{aligned}$$

$$\therefore\quad \frac{d\boldsymbol{r}}{dt} = \frac{d}{dt}(r\boldsymbol{e}_1) = \frac{dr}{dt}\boldsymbol{e}_1 + r\frac{d\boldsymbol{e}_1}{dt} = \frac{dr}{dt}\boldsymbol{e}_1 + r\frac{d\theta}{dt}\boldsymbol{e}_2 + r\sin\theta\frac{d\varphi}{dt}\boldsymbol{e}_3$$

問　題

5.1 (r, θ, z) を円柱座標とし $\boldsymbol{e}_1$, $\boldsymbol{e}_2$, $\boldsymbol{e}_3$ を基本ベクトルとする.

（1） 動径 $\boldsymbol{r} = x\boldsymbol{i} + y\boldsymbol{j} + z\boldsymbol{k}$ を $\boldsymbol{e}_1$, $\boldsymbol{e}_2$, $\boldsymbol{e}_3$ で表せ.

（2） $\boldsymbol{r}$ が t の関数のとき,

$$\frac{d\boldsymbol{r}}{dt} = \frac{dr}{dt}\boldsymbol{e}_1 + r\frac{d\theta}{dt}\boldsymbol{e}_2 + \frac{dz}{dt}\boldsymbol{e}_3$$

であることを示せ.

例題 6 **曲面の極座標表示**

次の図形の方程式を極座標で表せ．

（1） 球面 $x^2+y^2+z^2=36$ （2） 回転放物面 $z=x^2+y^2$

（3） 平面 $x=\sqrt{3}y$ （4） 円錐 $3z^2=x^2+y^2$

解答 $x=r\sin\theta\cos\varphi$，$y=r\sin\theta\sin\varphi$，$z=r\cos\theta$ で，r,θ,φ の動く範囲は $r\geqq 0,\ 0\leqq\theta\leqq\pi,\ 0\leqq\varphi<2\pi$ である．

（1）
$$\begin{aligned}x^2+y^2+z^2&=(r\sin\theta\cos\varphi)^2+(r\sin\theta\sin\varphi)^2+(r\cos\theta)^2\\&=r^2\sin^2\theta(\cos^2\varphi+\sin^2\varphi)+r^2\cos^2\varphi\\&=r^2(\sin^2\theta+\cos^2\theta)=r^2=36\end{aligned}$$

よって，方程式は $r=6$．

（2） $r\cos\theta=(r\sin\theta\cos\varphi)^2+(r\sin\theta\sin\varphi)^2=r^2\sin^2\theta$

よって，方程式は $r\sin^2\theta=\cos\theta$．

（3）
$$\begin{aligned}r\sin\theta\cos\varphi=\sqrt{3}r\sin\theta\sin\varphi&\iff\cos\varphi=\sqrt{3}\sin\varphi\\&\iff\tan\varphi=\frac{1}{\sqrt{3}}\end{aligned}$$

よって，方程式は $\varphi=\dfrac{\pi}{6}$．

（4）
$$\begin{aligned}&3r^2\cos^2\theta=r^2\sin^2\theta\cos^2\varphi+r^2\sin^2\theta\sin^2\varphi=r^2\sin^2\theta\\&\iff 3\cos^2\theta=\sin^2\theta\\&\iff\tan^2\theta=3\end{aligned}$$

$0\leqq\theta\leqq\pi$ だから，方程式は $\theta=\dfrac{\pi}{3},\ \dfrac{2\pi}{3}$．

問　題

6.1 次の曲面を $\boldsymbol{r}=x(u,v)\boldsymbol{i}+y(u,v)\boldsymbol{j}+z(u,v)\boldsymbol{k}$ とパラメータ表示せよ．

（1） $x^2+y^2+z^2=9$ の $x\geqq 0,\ y\geqq 0,\ z\geqq 0$ の部分

（2） $x^2+y^2+z^2=9$ の $x\leqq 0,\ y\geqq 0,\ z\leqq 0$ の部分

（3） $x^2+y^2=9$ の $x\geqq 0,\ y\leqq 0,\ 1\leqq z\leqq 3$ の部分

（4） $y^2+z^2=9$ の $y\leqq 0,\ z\geqq 0,\ 1\leqq x\leqq 3$ の部分

（5） $z^2=x^2+y^2$ の $0\leqq z\leqq 4$ の部分

例題 7 **運動エネルギー**

質量 m の質点が速度 $\boldsymbol{v}$ で運動しているときの運動エネルギーは $\dfrac{1}{2}m|\boldsymbol{v}|^2$ である．半径 R, 密度 ρ の球が角速度 ω で回転しているときの運動エネルギー E を求めよ．ただし，ρ と ω は一定であるとする．

解答 $x^2+y^2+z^2 \leqq R^2$ が z 軸の回りに回転しているとする．球の内部の点 (x,y,z) における速度の大きさは $\sqrt{x^2+y^2}\omega$ だから，この部分の微小エネルギーは $dE = \dfrac{1}{2}\rho(x^2+y^2)\omega^2 dV$ である．したがって，

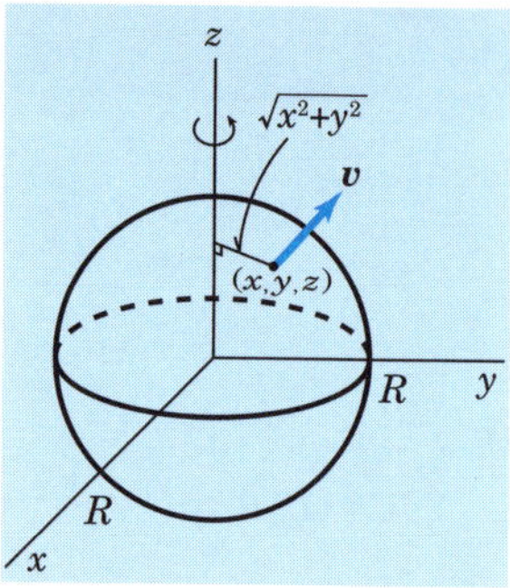

$$E = \int_V \frac{1}{2}\rho(x^2+y^2)\omega^2 dV$$

V を極座標 $(r,\ \theta,\ \varphi)$ で表すと

$$x^2+y^2+z^2 \leqq R^2 \iff r^2 \leqq R^2 \iff r \leqq R$$

だから $dV = r^2 \sin\theta\, dr\, d\theta\, d\varphi$ に注意すると

$$\begin{aligned}
E &= \int_V \frac{1}{2}\rho(r^2\sin^2\theta\cos^2\varphi + r^2\sin^2\theta\sin^2\varphi)\omega^2 r^2 \sin\theta\, dr\, d\theta\, d\varphi \\
&= \frac{1}{2}\rho\omega^2 \int_0^{2\pi} d\varphi \int_0^{\pi} d\theta \int_0^R r^4 \sin^3\theta\, dr \\
&= \frac{1}{2}\rho\omega^2 \int_0^{2\pi} d\varphi \int_0^{\pi} (1-\cos^2\theta)\sin\theta\, d\theta \int_0^R r^4 dr \\
&= \frac{1}{2}\rho\omega^2 [\varphi]_0^{2\pi} \left[-\cos\theta + \frac{1}{3}\cos^3\theta\right]_0^{\pi} \left[\frac{1}{5}r^5\right]_0^R \\
&= \frac{1}{2}\rho\omega^2(2\pi)\frac{4}{3}\frac{R^5}{5} = \frac{4}{15}\pi\rho\omega^2 R^5
\end{aligned}$$

問　題

7.1 底面の半径 R, 高さ H, 密度 ρ の円柱が，底面の中心を貫く軸の回りに角速度 ω で回転しているときの運動エネルギーを求めよ．ただし，ρ と ω は一定であるとする．

例題 8 **立体の体積**

(1) 球 $x^2+y^2+z^2 \leqq 16$ と円錐 $x^2+y^2 \leqq z^2$ の共通部分 V の体積を求めよ．

(2) $x^2+y^2+z^2 \leqq a^2$ と円柱 $x^2+y^2 \leqq b^2 \quad (0<b<a)$ の共通部分 V の体積を求めよ．

解答 (1) この領域を極座標 (r,θ,φ) で表すと，

$$x^2+y^2+z^2 \leqq 16 \iff r^2 \leqq 16 \iff r \leqq 4$$

$$x^2+y^2 \leqq z^2 \iff r^2\sin^2\theta \leqq r^2\cos^2\theta \iff |\sin\theta| \leqq |\cos\theta|$$

$$\iff 0 \leqq \theta \leqq \frac{\pi}{4} \text{ または } \frac{3}{4}\pi \leqq \theta \leqq \pi$$

領域は上下対称だから，体積は

$$\begin{aligned}\int_V dV &= \iiint_V r^2\sin\theta\,dr\,d\theta\,d\varphi = 2\int_0^{2\pi} d\varphi \int_0^{\frac{\pi}{4}} \sin\theta\,d\theta \int_0^4 r^2 dr\\ &= 2[\varphi]_0^{2\pi}\,[-\cos\theta]_0^{\frac{\pi}{4}}\left[\frac{r^3}{3}\right]_0^4 = 4\pi\,\frac{2-\sqrt{2}}{2}\,\frac{64}{3} = \frac{128\pi(2-\sqrt{2})}{3}\end{aligned}$$

(2) この領域を円柱座標 (r,θ,z) で表すと，

$$x^2+y^2 \leqq b^2 \iff r^2 \leqq b^2 \iff r \leqq b$$

$$x^2+y^2+z^2 \leqq a^2 \iff r^2+z^2 \leqq a^2 \iff |z| \leqq \sqrt{a^2-r^2}$$

領域は上下対称だから，体積は

$$\begin{aligned}\int_V dV &= \iiint_V r\,dr\,d\theta\,dz = 2\int_0^{2\pi} d\theta \int_0^b dr \int_0^{\sqrt{a^2-r^2}} r dz\\ &= 2\int_0^{2\pi} d\theta \int_0^b r\sqrt{a^2-r^2}\,dr\\ &= 2[\theta]_0^{2\pi}\left[-\frac{1}{3}(a^2-r^2)^{3/2}\right]_0^b = \frac{4\pi}{3}\left(a^3-(a^2-b^2)^{3/2}\right)\end{aligned}$$

問 題

8.1 原点を中心とする半径 a の球を V とするとき，$\displaystyle\int_V (x^2+y^2+z^2)dV$ を求めよ．

8.2 曲面 $z = x^2+y^2$ と $z = 8-x^2-y^2$ で囲まれた領域を V とするとき，$\displaystyle\int_V \sqrt{x^2+y^2}dV$ を求めよ．

7.3 直交曲線座標における勾配，発散，回転

(u, v, w) を直交曲線座標，f をスカラー場，$\boldsymbol{F}$ をベクトル場とする．f の勾配および $\boldsymbol{F}$ の発散，回転とは f, $\boldsymbol{F}$ を (x, y, z) の関数とみたときの，∇f，$\nabla \cdot \boldsymbol{F}$, $\nabla \times \boldsymbol{F}$ のことである．これらを基本ベクトルを用いて表すと次のようになる．

● **勾配** ●　直交曲線座標 (u, v, w) におけるスカラー場 f に対し，

$$\begin{aligned} \nabla f &= \frac{1}{h_1}\frac{\partial f}{\partial u}\boldsymbol{e}_1 + \frac{1}{h_2}\frac{\partial f}{\partial v}\boldsymbol{e}_2 + \frac{1}{h_3}\frac{\partial f}{\partial w}\boldsymbol{e}_3 &\quad (7.7)\\ &= \frac{\partial f}{\partial u}\nabla u + \frac{\partial f}{\partial v}\nabla v + \frac{\partial f}{\partial w}\nabla w &\quad (7.8) \end{aligned}$$

$\boldsymbol{a} = a_1\boldsymbol{e}_1 + a_2\boldsymbol{e}_2 + a_3\boldsymbol{e}_3$ が単位ベクトルのとき，$\boldsymbol{a}$ 方向における方向微分係数は

$$\frac{a_1}{h_1}\frac{\partial f}{\partial u} + \frac{a_2}{h_2}\frac{\partial f}{\partial v} + \frac{a_3}{h_3}\frac{\partial f}{\partial w} = \boldsymbol{a} \cdot \nabla f$$

で与えられる．

● **発散** ●　直交曲線座標 (u, v, w) におけるベクトル場 $\boldsymbol{F} = F_1\boldsymbol{e}_1 + F_2\boldsymbol{e}_2 + F_3\boldsymbol{e}_3$ に対し，

$$\nabla \cdot \boldsymbol{F} = \frac{1}{h_1h_2h_3}\left(\frac{\partial}{\partial u}(h_2h_3F_1) + \frac{\partial}{\partial v}(h_3h_1F_2) + \frac{\partial}{\partial w}(h_1h_2F_3)\right) \quad (7.9)$$

となる．スカラー場 f に対しては，

$$\begin{aligned} \nabla^2 f &= \nabla \cdot (\nabla f) &\quad (7.10)\\ &= \frac{1}{h_1h_2h_3}\left(\frac{\partial}{\partial u}\left(\frac{h_2h_3}{h_1}\frac{\partial f}{\partial u}\right) + \frac{\partial}{\partial v}\left(\frac{h_3h_1}{h_2}\frac{\partial f}{\partial v}\right) + \frac{\partial}{\partial w}\left(\frac{h_1h_2}{h_3}\frac{\partial f}{\partial w}\right)\right) \end{aligned}$$

となる．

● **回転** ●　直交曲線座標 (u, v, w) におけるベクトル場 $\boldsymbol{F} = F_1\boldsymbol{e}_1 + F_2\boldsymbol{e}_2 + F_3\boldsymbol{e}_3$ に対し，

$$\nabla \times \boldsymbol{F} = \begin{vmatrix} \dfrac{\boldsymbol{e}_1}{h_2h_3} & \dfrac{\boldsymbol{e}_2}{h_3h_1} & \dfrac{\boldsymbol{e}_3}{h_1h_2} \\ \dfrac{\partial}{\partial u} & \dfrac{\partial}{\partial v} & \dfrac{\partial}{\partial w} \\ h_1F_1 & h_2F_2 & h_3F_3 \end{vmatrix} \quad (7.11)$$

となる．

例題 9 ―――― **直交曲線座標による勾配**

直交曲線座標 (u, v, w) におけるスカラー場 f に対し，

$$\nabla f = \frac{\partial f}{\partial u}\nabla u + \frac{\partial f}{\partial v}\nabla v + \frac{\partial f}{\partial w}\nabla w = \frac{1}{h_1}\frac{\partial f}{\partial u}\boldsymbol{e}_1 + \frac{1}{h_2}\frac{\partial f}{\partial v}\boldsymbol{e}_2 + \frac{1}{h_3}\frac{\partial f}{\partial w}\boldsymbol{e}_3$$

となることを示せ．

解答　u, v, w が直交座標 (x, y, z) の関数であるから，

$$\begin{aligned}
\nabla f &= \frac{\partial f}{\partial x}\boldsymbol{i} + \frac{\partial f}{\partial y}\boldsymbol{j} + \frac{\partial f}{\partial z}\boldsymbol{k} \\
&= \left(\frac{\partial f}{\partial u}\frac{\partial u}{\partial x} + \frac{\partial f}{\partial v}\frac{\partial v}{\partial x} + \frac{\partial f}{\partial w}\frac{\partial w}{\partial x}\right)\boldsymbol{i} + \left(\frac{\partial f}{\partial u}\frac{\partial u}{\partial y} + \frac{\partial f}{\partial v}\frac{\partial v}{\partial y} + \frac{\partial f}{\partial w}\frac{\partial w}{\partial y}\right)\boldsymbol{j} \\
&\quad + \left(\frac{\partial f}{\partial u}\frac{\partial u}{\partial z} + \frac{\partial f}{\partial v}\frac{\partial v}{\partial z} + \frac{\partial f}{\partial w}\frac{\partial w}{\partial z}\right)\boldsymbol{k} \\
&= \frac{\partial f}{\partial u}\left(\frac{\partial u}{\partial x}\boldsymbol{i} + \frac{\partial u}{\partial y}\boldsymbol{j} + \frac{\partial u}{\partial z}\boldsymbol{k}\right) + \frac{\partial f}{\partial v}\left(\frac{\partial v}{\partial x}\boldsymbol{i} + \frac{\partial v}{\partial y}\boldsymbol{j} + \frac{\partial v}{\partial z}\boldsymbol{k}\right) \\
&\quad + \frac{\partial f}{\partial w}\left(\frac{\partial w}{\partial x}\boldsymbol{i} + \frac{\partial w}{\partial y}\boldsymbol{j} + \frac{\partial w}{\partial z}\boldsymbol{k}\right) \\
&= \frac{\partial f}{\partial u}\nabla u + \frac{\partial f}{\partial v}\nabla v + \frac{\partial f}{\partial w}\nabla w
\end{aligned}$$

後は $\nabla u = \dfrac{\boldsymbol{e}_1}{h_1}$，$\nabla v = \dfrac{\boldsymbol{e}_2}{h_2}$，$\nabla w = \dfrac{\boldsymbol{e}_3}{h_3}$ (例題 1) を代入すればよい．

問　題

9.1　直交曲線座標 (u, v, w) におけるスカラー場 f およびベクトル場 $\boldsymbol{F} = F_1\boldsymbol{e}_1 + F_2\boldsymbol{e}_2 + F_3\boldsymbol{e}_3$ に対し，次を示せ．

（1）　$\nabla \cdot (F_1\boldsymbol{e}_1) = \dfrac{1}{h_1h_2h_3}\dfrac{\partial}{\partial u}(h_2h_3F_1)$

（2）　$\nabla \times (F_1\boldsymbol{e}_1) = \dfrac{\boldsymbol{e}_2}{h_3h_1}\dfrac{\partial}{\partial w}(h_1F_1) - \dfrac{\boldsymbol{e}_3}{h_1h_2}\dfrac{\partial}{\partial v}(h_1F_1)$

（3）　(1)より式 (7.9) を，(2)より式 (7.11) を導け．

例題 10 **極座標における勾配，発散，回転**

直交曲線座標 (u, v, w) が極座標 (r, θ, φ) の場合，スカラー場 f とベクトル場 $\boldsymbol{F}$ に対し，次はどのような形になるか．

（1）∇f　　（2）$\nabla \cdot \boldsymbol{F}$　　（3）$\nabla \times \boldsymbol{F}$

解答 f をスカラー場，$\boldsymbol{F} = F_1\boldsymbol{e}_1 + F_2\boldsymbol{e}_2 + F_3\boldsymbol{e}_3$ をベクトル場とする．$h_1 = 1$, $h_2 = r$, $h_3 = r\sin\theta$ である．

（1）式 (7.8) より，

$$\nabla f = \frac{1}{h_1}\frac{\partial f}{\partial r}\boldsymbol{e}_1 + \frac{1}{h_2}\frac{\partial f}{\partial \theta}\boldsymbol{e}_2 + \frac{1}{h_3}\frac{\partial f}{\partial \varphi}\boldsymbol{e}_3 = \frac{\partial f}{\partial r}\boldsymbol{e}_1 + \frac{1}{r}\frac{\partial f}{\partial \theta}\boldsymbol{e}_2 + \frac{1}{r\sin\theta}\frac{\partial f}{\partial \varphi}\boldsymbol{e}_3$$

（2）式 (7.9) より，

$$\begin{aligned}\nabla \cdot \boldsymbol{F} &= \frac{1}{h_1h_2h_3}\left(\frac{\partial}{\partial r}(h_2h_3F_1) + \frac{\partial}{\partial \theta}(h_3h_1F_2) + \frac{\partial}{\partial \varphi}(h_1h_2F_3)\right) \\ &= \frac{1}{r^2\sin\theta}\left(\frac{\partial}{\partial r}(r^2\sin\theta F_1) + \frac{\partial}{\partial \theta}(r\sin\theta F_1) + \frac{\partial}{\partial \varphi}(rF_3)\right) \\ &= \frac{1}{r^2}\frac{\partial}{\partial r}(r^2F_1) + \frac{1}{r\sin\theta}\frac{\partial}{\partial \theta}(\sin\theta F_1) + \frac{1}{r\sin\theta}\frac{\partial F_3}{\partial \varphi}\end{aligned}$$

（3）式 (7.11) より，

$$\nabla \times \boldsymbol{F} = \begin{vmatrix} \dfrac{\boldsymbol{e}_1}{r^2\sin\theta} & \dfrac{\boldsymbol{e}_2}{r\sin\theta} & \dfrac{\boldsymbol{e}_3}{r} \\ \dfrac{\partial}{\partial r} & \dfrac{\partial}{\partial \theta} & \dfrac{\partial}{\partial \varphi} \\ F_1 & rF_2 & r\sin\theta\, F_3 \end{vmatrix}$$

問　題

10.1 円柱座標 (r, θ, z) において，スカラー場 f とベクトル場 $\boldsymbol{F}$ に対し，次はどのような形になるか．

（1）∇f　　（2）$\nabla \cdot \boldsymbol{F}$　　（3）$\nabla \times \boldsymbol{F}$

10.2 楕円柱座標 (u, v, z) において，スカラー場 f とベクトル場 $\boldsymbol{F}$ に対し，次はどのような形になるか．

（1）∇f　　（2）$\nabla \cdot \boldsymbol{F}$　　（3）$\nabla \times \boldsymbol{F}$

例題 11 ―――― **円柱座標の場合**

円柱座標 (r, θ, z) に対して，$\nabla\theta$，$\nabla\log r$ を直交座標で表せ．また $\nabla\theta$ のベクトル・ポテンシャルを求めよ．

解答 問題 10.1 でみたように，円柱座標の場合は

$$\nabla f = \frac{1}{h_1}\frac{\partial f}{\partial r}\boldsymbol{e}_1 + \frac{1}{h_2}\frac{\partial f}{\partial \theta}\boldsymbol{e}_2 + \frac{1}{h_3}\frac{\partial f}{\partial \varphi}\boldsymbol{e}_3 = \frac{\partial f}{\partial r}\boldsymbol{e}_1 + \frac{1}{r}\frac{\partial f}{\partial \theta}\boldsymbol{e}_2 + \frac{\partial f}{\partial \varphi}\boldsymbol{e}_3$$

であるから，特に $f = \theta$ の場合は

$$\begin{aligned}\nabla\theta &= \frac{1}{r}\boldsymbol{e}_2 = \frac{1}{r}(-\sin\theta\,\boldsymbol{i} + \cos\theta\,\boldsymbol{j}) \\ &= \frac{-r\sin\theta}{r^2}\boldsymbol{i} + \frac{r\cos\theta}{r^2}\boldsymbol{j} = \frac{-y}{x^2+y^2}\boldsymbol{i} + \frac{x}{x^2+y^2}\boldsymbol{j}\end{aligned}$$

同様に，$f = \log r$ の場合も

$$\begin{aligned}\nabla\log r &= \frac{1}{r}\boldsymbol{e}_1 = \frac{1}{r}(\cos\theta\,\boldsymbol{i} + \sin\theta\,\boldsymbol{j}) \\ &= \frac{r\cos\theta}{r^2}\boldsymbol{i} + \frac{r\sin\theta}{\boldsymbol{j}} = \frac{x}{x^2+y^2}\boldsymbol{i} + \frac{y}{x^2+y^2}\boldsymbol{j}\end{aligned}$$

また，

$$\nabla\cdot(\nabla\theta) = \frac{\partial}{\partial x}\left(\frac{-y}{x^2+y^2}\right) + \frac{\partial}{\partial y}\left(\frac{x}{x^2+y^2}\right) = \frac{2xy}{(x^2+y^2)^2} + \frac{-2xy}{(x^2+y^2)^2} = 0$$

だから，$\nabla\theta$ はベクトル・ポテンシャル $\boldsymbol{V} = V_1\boldsymbol{i} + V_2\boldsymbol{j} + V_3\boldsymbol{k}$ をもつ．102 頁の定理 10 より，

$$\begin{aligned}V_1 &= 0, \quad V_2 = \int_{x_0}^{x} 0\,dx = 0 \\ V_3 &= -\int_{x_0}^{x}\frac{x}{x^2+y^2}dx + \int_{y_0}^{y}\frac{-y}{x^2+y^2}dy \\ &= \left[-\frac{1}{2}\log(x^2+y^2)\right]_{x_0}^{x} + \left[-\frac{1}{2}\log(x^2+y^2)\right]_{y_0}^{y} \\ &= -\frac{1}{2}\log(x^2+y^2) + \frac{1}{2}\log(x_0^2+y_0^2)\end{aligned}$$

$$\therefore\quad V = -\frac{1}{2}\log(x^2+y^2)\boldsymbol{k} + \nabla f \quad (f\text{ は任意のスカラー関数})$$

問　題

11.1 円柱座標 (r, θ, z) に対して $\nabla\log r = \nabla\times(\theta\boldsymbol{k})$ であることを示せ．

11.2 極座標 (r, θ, φ) に対して，∇r，$\nabla\theta$，$\nabla\varphi$ を直交座標で表せ．

例題 12 **$\nabla^2 f = 0$ の解**

(1) $f = f(r)$ が $\nabla^2 f = 0$ を満たすとき，f の形を決定せよ．ただし，$r = \sqrt{x^2+y^2+z^2}$ である．

(2) 極座標 (r, θ, φ) を用いると θ だけの関数である f が $\nabla^2 f = 0$ を満たすとする．f を求めよ．また f が φ だけの関数の場合はどうなるか．

解答 (1) 極座標 (r, θ, φ) を用いると，式 (7.10) より f は

$$\begin{aligned}\nabla^2 f &= \frac{1}{r^2 \sin\theta}\left(\frac{\partial}{\partial r}\left(r^2 \sin\theta \frac{\partial f}{\partial r}\right) + \frac{\partial}{\partial \theta}\left(\sin\theta \frac{\partial f}{\partial \theta}\right) + \frac{\partial}{\partial \varphi}\left(\frac{1}{\sin\theta}\frac{\partial f}{\partial \varphi}\right)\right)\\ &= \frac{1}{r^2}\frac{\partial}{\partial r}\left(r^2 \frac{df}{dr}\right) = 0\end{aligned}$$

を満たす．ゆえに $r^2 \dfrac{df}{dr} = C_1$ (定数) であり，$\dfrac{df}{dr} = \dfrac{C_1}{r^2}$ となる．よって

$$f(r) = -\frac{C_1}{r} + C_2 \quad (C_1,\ C_2 \text{ は任意定数})$$

(2) (1)と同様にして $\dfrac{d}{d\theta}\left(\sin\theta \dfrac{df}{d\theta}\right) = 0$ を得る．

よって $\sin\theta \dfrac{\partial f}{\partial \theta} = C_1$ より $\dfrac{\partial f}{\partial \theta} = \dfrac{C_1}{\sin\theta}$ となる．ゆえに

$$f(\theta) = C_1 \log\left(\tan\frac{\theta}{2}\right) + C_2 \quad (C_1,\ C_2 \text{ は任意定数})$$

f が φ だけの関数のときは，$\dfrac{d^2 f}{d\varphi^2} = 0$ であるから

$$f(\varphi) = C_1 \varphi + C_2 \quad (C_1,\ C_2 \text{ は任意定数})$$

となる．さて $f(\varphi)$ は微分可能な関数だから連続であり，$\varphi = 0$ と $\varphi = 2\pi$ は同じ点を表すから $f(0) = f(2\pi)$ でなければならない．よって $C_1 = 0$．ゆえに

$$f(\varphi) = C_2$$

すなわち，f が φ だけの関数のとき，f は定数である．

問題

12.1 $f = f(r)$, $r = \sqrt{x^2+y^2}$ とするとき，円柱座標を用いて $\nabla^2 f = 0$ を解け．

12.2 極座標 (r, θ, φ) でポアソンの方程式 $\nabla^2 f = -4\pi\rho$ を考える．ただし，ρ は r だけの関数とする．f が r だけの関数の場合に $f(r)$ を求めよ．ただし，$f'(0)$ は存在するものとする．

演習問題

演習 1 極座標 (r, θ, φ) において，次の式を証明せよ．

$$\nabla \times \left(\frac{r}{\sin\theta}\nabla\theta\right) = \nabla\varphi$$

演習 2 次の条件の下で，極座標 (r, θ, φ) における**熱伝導の方程式**

$$\frac{\partial U}{\partial t} = \kappa\nabla^2 U$$

を書き表せ．ただし κ は定数とする．

(1) U が φ に無関係のとき　(2) U が θ と φ に無関係のとき

(3) U が r と t に無関係のとき

演習 3 極座標 (r, θ, φ) の基本ベクトルを $\boldsymbol{e}_1, \boldsymbol{e}_2, \boldsymbol{e}_3$ とする．$\boldsymbol{r} = x\boldsymbol{i} + y\boldsymbol{j} + z\boldsymbol{k}$ が t の関数のとき，

(1) $\dfrac{d\boldsymbol{e}_2}{dt} = -\dfrac{d\theta}{dt}\boldsymbol{e}_1 + \cos\theta\dfrac{d\varphi}{dt}\boldsymbol{e}_3$，　$\dfrac{d\boldsymbol{e}_3}{dt} = -\sin\theta\dfrac{d\varphi}{dt}\boldsymbol{e}_1 - \cos\theta\dfrac{d\varphi}{dt}\boldsymbol{e}_2$

であることを示せ．

(2) $\dfrac{d^2\boldsymbol{r}}{dt^2} = a_r\boldsymbol{e}_1 + a_\theta\boldsymbol{e}_2 + a_\varphi\boldsymbol{e}_3$ とするとき，

$$\begin{aligned} a_r &= \frac{d^2r}{dt^2} - r\left(\frac{d\theta}{dt}\right)^2 - r\sin^2\theta\left(\frac{d\varphi}{dt}\right)^2 \\ a_\theta &= 2\frac{dr}{dt}\frac{d\theta}{dt} + r\frac{d^2\theta}{dt^2} - r\sin\theta\cos\theta\left(\frac{d\varphi}{dt}\right)^2 \\ a_\varphi &= 2\sin\theta\frac{dr}{dt}\frac{d\varphi}{dt} + 2r\cos\theta\frac{d\theta}{dt}\frac{d\varphi}{dt} + r\sin\theta\frac{d^2\varphi}{dt^2} \end{aligned}$$

であることを示せ．

演習 4 円柱座標 (r, θ, z) の基本ベクトルを $\boldsymbol{e}_1, \boldsymbol{e}_2, \boldsymbol{e}_3$ とする．$\boldsymbol{r} = x\boldsymbol{i} + y\boldsymbol{j} + z\boldsymbol{k}$ が t の関数のとき，

(1) $\dfrac{d\boldsymbol{e}_1}{dt} = \dfrac{d\theta}{dt}\boldsymbol{e}_2$，$\dfrac{d\boldsymbol{e}_2}{dt} = -\dfrac{d\theta}{dt}\boldsymbol{e}_1$，$\dfrac{d\boldsymbol{e}_3}{dt} = \boldsymbol{0}$ であることを示せ．

(2) $\dfrac{d^2\boldsymbol{r}}{dt^2} = a_r\boldsymbol{e}_1 + a_\theta\boldsymbol{e}_2 + a_\varphi\boldsymbol{e}_3$ とするとき，

$$a_r = \frac{d^2r}{dt^2} - r\left(\frac{d\theta}{dt}\right)^2, \quad a_\theta = 2\frac{dr}{dt}\frac{d\theta}{dt} + r\frac{d^2\theta}{dt^2}, \quad a_\varphi = \frac{d^2z}{dt^2}$$

であることを示せ．

問題解答

第1章の解答

問題 1.1 （1） $|\boldsymbol{a}| = \sqrt{1^2 + (-2)^2 + 1^2} = \sqrt{6}$

（2） $|\boldsymbol{b}| = \sqrt{2^2 + 3^2 + (-2)^2} = \sqrt{17}$

（3） $\boldsymbol{a} + \boldsymbol{b} = (3, 5, -3)$ だから $|\boldsymbol{a} + \boldsymbol{b}| = \sqrt{3^2 + (-5)^2 + 3^2} = \sqrt{43}$

（4） $\boldsymbol{a} - \boldsymbol{b} = (-1, -1, 1)$ だから $|\boldsymbol{a} - \boldsymbol{b}| = \sqrt{(-1)^2 + (-1)^2 + 1^2} = \sqrt{3}$

問題 1.2 （1） $2\boldsymbol{a} + 3\boldsymbol{b} = (-4, -2, -4) + (3, -3, 6) = (-1, -5, 2)$ だから求めるベクトルは

$$\frac{-1}{|2\boldsymbol{a} + 3\boldsymbol{b}|}(2\boldsymbol{a} + 3\boldsymbol{b}) = \frac{-1}{\sqrt{(-1)^2 + (-5)^2 + 2^2}}(-1, -5, 2) = \frac{-1}{\sqrt{30}}(-1, -5, 2)$$

（2） $2\boldsymbol{a} - 3\boldsymbol{b} = (-4, -2, -4) - (3, -3, 6) = (-7, 1, -10)$ だから求めるベクトルは

$$\frac{3}{|2\boldsymbol{a} - 3\boldsymbol{b}|}(2\boldsymbol{a} - 3\boldsymbol{b}) = \frac{3}{\sqrt{(-7)^2 + 1^2 + (-10)^2}}(-7, 1, -10) = \frac{3}{5\sqrt{6}}(-7, 1, -10)$$

問題 2.1 $\boldsymbol{x}, \boldsymbol{y}$ が 1 次従属 $\iff$ 同時には 0 でない実数 λ_1, λ_2 が存在して $\lambda_1\boldsymbol{x} + \lambda_2\boldsymbol{y} = \boldsymbol{0}$. たとえば $\lambda_1 \neq 0$ としてよいから $\lambda = \lambda_2/\lambda_1$ とおくと，$\boldsymbol{x} + \lambda\boldsymbol{y} = \boldsymbol{0}$. ゆえに $(x_1 + \lambda y_1)\boldsymbol{a} + (x_2 + \lambda y_2)\boldsymbol{b} + (x_3 + \lambda y_3)\boldsymbol{c} = \boldsymbol{0}$. $\boldsymbol{a}, \boldsymbol{b}, \boldsymbol{c}$ は 1 次独立だから $x_1 = -\lambda y_1, x_2 = -\lambda y_2, x_3 = -\lambda y_3$. これは $x_1 : x_2 : x_3 = y_1 : y_2 : y_3$ を意味している.

問題 2.2 $\begin{vmatrix} 1 & -3 & 2 \\ 4 & 1 & 2 \\ 6 & -5 & 6 \end{vmatrix} = 0$

だから，例題 2 より，$\boldsymbol{x}, \boldsymbol{y}, \boldsymbol{z}$ は 1 次従属である.

問題 2.3 （1） $\begin{vmatrix} 1 & 2 & 1 \\ 2 & -1 & -1 \\ -1 & -1 & 1 \end{vmatrix} = -7$

だから，例題 2 より，$\boldsymbol{a}, \boldsymbol{b}, \boldsymbol{c}$ は 1 次独立である.

（2） 例題 2 より

$$\begin{vmatrix} 2 & 3 & 4 \\ 3 & -1 & -1 \\ k & 3 & 5 \end{vmatrix} = k - 13 = 0$$

となればよい. ゆえに $k = 13$.

問題 3.1 $\overrightarrow{OD} = \overrightarrow{OA} + \overrightarrow{AD} = \overrightarrow{OA} + \overrightarrow{BC} = (1, -2, 1) + (0, 1, 0) = (1, -1, 1)$
ゆえに $D(1, -1, 1)$ である.

問題 3.2 $\overrightarrow{AB} = (-1, -6, 3)$, $\overrightarrow{AC} = (-2, 12, 6)$ より $\overrightarrow{AC} = 2\overrightarrow{AB}$. ゆえに同一直線上にある.

問題 3.3 $\overrightarrow{AB} = (4, 6, 2)$, $\overrightarrow{AC} = (-1, 4, 3)$, $\overrightarrow{AD} = (-8, -1, 3)$ であり,

$$\begin{vmatrix} 4 & 6 & 2 \\ -1 & 4 & 3 \\ -8 & -1 & 3 \end{vmatrix} = 0$$

であるから, $\overrightarrow{AB}, \overrightarrow{AC}, \overrightarrow{AD}$ は 1 次従属, すなわち A, B, C, D は同一平面上にある.

問題 4.1 例題 4 より $\overrightarrow{AG} = \frac{1}{3}(\overrightarrow{AB} + \overrightarrow{AC})$ だから, $\overrightarrow{OA} + \overrightarrow{OB} + \overrightarrow{OC} = (\overrightarrow{OG} + \overrightarrow{GA}) + (\overrightarrow{OG} + \overrightarrow{GA} + \overrightarrow{AB}) + (\overrightarrow{OG} + \overrightarrow{GA} + \overrightarrow{AC}) = 3\overrightarrow{OG} - 3\overrightarrow{AG} + \overrightarrow{AB} + \overrightarrow{AC} = 3\overrightarrow{OG}$.

問題 4.2 $\overrightarrow{OL} + \overrightarrow{OM} + \overrightarrow{ON} = (\overrightarrow{OB} + \overrightarrow{BL}) + (\overrightarrow{OC} + \overrightarrow{CM}) + (\overrightarrow{OA} + \overrightarrow{AN}) = (\overrightarrow{OA} + \overrightarrow{OB} + \overrightarrow{OC}) + (\overrightarrow{BL} + \overrightarrow{CM} + \overrightarrow{AN}) = (\overrightarrow{OA} + \overrightarrow{OB} + \overrightarrow{OC}) + \frac{1}{2}(\overrightarrow{BC} + \overrightarrow{CA} + \overrightarrow{AB}) = \overrightarrow{OA} + \overrightarrow{OB} + \overrightarrow{OC}$

問題 4.3 (1) 正六角形の中心を O とすると, 三角形 ABO, AOF は共に正三角形だから四角形 ABOF は平行四辺形. ゆえに $\overrightarrow{BO} = \overrightarrow{AF} = \boldsymbol{b}$. 同様に四角形 ABCO も平行四辺形だから $\overrightarrow{BC} = \overrightarrow{AO} = \overrightarrow{AB} + \overrightarrow{BO} = \boldsymbol{a} + \boldsymbol{b}$.

(2) $\overrightarrow{AC} = \overrightarrow{AB} + \overrightarrow{BC} = \boldsymbol{a} + \boldsymbol{a} + \boldsymbol{b} = 2\boldsymbol{a} + \boldsymbol{b}$, $\overrightarrow{AD} = 2\overrightarrow{AO} = 2\boldsymbol{a} + 2\boldsymbol{b}$, $\overrightarrow{AE} = \overrightarrow{AF} + \overrightarrow{FE} = \overrightarrow{AF} + \overrightarrow{BC} = \boldsymbol{a} + 2\boldsymbol{b}$ だから, $\overrightarrow{AB} + \overrightarrow{AC} + \overrightarrow{AD} + \overrightarrow{AE} + \overrightarrow{AF} = \boldsymbol{a} + 2\boldsymbol{a} + \boldsymbol{b} + 2\boldsymbol{a} + 2\boldsymbol{b} + \boldsymbol{a} + 2\boldsymbol{b} + \boldsymbol{b} = 6(\boldsymbol{a} + \boldsymbol{b}) = 3\overrightarrow{AD}$.

問題 5.1 $|\boldsymbol{a} + \boldsymbol{b} + \boldsymbol{c}| \leqq |\boldsymbol{a} + \boldsymbol{b}| + |\boldsymbol{c}| \leqq |\boldsymbol{a}| + |\boldsymbol{b}| + |\boldsymbol{c}|$

演習 1 (1) $\overrightarrow{AP} = t\overrightarrow{AB} = t(\boldsymbol{b} - \boldsymbol{a})$ $(0 \leqq t \leqq 1)$ と表せるから, $\boldsymbol{r} = \overrightarrow{OR} = \overrightarrow{OA} + \overrightarrow{AR} = \boldsymbol{a} + t(\boldsymbol{b} - \boldsymbol{a})$.

(2) (1)で t が実数全体を動けば P は AB を通る直線全体を動く. $\boldsymbol{r} = \boldsymbol{a} + t(\boldsymbol{b} - \boldsymbol{a}) = (1 - t)\boldsymbol{a} + t\boldsymbol{b}$ だから $p = 1 - t$, $q = t$ とおけば $\boldsymbol{r} = p\boldsymbol{a} + q\boldsymbol{b}$ で $p + q = 1$.

演習 2 (1) 演習 1 より, 線分 BC 上の点 Q の位置ベクトルは $\overrightarrow{OQ} = \boldsymbol{b} + t(\boldsymbol{c} - \boldsymbol{b})$ $(0 \leqq t \leqq 1)$ と表せる. 三角形 ABC 上の点 P は線分 AQ 上の点と考えられるから, 再び演習 1 より, $\boldsymbol{r} = \overrightarrow{OP} = \overrightarrow{OA} + s(\overrightarrow{OQ} - \overrightarrow{OA}) = \boldsymbol{a} + s(\boldsymbol{b} + t(\boldsymbol{c} - \boldsymbol{b}) - \boldsymbol{a}) = \boldsymbol{a} + s(\boldsymbol{b} - \boldsymbol{a}) + st(\boldsymbol{c} - \boldsymbol{b})$ $(0 \leqq s, t \leqq 1)$ となる.

(2) (1)で s, t が実数全体を動けば P は A, B, C で定まる平面全体を動く. $\boldsymbol{r} = (1 - s)\boldsymbol{a} + (s - st)\boldsymbol{b} + st\boldsymbol{c}$ だから, $\lambda = 1 - s$, $\mu = s - st$, $\nu = st$ とおけば $\boldsymbol{r} = \lambda\boldsymbol{a} + \mu\boldsymbol{b} + \nu\boldsymbol{c}$ で $\lambda + \mu + \nu = 1$.

演習 3 A, B, C が同一直線上にある

$\iff$ $\overrightarrow{AB}$ と $\overrightarrow{AC}$ が平行

$\iff$ $\boldsymbol{b} - \boldsymbol{a}$ と $\boldsymbol{c} - \boldsymbol{a}$ が 1 次従属

$\iff$ $\lambda_1(\boldsymbol{b} - \boldsymbol{a}) + \lambda_2(\boldsymbol{c} - \boldsymbol{a}) = (-\lambda_1 - \lambda_2)\boldsymbol{a} + \lambda_1\boldsymbol{b} + \lambda_2\boldsymbol{c} = \boldsymbol{0}$

となる同時には 0 にならない λ_1, λ_2 が存在する

$\lambda = -\lambda_1 - \lambda_2$, $\mu = \lambda_1$, $\nu = \lambda_2$ とすればよい.

演習 4 (1) $\begin{vmatrix} 1 & 2 & 3 \\ 2 & 3 & 5 \\ 4 & -3 & 2 \end{vmatrix} = -1 \neq 0$

だから，例題 2 より a, b, c は 1 次独立である．

(2) $\begin{bmatrix} a \\ b \\ c \end{bmatrix} = \begin{bmatrix} 1 & 2 & 3 \\ 2 & 3 & 5 \\ 4 & -3 & 2 \end{bmatrix} \begin{bmatrix} i \\ j \\ k \end{bmatrix}$ より

$\begin{bmatrix} i \\ j \\ k \end{bmatrix} = \begin{bmatrix} -21 & 13 & -1 \\ -16 & 10 & -1 \\ 18 & -11 & 1 \end{bmatrix} \begin{bmatrix} a \\ b \\ c \end{bmatrix}$

$\therefore\ 3i - 2j + k = 3(-21a + 13b - c) - 2(-16a + 10b - c) + (18a - 11b + c)$
$= -13a + 8b$

よって $\lambda = -13, \mu = 8, \nu = 0$ である．

演習 5 (1) $\overrightarrow{AB} = b, \overrightarrow{AC} = c$ とすると，$\overrightarrow{AP} = \frac{1}{2}b, \overrightarrow{AQ} = \frac{1}{2}c$ だから，$\overrightarrow{PQ} = \overrightarrow{AQ} - \overrightarrow{AP} = \frac{1}{2}(c - b) = \frac{1}{2}\overrightarrow{BC}$.

(2) 三角形 ABC に (1) を適用すると $\overrightarrow{PQ} = \frac{1}{2}\overrightarrow{AC}$. また三角形 ADC に (1) を適用すると $\overrightarrow{SR} = \frac{1}{2}\overrightarrow{AC}$. したがって PQ と SR は平行で長さが等しい．ゆえに四角形 PQRS は平行四辺形である．

演習 6 $\overrightarrow{AB} = a, \overrightarrow{AD} = d, \overrightarrow{AE} = ab, \overrightarrow{AF} = bd$ とする．点 C は線分 BF と線分 DE 上にあるから，演習 1 より

$$\overrightarrow{AC} = t(bd) + (1-t)b = s(ab) + (1-s)d$$

と書ける．b, d は 1 次独立だから $tb = 1 - s, 1 - t = sa$ となり，これより $t = \dfrac{1-a}{1-ab}$ を得る．ゆえに

$$\overrightarrow{AC} = \frac{a(1-b)}{1-ab}b + \frac{b(1-a)}{1-ab}d$$

さて $\overrightarrow{AP} = \frac{1}{2}\overrightarrow{AC}, \overrightarrow{AQ} = \frac{1}{2}(b + d), \overrightarrow{AR} = \frac{1}{2}(ab + bd)$ だから，

$\overrightarrow{PQ} = \overrightarrow{AQ} - \overrightarrow{AP} = \frac{1}{2}(b + d) - \frac{1}{2}\left(\frac{a(1-b)}{1-ab}b + \frac{b(1-a)}{1-ab}d\right)$
$= \frac{1-a}{2(1-ab)}b + \frac{1-b}{2(1-ab)}d$

$\overrightarrow{QR} = \overrightarrow{AR} - \overrightarrow{AQ} = \frac{1}{2}(ab + bd) - \frac{1}{2}(b + d)$
$= \frac{a-1}{2}b + \frac{b-1}{2}d = (ab - 1)\overrightarrow{PQ}$

よって P, Q, R は同一直線上にある．

第 2 章の解答

問題 1.1 （1） $(\boldsymbol{a}+\boldsymbol{b})\cdot(\boldsymbol{c}+\boldsymbol{d})=\boldsymbol{a}\cdot(\boldsymbol{c}+\boldsymbol{d})+\boldsymbol{b}\cdot(\boldsymbol{c}+\boldsymbol{d})=\boldsymbol{a}\cdot\boldsymbol{c}+\boldsymbol{a}\cdot\boldsymbol{d}+\boldsymbol{b}\cdot\boldsymbol{c}+\boldsymbol{b}\cdot\boldsymbol{d}$

（2） $(\boldsymbol{a}+\boldsymbol{b})\cdot(\boldsymbol{a}-\boldsymbol{b})=\boldsymbol{a}\cdot\boldsymbol{a}-\boldsymbol{a}\cdot\boldsymbol{b}+\boldsymbol{b}\cdot\boldsymbol{a}-\boldsymbol{b}\cdot\boldsymbol{b}=|\boldsymbol{a}|^2-|\boldsymbol{b}|^2$

（3） $(a\boldsymbol{a})\cdot(b\boldsymbol{b})=a\big(\boldsymbol{a}\cdot(b\boldsymbol{b})\big)=a\big(b(\boldsymbol{a}\cdot\boldsymbol{b})\big)=ab(\boldsymbol{a}\cdot\boldsymbol{b})$

問題 1.2 $\boldsymbol{i}=(1,0,0)$, $\boldsymbol{j}=(0,1,0)$, $\boldsymbol{k}=(0,0,1)$ だから

$$\boldsymbol{i}\cdot\boldsymbol{i}=1\cdot1+0\cdot0+0\cdot0=1,\quad \boldsymbol{i}\cdot\boldsymbol{j}=1\cdot0+0\cdot1+0\cdot0=0$$
$$\boldsymbol{j}\cdot\boldsymbol{j}=0\cdot0+1\cdot1+0\cdot0=1,\quad \boldsymbol{j}\cdot\boldsymbol{k}=0\cdot0+1\cdot0+0\cdot1=0$$
$$\boldsymbol{k}\cdot\boldsymbol{k}=0\cdot0+0\cdot0+1\cdot1=1,\quad \boldsymbol{k}\cdot\boldsymbol{i}=0\cdot1+0\cdot0+1\cdot0=0$$

問題 1.3 $\boldsymbol{a}=a_1\boldsymbol{i}+a_2\boldsymbol{j}+a_3\boldsymbol{k}$ とすると

$$\boldsymbol{a}\cdot\boldsymbol{i}=(a_1\boldsymbol{i}+a_2\boldsymbol{j}+a_3\boldsymbol{k})\cdot\boldsymbol{i}=a_1(\boldsymbol{i}\cdot\boldsymbol{i})+a_2(\boldsymbol{j}\cdot\boldsymbol{i})+a_3(\boldsymbol{k}\cdot\boldsymbol{i})=a_1$$
$$\boldsymbol{a}\cdot\boldsymbol{j}=(a_1\boldsymbol{i}+a_2\boldsymbol{j}+a_3\boldsymbol{k})\cdot\boldsymbol{j}=a_1(\boldsymbol{i}\cdot\boldsymbol{j})+a_2(\boldsymbol{j}\cdot\boldsymbol{j})+a_3(\boldsymbol{k}\cdot\boldsymbol{j})=a_2$$
$$\boldsymbol{a}\cdot\boldsymbol{k}=(a_1\boldsymbol{i}+a_2\boldsymbol{j}+a_3\boldsymbol{k})\cdot\boldsymbol{k}=a_1(\boldsymbol{i}\cdot\boldsymbol{k})+a_2(\boldsymbol{j}\cdot\boldsymbol{k})+a_3(\boldsymbol{k}\cdot\boldsymbol{k})=a_3$$

$$\therefore\quad \boldsymbol{a}=(\boldsymbol{a}\cdot\boldsymbol{i})\boldsymbol{i}+(\boldsymbol{a}\cdot\boldsymbol{j})\boldsymbol{j}+(\boldsymbol{a}\cdot\boldsymbol{k})\boldsymbol{k}$$

問題 1.4 $\boldsymbol{a}=\boldsymbol{0}$ または $\boldsymbol{b}=\boldsymbol{0}$ なら $|\boldsymbol{a}\cdot\boldsymbol{b}|=0=|\boldsymbol{a}||\boldsymbol{b}|$. $\boldsymbol{a}\neq\boldsymbol{0}$ かつ $\boldsymbol{b}\neq\boldsymbol{0}$ のとき，$\boldsymbol{a}$ と $\boldsymbol{b}$ のなす角を θ とすれば，$|\boldsymbol{a}\cdot\boldsymbol{b}|=|\boldsymbol{a}||\boldsymbol{b}||\cos\theta|=|\boldsymbol{a}||\boldsymbol{b}|$ より $\cos\theta=\pm1$，すなわち $\theta=0$ または π. ゆえに，$\boldsymbol{a}$, $\boldsymbol{b}$ のいずれかが $\boldsymbol{0}$ の場合，あるいはどちらも $\boldsymbol{0}$ でなく平行である場合に限り，$|\boldsymbol{a}\cdot\boldsymbol{b}|=|\boldsymbol{a}||\boldsymbol{b}|$ となる．$\boldsymbol{a}$ と $\boldsymbol{b}$ が 1 次従属である場合といってもよい．

問題 1.5
$$\left|\frac{\boldsymbol{a}}{|\boldsymbol{a}|^2}-\frac{\boldsymbol{b}}{|\boldsymbol{b}|^2}\right|^2=\left(\frac{\boldsymbol{a}}{|\boldsymbol{a}|^2}-\frac{\boldsymbol{b}}{|\boldsymbol{b}|^2}\right)\cdot\left(\frac{\boldsymbol{a}}{|\boldsymbol{a}|^2}-\frac{\boldsymbol{b}}{|\boldsymbol{b}|^2}\right)$$
$$=\frac{\boldsymbol{a}\cdot\boldsymbol{a}}{|\boldsymbol{a}|^4}-\frac{2\boldsymbol{a}\cdot\boldsymbol{b}}{|\boldsymbol{a}|^2|\boldsymbol{b}|^2}+\frac{\boldsymbol{b}\cdot\boldsymbol{b}}{|\boldsymbol{b}|^4}$$
$$=\frac{1}{|\boldsymbol{a}|^2}-\frac{2\boldsymbol{a}\cdot\boldsymbol{b}}{|\boldsymbol{a}|^2|\boldsymbol{b}|^2}+\frac{1}{|\boldsymbol{b}|^2}$$
$$=\frac{\boldsymbol{b}\cdot\boldsymbol{b}-2\boldsymbol{a}\cdot\boldsymbol{b}+\boldsymbol{a}\cdot\boldsymbol{a}}{|\boldsymbol{a}|^2|\boldsymbol{b}|^2}$$
$$=\frac{|\boldsymbol{a}-\boldsymbol{b}|^2}{|\boldsymbol{a}|^2|\boldsymbol{b}|^2}$$

問題 2.1 $\boldsymbol{a}\cdot\boldsymbol{b}=3\cdot(-3)+(-1)\cdot(-5)+3\cdot2=2$

$\boldsymbol{a}$, $\boldsymbol{b}$ のなす角を θ とすれば，

$$\cos\theta=\frac{\boldsymbol{a}\cdot\boldsymbol{b}}{|\boldsymbol{a}||\boldsymbol{b}|}=\frac{2}{\sqrt{3^2+(-1)^2+3^2}\sqrt{(-3)^2+(-5)^2+2^2}}=\frac{2}{\sqrt{19}\sqrt{38}}=\frac{\sqrt{2}}{19}$$

問題 2.2 $\boldsymbol{a}\cdot\boldsymbol{b} = 4\lambda - 2\lambda^2 + 6 = 0$ となればよい．よって $\lambda = -1, 3$.

問題 2.3 $\overrightarrow{\mathrm{AB}} = (2, -2, 3)$, $\overrightarrow{\mathrm{AC}} = (-1, 2, 2)$ だから，$\overrightarrow{\mathrm{AB}}\cdot\overrightarrow{\mathrm{AC}} = 2\cdot(-1) + (-2)\cdot 2 + 3\cdot 2 = 0$. ゆえに $\overrightarrow{\mathrm{AB}}$ と $\overrightarrow{\mathrm{AC}}$ は直交する．

問題 2.4 $\overrightarrow{\mathrm{OA}} = \boldsymbol{i}$, $\overrightarrow{\mathrm{OD}} = \boldsymbol{j}$, $\overrightarrow{\mathrm{OC}} = \boldsymbol{k}$ とする．

（1） $\overrightarrow{\mathrm{OE}} = \boldsymbol{i} + \boldsymbol{j}$, $\overrightarrow{\mathrm{OG}} = \boldsymbol{j} + \boldsymbol{k}$ だから，なす角を θ とすれば

$$\cos\theta = \frac{\overrightarrow{\mathrm{OE}}\cdot\overrightarrow{\mathrm{OG}}}{|\overrightarrow{\mathrm{OE}}||\overrightarrow{\mathrm{OG}}|} = \frac{0+1+0}{\sqrt{1^2+1^2+0}\sqrt{0+1^2+1^2}} = \frac{1}{2}$$

$$\therefore\quad \theta = \frac{\pi}{3}$$

（2） $\overrightarrow{\mathrm{OD}} = \boldsymbol{j}$, $\overrightarrow{\mathrm{CE}} = \overrightarrow{\mathrm{CO}} + \overrightarrow{\mathrm{OA}} + \overrightarrow{\mathrm{AE}} = \boldsymbol{i} + \boldsymbol{j} - \boldsymbol{k}$ だから，なす角を θ とすれば

$$\cos\theta = \frac{\overrightarrow{\mathrm{OD}}\cdot\overrightarrow{\mathrm{CE}}}{|\overrightarrow{\mathrm{OD}}||\overrightarrow{\mathrm{CE}}|} = \frac{0+1+0}{\sqrt{0+1^2+0}\sqrt{1^2+1^2+1^2}} = \frac{1}{\sqrt{3}}$$

（3） $\overrightarrow{\mathrm{CE}} = \boldsymbol{i} + \boldsymbol{j} - \boldsymbol{k}$, $\overrightarrow{\mathrm{OG}} = \boldsymbol{j} + \boldsymbol{k}$ だから，$\overrightarrow{\mathrm{CE}}\cdot\overrightarrow{\mathrm{OG}} = 0 + 1 - 1 = 0$. ゆえに $\overrightarrow{\mathrm{CE}}$ と $\overrightarrow{\mathrm{OG}}$ は直交する．

問題 3.1 例題 3 を用いる．$\boldsymbol{a}$ の $\boldsymbol{b}$ への正射影は

$$\frac{\boldsymbol{a}\cdot\boldsymbol{b}}{|\boldsymbol{b}|^2}\boldsymbol{b} = \frac{(-4)\cdot 1 + (-7)\cdot(-2) + 4\cdot 5}{1^2 + (-2)^2 + 5^2}\boldsymbol{b} = \boldsymbol{b} = \boldsymbol{i} - 2\boldsymbol{j} + 5\boldsymbol{k}$$

$\boldsymbol{b}$ の $\boldsymbol{a}$ への正射影は

$$\frac{\boldsymbol{b}\cdot\boldsymbol{a}}{|\boldsymbol{a}|^2}\boldsymbol{a} = \frac{1\cdot(-4) + (-2)\cdot(-7) + 5\cdot 4}{(-4)^2 + (-7)^2 + 4^2}\boldsymbol{a} = \frac{30}{81}(-4\boldsymbol{i} - 7\boldsymbol{j} + 4\boldsymbol{k})$$

問題 3.2 $\boldsymbol{b}$ に平行な成分は $\boldsymbol{a}$ の $\boldsymbol{b}$ への正射影であるから，

$$\frac{\boldsymbol{a}\cdot\boldsymbol{b}}{|\boldsymbol{b}|^2}\boldsymbol{b} = \frac{3\cdot 3 + 6\cdot(-2) + (-4)\cdot 1}{3^2 + (-2)^2 + 1^2}\boldsymbol{b} = -\frac{1}{2}\boldsymbol{b} = -\frac{3}{2}\boldsymbol{i} + \boldsymbol{j} - \frac{1}{2}\boldsymbol{k}$$

垂直な成分は $\boldsymbol{a} - \left(-\frac{1}{2}\boldsymbol{b}\right) = \frac{9}{2}\boldsymbol{i} + 5\boldsymbol{j} - \frac{7}{2}\boldsymbol{k}$ である．

ゆえに $\boldsymbol{a} = \left(-\frac{3}{2}\boldsymbol{i} + \boldsymbol{j} - \frac{1}{2}\boldsymbol{k}\right) + \left(\frac{9}{2}\boldsymbol{i} + 5\boldsymbol{j} - \frac{7}{2}\boldsymbol{k}\right)$ と分解できる．

問題 4.1 例題 3 より

$$\overrightarrow{\mathrm{OR}} = \frac{\overrightarrow{\mathrm{OP}}\cdot\overrightarrow{\mathrm{OA}}}{|\overrightarrow{\mathrm{OA}}|^2}\overrightarrow{\mathrm{OA}} = \frac{1\cdot 2 + 2\cdot 2 + 1\cdot 5}{2^2 + 2^2 + 5^2}\overrightarrow{\mathrm{OA}} = \frac{1}{3}(2\boldsymbol{i} + 2\boldsymbol{j} + 5\boldsymbol{k})$$

$$\therefore\quad \overrightarrow{\mathrm{PR}} = \overrightarrow{\mathrm{OR}} - \overrightarrow{\mathrm{OP}} = -\frac{1}{3}\boldsymbol{i} - \frac{4}{3}\boldsymbol{j} + \frac{2}{3}\boldsymbol{k},$$

$$|\overrightarrow{\mathrm{PR}}| = \sqrt{\left(-\frac{1}{3}\right)^2 + \left(-\frac{4}{3}\right)^2 + \left(\frac{2}{3}\right)^2} = \frac{\sqrt{21}}{3}$$

問題 4.2 xy 平面に平行なベクトルは $\boldsymbol{a} = \lambda\boldsymbol{i} + \mu\boldsymbol{j}$ と表せる．これが $\boldsymbol{b} = 4\boldsymbol{i} - 3\boldsymbol{j} + \boldsymbol{k}$ に垂直になるには，$\boldsymbol{a}\cdot\boldsymbol{b} = 4\lambda - 3\mu = 0$ であればよい．したがって，たとえば $\boldsymbol{a} = 3\boldsymbol{i} + 4\boldsymbol{j}$ を得る．この長さを 1 にすればよいのだから，求める単位ベクトルは

$$\pm\frac{1}{|\boldsymbol{a}|}\boldsymbol{a}=\pm\frac{1}{\sqrt{3^2+4^2}}\boldsymbol{a}=\pm\frac{1}{5}(3\boldsymbol{i}+4\boldsymbol{j})$$

問題 4.3 平面上の点 P の位置ベクトルを $\boldsymbol{r}=x\boldsymbol{i}+y\boldsymbol{j}+z\boldsymbol{k}$ とすると，

$$\begin{aligned}\overrightarrow{\mathrm{PA}}\cdot\boldsymbol{n} &= \big((x-1)\boldsymbol{i}+(y-5)\boldsymbol{j}+(z-3)\boldsymbol{k}\big)\cdot(2\boldsymbol{i}+3\boldsymbol{j}+6\boldsymbol{k})\\ &= 2(x-1)+3(y-5)+6(z-3)=0\end{aligned}$$

$$\therefore\quad 2x+3y+6z-35=0$$

問題 5.1 点 A を通り $\overrightarrow{\mathrm{AB}}=\boldsymbol{b}-\boldsymbol{a}$ に垂直な平面であるから，平面上の点の位置ベクトルを $\boldsymbol{r}$ とすれば，

$$(\boldsymbol{b}-\boldsymbol{a})\cdot(\boldsymbol{r}-\boldsymbol{a})=0$$

問題 5.2 $\overrightarrow{\mathrm{OA}}=\boldsymbol{a}$, $\overrightarrow{\mathrm{OB}}=\boldsymbol{b}$ とする．

(1) 点 B を通り $\overrightarrow{\mathrm{OA}}$ に垂直な平面

(2) 点 A を通り $\overrightarrow{\mathrm{OA}}$ に垂直な平面

(3) PO⊥PA となる点 P の全体だから，OA を直径とする球

問題 6.1 $\boldsymbol{i}=(1,0,0)$, $\boldsymbol{j}=(0,1,0)$, $\boldsymbol{k}=(0,0,1)$ だから，

$$\begin{aligned}\boldsymbol{i}\times\boldsymbol{j} &= \left(\begin{vmatrix}0&0\\1&0\end{vmatrix},\begin{vmatrix}0&1\\0&0\end{vmatrix},\begin{vmatrix}1&0\\0&1\end{vmatrix}\right)=(0,0,1)=\boldsymbol{k}\\ \boldsymbol{j}\times\boldsymbol{k} &= \left(\begin{vmatrix}1&0\\0&1\end{vmatrix},\begin{vmatrix}0&0\\1&0\end{vmatrix},\begin{vmatrix}0&1\\0&0\end{vmatrix}\right)=(1,0,0)=\boldsymbol{i}\\ \boldsymbol{k}\times\boldsymbol{i} &= \left(\begin{vmatrix}0&1\\0&0\end{vmatrix},\begin{vmatrix}1&0\\0&1\end{vmatrix},\begin{vmatrix}0&0\\1&0\end{vmatrix}\right)=(0,1,0)=\boldsymbol{j}\end{aligned}$$

問題 6.2 $\boldsymbol{a}\times\boldsymbol{a}=\boldsymbol{b}\times\boldsymbol{b}=\boldsymbol{c}\times\boldsymbol{c}=\boldsymbol{0}$ に注意すると，

$$\begin{aligned}(\boldsymbol{a}+\boldsymbol{b}+\boldsymbol{c})\times(\boldsymbol{a}-\boldsymbol{b}-\boldsymbol{c}) &= -\boldsymbol{a}\times\boldsymbol{b}-\boldsymbol{a}\times\boldsymbol{c}+\boldsymbol{b}\times\boldsymbol{a}-\boldsymbol{b}\times\boldsymbol{c}+\boldsymbol{c}\times\boldsymbol{a}-\boldsymbol{c}\times\boldsymbol{b}\\ &= -\boldsymbol{a}\times\boldsymbol{b}-\boldsymbol{a}\times\boldsymbol{c}-\boldsymbol{a}\times\boldsymbol{b}-\boldsymbol{b}\times\boldsymbol{c}-\boldsymbol{a}\times\boldsymbol{c}+\boldsymbol{b}\times\boldsymbol{c}\\ &= -2(\boldsymbol{a}\times\boldsymbol{b}+\boldsymbol{a}\times\boldsymbol{c})\end{aligned}$$

問題 6.3 $\boldsymbol{a}\times\boldsymbol{b}=\boldsymbol{c}$ だから外積の定義より $\boldsymbol{c}$ は $\boldsymbol{a}$ および $\boldsymbol{b}$ と直交する．また $\boldsymbol{b}\times\boldsymbol{c}=\boldsymbol{a}$ だから $\boldsymbol{a}$ は $\boldsymbol{b}$ および $\boldsymbol{c}$ と直交する．したがって，$\boldsymbol{a}$, $\boldsymbol{b}$, $\boldsymbol{c}$ は互いに直交する．

問題 6.4 $\boldsymbol{a}=a_1\boldsymbol{i}+a_2\boldsymbol{j}+a_3\boldsymbol{k}$ とすると，

$$(\boldsymbol{i}\cdot\boldsymbol{a})(\boldsymbol{i}\times\boldsymbol{a})=a_1(a_1\boldsymbol{i}\times\boldsymbol{i}+a_2\boldsymbol{i}\times\boldsymbol{j}+a_3\boldsymbol{i}\times\boldsymbol{k})=a_1(a_2\boldsymbol{k}-a_3\boldsymbol{j})$$

$$(\boldsymbol{j}\cdot\boldsymbol{a})(\boldsymbol{j}\times\boldsymbol{a})=a_2(a_1\boldsymbol{j}\times\boldsymbol{i}+a_2\boldsymbol{j}\times\boldsymbol{j}+a_3\boldsymbol{j}\times\boldsymbol{k})=a_2(-a_1\boldsymbol{k}+a_3\boldsymbol{i})$$

$$(\boldsymbol{k}\cdot\boldsymbol{a})(\boldsymbol{k}\times\boldsymbol{a})=a_3(a_1\boldsymbol{k}\times\boldsymbol{i}+a_2\boldsymbol{k}\times\boldsymbol{j}+a_3\boldsymbol{k}\times\boldsymbol{k})=a_3(a_1\boldsymbol{j}-a_2\boldsymbol{i})$$

$$\therefore\quad(\boldsymbol{i}\cdot\boldsymbol{a})(\boldsymbol{i}\times\boldsymbol{a})+(\boldsymbol{j}\cdot\boldsymbol{a})(\boldsymbol{j}\times\boldsymbol{a})+(\boldsymbol{k}\cdot\boldsymbol{a})(\boldsymbol{k}\times\boldsymbol{a})=\boldsymbol{0}$$

2

2

問題 6.5 $\boldsymbol{a}\times\boldsymbol{b}$ と $\boldsymbol{c}\times\boldsymbol{d}$ は共にその平面に垂直であるから，平行である．ゆえに

$$(\boldsymbol{a}\times\boldsymbol{b})\times(\boldsymbol{c}\times\boldsymbol{d})=\boldsymbol{0}$$

問題 7.1 （1）

$$\boldsymbol{a}\times\boldsymbol{b}=\begin{vmatrix}\boldsymbol{i}&\boldsymbol{j}&\boldsymbol{k}\\2&-3&5\\-1&2&-3\end{vmatrix}=\begin{vmatrix}-3&5\\2&-3\end{vmatrix}\boldsymbol{i}+\begin{vmatrix}5&2\\-3&-1\end{vmatrix}\boldsymbol{j}+\begin{vmatrix}2&-3\\-1&2\end{vmatrix}\boldsymbol{k}$$
$$=-\boldsymbol{i}+\boldsymbol{j}+\boldsymbol{k}$$

（2） $(\boldsymbol{a}+2\boldsymbol{b})\times(2\boldsymbol{a}-\boldsymbol{b})=-\boldsymbol{a}\times\boldsymbol{b}+4\boldsymbol{b}\times\boldsymbol{a}=-5(\boldsymbol{a}\times\boldsymbol{b})=5\boldsymbol{i}-5\boldsymbol{j}-5\boldsymbol{k}$

（3） $(\boldsymbol{a}+\boldsymbol{b})\times(\boldsymbol{a}-\boldsymbol{b})=-\boldsymbol{a}\times\boldsymbol{b}+\boldsymbol{b}\times\boldsymbol{a}=-2(\boldsymbol{a}\times\boldsymbol{b})=2\boldsymbol{i}-2\boldsymbol{j}-2\boldsymbol{k}$

問題 7.2

$$\boldsymbol{a}\times\boldsymbol{b}=\begin{vmatrix}\boldsymbol{i}&\boldsymbol{j}&\boldsymbol{k}\\2&1&-3\\1&-2&1\end{vmatrix}=\begin{vmatrix}1&-3\\-2&1\end{vmatrix}\boldsymbol{i}+\begin{vmatrix}-3&2\\1&1\end{vmatrix}\boldsymbol{j}+\begin{vmatrix}2&1\\1&-2\end{vmatrix}\boldsymbol{k}$$
$$=-5\boldsymbol{i}-5\boldsymbol{j}-5\boldsymbol{k}=-5(\boldsymbol{i}+\boldsymbol{j}+\boldsymbol{k})$$

だから，求めるベクトルは

$$\pm\frac{5}{|\boldsymbol{a}\times\boldsymbol{b}|}\boldsymbol{a}\times\boldsymbol{b}\;=\;\pm\frac{5}{5\sqrt{3}}\boldsymbol{a}\times\boldsymbol{b}=\pm\frac{1}{\sqrt{3}}(\boldsymbol{i}+\boldsymbol{j}+\boldsymbol{k})$$

問題 7.3 $\overrightarrow{\mathrm{AB}}=3\boldsymbol{i}-8\boldsymbol{j}-3\boldsymbol{k}$, $\overrightarrow{\mathrm{AC}}=2\boldsymbol{i}-6\boldsymbol{k}$ である．

（1）

$$\overrightarrow{\mathrm{AB}}\times\overrightarrow{\mathrm{AC}}=\begin{vmatrix}\boldsymbol{i}&\boldsymbol{j}&\boldsymbol{k}\\3&-8&-3\\2&0&-6\end{vmatrix}=\begin{vmatrix}-8&-3\\0&-6\end{vmatrix}\boldsymbol{i}+\begin{vmatrix}-3&3\\-6&2\end{vmatrix}\boldsymbol{j}+\begin{vmatrix}3&-8\\2&0\end{vmatrix}\boldsymbol{k}$$
$$=48\boldsymbol{i}+12\boldsymbol{j}+16\boldsymbol{k}=4(12\boldsymbol{i}+3\boldsymbol{j}+4\boldsymbol{k})$$

の長さを 1 にすればよいから，

$$\boldsymbol{n}\;=\;\pm\frac{1}{\sqrt{12^2+3^2+4^2}}(12\boldsymbol{i}+3\boldsymbol{j}+4\boldsymbol{k})=\pm\frac{1}{13}(12\boldsymbol{i}+3\boldsymbol{j}+4\boldsymbol{k})$$

（2） A を通り $\boldsymbol{n}$ に垂直な平面を求めればよいから，平面上の点の位置ベクトルを $\boldsymbol{r}=x\boldsymbol{i}+y\boldsymbol{j}+z\boldsymbol{k}$ とすると，$\boldsymbol{n}\cdot(\boldsymbol{r}-\overrightarrow{\mathrm{OA}})=0$ より，$12(x-3)+3(y-4)+4(z-6)=0$ となる．ゆえに $12x+3y+4z=72$ が平面の方程式である．

問題 7.4 $\boldsymbol{x}=x_1\boldsymbol{i}+x_2\boldsymbol{j}+x_3\boldsymbol{k}$ とすると，

$$\boldsymbol{a}\times\boldsymbol{x}\;=\;\begin{vmatrix}\boldsymbol{i}&\boldsymbol{j}&\boldsymbol{k}\\1&-1&1\\x_1&x_2&x_3\end{vmatrix}=\begin{vmatrix}-1&1\\x_2&x_3\end{vmatrix}\boldsymbol{i}+\begin{vmatrix}1&1\\x_3&x_1\end{vmatrix}\boldsymbol{j}+\begin{vmatrix}1&-1\\x_1&x_2\end{vmatrix}\boldsymbol{k}$$
$$=\;(-x_2-x_3)\boldsymbol{i}+(x_1-x_3)\boldsymbol{j}+(x_1+x_2)\boldsymbol{k}$$
$$=\;\boldsymbol{i}+2\boldsymbol{j}+\boldsymbol{k}$$

より，$-x_2-x_3=1$, $x_1-x_3=2$, $x_1+x_2=1$．一方 $\boldsymbol{c}\cdot\boldsymbol{x}=x_1+x_2+2x_3=0$．この連立方程式を解いて $x_1=\frac{3}{2}$, $x_2=-\frac{1}{2}$, $x_3=-\frac{1}{2}$．ゆえに

$$x = \frac{3}{2}i - \frac{1}{2}j - \frac{1}{2}k$$

問題 8.1 例題 8 より，面積を S とすると $S = \frac{1}{2}|\overrightarrow{AB} \times \overrightarrow{AC}|$ であり，問題 7.3 より $\overrightarrow{AB} \times \overrightarrow{AC} = 4(12i + 3j + 4k)$ である．したがって

$$S = \frac{1}{2}4\sqrt{12^2 + 3^2 + 4^4} = 26$$

問題 8.2 $\overrightarrow{AC} = \overrightarrow{OB} = 2i - 3j + 5k$ だから

$$\overrightarrow{OC} = \overrightarrow{OA} + \overrightarrow{AC} = -i + 2j - 3k + (2i - 3j + 5k) = i - j + 2k$$

ゆえに C=$(1, -1, 2)$．平行四辺形 OACB の面積を S とすれば $S = |\overrightarrow{OA} \times \overrightarrow{OB}|$

$$\begin{aligned}\overrightarrow{OA} \times \overrightarrow{OB} &= \begin{vmatrix} i & j & k \\ -1 & 2 & -3 \\ 2 & -3 & 5 \end{vmatrix} \\ &= \begin{vmatrix} 2 & -3 \\ -3 & 5 \end{vmatrix} i + \begin{vmatrix} -3 & -1 \\ 5 & 2 \end{vmatrix} j + \begin{vmatrix} -1 & 2 \\ 2 & -3 \end{vmatrix} k \\ &= i - j - k \\ \therefore \quad S &= \sqrt{1^2 + (-1)^2 + (-1)^2} = \sqrt{3}\end{aligned}$$

問題 9.1 例題 9 の (1) より

$$a \cdot (b \times c) = \begin{vmatrix} 1 & 2 & 1 \\ 2 & -1 & 1 \\ -1 & 1 & 2 \end{vmatrix} = -12$$

また，例題 9 の (2) より

$$\begin{aligned} a \times (b \times c) &= (a \times c)b - (a \times b)c = (-1 + 2 + 2)b - (2 - 2 + 1)c \\ &= 3(2, -1, 1) - (-1, 1, 2) = (7, -4, 1) \\ (a \times b) \times c &= (a \times c)b - (b \times c)a = (-1 + 2 + 2)b - (-2 - 1 + 2)a \\ &= 3(2, -1, 1) + (1, 2, 1) = (7, -1, 4) \end{aligned}$$

問題 9.2 $a = a_1 i + a_2 j + a_3 k$, $b = b_1 i + b_2 j + b_3 k$, $c = c_1 i + c_2 j + c_3 k$ とする．行列式に関する次の等式から目的の式が得られる．

(1) $$\begin{vmatrix} a_1 & a_2 & a_3 \\ b_1 & b_2 & b_3 \\ c_1 & c_2 & c_3 \end{vmatrix} = \begin{vmatrix} b_1 & b_2 & b_3 \\ c_1 & c_2 & c_3 \\ a_1 & a_2 & a_3 \end{vmatrix} = - \begin{vmatrix} b_1 & b_2 & b_3 \\ a_1 & a_2 & a_3 \\ c_1 & c_2 & c_3 \end{vmatrix}$$

(2) $$\begin{vmatrix} ka_1 & ka_2 & ka_3 \\ b_1 & b_2 & b_3 \\ c_1 & c_2 & c_3 \end{vmatrix} = k \begin{vmatrix} a_1 & a_2 & a_3 \\ b_1 & b_2 & b_3 \\ c_1 & c_2 & c_3 \end{vmatrix}$$

(3) $\boldsymbol{a}_1 = a_1\boldsymbol{i} + a_2\boldsymbol{j} + a_3\boldsymbol{k},\ \boldsymbol{a}_2 = a_1'\boldsymbol{i} + a_2'\boldsymbol{j} + a_3'\boldsymbol{k}$ とする．

$$\begin{vmatrix} a_1 + a_1' & a_2 + a_2' & a_3 + a_3' \\ b_1 & b_2 & b_3 \\ c_1 & c_2 & c_3 \end{vmatrix} = \begin{vmatrix} a_1 & a_2 & a_3 \\ b_1 & b_2 & b_3 \\ c_1 & c_2 & c_3 \end{vmatrix} + \begin{vmatrix} a_1' & a_2' & a_3' \\ b_1 & b_2 & b_3 \\ c_1 & c_2 & c_3 \end{vmatrix}$$

2

問題 10.1 $\boldsymbol{a} = a_1\boldsymbol{i} + a_2\boldsymbol{j} + a_3\boldsymbol{k}$ とする．

$$(\boldsymbol{a},\ \boldsymbol{j},\ \boldsymbol{k}) = \begin{vmatrix} a_1 & a_2 & a_3 \\ 0 & 1 & 0 \\ 0 & 0 & 1 \end{vmatrix} = a_1, \quad (\boldsymbol{i},\ \boldsymbol{a},\ \boldsymbol{k}) = \begin{vmatrix} 1 & 0 & 0 \\ a_1 & a_2 & a_3 \\ 0 & 0 & 1 \end{vmatrix} = a_2,$$

$$(\boldsymbol{i},\ \boldsymbol{j},\ \boldsymbol{a}) = \begin{vmatrix} 1 & 0 & 0 \\ 0 & 1 & 0 \\ a_1 & a_2 & a_3 \end{vmatrix} = a_3 \quad \text{より} \quad \boldsymbol{a} = a_1\boldsymbol{i} + a_2\boldsymbol{j} + a_3\boldsymbol{k}$$

問題 10.2 (1) 例題 10 の (2) で $\boldsymbol{c} = \boldsymbol{b},\ \boldsymbol{d} = \boldsymbol{c}$ とすると，

$$(\boldsymbol{a} \times \boldsymbol{b}) \times (\boldsymbol{b} \times \boldsymbol{c}) = (\boldsymbol{a},\ \boldsymbol{b},\ \boldsymbol{c})\boldsymbol{b} - (\boldsymbol{a},\ \boldsymbol{b},\ \boldsymbol{b})\boldsymbol{c} = (\boldsymbol{a},\ \boldsymbol{b},\ \boldsymbol{c})\boldsymbol{b}$$

(2) 例題 9 の (2) を用いると，

$$\begin{aligned} &\boldsymbol{a} \times (\boldsymbol{b} \times \boldsymbol{c}) + \boldsymbol{b} \times (\boldsymbol{c} \times \boldsymbol{a}) + \boldsymbol{c} \times (\boldsymbol{a} \times \boldsymbol{b}) \\ &= ((\boldsymbol{a} \cdot \boldsymbol{c})\boldsymbol{b} - (\boldsymbol{a} \cdot \boldsymbol{b})\boldsymbol{c}) + ((\boldsymbol{b} \cdot \boldsymbol{a})\boldsymbol{c} - (\boldsymbol{b} \cdot \boldsymbol{c})\boldsymbol{a}) + ((\boldsymbol{c} \cdot \boldsymbol{b})\boldsymbol{a} - (\boldsymbol{c} \cdot \boldsymbol{a})\boldsymbol{b}) \\ &= \boldsymbol{0} \end{aligned}$$

(3) 3 重積の定義より，

$$\begin{aligned} (\boldsymbol{a} \times \boldsymbol{b},\ \boldsymbol{b} \times \boldsymbol{c},\ \boldsymbol{c} \times \boldsymbol{a}) &= (\boldsymbol{a} \times \boldsymbol{b}) \cdot ((\boldsymbol{b} \times \boldsymbol{c}) \times (\boldsymbol{c} \times \boldsymbol{a})) \\ &= (\boldsymbol{a} \times \boldsymbol{b}) \cdot ((\boldsymbol{b},\ \boldsymbol{c},\ \boldsymbol{a})\boldsymbol{c} - (\boldsymbol{b},\ \boldsymbol{c},\ \boldsymbol{c})\boldsymbol{a}) \quad (\text{例題 } 10) \\ &= (\boldsymbol{a},\ \boldsymbol{b},\ \boldsymbol{c})(\boldsymbol{a} \times \boldsymbol{b}) \cdot \boldsymbol{c} \quad (\text{問題 } 9.2) \\ &= (\boldsymbol{a},\ \boldsymbol{b},\ \boldsymbol{c})^2 \end{aligned}$$

(4) 例題 10 の (1) より，

$$\begin{aligned} &(\boldsymbol{a} \times \boldsymbol{b}) \cdot (\boldsymbol{c} \times \boldsymbol{d}) + (\boldsymbol{b} \times \boldsymbol{c}) \cdot (\boldsymbol{a} \times \boldsymbol{d}) + (\boldsymbol{c} \times \boldsymbol{a}) \cdot (\boldsymbol{b} \times \boldsymbol{d}) \\ &= \big((\boldsymbol{a} \cdot \boldsymbol{c})(\boldsymbol{b} \cdot \boldsymbol{d}) - (\boldsymbol{b} \cdot \boldsymbol{c})(\boldsymbol{a} \cdot \boldsymbol{d})\big) + \big((\boldsymbol{b} \cdot \boldsymbol{a})(\boldsymbol{c} \cdot \boldsymbol{d}) - (\boldsymbol{c} \cdot \boldsymbol{a})(\boldsymbol{b} \cdot \boldsymbol{d})\big) \\ &\quad + \big((\boldsymbol{c} \cdot \boldsymbol{b})(\boldsymbol{a} \cdot \boldsymbol{d}) - (\boldsymbol{a} \cdot \boldsymbol{b})(\boldsymbol{c} \cdot \boldsymbol{d})\big) \\ &= \boldsymbol{0} \end{aligned}$$

(5) 例題 9 の (2) より，

$$\begin{aligned} \boldsymbol{a} \times \big(\boldsymbol{b} \times (\boldsymbol{c} \times \boldsymbol{d})\big) &= \big(\boldsymbol{a} \cdot (\boldsymbol{c} \times \boldsymbol{d})\big)\boldsymbol{b} - (\boldsymbol{a} \cdot \boldsymbol{b})(\boldsymbol{c} \times \boldsymbol{d}) \\ &= (\boldsymbol{a},\ \boldsymbol{c},\ \boldsymbol{d})\boldsymbol{b} - (\boldsymbol{a} \cdot \boldsymbol{b})(\boldsymbol{c} \times \boldsymbol{d}) \end{aligned}$$

問題 10.3 (1) 例題 10 の (2) を用いると,

$$
\begin{aligned}
&(\boldsymbol{a}\times\boldsymbol{b})\times(\boldsymbol{a}\times\boldsymbol{c})+(\boldsymbol{b}\times\boldsymbol{c})\times(\boldsymbol{b}\times\boldsymbol{a})+(\boldsymbol{c}\times\boldsymbol{a})\times(\boldsymbol{c}\times\boldsymbol{b})\\
&=\big((\boldsymbol{a},\,\boldsymbol{b},\,\boldsymbol{c})\boldsymbol{a}-(\boldsymbol{a},\,\boldsymbol{b},\,\boldsymbol{a})\boldsymbol{c}\big)+\big((\boldsymbol{b},\,\boldsymbol{c},\,\boldsymbol{a})\boldsymbol{b}-(\boldsymbol{b},\,\boldsymbol{c},\,\boldsymbol{b})\boldsymbol{a}\big)\\
&\quad+\big((\boldsymbol{c},\,\boldsymbol{a},\,\boldsymbol{b})\boldsymbol{c}-(\boldsymbol{c},\,\boldsymbol{a},\,\boldsymbol{c})\boldsymbol{b}\big)\\
&=(\boldsymbol{a},\,\boldsymbol{b},\,\boldsymbol{c})\boldsymbol{a}+(\boldsymbol{a},\,\boldsymbol{b},\,\boldsymbol{c})\boldsymbol{b}+(\boldsymbol{a},\,\boldsymbol{b},\,\boldsymbol{c})\boldsymbol{c}\quad(\text{問題 9.2})\\
&=(\boldsymbol{a},\,\boldsymbol{b},\,\boldsymbol{c})(\boldsymbol{a}+\boldsymbol{b}+\boldsymbol{c})
\end{aligned}
$$

(2) 例題 9 の (2) より,

$$
\begin{aligned}
\big(\boldsymbol{d}\times(\boldsymbol{a}\times\boldsymbol{b})\big)\cdot(\boldsymbol{a}\times\boldsymbol{c}) &= \big((\boldsymbol{d}\cdot\boldsymbol{b})\boldsymbol{a}-(\boldsymbol{d}\cdot\boldsymbol{a})\boldsymbol{b}\big)\cdot(\boldsymbol{a}\times\boldsymbol{c})\\
&= (\boldsymbol{d}\cdot\boldsymbol{b})(\boldsymbol{a},\,\boldsymbol{a},\,\boldsymbol{c})-(\boldsymbol{d}\cdot\boldsymbol{a})(\boldsymbol{b},\,\boldsymbol{a},\,\boldsymbol{c})\\
&= (\boldsymbol{a},\,\boldsymbol{b},\,\boldsymbol{c})(\boldsymbol{a}\cdot\boldsymbol{d})\quad(\text{問題 9.2})
\end{aligned}
$$

問題 10.4 $\boldsymbol{a}=a_1\boldsymbol{i}+a_2\boldsymbol{j}+a_3\boldsymbol{k},\ \boldsymbol{b}=b_1\boldsymbol{i}+b_2\boldsymbol{j}+b_3\boldsymbol{k},\ \boldsymbol{c}=c_1\boldsymbol{i}+c_2\boldsymbol{j}+c_3\boldsymbol{k}$
$\boldsymbol{x}=x_1\boldsymbol{i}+x_2\boldsymbol{j}+x_3\boldsymbol{k},\ \boldsymbol{y}=y_1\boldsymbol{i}+y_2\boldsymbol{j}+y_3\boldsymbol{k},\ \boldsymbol{z}=z_1\boldsymbol{i}+z_2\boldsymbol{j}+z_3\boldsymbol{k}$ とすると,

$$
\begin{aligned}
(\boldsymbol{a},\,\boldsymbol{b},\,\boldsymbol{c})(\boldsymbol{x},\,\boldsymbol{y},\,\boldsymbol{z}) &= \begin{vmatrix} a_1 & a_2 & a_3\\ b_1 & b_2 & b_3\\ c_1 & c_2 & c_3\end{vmatrix}\begin{vmatrix} x_1 & x_2 & x_3\\ y_1 & y_2 & y_3\\ z_1 & z_2 & z_3\end{vmatrix} = \begin{vmatrix} a_1 & a_2 & a_3\\ b_1 & b_2 & b_3\\ c_1 & c_2 & c_3\end{vmatrix}\begin{vmatrix} x_1 & y_1 & z_1\\ x_2 & y_2 & z_2\\ x_3 & y_3 & z_3\end{vmatrix}\\
&= \begin{vmatrix} \boldsymbol{a}\cdot\boldsymbol{x} & \boldsymbol{a}\cdot\boldsymbol{y} & \boldsymbol{a}\cdot\boldsymbol{z}\\ \boldsymbol{b}\cdot\boldsymbol{x} & \boldsymbol{b}\cdot\boldsymbol{y} & \boldsymbol{b}\cdot\boldsymbol{z}\\ \boldsymbol{c}\cdot\boldsymbol{x} & \boldsymbol{c}\cdot\boldsymbol{y} & \boldsymbol{c}\cdot\boldsymbol{z}\end{vmatrix}
\end{aligned}
$$

問題 11.1 体積を V とすると,

$$
\pm V = \begin{vmatrix} 2 & -3 & 4\\ 1 & 2 & -1\\ 3 & -1 & 2\end{vmatrix} = -7 \qquad \therefore\quad V=7
$$

問題 11.2 四面体の体積 V は, $(a-x,-y,-z)$, $(-x,b-y,-z)$, $(-x,-y,c-z)$ で張られる平行六面体の体積の $\dfrac{1}{6}$ である.

$$
\begin{aligned}
\pm 6V &= \begin{vmatrix} a-z & -y & -z\\ -x & b-y & -z\\ -x & -y & c-z\end{vmatrix} = \begin{vmatrix} a & 0 & -c\\ 0 & b & -c\\ -x & -y & c-z\end{vmatrix}\\
&= ab(c-z)-bcx-acy = abc\left(1-\frac{x}{a}-\frac{y}{b}-\frac{z}{c}\right)
\end{aligned}
$$

$$
\therefore\quad V=\frac{1}{6}\left|abc\left(\frac{x}{a}+\frac{y}{b}+\frac{z}{c}-1\right)\right|
$$

演習 1 (1) 垂線の長さを h とすると，三角形 OBC の面積は $\dfrac{1}{2}|\boldsymbol{b}\times\boldsymbol{c}| = \dfrac{1}{2}|\boldsymbol{b}-\boldsymbol{c}|h$ と表される．よって

$$h = \frac{|\boldsymbol{b}\times\boldsymbol{c}|}{|\boldsymbol{b}-\boldsymbol{c}|}$$

(2) $\overrightarrow{\mathrm{AB}} = \boldsymbol{b}-\boldsymbol{a}$, $\overrightarrow{\mathrm{AC}} = \boldsymbol{c}-\boldsymbol{a}$ だから，(1) より求める長さは

$$\begin{aligned}\frac{|(\boldsymbol{b}-\boldsymbol{a})\times(\boldsymbol{c}-\boldsymbol{a})|}{|(\boldsymbol{b}-\boldsymbol{a})-(\boldsymbol{c}-\boldsymbol{a})|} &= \frac{|\boldsymbol{b}\times\boldsymbol{c}-\boldsymbol{b}\times\boldsymbol{a}-\boldsymbol{a}\times\boldsymbol{c}+\boldsymbol{a}\times\boldsymbol{a}|}{|\boldsymbol{b}-\boldsymbol{c}|}\\ &= \frac{|\boldsymbol{a}\times\boldsymbol{b}+\boldsymbol{b}\times\boldsymbol{c}+\boldsymbol{c}\times\boldsymbol{a}|}{|\boldsymbol{b}-\boldsymbol{c}|}\end{aligned}$$

演習 2 (1) A を通り $\overrightarrow{\mathrm{AB}} = \boldsymbol{b}-\boldsymbol{a}$ に平行な直線だから $(\boldsymbol{r}-\boldsymbol{a})\times(\boldsymbol{b}-\boldsymbol{a}) = \boldsymbol{0}$

(2) $(\boldsymbol{r}-\boldsymbol{a})\times(\boldsymbol{c}-\boldsymbol{b}) = \boldsymbol{0}$

(3) A を通り $\overrightarrow{\mathrm{AB}}\times\overrightarrow{\mathrm{AC}} = (\boldsymbol{b}-\boldsymbol{a})\times(\boldsymbol{c}-\boldsymbol{a})$ に垂直な平面だから

$$(\boldsymbol{r}-\boldsymbol{a})\cdot\big((\boldsymbol{b}-\boldsymbol{a})\times(\boldsymbol{c}-\boldsymbol{a})\big) = 0$$

演習 3 解 $\boldsymbol{x}$ をもてば $\boldsymbol{a}\cdot\boldsymbol{b} = \boldsymbol{a}\cdot(\boldsymbol{a}\times\boldsymbol{x}) = (\boldsymbol{a}, \boldsymbol{a}, \boldsymbol{x}) = 0$．逆に $\boldsymbol{a}\cdot\boldsymbol{b} = 0$ のとき，$\boldsymbol{x}_0 = \dfrac{\boldsymbol{b}\times\boldsymbol{a}}{|\boldsymbol{a}|^2}$ とおけば

$$\boldsymbol{a}\times\boldsymbol{x}_0 = \frac{\boldsymbol{a}\times(\boldsymbol{b}\times\boldsymbol{a})}{|\boldsymbol{a}|^2} = \frac{(\boldsymbol{a}\cdot\boldsymbol{a})\boldsymbol{b}-(\boldsymbol{a}\cdot\boldsymbol{b})\boldsymbol{a}}{|\boldsymbol{a}|^2} = \boldsymbol{b}$$

であるから $\boldsymbol{x}_0$ は解になる．さて $\boldsymbol{a}\times\boldsymbol{x} = \boldsymbol{b}$ を満たす任意の $\boldsymbol{x}$ に対して $\boldsymbol{a}\times(\boldsymbol{x}-\boldsymbol{x}_0) = \boldsymbol{b}-\boldsymbol{b} = \boldsymbol{0}$ であるから，$\boldsymbol{x}-\boldsymbol{x}_0$ は $\boldsymbol{a}$ に平行である．したがって $\boldsymbol{x}-\boldsymbol{x}_0 = t\boldsymbol{a}$ (t は実数) と書ける．ゆえに任意の解は

$$\boldsymbol{x} = \frac{\boldsymbol{b}\times\boldsymbol{a}}{|\boldsymbol{a}|^2} + t\boldsymbol{a}$$

で与えられる．

演習 4 $\boldsymbol{a}\times\boldsymbol{b} = \begin{vmatrix}\boldsymbol{i} & \boldsymbol{j} & \boldsymbol{k}\\ 1 & 1 & 1\\ 1 & 2 & -3\end{vmatrix} = -5\boldsymbol{i}+4\boldsymbol{j}+\boldsymbol{k}$ である．

(1) $\boldsymbol{a}\cdot\boldsymbol{b} = 1+2-3 = 0$ だから解をもつ．演習 3 より

$$\begin{aligned}\boldsymbol{x} &= \frac{\boldsymbol{b}\times\boldsymbol{a}}{|\boldsymbol{a}|^2} + t\boldsymbol{a} = \frac{1}{1^2+1^2+1^2}(5\boldsymbol{i}-4\boldsymbol{j}-\boldsymbol{k}) + t(\boldsymbol{i}+\boldsymbol{j}+\boldsymbol{k})\\ &= \left(\frac{5}{3}+t\right)\boldsymbol{i} + \left(-\frac{4}{3}+t\right)\boldsymbol{j} + \left(-\frac{1}{3}+t\right)\boldsymbol{k}\end{aligned}$$

(2) $\boldsymbol{b}\cdot\boldsymbol{a} = 0$ だから解をもつ．演習 3 より

$$\begin{aligned}\boldsymbol{x} &= \frac{\boldsymbol{a}\times\boldsymbol{b}}{|\boldsymbol{b}|^2} + t\boldsymbol{b} = \frac{1}{1^2+2^2+(-3)^2}(-5\boldsymbol{i}+4\boldsymbol{j}+\boldsymbol{k}) + t(\boldsymbol{i}+2\boldsymbol{j}-3\boldsymbol{k})\\ &= \left(-\frac{5}{14}+t\right)\boldsymbol{i} + \left(\frac{4}{14}+2t\right)\boldsymbol{j} + \left(\frac{1}{14}-3t\right)\boldsymbol{k}\end{aligned}$$

(3) $(a+b)\cdot b = b\cdot b = 14 \neq 0$ だから解なし.

演習 5 $a\cdot b = 1-2+1 = 0$ だから $a\times x = b$ を満たす x は $x = \dfrac{b\times a}{|a|^2} + ta$ で与えられる.

$$b\times a = \begin{vmatrix} i & j & k \\ 1 & 2 & 1 \\ 1 & -1 & 1 \end{vmatrix} = 3i - 3k$$

であるから $x = \dfrac{1}{3}(3i - 3k) + t(i - j + k) = (1+t)i - tj + (-1+t)k$ である.
$c\cdot x = 3(1+t) - t - (-1+t) = t + 4 = 0$ より $t = -4$. ゆえに

$$x = -3i + 4j - 5k$$

演習 6 四面体 OABC を右図のようにとり,

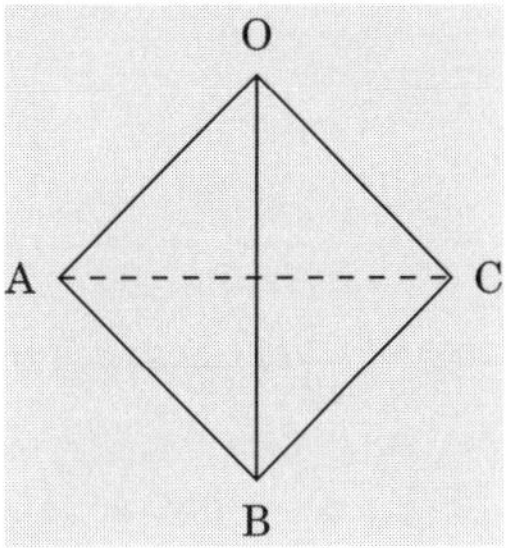

$$\overrightarrow{OA} = a, \quad \overrightarrow{OB} = b, \quad \overrightarrow{OC} = c$$

とすると, ベクトルの和は

$$a\times b + b\times c + c\times a + (c-a)\times(b-a)$$
$$= a\times b + b\times c + c\times a + c\times b - c\times a$$
$$\quad -a\times b + a\times a$$
$$= 0$$

演習 7 $a = a_1 i + a_2 j + a_3 k,\ b = b_1 i + b_2 j + b_3 k,\ c = c_1 i + c_2 j + c_3 k$ とすると,

$$\begin{vmatrix} x_1 & x_2 & x_3 \\ y_1 & y_2 & y_3 \\ z_1 & z_2 & z_3 \end{vmatrix} (a, b, c)$$

$$= \begin{vmatrix} x_1 & x_2 & x_3 \\ y_1 & y_2 & y_3 \\ z_1 & z_2 & z_3 \end{vmatrix} \begin{vmatrix} a_1 & a_2 & a_3 \\ b_1 & b_2 & b_3 \\ c_1 & c_2 & c_3 \end{vmatrix}$$

$$= \begin{vmatrix} x_1 a_1 + x_2 b_1 + x_3 c_1 & x_1 a_2 + x_2 b_2 + x_3 c_2 & x_1 a_3 + x_2 b_3 + x_3 c_3 \\ y_1 a_1 + y_2 b_1 + y_3 c_1 & y_1 a_2 + y_2 b_2 + y_3 c_2 & y_1 a_3 + y_2 b_3 + y_3 c_3 \\ z_1 a_1 + z_2 b_1 + z_3 c_1 & z_1 a_2 + z_2 b_2 + z_3 c_2 & z_1 a_3 + z_2 b_3 + z_3 c_3 \end{vmatrix}$$

$$= (x, y, z)$$

3

第3章の解答

問題 1.1 (1) $\dfrac{d\boldsymbol{F}}{dt} = -2e^{-2t}\boldsymbol{i} + \dfrac{3t^2}{t^3+1}\boldsymbol{j} + \sin t\,\boldsymbol{k}$

(2) $\dfrac{d\boldsymbol{F}}{dt} = 2\boldsymbol{i} + 5\boldsymbol{j} + 4t\boldsymbol{k}$

問題 1.2 $\boldsymbol{F}\cdot\boldsymbol{G} = 5t^2\sin t - t\cos t - t^4$ だから

$$\frac{d}{dt}(\boldsymbol{F}\cdot\boldsymbol{G}) = 10t\sin t + 5t^2\cos t - \cos t + t\sin t - 4t^3 = 11t\sin t + (5t^2-1)\cos t - 4t^3$$

$$\begin{aligned}\boldsymbol{F}\times\boldsymbol{G} &= \begin{vmatrix} \boldsymbol{i} & \boldsymbol{j} & \boldsymbol{k} \\ 5t^2 & t & -t^3 \\ \sin t & -\cos t & t \end{vmatrix} \\ &= (t^2 - t^3\cos t)\boldsymbol{i} - (t^3\sin t + 5t^3)\boldsymbol{j} - (5t^2\cos t + t\sin t)\boldsymbol{k}\end{aligned}$$

だから $\dfrac{d}{dt}(\boldsymbol{F}\times\boldsymbol{G}) = (2t - 3t^2\cos t + t^3\sin t)\boldsymbol{i} - (3t^2\sin t + t^3\cos t + 15t^2)\boldsymbol{j} - (11t\cos t - 5t^2\sin t + \sin t)\boldsymbol{k}$.

問題 1.3 最初の2つは明らかであろう. $\boldsymbol{A} = A_1\boldsymbol{i} + A_2\boldsymbol{j} + A_3\boldsymbol{k}$, $\boldsymbol{B} = B_1\boldsymbol{i} + B_2\boldsymbol{j} + B_3\boldsymbol{k}$ とすると

$$\begin{aligned}\frac{d}{dt}(\boldsymbol{A}\cdot\boldsymbol{B}) &= \frac{d}{dt}(A_1B_1 + A_2B_2 + A_3B_3) \\ &= A_1'B_1 + A_1B_1' + A_2'B_2 + A_2B_2' + A_3'B_3 + A_3B_3' \\ &= (A_1'\boldsymbol{i} + A_2'\boldsymbol{j} + A_3'\boldsymbol{k})\cdot(B_1\boldsymbol{i} + B_2\boldsymbol{j} + B_3\boldsymbol{k}) \\ &\quad + (A_1\boldsymbol{i} + A_2\boldsymbol{j} + A_3\boldsymbol{k})\cdot(B_1'\boldsymbol{i} + B_2'\boldsymbol{j} + B_3'\boldsymbol{k}) \\ &= \frac{d\boldsymbol{A}}{dt}\cdot\boldsymbol{B} + \boldsymbol{A}\cdot\frac{d\boldsymbol{B}}{dt}\end{aligned}$$

$$\begin{aligned}\frac{d}{dt}(\boldsymbol{A}\times\boldsymbol{B}) &= \frac{d}{dt}\Big((A_2B_3 - A_3B_2)\boldsymbol{i} + (A_3B_1 - A_1B_3)\boldsymbol{j} + (A_1B_2 - A_2B_1)\boldsymbol{k}\Big) \\ &= (A_2'B_3 + A_2B_3' - A_3'B_2 - A_3B_2')\boldsymbol{i} \\ &\quad + (A_3'B_1 + A_3B_1' - A_1'B_3 - A_1B_3')\boldsymbol{j} \\ &\quad + (A_1'B_2 + A_1B_2' - A_2'B_1 - A_2B_1')\boldsymbol{k} \\ &= (A_2'B_3 - A_3'B_2)\boldsymbol{i} + (A_3'B_1 - A_1'B_3)\boldsymbol{j} + (A_1'B_2 - A_2'B_1)\boldsymbol{k} \\ &\quad + (A_2B_3' - A_3B_2')\boldsymbol{i} + (A_3B_1' - A_1B_3')\boldsymbol{j} + (A_1B_2' - A_2B_1')\boldsymbol{k} \\ &= \frac{d\boldsymbol{A}}{dt}\times\boldsymbol{B} + \boldsymbol{A}\times\frac{d\boldsymbol{B}}{dt}\end{aligned}$$

$$\frac{d}{dt}(\boldsymbol{A},\,\boldsymbol{B},\,\boldsymbol{C}) = \frac{d}{dt}\Big(\boldsymbol{A}\cdot(\boldsymbol{B}\times\boldsymbol{C})\Big) = \frac{d\boldsymbol{A}}{dt}\cdot(\boldsymbol{B}\times\boldsymbol{C}) + \boldsymbol{A}\cdot\Big(\frac{d}{dt}(\boldsymbol{B}\times\boldsymbol{C})\Big)$$

$$= \frac{d\boldsymbol{A}}{dt}\cdot(\boldsymbol{B}\times\boldsymbol{C}) + \boldsymbol{A}\cdot\left(\frac{d\boldsymbol{B}}{dt}\times\boldsymbol{C} + \boldsymbol{B}\times\frac{d\boldsymbol{C}}{dt}\right)$$
$$= \left(\frac{d\boldsymbol{A}}{dt},\,\boldsymbol{B},\,\boldsymbol{C}\right) + \left(\boldsymbol{A},\,\frac{d\boldsymbol{B}}{dt},\,\boldsymbol{C}\right) + \left(\boldsymbol{A},\,\boldsymbol{B},\,\frac{d\boldsymbol{C}}{dt}\right)$$

$$\begin{aligned}\frac{d}{dt}\Big(\boldsymbol{A}\times(\boldsymbol{B}\times\boldsymbol{C})\Big) &= \frac{d\boldsymbol{A}}{dt}\times(\boldsymbol{B}\times\boldsymbol{C}) + \boldsymbol{A}\times\left(\frac{d}{dt}(\boldsymbol{B}\times\boldsymbol{C})\right)\\ &= \frac{d\boldsymbol{A}}{dt}\times(\boldsymbol{B}\times\boldsymbol{C}) + \boldsymbol{A}\times\left(\frac{d\boldsymbol{B}}{dt}\times\boldsymbol{C} + \boldsymbol{B}\times\frac{d\boldsymbol{C}}{dt}\right)\\ &= \frac{d\boldsymbol{A}}{dt}\times(\boldsymbol{B}\times\boldsymbol{C}) + \boldsymbol{A}\times\left(\frac{d\boldsymbol{B}}{dt}\times\boldsymbol{C}\right) + \boldsymbol{A}\times\left(\boldsymbol{B}\times\frac{d\boldsymbol{C}}{dt}\right)\end{aligned}$$

問題 2.1 （1） $\dfrac{d}{dt}(\boldsymbol{r}\cdot\boldsymbol{r}) + \dfrac{d}{dt}(r^{-2}) = 2\boldsymbol{r}\cdot\dfrac{d\boldsymbol{r}}{dt} - \dfrac{2}{r^3}\dfrac{dr}{dt}$

（2）
$$\frac{d}{dt}\left(\boldsymbol{r},\,\frac{d\boldsymbol{r}}{dt},\,\frac{d^3\boldsymbol{r}}{dt^3}\right) = \left(\frac{d\boldsymbol{r}}{dt},\,\frac{d\boldsymbol{r}}{dt},\,\frac{d^3\boldsymbol{r}}{dt^3}\right) + \left(\boldsymbol{r},\,\frac{d^2\boldsymbol{r}}{dt^2},\,\frac{d^3\boldsymbol{r}}{dt^3}\right) + \left(\boldsymbol{r},\,\frac{d\boldsymbol{r}}{dt},\,\frac{d^4\boldsymbol{r}}{dt^4}\right)$$
$$= \left(\boldsymbol{r},\,\frac{d^2\boldsymbol{r}}{dt^2},\,\frac{d^3\boldsymbol{r}}{dt^3}\right) + \left(\boldsymbol{r},\,\frac{d\boldsymbol{r}}{dt},\,\frac{d^4\boldsymbol{r}}{dt^4}\right)$$

問題 2.2 （1） $\dfrac{d}{dt}(\boldsymbol{r}\cdot\boldsymbol{r}) = 2\boldsymbol{r}\cdot\dfrac{d\boldsymbol{r}}{dt} = 0$ より $|\boldsymbol{r}|^2 =$ 一定，すなわち $|\boldsymbol{r}| =$ 一定.

（2） $\dfrac{d\boldsymbol{r}}{dt}$ が $\boldsymbol{r}$ と平行だから $\dfrac{d\boldsymbol{r}}{dt} = \lambda(t)\boldsymbol{r}$ となるスカラー関数 $\lambda(t)$ が存在する.

$$\frac{d}{dt}\left(\frac{\boldsymbol{r}}{r}\right) = \frac{1}{r}\frac{d\boldsymbol{r}}{dt} - \boldsymbol{r}\left(\frac{1}{r^2}\frac{dr}{dt}\right) = \frac{1}{r^3}\left(r^2\frac{d\boldsymbol{r}}{dt} - r\frac{dr}{dt}\boldsymbol{r}\right)$$

ここで，

$$r\frac{dr}{dt} = \frac{1}{2}\frac{d}{dt}(r^2) = \frac{1}{2}\frac{d}{dt}(\boldsymbol{r}\cdot\boldsymbol{r}) = \boldsymbol{r}\cdot\frac{d\boldsymbol{r}}{dt} = \boldsymbol{r}\cdot(\lambda(t)\boldsymbol{r}) = \lambda(t)r^2$$

だから

$$\frac{d}{dt}\left(\frac{\boldsymbol{r}}{r}\right) = \frac{1}{r^3}\Big(r^2(\lambda(t)\boldsymbol{r}) - \lambda(t)r^2\boldsymbol{r}\Big) = \boldsymbol{0}$$

ゆえに $\boldsymbol{r}/|\boldsymbol{r}| = \boldsymbol{a}$ は定ベクトルである．したがって $\boldsymbol{r} = |\boldsymbol{r}|\boldsymbol{a}$ で $\boldsymbol{r}$ の向きは一定である.

問題 3.1 定ベクトル $\boldsymbol{a}$ とスカラー関数 $\lambda(t)$ が存在して $\boldsymbol{A}(t) = \lambda(t)\boldsymbol{a}$ と書けるから，

$$\boldsymbol{A}\times\boldsymbol{A}' = (\lambda(t)\boldsymbol{a})\times(\lambda'(t)\boldsymbol{a}) = \lambda(t)\lambda'(t)(\boldsymbol{a}\times\boldsymbol{a}) = \boldsymbol{0}$$

ゆえに $\boldsymbol{A}(t)$ と $\boldsymbol{A}'(t)$ は平行である.

問題 3.2 $(\boldsymbol{r}\times\boldsymbol{r}')\times\left(\dfrac{d}{dt}(\boldsymbol{r}\times\boldsymbol{r}')\right) = (\boldsymbol{r}\times\boldsymbol{r}')\times(\boldsymbol{r}'\times\boldsymbol{r}' + \boldsymbol{r}\times\boldsymbol{r}'')$

$$= (\boldsymbol{r}\times\boldsymbol{r}')\times(\boldsymbol{r}\times\boldsymbol{r}'') = (\boldsymbol{r},\,\boldsymbol{r},\,\boldsymbol{r}'')\boldsymbol{r}' - (\boldsymbol{r}',\,\boldsymbol{r},\,\boldsymbol{r}'')\boldsymbol{r}$$
$$= (\boldsymbol{r},\,\boldsymbol{r}',\,\boldsymbol{r}'')\boldsymbol{r} = \boldsymbol{0}$$

ゆえに問題 2.2 の (2) より，$\boldsymbol{r}\times\boldsymbol{r}'$ の向きは一定である.

問題 3.3 （1） $\boldsymbol{r}\cdot\boldsymbol{r}=r^2$ の両辺を微分すると $\boldsymbol{r}\cdot\dfrac{d\boldsymbol{r}}{dt}=2r\dfrac{dr}{dt}$

（2） $\dfrac{d}{dt}\left(\boldsymbol{r}\times\dfrac{d\boldsymbol{r}}{dt}\right)=\dfrac{d\boldsymbol{r}}{dt}\times\dfrac{d\boldsymbol{r}}{dt}+\boldsymbol{r}\times\dfrac{d^2\boldsymbol{r}}{dt^2}=\boldsymbol{r}\times\dfrac{d^2\boldsymbol{r}}{dt^2}$

（3） $\dfrac{d}{dt}\left(\boldsymbol{r}\cdot\left(\dfrac{d\boldsymbol{r}}{dt}\times\dfrac{d^2\boldsymbol{r}}{dt^2}\right)\right)=\dfrac{d}{dt}\left(\boldsymbol{r},\ \dfrac{d\boldsymbol{r}}{dt},\ \dfrac{d^2\boldsymbol{r}}{dt^2}\right)$

$$=\left(\frac{d\boldsymbol{r}}{dt},\ \frac{d\boldsymbol{r}}{dt},\ \frac{d^2\boldsymbol{r}}{dt^2}\right)+\left(\boldsymbol{r},\ \frac{d^2\boldsymbol{r}}{dt^2},\ \frac{d^2\boldsymbol{r}}{dt^2}\right)+\left(\boldsymbol{r},\ \frac{d\boldsymbol{r}}{dt},\ \frac{d^3\boldsymbol{r}}{dt^3}\right)$$

$$=\left(\boldsymbol{r},\ \frac{d\boldsymbol{r}}{dt},\ \frac{d^3\boldsymbol{r}}{dt^3}\right)=\boldsymbol{r}\cdot\left(\frac{d\boldsymbol{r}}{dt}\times\frac{d^3\boldsymbol{r}}{dt^3}\right)$$

問題 4.1 （1） $\displaystyle\int_0^1\boldsymbol{A}\,dt=\left(\int_0^1 t^2dt\right)\boldsymbol{i}+\left(\int_0^1(-t)dt\right)\boldsymbol{j}+\left(\int_0^1(2t+1)dt\right)\boldsymbol{k}$

$$=\left[\frac{t^3}{3}\right]_0^1\boldsymbol{i}+\left[-\frac{t^2}{2}\right]_0^1\boldsymbol{j}+\left[t^2+t\right]_0^1\boldsymbol{k}=\frac{1}{3}\boldsymbol{i}-\frac{1}{2}\boldsymbol{j}+2\boldsymbol{k}$$

（2） $\boldsymbol{A}\times\boldsymbol{B}=\begin{vmatrix}\boldsymbol{i} & \boldsymbol{j} & \boldsymbol{k}\\ t^2 & -t & 2t+1\\ 2t-3 & 1 & -t\end{vmatrix}$

$$=(t^2-2t-1)\boldsymbol{i}+(t^3+4t^2-4t-3)\boldsymbol{j}+(3t^2-3t)\boldsymbol{k}$$

より，

$$\begin{aligned}\int_0^1\boldsymbol{A}\times\boldsymbol{B}\,dt &= \left(\int_0^1(t^2-2t-1)dt\right)\boldsymbol{i}+\left(\int_0^1(t^3+4t^2-4t-3)dt\right)\boldsymbol{j}\\ &\quad+\left(\int_0^1(3t^2-3t)dt\right)\boldsymbol{k}\\ &= \left[\frac{t^3}{3}-t^2-t\right]_0^1\boldsymbol{i}+\left[\frac{t^4}{4}+\frac{4t^3}{3}-2t^2-3t\right]_0^1\boldsymbol{j}+\left[t^3-\frac{3t^2}{2}\right]_0^1\boldsymbol{k}\\ &= -\frac{5}{3}\boldsymbol{i}-\frac{41}{12}\boldsymbol{j}-\frac{1}{2}\boldsymbol{k}\end{aligned}$$

（3） $\displaystyle\int_0^1\boldsymbol{A}\cdot\frac{d\boldsymbol{B}}{dt}dt=\int_0^1\left(t^2\boldsymbol{i}-t\boldsymbol{j}+(2t+1)\boldsymbol{k}\right)\cdot\left(2\boldsymbol{i}-\boldsymbol{k}\right)dt$

$$=\int_0^1(2t^2-2t-1)\,dt=\left[\frac{2t^3}{3}-t^2-t\right]_0^1=-\frac{4}{3}$$

問題 5.1 $\dfrac{d}{dt}\left(\dfrac{\boldsymbol{r}}{r}+\boldsymbol{K}\right)=\dfrac{d}{dt}(r^{-1}\boldsymbol{r})=-r^{-2}\dfrac{dr}{dt}\boldsymbol{r}+r^{-1}\dfrac{d\boldsymbol{r}}{dt}=\dfrac{1}{r}\dfrac{d\boldsymbol{r}}{dt}-\dfrac{dr}{dt}\dfrac{\boldsymbol{r}}{r^2}$

問題 5.2 （1） $\dfrac{d\boldsymbol{r}}{dt}$ は $\boldsymbol{a}$ と同じ向きだから $\dfrac{d\boldsymbol{r}}{dt}=f(t)\boldsymbol{a}$ となるスカラー関数 $f(t)$ がある．よって

$$\boldsymbol{r} = \int f(t)\boldsymbol{a}\,dt = \left(\int f(t)\,dt\right)\boldsymbol{a} = g(t)\boldsymbol{a} + \boldsymbol{C}$$

ただし，$g(t)$ はスカラー関数，$\boldsymbol{C}$ は定ベクトルである．

(2) 与式を t で微分すると $\boldsymbol{a}\times\dfrac{d^2\boldsymbol{r}}{dt^2} = \boldsymbol{0}$ となるから，(1) より $\dfrac{d\boldsymbol{r}}{dt} = f(t)\boldsymbol{a}+\boldsymbol{C}_1$ を得る．ゆえに $\boldsymbol{r} = g(t)\boldsymbol{a}+\boldsymbol{C}_1 t+\boldsymbol{C}_2$ となるが，$\boldsymbol{a}\times\dfrac{d\boldsymbol{r}}{dt} = \boldsymbol{a}\times(g'(t)\boldsymbol{a}+\boldsymbol{C}_1) = \boldsymbol{a}\times\boldsymbol{C}_1 = \boldsymbol{b}$ を満たさねばならないから，24 頁の演習 3 より $\boldsymbol{C}_1 = \dfrac{\boldsymbol{b}\times\boldsymbol{a}}{|\,\boldsymbol{a}\,|^2}$. よって

$$\boldsymbol{r} = g(t)\boldsymbol{a} + \frac{\boldsymbol{b}\times\boldsymbol{a}}{|\,\boldsymbol{a}\,|^2}t + \boldsymbol{C}$$

ここで，$g(t)$ はスカラー関数，$\boldsymbol{C}$ は定ベクトルである．

問題 6.1 (1) $\dfrac{d\boldsymbol{r}}{dt} = (3-3t^2)\boldsymbol{i} + 6t\boldsymbol{j} + (3+3t^2)\boldsymbol{k}$ より

$$\begin{aligned}
ds &= \sqrt{(3-3t^2)^2+(6t)^2+(3+3t^2)^2}dt = 3\sqrt{2}(1+t^2)dt \\
\therefore\quad \boldsymbol{t} &= \frac{d\boldsymbol{r}}{ds} = \frac{d\boldsymbol{r}}{dt}\frac{dt}{ds} = \frac{1}{3\sqrt{2}(1+t^2)}\Big((3-3t^2)\boldsymbol{i}+6t\boldsymbol{j}+(3+3t^2)\boldsymbol{k}\Big) \\
&= \frac{1}{\sqrt{2}}\left(\frac{1-t^2}{1+t^2}\boldsymbol{i} + \frac{2t}{1+t^2}\boldsymbol{j} + \boldsymbol{k}\right)
\end{aligned}$$

また

$$\begin{aligned}
\frac{d\boldsymbol{t}}{ds} &= \frac{d\boldsymbol{t}}{dt}\frac{dt}{ds} = \frac{1}{3\sqrt{2}(1+t^2)}\frac{1}{\sqrt{2}}\left(-\frac{4t}{(1+t^2)^2}\boldsymbol{i} + \frac{2(1-t^2)}{(1+t^2)^2}\boldsymbol{j}\right) \\
&= \frac{1}{3(1+t^2)^3}\Big(-2t\boldsymbol{i}+(1-t^2)\boldsymbol{j}\Big)
\end{aligned}$$

より，

$$\kappa = \left|\frac{d\boldsymbol{t}}{ds}\right| = \frac{1}{3(1+t^2)^3}\sqrt{(-2t)^2+(1-t^2)^2} = \frac{1}{3(1+t^2)^2}$$

$$\therefore\quad \boldsymbol{n} = \frac{1}{\kappa}\frac{d\boldsymbol{t}}{ds} = \frac{1}{1+t^2}\Big(-2t\boldsymbol{i}+(1-t^2)\boldsymbol{j}\Big)$$

$$\begin{aligned}
\boldsymbol{b} &= \boldsymbol{t}\times\boldsymbol{n} = \frac{1}{\sqrt{2}(1+t^2)^2}\begin{vmatrix} \boldsymbol{i} & \boldsymbol{j} & \boldsymbol{k} \\ 1-t^2 & 2t & 1+t^2 \\ -2t & 1-t^2 & 0 \end{vmatrix} \\
&= \frac{1}{\sqrt{2}(1+t^2)^2}\Big((t^4-1)\boldsymbol{i} - 2t(1+t^2)\boldsymbol{j} + (1+t^2)^2\boldsymbol{k}\Big) \\
&= \frac{1}{\sqrt{2}}\left(-\frac{1-t^2}{1+t^2}\boldsymbol{i} - \frac{2t}{1+t^2}\boldsymbol{j} + \boldsymbol{k}\right)
\end{aligned}$$

(2) $\dfrac{d\boldsymbol{r}}{dt} = e^t\boldsymbol{i} - e^{-t}\boldsymbol{j} + \sqrt{2}\boldsymbol{k}$ より $ds = \sqrt{e^{2t} + e^{-2t} + 2}dt = (e^t + e^{-t})dt$. よって

$$\boldsymbol{t} = \frac{d\boldsymbol{r}}{ds} = \frac{d\boldsymbol{r}}{dt}\frac{dt}{ds} = \frac{1}{e^t + e^{-t}}(e^t\boldsymbol{i} - e^{-t}\boldsymbol{j} + \sqrt{2}\boldsymbol{k})$$

また

$$\begin{aligned}\frac{d\boldsymbol{t}}{ds} &= \frac{d\boldsymbol{t}}{dt}\frac{dt}{ds} = \frac{1}{e^t + e^{-t}}\left(\frac{2}{(e^t + e^{-t})^2}\boldsymbol{i} + \frac{2}{(e^t + e^{-t})^2}\boldsymbol{j} - \frac{\sqrt{2}(e^t - e^{-t})}{(e^t + e^{-t})^2}\boldsymbol{k}\right)\\ &= \frac{1}{(e^t + e^{-t})^3}\left(2\boldsymbol{i} + 2\boldsymbol{j} - \sqrt{2}(e^t - e^{-t})\boldsymbol{k}\right)\end{aligned}$$

3

より,

$$\kappa = \left|\frac{d\boldsymbol{t}}{ds}\right| = \frac{1}{(e^t + e^{-t})^3}\sqrt{2^2 + 2^2 + 2(e^t - e^{-t})^2} = \frac{\sqrt{2}}{(e^t + e^{-t})^2}$$

$$\therefore\ \boldsymbol{n} = \frac{1}{\kappa}\frac{d\boldsymbol{t}}{ds} = \frac{1}{e^t + e^{-t}}\left(\sqrt{2}\boldsymbol{i} + \sqrt{2}\boldsymbol{j} - (e^t - e^{-t})\boldsymbol{k}\right)$$

$$\begin{aligned}\boldsymbol{b} &= \boldsymbol{t} \times \boldsymbol{n} = \frac{1}{(e^t + e^{-t})^2}\begin{vmatrix} \boldsymbol{i} & \boldsymbol{j} & \boldsymbol{k} \\ e^t & -e^{-t} & \sqrt{2} \\ \sqrt{2} & \sqrt{2} & -e^t + e^{-t} \end{vmatrix}\\ &= \frac{1}{(e^t + e^{-t})^2}\left((-1 - e^{-2t})\boldsymbol{i} + (1 + e^{2t})\boldsymbol{j} + \sqrt{2}(e^t + e^{-t})\boldsymbol{k}\right)\\ &= \frac{1}{(e^t + e^{-t})^2}\left(-e^{-t}(e^t + e^{-t})\boldsymbol{i} + e^t(e^{-t} + e^t)\boldsymbol{j} + \sqrt{2}(e^t + e^{-t})\boldsymbol{k}\right)\\ &= \frac{1}{e^t + e^{-t}}(-e^{-t}\boldsymbol{i} + e^t\boldsymbol{j} + \sqrt{2}\boldsymbol{k})\end{aligned}$$

問題 7.1 (1) $\dot{\boldsymbol{r}} = (3-3t^2)\boldsymbol{i} + 6t\boldsymbol{j} + (3+3t^2)\boldsymbol{k}$, $\ddot{\boldsymbol{r}} = -6t\boldsymbol{i} + 6\boldsymbol{j} + 6t\boldsymbol{k}$, $\dddot{\boldsymbol{r}} = -6\boldsymbol{i} + 6\boldsymbol{k}$

$$|\dot{\boldsymbol{r}}|^2 = (3 - 3t^2)^2 + (6t)^2 + (3 + 3t^2)^2 = 18(1 + 2t^2 + t^2) = 18(1 + t^2)^2$$

$$|\ddot{\boldsymbol{r}}|^2 = (-6t)^2 + 6^2 + (6t)^2 = 36(1 + 2t^2)$$

$$\dot{\boldsymbol{r}} \cdot \ddot{\boldsymbol{r}} = -6t(3 - 3t^2) + 36t + 6t(3 + 3t^2) = 36t(1 + t^2)$$

$$(\dot{\boldsymbol{r}}, \ddot{\boldsymbol{r}}, \dddot{\boldsymbol{r}}) = \begin{vmatrix} 3 - 3t^2 & 6t & 3 + 3t^2 \\ -6t & 6 & 6t \\ -6 & 0 & 6 \end{vmatrix} = 6^3$$

$$\kappa^2 = \frac{|\dot{\boldsymbol{r}}|^2|\ddot{\boldsymbol{r}}|^2 - (\dot{\boldsymbol{r}} \cdot \ddot{\boldsymbol{r}})^2}{|\dot{\boldsymbol{r}}|^6} = \frac{2^3 3^4(1 + t^2)^2(1 + 2t^2) - 2^4 3^4 t^2(1 + t^2)^2}{2^3 3^6(1 + t^2)^6}$$

$$= \frac{1 + 2t^2 - 2t^2}{3^2(1 + t^2)^4} = \frac{1}{3^2(1 + t^2)^4} \qquad \therefore\ \kappa = \frac{1}{3(1 + t^2)^2}$$

$$\tau = \frac{(\dot{\boldsymbol{r}}, \ddot{\boldsymbol{r}}, \dddot{\boldsymbol{r}})}{\kappa^2|\dot{\boldsymbol{r}}|^6} = \frac{6^3 3^2(1 + t^2)^4}{2^3 3^6(1 + t^2)^6} = \frac{1}{3(1 + t^2)^2}$$

(2) $\dot{\boldsymbol{r}} = e^t\boldsymbol{i} - e^{-t}\boldsymbol{j} + \sqrt{2}\boldsymbol{k}$, $\ddot{\boldsymbol{r}} = e^t\boldsymbol{i} + e^{-t}\boldsymbol{j}$, $\dddot{\boldsymbol{r}} = \boldsymbol{e}^t\boldsymbol{i} - e^{-t}\boldsymbol{j}$

$$|\dot{\boldsymbol{r}}|^2 = e^{2t} + e^{-2t} + 2 = (e^t + e^{-t})^2, \quad |\ddot{\boldsymbol{r}}|^2 = e^{2t} + e^{-2t}$$

$$\dot{\boldsymbol{r}} \cdot \ddot{\boldsymbol{r}} = e^{2t} - e^{-2t} = (e^t + e^{-t})(e^t - e^{-t})$$

$$(\dot{\boldsymbol{r}}, \ddot{\boldsymbol{r}}, \dddot{\boldsymbol{r}}) = \begin{vmatrix} e^t & -e^{-t} & \sqrt{2} \\ e^t & e^{-t} & 0 \\ e^t & -e^{-t} & 0 \end{vmatrix} = -2\sqrt{2}$$

$$\kappa^2 = \frac{|\dot{\boldsymbol{r}}|^2|\ddot{\boldsymbol{r}}|^2 - (\dot{\boldsymbol{r}} \cdot \ddot{\boldsymbol{r}})^2}{|\dot{\boldsymbol{r}}|^6} = \frac{(e^t + e^{-t})^2(e^{2t} + e^{-2t}) - (e^t + e^{-t})^2(e^t - e^{-t})^2}{(e^t + e^{-t})^6}$$

$$= \frac{e^{2t} + e^{-2t} - e^{2t} - e^{-2t} + 2}{(e^t + e^{-t})^4} \qquad \therefore \ \kappa = \frac{\sqrt{2}}{(e^t + e^{-t})^2}$$

$$\tau = \frac{(\dot{\boldsymbol{r}}, \ddot{\boldsymbol{r}}, \dddot{\boldsymbol{r}})}{\kappa^2|\dot{\boldsymbol{r}}|^6} = \frac{-2\sqrt{2}(e^t + e^{-t})^4}{2(e^t + e^{-t})^6} = \frac{-\sqrt{2}}{(e^t + e^{-t})^2}$$

(3) $\dot{\boldsymbol{r}} = 4\sqrt{1-t^2}\boldsymbol{i} + 4t\boldsymbol{j} + 4\boldsymbol{k}$, $\ddot{\boldsymbol{r}} = \dfrac{-4t}{\sqrt{1-t^2}}\boldsymbol{i} + 4\boldsymbol{j}$, $\dddot{\boldsymbol{r}} = \dfrac{-4}{(1-t^2)\sqrt{1-t^2}}\boldsymbol{i}$

$|\dot{\boldsymbol{r}}|^2 = 32$, $|\ddot{\boldsymbol{r}}|^2 = \dfrac{16}{1-t^2}$, $\dot{\boldsymbol{r}} \cdot \ddot{\boldsymbol{r}} = 0$ より,

$$\kappa^2 = \frac{|\dot{\boldsymbol{r}}|^2|\ddot{\boldsymbol{r}}|^2 - (\dot{\boldsymbol{r}} \cdot \ddot{\boldsymbol{r}})^2}{|\dot{\boldsymbol{r}}|^6} = \frac{|\ddot{\boldsymbol{r}}|^2}{|\dot{\boldsymbol{r}}|^4} = \frac{1}{64(1-t^2)} \qquad \therefore \ \kappa = \frac{1}{8\sqrt{1-t^2}}$$

また $(\dot{\boldsymbol{r}}, \ddot{\boldsymbol{r}}, \dddot{\boldsymbol{r}}) = \begin{vmatrix} 4\sqrt{1-t^2} & 4t & 4 \\ \frac{-4t}{\sqrt{1-t^2}} & 4 & 0 \\ \frac{-4}{(1-t^2)\sqrt{1-t^2}} & 0 & 0 \end{vmatrix} = \dfrac{64}{(1-t^2)\sqrt{1-t^2}}$ より

$$\tau = \frac{(\dot{\boldsymbol{r}}, \ddot{\boldsymbol{r}}, \dddot{\boldsymbol{r}})}{\kappa^2|\dot{\boldsymbol{r}}|^6} = \frac{2^6}{(1-t^2)\sqrt{1-t^2}}\frac{2^6(1-t^2)}{2^{15}} = \frac{1}{8\sqrt{1-t^2}}$$

問題 8.1 $\dot{\boldsymbol{r}} = -\sin t\,\boldsymbol{i} + \cos t\,\boldsymbol{j} + 2\boldsymbol{k}$, $\ddot{\boldsymbol{r}} = -\cos t\,\boldsymbol{i} - \sin t\,\boldsymbol{j}$ より $t = \frac{\pi}{2}$ では $\boldsymbol{r} = \boldsymbol{j} + \pi\boldsymbol{k}$, $\dot{\boldsymbol{r}} = -\boldsymbol{i} + 2\boldsymbol{k}$, $\ddot{\boldsymbol{r}} = -\boldsymbol{j}$ である．接触平面上の点の位置ベクトルを $\boldsymbol{R} = x\boldsymbol{i} + y\boldsymbol{j} + z\boldsymbol{k}$ とすると，例題 8 より平面の方程式は

$$\big(\dot{\boldsymbol{r}} \times \ddot{\boldsymbol{r}}\big) \cdot \big(\boldsymbol{R} - \boldsymbol{r}\big) = 0$$

で与えられる．

$$\dot{\boldsymbol{r}} \times \ddot{\boldsymbol{r}} = \begin{vmatrix} \boldsymbol{i} & \boldsymbol{j} & \boldsymbol{k} \\ -1 & 0 & 2 \\ 0 & -1 & 0 \end{vmatrix} = 2\boldsymbol{i} + \boldsymbol{k}$$

であるから，$\big(2\boldsymbol{i} + \boldsymbol{k}\big) \cdot \big(x\boldsymbol{i} + (y-1)\boldsymbol{j} + (z-\pi)\boldsymbol{k}\big) = 2x + z - \pi = 0$．よって平面の方程式は $2x + z = \pi$ である．

問題 8.2 $\dot{\boldsymbol{r}} = -\sin t\,\boldsymbol{i} + \cos t\,\boldsymbol{j} + (-2\sin t + 3\cos t)\boldsymbol{k}$

$$\ddot{\boldsymbol{r}} = -\cos t\,\boldsymbol{i} - \sin t\,\boldsymbol{j} + (-2\cos t - 3\sin t)\boldsymbol{k}$$

$$\dddot{\boldsymbol{r}} = \sin t\,\boldsymbol{i} - \cos t\,\boldsymbol{j} + (2\sin t - 3\cos t)\boldsymbol{k} = -\dot{\boldsymbol{r}}$$

より，$(\dot{\boldsymbol{r}}, \ddot{\boldsymbol{r}}, \dddot{\boldsymbol{r}}) = 0$. よって $\boldsymbol{r}$ は平面曲線である．

問題 8.3 $\dot{\boldsymbol{r}} = 2t\boldsymbol{i} + (1+t^2)\boldsymbol{j} + (1-t^2)\boldsymbol{k}, \quad \ddot{\boldsymbol{r}} = 2\boldsymbol{i} + 2t\boldsymbol{j} - 2t\boldsymbol{k}, \quad \dddot{\boldsymbol{r}} = 2j - 2\boldsymbol{k}$

$$|\dot{\boldsymbol{r}}|^2 = 4t^2 + (1+t^2)^2 + (1-t^2)^2 = 2(1+t^2)^2$$

$$|\ddot{\boldsymbol{r}}|^2 = 4 + 4t^2 + 4t^2 = 4(1+2t^2)$$

$$\dot{\boldsymbol{r}} \cdot \ddot{\boldsymbol{r}} = 4t + 2t(1+t^2) - 2t(1-t^2) = 4t(1+t^2)$$

$$\therefore \quad \kappa^2 = \frac{|\dot{\boldsymbol{r}}|^2|\ddot{\boldsymbol{r}}|^2 - (\dot{\boldsymbol{r}} \cdot \ddot{\boldsymbol{r}})^2}{|\dot{\boldsymbol{r}}|^6} = \frac{8(1+t^2)^2(1+2t^2) - 16t^2(1+t^2)^2}{8(1+t^2)^6} = \frac{1}{(1+t^2)^4}$$

ゆえに曲率半径は $\rho = \dfrac{1}{\kappa} = (1+t^2)^2$

問題 9.1 （1） $\boldsymbol{v} = \dfrac{d\boldsymbol{r}}{dt} = -e^{-t}\boldsymbol{i} - 2\sin t\,\boldsymbol{j} + 2\cos t\,\boldsymbol{k}$

$$\boldsymbol{a} = \frac{d\boldsymbol{v}}{dt} = e^{-t}\boldsymbol{i} - 2\cos t\,\boldsymbol{j} - 2\sin t\,\boldsymbol{k}$$

であるから，$t = 0$ では $\boldsymbol{v} = -\boldsymbol{i} + 2\boldsymbol{k}$, $\boldsymbol{a} = \boldsymbol{i} - 2\boldsymbol{j}$. よって

$$\kappa^2 = \frac{|\boldsymbol{v}|^2|\boldsymbol{a}|^2 - (\boldsymbol{v} \cdot \boldsymbol{a})^2}{|\boldsymbol{v}|^6} = \frac{5 \cdot 5 - 1}{5^3} = \frac{24}{125}$$

$t = 0$ における単位接線ベクトルは

$$\boldsymbol{t} = \frac{\boldsymbol{v}}{|\boldsymbol{v}|} = \frac{1}{\sqrt{5}}(-\boldsymbol{i} + 2\boldsymbol{k})$$

であるから，式 (3.2) より

$$\frac{dv}{dt} = \boldsymbol{a} \cdot \boldsymbol{t} = -\frac{1}{5}$$

よって，再び式 (3.2) より

$$\boldsymbol{a} = \frac{dv}{dt}\boldsymbol{t} + v^2\kappa\boldsymbol{n} = -\frac{1}{\sqrt{5}}\boldsymbol{t} + 5\sqrt{\frac{24}{125}}\boldsymbol{n} = -\frac{1}{\sqrt{5}}\boldsymbol{t} + 2\sqrt{\frac{6}{5}}\boldsymbol{n}$$

（2） $\boldsymbol{v} = \dfrac{d\boldsymbol{r}}{dt} = \cos t\,\boldsymbol{i} + 4\cos 2t\,\boldsymbol{j} - 3\sin 3t\,\boldsymbol{k}$

$$\boldsymbol{a} = \frac{d\boldsymbol{v}}{dt} = -\sin t\,\boldsymbol{i} - 8\sin 2t\,\boldsymbol{j} - 9\cos 3t\,\boldsymbol{k}$$

であるから，$t=0$ では $\boldsymbol{v}=\boldsymbol{i}+4\boldsymbol{j}$，$\boldsymbol{a}=-9\boldsymbol{k}$．よって

$$\therefore\quad \kappa^2 = \frac{|\boldsymbol{v}|^2|\boldsymbol{a}|^2-(\boldsymbol{v}\cdot\boldsymbol{a})^2}{|\boldsymbol{v}|^6} = \frac{17\cdot 9^2-0}{17^3} = \frac{9^2}{17^2}$$

$t=0$ における単位接線ベクトルは

$$\boldsymbol{t} = \frac{\boldsymbol{v}}{|\boldsymbol{v}|} = \frac{1}{\sqrt{17}}(\boldsymbol{i}+4\boldsymbol{j})$$

であるから，式 (3.2) より

$$\frac{dv}{dt} = \boldsymbol{a}\cdot\boldsymbol{t} = 0$$

よって，再び式 (3.2) より

$$\boldsymbol{a} = \frac{dv}{dt}\boldsymbol{t} + v^2\kappa\boldsymbol{n} = 17\frac{9}{17}\boldsymbol{n} = 9\boldsymbol{n}$$

3

問題 10.1　質点の位置ベクトルを $\boldsymbol{r}$ とすると，質点に作用する力 $\boldsymbol{F}$ は $\boldsymbol{F}=\lambda(t)\boldsymbol{r}$ で与えられる．ただし，$\lambda(t)$ はスカラー関数である．したがって質点の質量を m とすれば，運動方程式は

$$\lambda\boldsymbol{r} = m\boldsymbol{a} \quad \text{すなわち} \quad m\frac{d^2\boldsymbol{r}}{dt^2} = \lambda\boldsymbol{r}$$

となる．面積速度を $\boldsymbol{A}$ とすれば

$$\begin{aligned}\frac{d\boldsymbol{A}}{dt} &= \frac{d}{dt}\left(\frac{1}{2}\boldsymbol{r}\times\boldsymbol{v}\right) = \frac{1}{2}\frac{d}{dt}\left(\boldsymbol{r}\times\frac{d\boldsymbol{r}}{dt}\right) = \frac{1}{2}\left(\frac{d\boldsymbol{r}}{dt}\times\frac{d\boldsymbol{r}}{dt}\right) + \frac{1}{2}\left(\boldsymbol{r}\times\frac{d^2\boldsymbol{r}}{dt^2}\right)\\ &= \frac{1}{2}\left(\boldsymbol{r}\times\frac{d^2\boldsymbol{r}}{dt^2}\right) = \frac{1}{2}\left(\boldsymbol{r}\times\frac{\lambda}{m}\boldsymbol{r}\right) = \frac{\lambda}{2m}\boldsymbol{r}\times\boldsymbol{r} = \boldsymbol{0}\end{aligned}$$

問題 11.1　式 (3.4) と例題 11 より，

$$\begin{aligned}\boldsymbol{n}\cdot\boldsymbol{i} &= \pm\frac{1}{\sqrt{EG-F^2}}\left(\frac{\partial\boldsymbol{r}}{\partial u}\times\frac{\partial\boldsymbol{r}}{\partial v}\right)\cdot\boldsymbol{i}\\ &= \pm\frac{1}{\sqrt{EG-F^2}}\left(\frac{\partial(y,z)}{\partial(u,v)}\boldsymbol{i}+\frac{\partial(z,x)}{\partial(u,v)}\boldsymbol{j}+\frac{\partial(x,y)}{\partial(u,v)}\boldsymbol{k}\right)\cdot\boldsymbol{i}\\ &= \pm\frac{1}{\sqrt{EG-F^2}}\frac{\partial(y,z)}{\partial(u,v)}\end{aligned}$$

$\boldsymbol{n}\cdot\boldsymbol{j}$, $\boldsymbol{n}\cdot\boldsymbol{k}$ も同様である．

問題 12.1　(1)
$$\frac{\partial\boldsymbol{A}}{\partial u} = \boldsymbol{i}+2u\boldsymbol{k}, \quad \frac{\partial^2\boldsymbol{A}}{\partial u^2} = 2\boldsymbol{k},$$
$$\frac{\partial\boldsymbol{A}}{\partial v} = \boldsymbol{j}+2v\boldsymbol{k}, \quad \frac{\partial^2\boldsymbol{A}}{\partial v^2} = 2\boldsymbol{k},$$
$$\frac{\partial^2\boldsymbol{A}}{\partial u\partial v} = \frac{\partial^2\boldsymbol{A}}{\partial v\partial u} = \boldsymbol{0}$$

(2) $\dfrac{\partial \boldsymbol{A}}{\partial u} = -v\sin(uv)\boldsymbol{i} + (3v-4u)\boldsymbol{j} - 3\boldsymbol{k}$, $\dfrac{\partial^2 \boldsymbol{A}}{\partial u^2} = -v^2\cos(uv)\boldsymbol{i} - 4\boldsymbol{j}$

$\dfrac{\partial \boldsymbol{A}}{\partial v} = -u\sin(uv)\boldsymbol{i} + 3u\boldsymbol{j} - 2\boldsymbol{k}$, $\dfrac{\partial^2 \boldsymbol{A}}{\partial v^2} = -u^2\cos(uv)\boldsymbol{i}$

$\dfrac{\partial^2 \boldsymbol{A}}{\partial u \partial v} = \dfrac{\partial^2 \boldsymbol{A}}{\partial v \partial u} = -\Big(\sin(uv) + uv\cos(uv)\Big)\boldsymbol{i} + 3\boldsymbol{j}$

問題 13.1 $\dfrac{\partial \boldsymbol{r}}{\partial u} = \boldsymbol{i} + 2u\boldsymbol{k}$, $\dfrac{\partial \boldsymbol{r}}{\partial v} = \boldsymbol{j} - 2v\boldsymbol{k}$ であり，点 $(2,1,3)$ では $(u,v) = (2,1)$ だから，

$$\frac{\partial \boldsymbol{r}}{\partial u} \times \frac{\partial \boldsymbol{r}}{\partial v} = \begin{vmatrix} \boldsymbol{i} & \boldsymbol{j} & \boldsymbol{k} \\ 1 & 0 & 4 \\ 0 & 1 & -2 \end{vmatrix} = -4\boldsymbol{i} + 2\boldsymbol{j} + \boldsymbol{k}$$

ゆえに接平面上の点を $\boldsymbol{R} = x\boldsymbol{i} + y\boldsymbol{j} + z\boldsymbol{k}$ とすると，

$$\begin{aligned}\left(\frac{\partial \boldsymbol{r}}{\partial u} \times \frac{\partial \boldsymbol{r}}{\partial v}\right) \cdot (\boldsymbol{R} - \boldsymbol{r}) &= (-4\boldsymbol{i} + 2\boldsymbol{j} + \boldsymbol{k}) \cdot \Big((x-2)\boldsymbol{i} + (y-1)\boldsymbol{j} + (z-3)\boldsymbol{k}\Big) \\ &= -4(x-2) + 2(y-1) + (z-3) = 0\end{aligned}$$

よって $4x - 2y - z = 3$ が求める接平面である．

問題 13.2 曲面をベクトル表示すると，$\boldsymbol{r} = u\boldsymbol{i} + v\boldsymbol{j} + \sqrt{6 - u^2 - v^2}\boldsymbol{k}$ となる．

$$\frac{\partial \boldsymbol{r}}{\partial u} = \boldsymbol{i} - \frac{u}{\sqrt{6 - u^2 - v^2}}\boldsymbol{k}, \quad \frac{\partial \boldsymbol{r}}{\partial v} = \boldsymbol{j} - \frac{v}{\sqrt{6 - u^2 - v^2}}\boldsymbol{k}$$

であるから，点 $(1,1,2)$ すなわち $(u,v) = (1,1)$ では

$$\frac{\partial \boldsymbol{r}}{\partial u} \times \frac{\partial \boldsymbol{r}}{\partial v} = \begin{vmatrix} \boldsymbol{i} & \boldsymbol{j} & \boldsymbol{k} \\ 1 & 0 & -\frac{1}{2} \\ 0 & 1 & -\frac{1}{2} \end{vmatrix} = \frac{1}{2}\boldsymbol{i} + \frac{1}{2}\boldsymbol{j} + \boldsymbol{k}$$

ゆえに接平面上の点を $\boldsymbol{R} = x\boldsymbol{i} + y\boldsymbol{j} + z\boldsymbol{k}$ とすると，

$$\begin{aligned}\left(\frac{\partial \boldsymbol{r}}{\partial u} \times \frac{\partial \boldsymbol{r}}{\partial v}\right) \cdot (\boldsymbol{R} - \boldsymbol{r}) &= \left(\frac{1}{2}\boldsymbol{i} + \frac{1}{2}\boldsymbol{j} + \boldsymbol{k}\right) \cdot \Big((x-1)\boldsymbol{i} + (y-1)\boldsymbol{j} + (z-2)\boldsymbol{k}\Big) \\ &= \frac{1}{2}(x-1) + \frac{1}{2}(y-1) + (z-2) = 0\end{aligned}$$

よって $x + y + 2z = 6$ が求める接平面である．

問題 14.1 (1) $\dfrac{\partial \boldsymbol{r}}{\partial u} \times \dfrac{\partial \boldsymbol{r}}{\partial v} = \begin{vmatrix} \boldsymbol{i} & \boldsymbol{j} & \boldsymbol{k} \\ -a\sin u \sin v & a\cos u \sin v & 0 \\ a\cos u \cos v & a\sin u \cos v & -a\sin v \end{vmatrix}$

$$= -a^2\cos u \sin^2 v\,\boldsymbol{i} - a^2 \sin u \sin^2 v\,\boldsymbol{j} - a^2 \sin v \cos v\,\boldsymbol{k}$$

$$\left|\frac{\partial \boldsymbol{r}}{\partial u} \times \frac{\partial \boldsymbol{r}}{\partial v}\right| = \sqrt{a^4\cos^2 u \sin^4 v + a^4 \sin^2 u \sin^4 v + a^4 \sin^2 v \cos^2 v} = a^2 \sin v$$

$$\therefore \quad \boldsymbol{n} = \pm \frac{\partial \boldsymbol{r}}{\partial u} \times \frac{\partial \boldsymbol{r}}{\partial v} \Big/ \left| \frac{\partial \boldsymbol{r}}{\partial u} \times \frac{\partial \boldsymbol{r}}{\partial v} \right| = \pm (\cos u \sin v \, \boldsymbol{i} + \sin u \sin v \, \boldsymbol{j} + \cos v \, \boldsymbol{k})$$

(2) $$\frac{\partial \boldsymbol{r}}{\partial u} \times \frac{\partial \boldsymbol{r}}{\partial v} = \begin{vmatrix} \boldsymbol{i} & \boldsymbol{j} & \boldsymbol{k} \\ a\cos v & a \sin v & b \\ -au \sin v & au \cos v & 0 \end{vmatrix}$$

$$= -abu \cos v \, \boldsymbol{i} - abu \sin v \, \boldsymbol{j} + a^2 u \boldsymbol{k}$$

$$\left| \frac{\partial \boldsymbol{r}}{\partial u} \times \frac{\partial \boldsymbol{r}}{\partial v} \right| = \sqrt{a^2 b^2 u^2 \cos^2 v + a^2 b^2 u^2 \sin^2 v + a^4 u^2} = a\sqrt{a^2 + b^2} |\, u \,|$$

$$\therefore \quad \boldsymbol{n} = \pm \frac{\partial \boldsymbol{r}}{\partial u} \times \frac{\partial \boldsymbol{r}}{\partial v} \Big/ \left| \frac{\partial \boldsymbol{r}}{\partial u} \times \frac{\partial \boldsymbol{r}}{\partial v} \right| = \pm \frac{1}{\sqrt{a^2 + b^2}} (-b \cos v \, \boldsymbol{i} - b \sin v \, \boldsymbol{j} + a\boldsymbol{k})$$

問題 14.2 $x = u$, $y = v$ とおけば，曲面は $\boldsymbol{r} = u\boldsymbol{i} + v\boldsymbol{j} + f(u, v)\boldsymbol{k}$ と表される．

$$\frac{\partial \boldsymbol{r}}{\partial u} \times \frac{\partial \boldsymbol{r}}{\partial v} = \begin{vmatrix} \boldsymbol{i} & \boldsymbol{j} & \boldsymbol{k} \\ 1 & 0 & f_u \\ 0 & 1 & f_v \end{vmatrix} = -f_u \boldsymbol{i} - f_v \boldsymbol{j} + \boldsymbol{k}, \quad \left| \frac{\partial \boldsymbol{r}}{\partial u} \times \frac{\partial \boldsymbol{r}}{\partial v} \right| = \sqrt{f_u^2 + f_v^2 + 1}$$

$$\therefore \quad \boldsymbol{n} = \pm \frac{\partial \boldsymbol{r}}{\partial u} \times \frac{\partial \boldsymbol{r}}{\partial v} \Big/ \left| \frac{\partial \boldsymbol{r}}{\partial u} \times \frac{\partial \boldsymbol{r}}{\partial v} \right| = \pm \frac{-f_u \boldsymbol{i} - f_v \boldsymbol{j} + \boldsymbol{k}}{\sqrt{1 + f_u^2 + f_v^2}}$$

問題 15.1 $$\frac{\partial \boldsymbol{r}}{\partial u} = -a \sin u \sin v \, \boldsymbol{i} + a \cos u \sin v \, \boldsymbol{j}$$

$$\frac{\partial \boldsymbol{r}}{\partial v} = a \cos u \cos v \, \boldsymbol{i} + a \sin u \cos v \, \boldsymbol{j} - b \sin v \, \boldsymbol{k}$$

$$\begin{aligned} E &= \frac{\partial \boldsymbol{r}}{\partial u} \cdot \frac{\partial \boldsymbol{r}}{\partial u} = a^2 \sin^2 u \sin^2 v + a^2 \cos^2 u \sin^2 v = a^2 \sin^2 v \\ F &= \frac{\partial \boldsymbol{r}}{\partial u} \cdot \frac{\partial \boldsymbol{r}}{\partial v} = -a^2 \sin u \cos u \sin v \cos v + a^2 \sin u \cos u \sin v \cos v = 0 \\ G &= \frac{\partial \boldsymbol{r}}{\partial v} \cdot \frac{\partial \boldsymbol{r}}{\partial v} = a^2 \cos^2 u \cos^2 v + a^2 \sin^2 u \cos^2 v + b^2 \sin^2 v = a^2 \cos^2 v + b^2 \sin^2 v \end{aligned}$$

問題 15.2 $$\frac{\partial \boldsymbol{r}}{\partial u} = -(b + a\cos v) \sin u \, \boldsymbol{i} + (b + a \cos v) \cos u \, \boldsymbol{j}$$

$$\frac{\partial \boldsymbol{r}}{\partial v} = -a \sin v \cos u \, \boldsymbol{i} - a \sin v \sin u \, \boldsymbol{j} + a \cos v \, \boldsymbol{k}$$

$$\begin{aligned} E &= \frac{\partial \boldsymbol{r}}{\partial u} \cdot \frac{\partial \boldsymbol{r}}{\partial u} = (b + a\cos v)^2 \sin^2 u + (b + a \cos v)^2 \cos^2 u = (b + a\cos v)^2 \\ F &= \frac{\partial \boldsymbol{r}}{\partial u} \cdot \frac{\partial \boldsymbol{r}}{\partial v} = a(b + a\cos v) \sin u \cos u \sin v - a(b + a \cos v) \sin u \cos u \sin v = 0 \\ G &= \frac{\partial \boldsymbol{r}}{\partial v} \cdot \frac{\partial \boldsymbol{r}}{\partial v} = a^2 \sin^2 v \cos^2 u + a^2 \sin^2 v \sin^2 u + a^2 \cos^2 u = a^2 \end{aligned}$$

$$S = \iint_D \sqrt{EG - F^2} \, du \, dv = \int_0^{2\pi} \int_0^{2\pi} a(b + a \cos v) \, du = 4\pi^2 ab$$

問題 15.3 曲面は $\boldsymbol{r} = u\boldsymbol{i} + v\boldsymbol{j} + f(u,v)\boldsymbol{k}$ と表せるから

$$\frac{\partial \boldsymbol{r}}{\partial u} = \boldsymbol{i} + f_u\,\boldsymbol{k}, \quad \frac{\partial \boldsymbol{r}}{\partial v} = \boldsymbol{j} + f_v\,\boldsymbol{k}$$

$$E = \frac{\partial \boldsymbol{r}}{\partial u}\cdot\frac{\partial \boldsymbol{r}}{\partial u} = 1 + f_u^2, \quad F = \frac{\partial \boldsymbol{r}}{\partial u}\cdot\frac{\partial \boldsymbol{r}}{\partial v} = f_u f_v, \quad G = \frac{\partial \boldsymbol{r}}{\partial v}\cdot\frac{\partial \boldsymbol{r}}{\partial v} = 1 + f_v^2$$

$$EG - F^2 = (1+f_u^2)(1+f_v^2) - f_u^2 f_v^2 = 1 + f_u^2 + f_v^2$$

$$\therefore \quad S = \iint_D \sqrt{EG - F^2}\,du\,dv = \iint_D \sqrt{1 + f_u^2 + f_v^2}\,du\,dv$$

3

演習 1 (1) $$\frac{d\boldsymbol{F}}{dt} = (-\sin t\cosh t + \cos t\sinh t)\boldsymbol{i} + (\cos t\sinh t + \sin t\cosh t)\boldsymbol{j}$$

$$\frac{d^2\boldsymbol{F}}{dt^2} = 2(-\sin t\sinh t\,\boldsymbol{i} + \cos t\cosh t\,\boldsymbol{j})$$

$$\therefore \quad \left|\frac{d^2\boldsymbol{F}}{dt^2}\right| = 2\sqrt{\sin^2 t\sinh^2 t + \cos^2 t\cosh^2 t} = 2|\,\boldsymbol{F}\,|$$

(2) $\dfrac{d^2\boldsymbol{F}}{dt^2}\cdot\boldsymbol{F} = 0$ より $\dfrac{d^2\boldsymbol{F}}{dt^2} \perp \boldsymbol{F}$

演習 2 $$\boldsymbol{X}(t) = e^{-\int P(t)dt}\left(\int \boldsymbol{Q}(t)e^{\int P(t)dt}dt + \boldsymbol{K}\right)$$

ただし $\boldsymbol{K}$ は定ベクトルである.

演習 3 (1) $$\boldsymbol{X}(t) = e^{-\int\frac{dt}{t}}\left(\int 4(1+t^2)e^{\int\frac{dt}{t}}\boldsymbol{a}\,dt + \boldsymbol{K}\right) = (t^3+2t)\boldsymbol{a} + \frac{1}{t}\boldsymbol{K}$$

(2) $$\boldsymbol{X}(t) = \left(\int t\,dt\right)\boldsymbol{p} + \left(\int e^{-2t}dt\right) = \frac{t^2}{2}\boldsymbol{p} - \frac{1}{2}e^{-2t}\boldsymbol{q} + \boldsymbol{C}$$

(3) $$\boldsymbol{X}(t) = e^{-\int\tan t\,dt}\left(\boldsymbol{i}\int \cos t\,e^{\int\tan t\,dt}dt + \boldsymbol{K}\right) = t\cos t\,\boldsymbol{i} + \cos t\,\boldsymbol{K}$$

演習 4 (1) $$\int_\alpha^\beta \sqrt{(1-\cos t)^2 + \sin^2 t + \left(2\cos\frac{t}{2}\right)^2}dt = \int_\alpha^\beta \sqrt{2 - 2\cos t + 4\cos^2\frac{t}{2}}dt = 2(\beta - \alpha)$$

(2) $$\int_\alpha^\beta \sqrt{\left(\frac{1}{1+t^2}\right)^2 + \left(\frac{\sqrt{2}t}{1+t^2}\right) + \left(1 - \frac{1}{1+t^2}\right)}\,dt = \int_\alpha^\beta dt = \beta - \alpha$$

演習 5 $\boldsymbol{v} = v\boldsymbol{t}, \boldsymbol{a} = \dfrac{dv}{dt}\boldsymbol{t} + \kappa v^2\boldsymbol{n}$ より $\boldsymbol{v}\times\boldsymbol{a} = \kappa v^3\boldsymbol{t}\times\boldsymbol{n}$. よって

$$|\boldsymbol{v}\times\boldsymbol{a}| = \kappa v^3|\boldsymbol{t}\times\boldsymbol{n}| = \kappa v^3, \quad \rho = \frac{1}{\kappa} = \frac{v^3}{|\boldsymbol{v}\times\boldsymbol{a}|}$$

演習 6　質点の質量を m とすると，運動方程式は

$$m\boldsymbol{a} = \boldsymbol{F} = -m\mu\boldsymbol{r} \quad \text{すなわち} \quad m\frac{d^2\boldsymbol{r}}{dt^2} = -m\mu\boldsymbol{r}$$

となる．ただし μ は正の定数である．$\dfrac{d^2\boldsymbol{r}}{dt^2} = -\mu\boldsymbol{r}$ より $\boldsymbol{r} = \boldsymbol{A}\cos\sqrt{\mu}t + \boldsymbol{B}\sin\sqrt{\mu}t$．ただし $\boldsymbol{A}, \boldsymbol{B}$ は定ベクトルである．

演習 7

$$\frac{\partial \boldsymbol{A}}{\partial r} = -\frac{1}{r^2}\exp\left(i\omega\left(t-\frac{r}{c}\right)\right)\boldsymbol{P} - \frac{i\omega}{cr}\exp\left(i\omega\left(t-\frac{r}{c}\right)\right)\boldsymbol{P}$$

$$\frac{\partial^2 \boldsymbol{A}}{\partial r^2} = \frac{2}{r^3}\exp\left(i\omega\left(t-\frac{r}{c}\right)\right)\boldsymbol{P} + \frac{2i\omega}{cr^2}\exp\left(i\omega\left(t-\frac{r}{c}\right)\right)\boldsymbol{P}$$
$$-\frac{\omega}{c^2 r}\exp\left(i\omega\left(t-\frac{r}{c}\right)\right)\boldsymbol{P}$$

$$\frac{\partial \boldsymbol{A}}{\partial t} = \frac{i\omega}{r}\exp\left(i\omega\left(t-\frac{r}{c}\right)\right)\boldsymbol{P}, \quad \frac{\partial^2 \boldsymbol{A}}{\partial t^2} = -\frac{\omega^2}{r}\exp\left(i\omega\left(t-\frac{r}{c}\right)\right)\boldsymbol{P}$$

演習 8　$F(x,y,z) = 0$ で定まる陰関数を $z = f(x,y)$ とすると，

$$f_x = -F_x/F_z\,, \quad f_y = -F_y/F_z$$

したがって問題 14.2 より，

$$\begin{aligned}\boldsymbol{n} &= \frac{1}{\sqrt{1+(-F_x/F_z)^2+(-F_y/F_z)^2}}\left(-\left(-\frac{F_x}{F_z}\right)\boldsymbol{i} - \left(-\frac{F_y}{F_z}\right)\boldsymbol{j} + \boldsymbol{k}\right)\\ &= \frac{F_x\boldsymbol{i}+F_y\boldsymbol{j}+F_z\boldsymbol{k}}{\sqrt{F_x^2+F_y^2+F_z^2}}\end{aligned}$$

演習 9

$$\dot{\boldsymbol{r}} = \frac{d\boldsymbol{r}}{ds}\frac{ds}{dt}$$

$$\ddot{\boldsymbol{r}} = \left(\frac{d}{dt}\frac{d\boldsymbol{r}}{ds}\right)\frac{ds}{dt} + \frac{d\boldsymbol{r}}{ds}\left(\frac{d}{dt}\frac{ds}{dt}\right) = \frac{d^2\boldsymbol{r}}{ds^2}\left(\frac{ds}{dt}\right)^2 + \frac{d\boldsymbol{r}}{ds}\frac{d^2 s}{dt^2}$$

$$\begin{aligned}\dddot{\boldsymbol{r}} &= \left(\frac{d}{dt}\frac{d^2\boldsymbol{r}}{ds^2}\right)\left(\frac{ds}{dt}\right)^2 + \frac{d^2\boldsymbol{r}}{ds^2}\frac{d}{dt}\left(\frac{ds}{dt}\right)^2 + \left(\frac{d}{dt}\frac{d\boldsymbol{r}}{ds}\right)\frac{d^2 s}{dt^2} + \frac{d\boldsymbol{r}}{ds}\left(\frac{d}{dt}\frac{d^2 s}{dt^2}\right)\\ &= \frac{d^3\boldsymbol{r}}{ds^3}\left(\frac{ds}{dt}\right)^3 + 3\frac{d^2\boldsymbol{r}}{ds^2}\frac{ds}{dt}\frac{d^2 s}{dt^2} + \frac{d\boldsymbol{r}}{ds}\frac{d^3 s}{dt^3}\end{aligned}$$

より $\left|\dfrac{d\boldsymbol{r}}{ds}\right| = 1$，$\dfrac{d\boldsymbol{r}}{ds}\cdot\dfrac{d^2\boldsymbol{r}}{ds^2} = 0$ に注意すると

$$|\dot{\boldsymbol{r}}|^2 = \left|\frac{d\boldsymbol{r}}{ds}\right|^2\left|\frac{ds}{dt}\right|^2 = \left|\frac{ds}{dt}\right|^2$$

$$
\begin{aligned}
|\ddot{\boldsymbol{r}}|^2 &= \left|\frac{d^2\boldsymbol{r}}{ds^2}\right|^2\left|\frac{ds}{dt}\right|^4 + 2\frac{d^2\boldsymbol{r}}{ds^2}\cdot\frac{d\boldsymbol{r}}{ds}\left(\frac{ds}{dt}\right)^2\frac{d^2s}{dt^2} + \left|\frac{d\boldsymbol{r}}{ds}\right|^2\left|\frac{d^2s}{dt^2}\right|^2 \\
&= \left|\frac{d^2\boldsymbol{r}}{ds^2}\right|^2\left|\frac{ds}{dt}\right|^4 + \left|\frac{d^2s}{dt^2}\right|^2 \\
\dot{\boldsymbol{r}}\cdot\ddot{\boldsymbol{r}} &= \frac{d\boldsymbol{r}}{ds}\cdot\frac{d^2\boldsymbol{r}}{ds^2}\left(\frac{ds}{dt}\right)^3 + \left|\frac{d\boldsymbol{r}}{ds}\right|^2\frac{ds}{dt}\frac{d^2s}{dt^2} = \frac{ds}{dt}\frac{d^2s}{dt^2}
\end{aligned}
$$

$$
\begin{aligned}
\therefore\ \ |\dot{\boldsymbol{r}}|^2|\ddot{\boldsymbol{r}}|^2 - (\dot{\boldsymbol{r}}\cdot\ddot{r})^2 &= \left|\frac{ds}{dt}\right|^2\left(\left|\frac{d^2\boldsymbol{r}}{ds^2}\right|^2\left|\frac{ds}{dt}\right|^4 + \left|\frac{d^2s}{dt^2}\right|^2\right) - \left|\frac{ds}{dt}\right|^2\left|\frac{d^2s}{dt^2}\right|^2 \\
&= \left|\frac{ds}{dt}\right|^6\left|\frac{d^2\boldsymbol{r}}{ds^2}\right|^2 = |\dot{\boldsymbol{r}}|^6\left|\frac{d^2\boldsymbol{r}}{ds^2}\right|^2 \\
\therefore\ \ \kappa^2 &= \left|\frac{d^2\boldsymbol{r}}{ds^2}\right|^2 = \frac{|\dot{\boldsymbol{r}}|^2|\ddot{\boldsymbol{r}}|^2 - (\dot{\boldsymbol{r}}\cdot\ddot{r})^2}{|\dot{\boldsymbol{r}}|^6}
\end{aligned}
$$

次に $\dfrac{d\boldsymbol{b}}{ds} = \tau\boldsymbol{n}$, $\boldsymbol{b} = \boldsymbol{t}\times\boldsymbol{n}$ に注意すると

$$
\begin{aligned}
\tau &= \tau\boldsymbol{n}\cdot\boldsymbol{n} = -\boldsymbol{n}\cdot\frac{d\boldsymbol{b}}{ds} = -\boldsymbol{n}\cdot\frac{d}{ds}(\boldsymbol{t}\times\boldsymbol{n}) = -\boldsymbol{n}\cdot\left(\frac{d\boldsymbol{t}}{ds}\times\boldsymbol{n} + \boldsymbol{t}\times\frac{d\boldsymbol{n}}{ds}\right) \\
&= \boldsymbol{n}\cdot\left(\boldsymbol{t}\times\frac{d\boldsymbol{n}}{ds}\right) = -\left(\boldsymbol{n},\,\boldsymbol{t},\,\frac{d\boldsymbol{n}}{ds}\right) = \left(\boldsymbol{t},\,\boldsymbol{n},\,\frac{d\boldsymbol{n}}{ds}\right)
\end{aligned}
$$

ここで $\boldsymbol{t} = \dfrac{d\boldsymbol{r}}{ds}$, $\boldsymbol{n} = \dfrac{1}{\kappa}\dfrac{d^2\boldsymbol{r}}{ds^2}$, $\dfrac{d\boldsymbol{n}}{ds} = \left(\dfrac{d}{ds}\dfrac{1}{\kappa}\right)\dfrac{d^2\boldsymbol{r}}{ds^2} + \dfrac{1}{\kappa}\dfrac{d^3\boldsymbol{r}}{ds^3}$ を用いると

$$
\begin{aligned}
\tau &= \left(\frac{d\boldsymbol{r}}{ds},\,\frac{1}{\kappa}\frac{d^2\boldsymbol{r}}{ds^2},\,\left(\frac{d}{ds}\frac{1}{\kappa}\right)\frac{d^2\boldsymbol{r}}{ds^2}\right) + \left(\frac{d\boldsymbol{r}}{ds},\,\frac{1}{\kappa}\frac{d^2\boldsymbol{r}}{ds^2},\,\frac{1}{\kappa}\frac{d^3\boldsymbol{r}}{ds^3}\right) \\
&= \frac{1}{\kappa^2}\left(\frac{d\boldsymbol{r}}{ds},\,\frac{d^2\boldsymbol{r}}{ds^2},\,\frac{d^3\boldsymbol{r}}{ds^3}\right)
\end{aligned}
$$

一方

$$
\begin{aligned}
(\dot{\boldsymbol{r}},\,\ddot{\boldsymbol{r}},\,\dddot{\boldsymbol{r}}) &= \left(\frac{d\boldsymbol{r}}{ds}\frac{ds}{dt},\,\frac{d^2\boldsymbol{r}}{ds^2}\left(\frac{ds}{dt}\right)^2 + \frac{d\boldsymbol{r}}{ds}\frac{d^2s}{dt^2},\right. \\
&\qquad\left.\frac{d^3\boldsymbol{r}}{ds^3}\left(\frac{ds}{dt}\right)^3 + 3\frac{d^2\boldsymbol{r}}{ds^2}\frac{ds}{dt}\frac{d^2s}{dt^2} + \frac{d\boldsymbol{r}}{ds}\frac{d^3s}{dt^3}\right) \\
&= \left(\frac{d\boldsymbol{r}}{ds}\frac{ds}{dt},\,\frac{d^2\boldsymbol{r}}{ds^2}\left(\frac{ds}{dt}\right)^2,\,\frac{d^3\boldsymbol{r}}{ds^3}\left(\frac{ds}{dt}\right)^3\right) \\
&= \left(\frac{ds}{dt}\right)^6\left(\frac{d\boldsymbol{r}}{ds},\,\frac{d^2\boldsymbol{r}}{ds^2},\,\frac{d^3\boldsymbol{r}}{ds^3}\right) = |\dot{\boldsymbol{r}}|^6\left(\frac{d\boldsymbol{r}}{ds},\,\frac{d^2\boldsymbol{r}}{ds^2},\,\frac{d^3\boldsymbol{r}}{ds^3}\right)
\end{aligned}
$$

より

$$
\left(\frac{d\boldsymbol{r}}{ds},\,\frac{d^2\boldsymbol{r}}{ds^2},\,\frac{d^3\boldsymbol{r}}{ds^3}\right) = \frac{1}{|\dot{\boldsymbol{r}}|^6}(\dot{\boldsymbol{r}},\,\ddot{\boldsymbol{r}},\,\dddot{\boldsymbol{r}})
$$

$$
\therefore\ \ \tau = \frac{1}{\kappa^2}\left(\frac{d\boldsymbol{r}}{ds},\,\frac{d^2\boldsymbol{r}}{ds^2},\,\frac{d^3\boldsymbol{r}}{ds^3}\right) = \frac{(\dot{\boldsymbol{r}},\,\ddot{\boldsymbol{r}},\,\dddot{\boldsymbol{r}})}{\kappa^2|\dot{\boldsymbol{r}}|^6}
$$

第 4 章の解答

問題 1.1 $f(x,y)=c$ より $x+2y-3z=c(x+y+z)$，すなわち $(1-c)x+(2-c)-(3+c)z=0$ となる．これは原点を通る平面である．

問題 1.2 $\dfrac{dx}{x^2}=\dfrac{dy}{y^2}=\dfrac{dz}{z^2}$ より，$-\dfrac{1}{x}=-\dfrac{1}{y}+C_1=-\dfrac{1}{z}+C_2$．すなわち

$$\frac{1}{x}=\frac{1}{y}-C_1=\frac{1}{z}-C_2$$

あるいは $x=t$ としてパラメータ表示すると $\boldsymbol{r}=t\boldsymbol{i}+\dfrac{t}{1+C_1t}\boldsymbol{j}+\dfrac{t}{1+C_2t}\boldsymbol{k}$.

問題 2.1 （1） $\dfrac{dx}{x^2}=\dfrac{dy}{-xy}=\dfrac{dz}{-y^2}$ が流線を決定する微分方程式．$\dfrac{dx}{x^2}=\dfrac{dy}{-xy}$ より $\dfrac{dx}{x}=\dfrac{dy}{-y}$. よって $xy=C_1$ を得る．ゆえに $\dfrac{dy}{-xy}=\dfrac{dz}{-y^2}$ より $\dfrac{dy}{-C_1}=\dfrac{dz}{-y^2}$ となり，$z=\dfrac{y^3}{3C_1}$ を得る．あわせて，$xy=C_1$，$z=\dfrac{y^2}{3x}+C_2$.

（2） $\dfrac{dx}{x}=\dfrac{dy}{-y}=\dfrac{dz}{2z}$ より，$\log x=-\log y+C_1=\dfrac{1}{2}\log z+C_2$

問題 3.1
$$\nabla u\times\nabla v=\begin{vmatrix}\boldsymbol{i} & \boldsymbol{j} & \boldsymbol{k}\\ \dfrac{\partial u}{\partial x} & \dfrac{\partial u}{\partial y} & \dfrac{\partial u}{\partial z}\\ \dfrac{\partial v}{\partial x} & \dfrac{\partial v}{\partial y} & \dfrac{\partial v}{\partial z}\end{vmatrix}$$

$$=\left(\frac{\partial u}{\partial y}\frac{\partial v}{\partial z}-\frac{\partial u}{\partial z}\frac{\partial v}{\partial y}\right)\boldsymbol{i}+\left(\frac{\partial u}{\partial z}\frac{\partial v}{\partial x}-\frac{\partial u}{\partial x}\frac{\partial v}{\partial z}\right)\boldsymbol{j}+\left(\frac{\partial u}{\partial x}\frac{\partial v}{\partial y}-\frac{\partial u}{\partial y}\frac{\partial v}{\partial x}\right)\boldsymbol{k}$$

$$=\begin{vmatrix}\dfrac{\partial u}{\partial y} & \dfrac{\partial u}{\partial z}\\ \dfrac{\partial v}{\partial y} & \dfrac{\partial v}{\partial z}\end{vmatrix}\boldsymbol{i}+\begin{vmatrix}\dfrac{\partial u}{\partial z} & \dfrac{\partial u}{\partial x}\\ \dfrac{\partial v}{\partial z} & \dfrac{\partial v}{\partial x}\end{vmatrix}\boldsymbol{j}+\begin{vmatrix}\dfrac{\partial u}{\partial x} & \dfrac{\partial u}{\partial y}\\ \dfrac{\partial v}{\partial x} & \dfrac{\partial v}{\partial y}\end{vmatrix}\boldsymbol{k}$$

$$=\frac{\partial(u,v)}{\partial(y,z)}\boldsymbol{i}+\frac{\partial(u,v)}{\partial(z,x)}\boldsymbol{j}+\frac{\partial(u,v)}{\partial(x,y)}\boldsymbol{k}$$

問題 3.2 （1）
$$\nabla f=\frac{\partial f}{\partial x}\boldsymbol{i}+\frac{\partial f}{\partial y}\boldsymbol{j}+\frac{\partial f}{\partial z}\boldsymbol{k}$$
$$=\left(\frac{\partial f}{\partial u}\frac{\partial u}{\partial x}+\frac{\partial f}{\partial v}\frac{\partial v}{\partial x}+\frac{\partial f}{\partial w}\frac{\partial w}{\partial x}\right)\boldsymbol{i}+\left(\frac{\partial f}{\partial u}\frac{\partial u}{\partial y}+\frac{\partial f}{\partial v}\frac{\partial v}{\partial y}+\frac{\partial f}{\partial w}\frac{\partial w}{\partial y}\right)\boldsymbol{j}$$
$$+\left(\frac{\partial f}{\partial u}\frac{\partial u}{\partial z}+\frac{\partial f}{\partial v}\frac{\partial v}{\partial z}+\frac{\partial f}{\partial w}\frac{\partial w}{\partial z}\right)\boldsymbol{k}$$

$$= \frac{\partial f}{\partial u}\left(\frac{\partial u}{\partial x}\boldsymbol{i} + \frac{\partial u}{\partial y}\boldsymbol{j} + \frac{\partial u}{\partial z}\boldsymbol{k}\right) + \frac{\partial f}{\partial v}\left(\frac{\partial v}{\partial x}\boldsymbol{i} + \frac{\partial v}{\partial y}\boldsymbol{j} + \frac{\partial v}{\partial z}\boldsymbol{k}\right)$$
$$+ \frac{\partial f}{\partial w}\left(\frac{\partial w}{\partial x}\boldsymbol{i} + \frac{\partial w}{\partial y}\boldsymbol{j} + \frac{\partial w}{\partial z}\boldsymbol{k}\right)$$
$$= \frac{\partial f}{\partial u}\nabla u + \frac{\partial f}{\partial v}\nabla v + \frac{\partial f}{\partial w}\nabla w$$

（2） (1) より $\nabla f = f_u \nabla u + f_v \nabla v + f_w \nabla w = \mathbf{0}.$

ゆえに $\nabla u = -\dfrac{f_v}{f_u}\nabla v - \dfrac{f_w}{f_v}\nabla w$ より

$$(\nabla u,\, \nabla v,\, \nabla w) \;=\; \nabla u \cdot (\nabla v \times \nabla w) = \left(-\frac{f_v}{f_u}\nabla v - \frac{f_w}{f_v}\nabla w\right)\cdot(\nabla v \times \nabla w)$$
$$= -\frac{f_v}{f_u}\nabla v \cdot (\nabla v \times \nabla w) - \frac{f_w}{f_u}\nabla w \cdot (\nabla v \times \nabla w) = 0$$

問題 4.1 （1） $\nabla(\log r) = \dfrac{d}{dr}(\log r)\nabla r = \dfrac{1}{r}\dfrac{\boldsymbol{r}}{r} = \dfrac{\boldsymbol{r}}{r^2}$

（2） $\nabla\left(\dfrac{e^{-r}}{r}\right) = \dfrac{d}{dr}\left(\dfrac{e^{-r}}{r}\right)\nabla r = -\dfrac{(r+1)e^{-r}}{r^2}\dfrac{\boldsymbol{r}}{r} = -\dfrac{r+1}{r^3}e^{-r}\boldsymbol{r}$

（3） $\nabla(r^2 e^{-r}) = \dfrac{d}{dr}(r^2 e^{-r})\nabla r = (2r - r^2)e^{-r}\dfrac{\boldsymbol{r}}{r} = (2-r)e^{-r}\boldsymbol{r}$

問題 4.2 $6\boldsymbol{i} - 3\boldsymbol{j} + 2\boldsymbol{k}$ 方向の単位ベクトルは $\boldsymbol{a} = \dfrac{1}{7}(6\boldsymbol{i} - 3\boldsymbol{j} + 2\boldsymbol{k})$ であり，$\nabla f = (4z^3 - 3yz)\boldsymbol{i} - 3xz\boldsymbol{j} + (12xz^2 - 3xy)\boldsymbol{k}$ だから，点 $(1,2,1)$ においては

$$\boldsymbol{a}\cdot\nabla f \;=\; \frac{1}{7}(6\boldsymbol{i} - 3\boldsymbol{j} + 2\boldsymbol{k})\cdot(-2\boldsymbol{i} - 3\boldsymbol{j} + 6\boldsymbol{k}) = \frac{9}{7}$$

問題 5.1 $f(x,y,z) = x^2y + 2xz$ とおくと $\nabla f = (2xy + 2z)\boldsymbol{i} + x^2\boldsymbol{j} + 2x\boldsymbol{k}$ で，点 $(2,-2,3)$ において $\nabla f = -2\boldsymbol{i} + 4\boldsymbol{j} + 4\boldsymbol{k}$. よって

$$\boldsymbol{n} \;=\; \frac{\nabla f}{|\nabla f|} = \frac{-2\boldsymbol{i} + 4\boldsymbol{j} + 4\boldsymbol{k}}{\sqrt{2^2 + 4^2 + 4^2}} = -\frac{1}{3}\boldsymbol{i} + \frac{2}{3}\boldsymbol{j} + \frac{2}{3}\boldsymbol{k}$$

点 $(2,-2,3)$ における接平面は $\boldsymbol{n}$ と直交するから

$$-\frac{1}{3}(x-2) + \frac{2}{3}(y+2) + \frac{2}{3}(z-3) = 0 \qquad \therefore\ x - 2y - 2z = 0$$

問題 5.2 $f(x,y,z) = x^2y + y^2z + z^2x$ とおくと $\nabla f = (2xy + z^2)\boldsymbol{i} + (x^2 + 2yz)\boldsymbol{j} + (y^2 + 2zx)\boldsymbol{k}$ で，点 $(-2,1,-1)$ において $\nabla f = -3\boldsymbol{i} + 2\boldsymbol{j} + 5\boldsymbol{k}$. よって

$$\boldsymbol{n} \;=\; \frac{\nabla f}{|\nabla f|} = \frac{-3\boldsymbol{i} + 2\boldsymbol{j} + 5\boldsymbol{k}}{\sqrt{3^2 + 2^2 + 5^2}} = \frac{1}{\sqrt{38}}(-3\boldsymbol{i} + 2\boldsymbol{j} + 5\boldsymbol{k})$$

$\boldsymbol{a}$ と同方向の単位ベクトルは $\boldsymbol{b} = \dfrac{1}{3}(\boldsymbol{i} - 2\boldsymbol{j} + 2\boldsymbol{k})$ だから，

$$\boldsymbol{b}\cdot\nabla f \;=\; \frac{1}{3}(\boldsymbol{i} - 2\boldsymbol{j} + 2\boldsymbol{k})\cdot(-3\boldsymbol{i} + 2\boldsymbol{j} + 5\boldsymbol{k}) = 1$$

問題 5.3 $\nabla f=(2xy-yz)\boldsymbol{i}+(x^2+2yz-xz)\boldsymbol{j}+(y^2-xy)\boldsymbol{k}$ だから，点 $\mathrm{P}(1,2,3)$ においては $\nabla f=-2\boldsymbol{i}+10\boldsymbol{j}+2\boldsymbol{k}$. P の位置ベクトル $\boldsymbol{i}+2\boldsymbol{j}+3\boldsymbol{k}$ と同方向の単位ベクトルは $\boldsymbol{a}=\dfrac{1}{\sqrt{14}}(\boldsymbol{i}+2\boldsymbol{j}+3\boldsymbol{k})$ だから，$\boldsymbol{a}$ 方向の方向微分係数は

$$\boldsymbol{a}\cdot\nabla f \;=\; \frac{1}{\sqrt{14}}(\boldsymbol{i}+2\boldsymbol{j}+3\boldsymbol{k})\cdot(-2\boldsymbol{i}+10\boldsymbol{j}+2\boldsymbol{k})=\frac{24}{\sqrt{14}}$$

方向微分係数が最大になるのは単位法線ベクトル

$$\boldsymbol{n}=\frac{\nabla f}{|\nabla f|}$$

の方向であり，この場合は

$$\boldsymbol{n}\cdot\nabla f \;=\; \frac{\nabla f}{|\nabla f|}\cdot\nabla f=\frac{|\nabla f|^2}{|\nabla f|}=|\nabla f|=\sqrt{2^2+10^2+2^2}=\sqrt{108}$$

問題 6.1 $\dfrac{\partial f}{\partial x}\boldsymbol{i}+\dfrac{\partial f}{\partial y}\boldsymbol{j}+\dfrac{\partial f}{\partial z}\boldsymbol{k}=\boldsymbol{0}$ より $\dfrac{\partial f}{\partial x}=\dfrac{\partial f}{\partial y}=\dfrac{\partial f}{\partial z}=0$. これが至るところで成り立つから f は定数である.

問題 6.2 $df=\dfrac{\partial f}{\partial x}dx+\dfrac{\partial f}{\partial y}dy+\dfrac{\partial f}{\partial z}dz+\dfrac{\partial f}{\partial t}dt=(d\boldsymbol{r}\cdot\nabla)f+\dfrac{\partial f}{\partial t}dt$

問題 7.1 （1） $\mathrm{div}\,\boldsymbol{F}=2x+2y+2z$，よって点 $(1,-1,1)$ では $\mathrm{div}\,\boldsymbol{F}=2$

（2） $\mathrm{div}\,\boldsymbol{F}=4xz-2xyz+6yz$，よって点 $(1,-1,1)$ では $\mathrm{div}\,\boldsymbol{F}=0$

問題 7.2 $\mathrm{div}\,\boldsymbol{F}=1+1+a=0$ より $a=-2$

問題 8.1 $\mathrm{rot}\,\boldsymbol{F}=\begin{vmatrix}\boldsymbol{i} & \boldsymbol{j} & \boldsymbol{k}\\ \dfrac{\partial}{\partial x} & \dfrac{\partial}{\partial y} & \dfrac{\partial}{\partial z}\\ xz^3 & -2x^2yz & 2yz^4\end{vmatrix}=(2z^4+2x^2y)\boldsymbol{i}+3xz^2\boldsymbol{j}-4xyz\boldsymbol{k}$

ゆえに点 $(1,-1,1)$ では $\mathrm{rot}\,\boldsymbol{F}=3\,\boldsymbol{j}+4\,\boldsymbol{k}$.

問題 8.2 $\mathrm{rot}\,\boldsymbol{F}=\begin{vmatrix}\boldsymbol{i} & \boldsymbol{j} & \boldsymbol{k}\\ \dfrac{\partial}{\partial x} & \dfrac{\partial}{\partial y} & \dfrac{\partial}{\partial z}\\ axy-z^3 & (a-2)x^2 & (1-a)xz^2\end{vmatrix}=(a-4)z^2\boldsymbol{j}+(a-4)x\boldsymbol{k}$

ゆえに $\mathrm{rot}\,\boldsymbol{F}=\boldsymbol{0}$ となるのは $a=4$ のときである.

問題 9.1 （1） $\mathrm{rot}\,\boldsymbol{F}=\begin{vmatrix}\boldsymbol{i} & \boldsymbol{j} & \boldsymbol{k}\\ \dfrac{\partial}{\partial x} & \dfrac{\partial}{\partial y} & \dfrac{\partial}{\partial z}\\ 6xy+z^3 & 3x^2-z & 3xz^2-y\end{vmatrix}$

$$=(-1+1)\boldsymbol{i}+(3z^2-3z^2)\boldsymbol{j}+(6x-6x)\boldsymbol{k}=\boldsymbol{0}$$

よって例題 9 が使える．$x_0 = y_0 = z_0 = 0$ とすれば

$$\int_0^x (6xy + z^3)dx = \Big[3x^2y + xz^3\Big]_0^x = 3x^2y + z^3x$$

$$\int_0^y (-z)dy = \Big[-yz\Big]_0^y = -yz\,, \quad \int_0^z 0\,dz = 0$$

$$\therefore \quad f(x, y, z) = 3x^2y + z^3x - yz + C$$

（2）
$$\mathrm{rot}\,\boldsymbol{F} = \begin{vmatrix} \boldsymbol{i} & \boldsymbol{j} & \boldsymbol{k} \\ \dfrac{\partial}{\partial x} & \dfrac{\partial}{\partial y} & \dfrac{\partial}{\partial z} \\ 2xyz^3 & x^2z^3 & 3x^2yz^2 \end{vmatrix}$$

$$= (3x^2z^2 - 3x^2z^2)\boldsymbol{i} + (6xyz^2 - 6xyz^2)\boldsymbol{j} + (2xz^3 - 2xz^3)\boldsymbol{k}$$

$$= \boldsymbol{0}$$

よって例題 9 が使える．$x_0 = y_0 = z_0 = 0$ とすれば

$$\int_0^x 2xyz^3 dx = \Big[x^2yz^3\Big]_0^x = x^2yz^3\,, \quad \int_0^y 0\,dy = 0\,, \quad \int_0^z 0\,dz = 0$$

$$\therefore \quad f(x, y, z) = x^2yz^3 + C$$

問題 10.1 （1） $\mathrm{div}\,\boldsymbol{F} = 1 + 1 - 2 = 0$ だから例題 10 が使える．$x_0 = y_0 = z_0 = 0$ とすれば

$$V_1 = 0, \quad V_2 = \int_0^x (x - 2z)\,dx = \frac{1}{2}x^2 - 2xz$$

$$V_3 = -\int_0^x (y - 2z)\,dx + \int_0^y 3y\,dy = -(xy - 2xz) + \frac{3}{2}y^2$$

よって $\boldsymbol{V} = \left(\dfrac{1}{2}x^2 - 2xz\right)\boldsymbol{j} + \left(\dfrac{3}{2}y^2 - xy + 2xz\right)\boldsymbol{k} + \nabla f$ で与えられる．ただし f は任意のスカラー関数である．

（2） $\mathrm{div}\,\boldsymbol{F} = 0 + 0 + 0 = 0$ だから例題 10 が使える．$x_0 = y_0 = z_0 = 0$ とすれば

$$V_1 = 0, \quad V_2 = \int_0^x 3\,dx = 3x$$

$$V_3 = -\int_0^x 2xz\,dx + \int_0^y 2y\,dy = -x^2z + y^2$$

よって $\boldsymbol{V} = 3x\boldsymbol{j} + (-x^2z + y^2)\boldsymbol{k} + \nabla f$ で与えられる．ただし f は任意のスカラー関数である．

問題 11.1 $\mathrm{rot}\,\boldsymbol{F} = \nabla \times (f\nabla g) = (\nabla f) \times (\nabla g) + f\nabla \times (\nabla g) = (\nabla f) \times (\nabla g)$

$$\therefore \quad \boldsymbol{F} \cdot (\mathrm{rot}\,\boldsymbol{F}) = (f\nabla g) \cdot \big((\nabla f) \times (\nabla g)\big) = f(\nabla g,\, \nabla f,\, \nabla g) = 0$$

問題 11.2 $\mathrm{rot}(\boldsymbol{c} \times \mathrm{grad}\, f) = \nabla \times (\boldsymbol{c} \times \nabla f)$

$$= \big((\nabla f) \cdot \nabla\big)\boldsymbol{c} - (\boldsymbol{c} \cdot \nabla)\nabla f + \boldsymbol{c}(\nabla \cdot \nabla f) - \nabla f(\nabla \cdot \boldsymbol{c})$$

$$= \mathbf{0} - (\boldsymbol{c} \cdot \nabla)\nabla f + \mathbf{0} - \mathbf{0} = -(\boldsymbol{c} \cdot \nabla)\nabla f$$

$$= -(\boldsymbol{c} \cdot \nabla)\mathrm{grad}\, f$$

問題 12.1 公式 4 より

$$\begin{aligned}\nabla\big((\nabla f) \cdot (\nabla g)\big) &= \big((\nabla g) \cdot \nabla\big)\nabla f + \big((\nabla f) \cdot \nabla\big)\nabla g + \nabla g \times (\mathrm{rot}\, \nabla f) + \nabla f \times (\mathrm{rot}\, \nabla g) \\ &= \big((\nabla g) \cdot \nabla\big)\nabla f + \big((\nabla f) \cdot \nabla\big)\nabla g\end{aligned}$$

問題 12.2 公式 4 より

$$\nabla \cdot (\boldsymbol{F} \times \boldsymbol{G}) = \boldsymbol{G} \cdot (\nabla \times \boldsymbol{F}) - \boldsymbol{F} \cdot (\nabla \times \boldsymbol{G}) = \boldsymbol{G} \cdot \mathbf{0} - \boldsymbol{F} \cdot \mathbf{0} = 0$$

問題 13.1

$$\begin{aligned}&(\boldsymbol{U} \times \nabla) \times \boldsymbol{F} \\ &= \left(\boldsymbol{i}\left(U_2\frac{\partial}{\partial z} - U_3\frac{\partial}{\partial y}\right) + \boldsymbol{j}\left(U_3\frac{\partial}{\partial x} - U_1\frac{\partial}{\partial z}\right) + \boldsymbol{k}\left(U_1\frac{\partial}{\partial y} - U_2\frac{\partial}{\partial x}\right)\right) \times \boldsymbol{F} \\ &= \boldsymbol{i}\left(U_2\frac{\partial}{\partial z} - U_3\frac{\partial}{\partial y}\right) \times \boldsymbol{F} + \boldsymbol{j}\left(U_3\frac{\partial}{\partial x} - U_1\frac{\partial}{\partial z}\right) \times \boldsymbol{F} \\ &\quad + \boldsymbol{k}\left(U_1\frac{\partial}{\partial y} - U_2\frac{\partial}{\partial x}\right) \times \boldsymbol{F} \\ &= -\boldsymbol{j}\left(U_2\frac{\partial F_3}{\partial z} - U_3\frac{\partial F_3}{\partial y}\right) + \boldsymbol{k}\left(U_2\frac{\partial F_2}{\partial z} - U_3\frac{\partial F_2}{\partial y}\right) \\ &\quad + \boldsymbol{i}\left(U_3\frac{\partial F_3}{\partial x} - U_1\frac{\partial F_3}{\partial z}\right) - \boldsymbol{k}\left(U_3\frac{\partial F_1}{\partial x} - U_1\frac{\partial F_1}{\partial z}\right) \\ &\quad - \boldsymbol{i}\left(U_1\frac{\partial F_2}{\partial y} - U_2\frac{\partial F_2}{\partial x}\right) + \boldsymbol{j}\left(U_1\frac{\partial F_1}{\partial y} - U_2\frac{\partial F_1}{\partial x}\right) \\ &= \boldsymbol{i}\left(U_1\frac{\partial F_1}{\partial x} + U_2\frac{\partial F_2}{\partial x} + U_3\frac{\partial F_3}{\partial x}\right) + \boldsymbol{j}\left(U_1\frac{\partial F_1}{\partial y} + U_2\frac{\partial F_2}{\partial y} + U_3\frac{\partial F_3}{\partial y}\right) \\ &\quad + \boldsymbol{k}\left(U_1\frac{\partial F_1}{\partial z} + U_2\frac{\partial F_2}{\partial z} + U_3\frac{\partial F_3}{\partial z}\right) - U_1\left(\frac{\partial F_1}{\partial x} + \frac{\partial F_2}{\partial y} + \frac{\partial F_3}{\partial z}\right)\boldsymbol{i} \\ &\quad - U_2\left(\frac{\partial F_1}{\partial x} + \frac{\partial F_2}{\partial y} + \frac{\partial F_3}{\partial z}\right)\boldsymbol{j} - U_3\left(\frac{\partial F_1}{\partial x} + \frac{\partial F_2}{\partial y} + \frac{\partial F_3}{\partial z}\right)\boldsymbol{k} \\ &= \boldsymbol{i}\left(\boldsymbol{U} \cdot \frac{\partial \boldsymbol{F}}{\partial x}\right) + \boldsymbol{j}\left(\boldsymbol{U} \cdot \frac{\partial \boldsymbol{F}}{\partial y}\right) + \boldsymbol{k}\left(\boldsymbol{U} \cdot \frac{\partial \boldsymbol{F}}{\partial z}\right) - (\nabla \cdot \boldsymbol{F})\boldsymbol{U}\end{aligned}$$

一方 $\nabla \times \boldsymbol{F} = \boldsymbol{i} \times \dfrac{\partial \boldsymbol{F}}{\partial x} + \boldsymbol{j} \times \dfrac{\partial \boldsymbol{F}}{\partial y} + \boldsymbol{k} \times \dfrac{\partial \boldsymbol{F}}{\partial z}$ であるから，

4

$$\begin{aligned}
\boldsymbol{U}\times(\nabla\times\boldsymbol{F}) &= \boldsymbol{U}\times\left(\boldsymbol{i}\times\frac{\partial\boldsymbol{F}}{\partial x}\right)+\boldsymbol{U}\times\left(\boldsymbol{j}\times\frac{\partial\boldsymbol{F}}{\partial y}\right)+\boldsymbol{U}\times\left(\boldsymbol{k}\times\frac{\partial\boldsymbol{F}}{\partial z}\right)\\
&= \left(\boldsymbol{U}\cdot\frac{\partial\boldsymbol{F}}{\partial x}\right)\boldsymbol{i}-(\boldsymbol{U}\cdot\boldsymbol{i})\frac{\partial\boldsymbol{F}}{\partial x}+\left(\boldsymbol{U}\cdot\frac{\partial\boldsymbol{F}}{\partial y}\right)\boldsymbol{j}-(\boldsymbol{U}\cdot\boldsymbol{j})\frac{\partial\boldsymbol{F}}{\partial y}\\
&\quad+\left(\boldsymbol{U}\cdot\frac{\partial\boldsymbol{F}}{\partial z}\right)\boldsymbol{k}-(\boldsymbol{U}\cdot\boldsymbol{k})\frac{\partial\boldsymbol{F}}{\partial z}\\
&= \left(\boldsymbol{U}\cdot\frac{\partial\boldsymbol{F}}{\partial x}\right)\boldsymbol{i}+\left(\boldsymbol{U}\cdot\frac{\partial\boldsymbol{F}}{\partial y}\right)\boldsymbol{j}+\left(\boldsymbol{U}\cdot\frac{\partial\boldsymbol{F}}{\partial z}\right)\boldsymbol{k}-(\boldsymbol{U}\cdot\nabla)\boldsymbol{F}
\end{aligned}$$

以上より $(\boldsymbol{U}\times\nabla)\times\boldsymbol{F}=\boldsymbol{U}\times(\nabla\times\boldsymbol{F})-\boldsymbol{U}(\nabla\cdot\boldsymbol{F})+(\boldsymbol{U}\cdot\nabla)\boldsymbol{F}$ を得る．

問題 14.1 $\boldsymbol{E}=-\nabla\phi-\dfrac{1}{c}\dfrac{\partial\boldsymbol{A}}{\partial t}$ を $\nabla\cdot\boldsymbol{E}=4\pi\rho$ に代入し，$\nabla\cdot\boldsymbol{A}=-\dfrac{1}{c}\dfrac{\partial\phi}{\partial t}$ を用いて

$$4\pi\rho = -\nabla\cdot\left(\nabla\phi-\frac{1}{c}\frac{\partial\boldsymbol{A}}{\partial t}\right)=-\nabla^2\phi-\frac{1}{c}\frac{\partial}{\partial t}(\nabla\cdot\boldsymbol{A})=-\nabla^2\phi-\frac{1}{c}\frac{\partial}{\partial t}\left(-\frac{1}{c}\frac{\partial\phi}{\partial t}\right)$$

$$\therefore\quad \nabla^2\phi-\frac{1}{c^2}\frac{\partial^2\phi}{\partial t^2}=-4\pi\rho$$

また $\boldsymbol{E}=-\nabla\phi-\dfrac{1}{c}\dfrac{\partial\boldsymbol{A}}{\partial t}$，$\boldsymbol{H}=\nabla\times\boldsymbol{A}$ を $\nabla\times\boldsymbol{H}=\dfrac{1}{c}\dfrac{\partial\boldsymbol{E}}{\partial t}$ に代入すると，

$$\nabla\times(\nabla\times\boldsymbol{A}) = \frac{1}{c}\frac{\partial}{\partial t}\left(-\nabla\phi-\frac{1}{c}\frac{\partial\boldsymbol{A}}{\partial t}\right)=-\frac{1}{c}\frac{\partial}{\partial t}(\nabla\phi)-\frac{1}{c^2}\frac{\partial^2\boldsymbol{A}}{\partial t^2}$$

よって $\nabla(\nabla\cdot\boldsymbol{A})-\nabla^2\boldsymbol{A}=-\dfrac{1}{c}\nabla\left(\dfrac{\partial\phi}{\partial t}\right)-\dfrac{1}{c^2}\dfrac{\partial^2\boldsymbol{A}}{\partial t^2}$ となり $\nabla^2\boldsymbol{A}=\dfrac{1}{c^2}\dfrac{\partial^2\boldsymbol{A}}{\partial t^2}+\nabla\left(\nabla\cdot\boldsymbol{A}+\dfrac{1}{c}\dfrac{\partial\phi}{\partial t}\right)$ を得る．ここで $\nabla\cdot\boldsymbol{A}+\dfrac{1}{c}\dfrac{\partial\phi}{\partial t}=0$ の仮定を用いれば，$\nabla^2\boldsymbol{A}=\dfrac{1}{c^2}\dfrac{\partial^2\boldsymbol{A}}{\partial t^2}$.

演習 1 $\boldsymbol{a}=a_1\boldsymbol{i}+a_2\boldsymbol{j}+a_3\boldsymbol{k}$，$\boldsymbol{b}=b_1\boldsymbol{i}+b_2\boldsymbol{j}+b_3\boldsymbol{k}$ とすると，

$$\begin{aligned}
f &= (\boldsymbol{r}\times\boldsymbol{a})\cdot(\boldsymbol{r}\times\boldsymbol{b})=\boldsymbol{r}\cdot\big(\boldsymbol{b}\times(\boldsymbol{r}\times\boldsymbol{a})\big)\\
&= \boldsymbol{r}\cdot\big((\boldsymbol{b}\cdot\boldsymbol{a})\boldsymbol{r}-(\boldsymbol{b}\cdot\boldsymbol{r})\boldsymbol{a}\big)=(\boldsymbol{a}\cdot\boldsymbol{b})(\boldsymbol{r}\cdot\boldsymbol{r})-(\boldsymbol{a}\cdot\boldsymbol{r})(\boldsymbol{b}\cdot\boldsymbol{r})\\
&= (a_1b_1+a_2b_2+a_3b_3)(x^2+y^2+z^2)-(a_1x+z_2y+a_3z)(b_1x+b_2y+b_3z)
\end{aligned}$$

よって，

$$\begin{aligned}
\nabla\phi \text{ の } \boldsymbol{i} \text{ 成分} &= 2(a_1b_1+a_2b_2+a_3b_3)-a_1(b_1x+b_2y+b_3z)\\
&\quad -b_1(a_1x+a_2y+a_3z)
\end{aligned}$$

一方

$$\begin{aligned}
\boldsymbol{b}\times(\boldsymbol{r}\times\boldsymbol{a})+\boldsymbol{a}\times(\boldsymbol{r}\times\boldsymbol{b}) &= (\boldsymbol{b}\cdot\boldsymbol{a})\boldsymbol{r}-(\boldsymbol{b}\cdot\boldsymbol{r})\boldsymbol{a}+(\boldsymbol{a}\cdot\boldsymbol{b})\boldsymbol{r}-(\boldsymbol{a}\cdot\boldsymbol{r})\boldsymbol{b}\\
&= 2(\boldsymbol{a}\cdot\boldsymbol{b})\boldsymbol{r}-(\boldsymbol{b}\cdot\boldsymbol{r})\boldsymbol{a}-(\boldsymbol{a}\cdot\boldsymbol{r})\boldsymbol{b}
\end{aligned}$$

であるから，この式の $\boldsymbol{i}$ 成分は

$$2(a_1b_1+a_2b_2+a_3b_3)-a_1(b_1x+b_2y+b_3z)-b_1(a_1x+a_2y+a_3z)$$

よって与式の左辺と右辺の $\boldsymbol{i}$ 成分は等しい．$\boldsymbol{j}$ 成分，$\boldsymbol{k}$ 成分についても同様である．

演習 2　$(\boldsymbol{r}\cdot\nabla)r^n = \left(x\dfrac{\partial}{\partial x} + y\dfrac{\partial}{\partial y} + z\dfrac{\partial}{\partial z}\right)r^n$

$$= xnr^{n-1}\frac{x}{r} + ynr^{n-1}\frac{y}{r} + znr^{n-1}\frac{z}{r} = nr^{n-1}\frac{x^2+y^2+z^2}{r} = nr^n$$

演習 3　(1)　$\nabla f = 6xy\boldsymbol{i} + (3x^2 - 3y^2z^2)\boldsymbol{j} - 2y^3z\boldsymbol{k}$

(2)　$\nabla f = -\dfrac{b\big((x+a)\boldsymbol{i} + y\boldsymbol{j} + z\boldsymbol{k}\big)}{\left(\sqrt{(x+a)^2+y^2+z^2}\right)^3} - \dfrac{c\big((x-a)\boldsymbol{i} + y\boldsymbol{j} + z\boldsymbol{k}\big)}{\left(\sqrt{(x-a)^2+y^2+z^2}\right)^3}$

演習 4　$\nabla\cdot\left(\dfrac{\boldsymbol{r}}{r^2}\right) = \nabla\left(\dfrac{1}{r^2}\right)\cdot\boldsymbol{r} + \dfrac{1}{r^2}\nabla\cdot\boldsymbol{r}$

$$\nabla\left(\frac{1}{r^2}\right) = \frac{d}{dr}\left(\frac{1}{r^2}\right)\nabla r = \frac{-2}{r^3}\frac{\boldsymbol{r}}{r} = \frac{-2}{r^4}\boldsymbol{r},\quad \nabla\cdot\boldsymbol{r} = \frac{\partial x}{\partial x} + \frac{\partial y}{\partial y} + \frac{\partial z}{\partial z} = 3$$

よって $\nabla\cdot\left(\dfrac{\boldsymbol{r}}{r^2}\right) = \dfrac{-2}{r^4}\boldsymbol{r}\cdot\boldsymbol{r} + \dfrac{1}{r^2}3 = \dfrac{1}{r^2}$

$$\begin{aligned}\nabla^2 r &= \nabla\cdot(\nabla r) = \nabla\cdot(r^{-1}\boldsymbol{r}) = \nabla(r^{-1})\cdot\boldsymbol{r} + r^{-1}\nabla\cdot\boldsymbol{r} \\ &= -r^{-1} + 3r^{-1} = 2r^{-1}\end{aligned}$$

$$\nabla^2\left(\frac{1}{r^2}\right) = \nabla\cdot\left(\nabla\frac{1}{r^2}\right) = \nabla\cdot\left(\frac{-2}{r^4}\boldsymbol{r}\right) = \left(\nabla\frac{-2}{r^4}\right)\cdot\boldsymbol{r} - \frac{2}{r^4}\nabla\cdot\boldsymbol{r} = \frac{2}{r^4}$$

演習 5　$\operatorname{div}\boldsymbol{F} = \dfrac{\partial}{\partial x}(\lambda x) + \dfrac{\partial}{\partial y}(-\lambda y) = \dfrac{\partial\lambda}{\partial x}x + \lambda - \dfrac{\partial\lambda}{\partial y}y - \lambda = \dfrac{\partial\lambda}{\partial x}x - \dfrac{\partial\lambda}{\partial y}y$

$$\operatorname{rot}\boldsymbol{F} = \nabla\times(\lambda x\boldsymbol{i} - \lambda y\boldsymbol{j}) = y\frac{\partial\lambda}{\partial z}\boldsymbol{i} + x\frac{\partial\lambda}{\partial z}\boldsymbol{j} - \left(y\frac{\partial\lambda}{\partial x} + x\frac{\partial\lambda}{\partial y}\right)\boldsymbol{k} = \boldsymbol{0}$$

$$\therefore\quad \frac{\partial\lambda}{\partial x}x = \frac{\partial\lambda}{\partial y}y,\quad y\frac{\partial\lambda}{\partial z} = 0,\quad x\frac{\partial\lambda}{\partial z} = 0,\quad y\frac{\partial\lambda}{\partial x} + x\frac{\partial\lambda}{\partial y} = 0$$

これがすべての点で成り立つから，第 2 式より $\dfrac{\partial\lambda}{\partial z} = 0$，最初と最後の式から $(x^2+y^2)\dfrac{\partial\lambda}{\partial y}$ $= 0$．ゆえに $\dfrac{\partial\lambda}{\partial y} = 0$．したがって $\dfrac{\partial\lambda}{\partial x} = \dfrac{\partial\lambda}{\partial y} = \dfrac{\partial\lambda}{\partial z} = 0$ で λ は定数である．

演習 6　(1)　$\operatorname{div}(r^n\boldsymbol{r}) = (\nabla r^n)\cdot\boldsymbol{r} + r^n\nabla\cdot\boldsymbol{r} = nr^{n-2}\boldsymbol{r}\cdot\boldsymbol{r} + 3r^n = (n+3)r^n$

(2)　$\operatorname{rot}\big(f(r)\boldsymbol{r}\big) = \big(\nabla f(r)\big)\times\boldsymbol{r} + f(r)(\nabla\times\boldsymbol{r})$

$$\begin{aligned}\nabla f(r) &= \frac{\partial f}{\partial x}\boldsymbol{i} + \frac{\partial f}{\partial y}\boldsymbol{j} + \frac{\partial f}{\partial z}\boldsymbol{k} = f'(r)\frac{\partial r}{\partial x}\boldsymbol{i} + f'(r)\frac{\partial r}{\partial y}\boldsymbol{j} + f'(r)\frac{\partial r}{\partial z}\boldsymbol{k} \\ &= f'(r)\left(\frac{\partial r}{\partial x}\boldsymbol{i} + \frac{\partial r}{\partial y}\boldsymbol{j} + \frac{\partial r}{\partial z}\boldsymbol{k}\right) = f'(r)\nabla r = \frac{f'(r)}{r}\boldsymbol{r}\end{aligned}$$

$$\nabla\times\boldsymbol{r} = \left(\frac{\partial z}{\partial y} - \frac{\partial y}{\partial z}\right)\boldsymbol{i} + \left(\frac{\partial x}{\partial z} - \frac{\partial z}{\partial x}\right)\boldsymbol{j} + \left(\frac{\partial y}{\partial x} - \frac{\partial x}{\partial y}\right)\boldsymbol{k} = \boldsymbol{0}$$

$$\therefore\quad \mathrm{rot}(f(r)\boldsymbol{r}) = r^{-1}f'(r)\boldsymbol{r}\times\boldsymbol{r} + f(r)(\nabla\times\boldsymbol{r}) = \boldsymbol{0}$$

(3) $\mathrm{rot}\left(\dfrac{\boldsymbol{a}\times\boldsymbol{r}}{r^3}\right) = \nabla\times\left(\dfrac{1}{r^3}\boldsymbol{a}\times\boldsymbol{r}\right) = \nabla\dfrac{1}{r^3}\times(\boldsymbol{a}\times\boldsymbol{r}) + \dfrac{1}{r^3}\big(\nabla\times(\boldsymbol{a}\times\boldsymbol{r})\big)$

$\boldsymbol{a} = a_1\boldsymbol{i} + a_2\boldsymbol{j} + a_3\boldsymbol{k}$ とすると $\boldsymbol{a}\times\boldsymbol{r} = (a_2z - a_3y)\boldsymbol{i} + (a_3x - a_1z)\boldsymbol{j} + (a_1y - a_2x)\boldsymbol{k}$

$$\begin{aligned}\therefore\quad \nabla\times(\boldsymbol{a}\times\boldsymbol{r}\,) &= \begin{vmatrix} \boldsymbol{i} & \boldsymbol{j} & \boldsymbol{k} \\ \dfrac{\partial}{\partial x} & \dfrac{\partial}{\partial y} & \dfrac{\partial}{\partial z} \\ a_2z - z_3y & a_3x - a_1z & a_1y - a_2x \end{vmatrix} \\ &= 2(a_1\boldsymbol{i} + a_2\boldsymbol{j} + a_3\boldsymbol{k}) = 2\boldsymbol{a}\end{aligned}$$

よって

$$\begin{aligned}\mathrm{rot}\left(\frac{\boldsymbol{a}\times\boldsymbol{r}}{r^3}\right) &= \frac{-3}{r^5}\boldsymbol{r}\times(\boldsymbol{a}\times\boldsymbol{r}) + \frac{2}{r^3}\boldsymbol{a} = \frac{-3}{r^5}\big((\boldsymbol{r}\cdot\boldsymbol{r})\boldsymbol{a} - (\boldsymbol{a}\cdot\boldsymbol{r})\boldsymbol{r}\big) + \frac{2}{r^3}\boldsymbol{a} \\ &= -\frac{1}{r^3}\boldsymbol{a} + 3\frac{\boldsymbol{a}\cdot\boldsymbol{r}}{r^5}\boldsymbol{r}\end{aligned}$$

演習 7 $\nabla f = 2xyz\boldsymbol{i} + z^2z\boldsymbol{j} + x^2y\boldsymbol{k}$, $\nabla\times\boldsymbol{F} = y\boldsymbol{i} + (4xz - 3z^3)\boldsymbol{k}$ だから

$$\begin{aligned}\nabla f\times\boldsymbol{F} &= \begin{vmatrix} \boldsymbol{i} & \boldsymbol{j} & \boldsymbol{k} \\ 2xyz & z^2z & x^2y \\ 2xz^2 & -yz & 3xz^3 \end{vmatrix} \\ &= (3x^3z^4 + x^2y^2z)\boldsymbol{i} + (2x^3yz^2 - 6x^2yz^4)\boldsymbol{j} - (2xy^2z^2 + 2x^3z^3)\boldsymbol{k} \\ \therefore\quad \mathrm{rot}(f\boldsymbol{F}) &= \nabla f\times\boldsymbol{F} + f\nabla\times\boldsymbol{F} \\ &= (3x^3z^4 + x^2y^2z)\boldsymbol{i} + (2x^3yz^2 - 6x^2yz^4)\boldsymbol{j} - (2xy^2z^2 + 2x^3z^3)\boldsymbol{k} \\ &\quad + x^2yz\big(y\boldsymbol{i} + (4xz - 3z^3)\boldsymbol{k}\big) \\ &= (3x^3z^4 + 2x^2y^2z)\boldsymbol{i} + (6x^3yz^2 - 9x^2yz^4)\boldsymbol{j} - (2xy^2z^2 + 2x^3z^3)\boldsymbol{k}\end{aligned}$$

演習 8 (1) $\nabla\cdot(\boldsymbol{F} + \nabla\times\boldsymbol{F}) = \nabla\cdot\boldsymbol{F} + \nabla\cdot(\nabla\times\boldsymbol{F}) = \nabla\cdot\boldsymbol{F}$

(2) $\nabla\times\boldsymbol{F} = \boldsymbol{G}$ とおけば

$$\begin{aligned}\nabla\times\big(\nabla\times(\nabla\times\boldsymbol{F})\big) &= \nabla\times(\nabla\times\boldsymbol{G}) = \nabla(\nabla\cdot\boldsymbol{G}) = \nabla(\nabla\cdot\boldsymbol{G}) - \nabla^2\boldsymbol{G} \\ &= \nabla\big(\nabla\cdot(\nabla\times\boldsymbol{F})\big) - \nabla^2(\nabla\times\boldsymbol{F}) = -\nabla^2(\nabla\times\boldsymbol{F})\end{aligned}$$

(3) $\nabla\cdot(\boldsymbol{F}\times\nabla f) = (\nabla f)\cdot(\nabla\times\boldsymbol{F}) - \boldsymbol{F}\cdot(\nabla\times(\nabla f)) = (\nabla f)\cdot(\nabla\times\boldsymbol{F})$

(4)
$$\begin{aligned}\nabla\times\big(\boldsymbol{K}\times(\nabla\times\boldsymbol{F})\big) &= \big((\nabla\times\boldsymbol{F})\cdot\nabla\big)\boldsymbol{K} - (\boldsymbol{K}\cdot\nabla)(\nabla\times\boldsymbol{F}) \\ &\quad + \boldsymbol{K}\big(\nabla\cdot(\nabla\times\boldsymbol{F})\big) - (\nabla\times\boldsymbol{F})(\nabla\cdot\boldsymbol{K}) \\ &= \boldsymbol{0} - (\boldsymbol{K}\cdot\nabla)(\nabla\times\boldsymbol{F}) + \boldsymbol{0} - \boldsymbol{0} \\ &= -(\boldsymbol{K}\cdot\nabla)(\nabla\times\boldsymbol{F})\end{aligned}$$

第 5 章の解答

問題 1.1　(1)　OB は $\boldsymbol{r} = 12t\boldsymbol{i} + 16t\boldsymbol{j} \quad (0 \leqq t \leqq 1)$, $ds = \sqrt{12^2 + 16^2}\,dt = 20\,dt$, BA は $\boldsymbol{r} = 12\,\boldsymbol{i} + 16\,\boldsymbol{j} + 20\,t\boldsymbol{k} \quad (0 \leqq t \leqq 1)$, $ds = \sqrt{20^2}\,dt = 20\,dt$ と表せるから,

$$\begin{aligned}\int_C f\,ds &= \int_{\mathrm{OB}} (x+y+z)ds + \int_{\mathrm{BA}} (x+y+z)ds \\ &= \int_0^1 (12t+16t)20\,dt + \int_0^1 (12+16+20t)20\,dt \\ &= 1040\end{aligned}$$

$$\begin{aligned}\int_C f\,dx &= \int_{\mathrm{OB}} (x+y+z)\,dx + \int_{\mathrm{BA}} (x+y+z)\,dx \\ &= \int_0^1 (x+y+z)\frac{dx}{dt}dt + \int_0^1 (x+y+z)\frac{dx}{dt}dt \\ &= \int_0^1 (12t+16t)12\,dt \\ &= 168\end{aligned}$$

(2)　$ds = \sqrt{1^2 + (2t)^2}dt = \sqrt{1+4t^2}\,dt$ だから,

$$\int_C f\,ds = \int_0^1 (xy+yz+zx)\frac{ds}{dt}\,dt = \int_0^1 t^3\sqrt{1+4t^2}\,dt = \frac{1}{24}\left(5\sqrt{5} + \frac{1}{5}\right)$$

$$\int_C f\,dx = \int_0^1 (xy+yz+zx)\frac{dx}{dt}dt = \int_0^1 t^3 dt = \frac{1}{4}$$

問題 2.1　(1)
$$\begin{aligned}\int_C \boldsymbol{F}\cdot d\boldsymbol{r} &= \int_0^1 \Big((3t^2+6t^2)\boldsymbol{i} - 14t^5\boldsymbol{j} + 20t^7\boldsymbol{k}\Big)\cdot(\boldsymbol{i} + 2t\boldsymbol{j} + 3t^2\boldsymbol{k})\,dt \\ &= \int_0^1 (9t^2 - 28t^6 + 60t^9)\,dt = 5\end{aligned}$$

(2)　C は $\boldsymbol{r} = t\,\boldsymbol{i} + t\,\boldsymbol{j} + t\,\boldsymbol{k} \quad (0 \leqq t \leqq 1)$ と表せるから,

$$\begin{aligned}\int_C \boldsymbol{F}\cdot d\boldsymbol{r} &= \int_0^1 \Big((3t^2+6t)\boldsymbol{i} - 14t^2 + 20t^3\Big)\cdot(\boldsymbol{i}+\boldsymbol{j}+\boldsymbol{k})\,dt \\ &= \int_0^1 (20t^3 - 11t^2 + 6t)\,dt = \frac{13}{3}\end{aligned}$$

問題 2.2　C は $\boldsymbol{r} = 3\cos t\,\boldsymbol{i} + 3\sin t\,\boldsymbol{j} \quad (0 \leqq t \leqq 2\pi)$ と表せるから, C 上では

$$\boldsymbol{F} = (6\cos t - 3\sin t)\boldsymbol{i} + (3\cos t + 3\sin t)\boldsymbol{j} + (9\cos t - 6\sin t + 4)\boldsymbol{k}$$

5

$$\begin{aligned} \boldsymbol{F}\cdot d\boldsymbol{r} &= \boldsymbol{F}\cdot(-3\sin t\,\boldsymbol{i}+3\cos t\,\boldsymbol{j}\,)\,dt \\ &= \Big(-3(6\cos t-3\sin t)\sin t+3(3\cos t+3\sin t)\cos t\Big)dt \\ &= (9-9\sin t\cos t)\,dt \end{aligned}$$

$$\therefore\quad \int_C \boldsymbol{F}\cdot d\boldsymbol{r} = \int_0^{2\pi}(9-9\sin t\cos t)dt = \left[9t-\frac{9}{2}\sin^2 t\right]_0^{2\pi} = 18\pi$$

問題 2.3　C は $\boldsymbol{r}=a\cos t\,\boldsymbol{i}+a\sin t\,\boldsymbol{j}+a(1-\cos t)\boldsymbol{k}\quad(0\leqq t\leqq \frac{\pi}{2})$ と表せるから，C 上では

$$\boldsymbol{F}=a^3\cos t\,\boldsymbol{i}+a^3\sin t(1-\cos t)\boldsymbol{j}+a^3\cos t(1-\cos t)\boldsymbol{k}$$

$$\begin{aligned} \boldsymbol{F}\cdot d\boldsymbol{r} &= \boldsymbol{F}\cdot(-a\sin t\,\boldsymbol{i}+a\cos t\,\boldsymbol{j}+a\sin t\,\boldsymbol{k})\,dt \\ &= a^4(\sin t\cos t-3\sin t\cos^2 t+\sin t\cos^3 t)\,dt \end{aligned}$$

$$\begin{aligned} \therefore\quad \int_C \boldsymbol{F}\cdot d\boldsymbol{r} &= \int_0^{\pi/2} a^4(\sin t\cos t-3\sin t\cos^2 t+\sin t\cos^3 t)\,dt \\ &= \left[a^4\left(-\frac{1}{2}\cos^t+\cos^3 t-\frac{1}{4}\cos^4 t\right)\right]_0^{\pi/2} = -\frac{a^4}{4} \end{aligned}$$

5

問題 3.1　C は $\boldsymbol{r}=t\boldsymbol{i}+2t\boldsymbol{j}+2t\boldsymbol{k}\quad(0\leqq t\leqq 1)$ と表せるから，C 上では $\boldsymbol{F}=t\boldsymbol{i}+6t\boldsymbol{j}+2t\boldsymbol{k}$，$ds=\sqrt{1^2+2^2+2^2}\,dt=3\,dt$

（1）　$$\int_C \boldsymbol{F}\,ds=\boldsymbol{i}\int_0^1 3t\,dt+\boldsymbol{j}\int_0^1 18t\,dt+\boldsymbol{k}\int_0^1 6t\,dt=\frac{3}{2}\boldsymbol{i}+9\boldsymbol{j}+3\boldsymbol{k}$$

（2）　$$\begin{aligned} \int_C \boldsymbol{F}\cdot d\boldsymbol{r} &= \int_0^1 (t\boldsymbol{i}+6t\boldsymbol{j}+2t\boldsymbol{k})\cdot(t\boldsymbol{i}+2t\boldsymbol{j}+2t\boldsymbol{k})\,dt \\ &= \int_0^1 17t\,dt=\frac{17}{2} \end{aligned}$$

（3）　$$\boldsymbol{F}\times d\boldsymbol{r}=\begin{vmatrix} \boldsymbol{i} & \boldsymbol{j} & \boldsymbol{k} \\ t & 6t & 2t \\ 1 & 2 & 2 \end{vmatrix}dt=(8t\boldsymbol{i}-4t\boldsymbol{k})\,dt$$

$$\therefore\quad \int_C \boldsymbol{F}\times d\boldsymbol{r} = \int_0^1(8t\boldsymbol{i}-4t\boldsymbol{k})dt=4\boldsymbol{i}-2\boldsymbol{k}$$

問題 4.1　$\boldsymbol{F}=(2xy+z^3)\boldsymbol{i}+x^2\boldsymbol{j}+3xz^2\boldsymbol{k}$ とすると

$$\mathrm{rot}\,\boldsymbol{F}=\begin{vmatrix} \boldsymbol{i} & \boldsymbol{j} & \boldsymbol{k} \\ \dfrac{\partial}{\partial x} & \dfrac{\partial}{\partial y} & \dfrac{\partial}{\partial z} \\ 2xy+z^3 & x^2 & 3xz^2 \end{vmatrix}=0\boldsymbol{i}+(3z^2-3z^2)\boldsymbol{j}+(2x-2x)\boldsymbol{k}=\boldsymbol{0}$$

ゆえに積分は C によらない．したがって C を A から B へ至る線分 $\boldsymbol{r} = (1+2t)\boldsymbol{i} + (-1+2t)\boldsymbol{j} + (1+3t)\boldsymbol{k} \quad (0 \leqq t \leqq 1)$ とすると，C 上では

$$\begin{aligned}\boldsymbol{F} &= \bigl(2(1+2t)(-1+2t) + (1+3t)^3\bigr)\boldsymbol{i} + (1+2t)^2\boldsymbol{j} + 3(1+2t)(1+3t)^2\boldsymbol{k} \\ &= (27t^3 + 35t^2 + 9t - 1)\boldsymbol{i} + (1 + 4t + 4t^2)\boldsymbol{j} + (54t^3 + 63t^2 + 24t + 3)\boldsymbol{k}\end{aligned}$$

$$\begin{aligned}\therefore \quad \int_C \boldsymbol{F}\cdot d\boldsymbol{r} &= \int_0^1 \boldsymbol{F}\cdot(2\boldsymbol{i} + 2\boldsymbol{j} + 3\boldsymbol{k})dt \\ &= \int_0^1 (216t^3 + 267t^2 + 98t + 9)dt = 201\end{aligned}$$

問題 4.2 $\boldsymbol{F} = (2x + yz)\boldsymbol{i} + zx\boldsymbol{j} + xy\boldsymbol{k}$ とおくと

$$\mathrm{rot}\,\boldsymbol{F} = \begin{vmatrix} \boldsymbol{i} & \boldsymbol{j} & \boldsymbol{k} \\ \dfrac{\partial}{\partial x} & \dfrac{\partial}{\partial y} & \dfrac{\partial}{\partial z} \\ 2x + yz & zx & xy \end{vmatrix} = (x - x)\boldsymbol{i} + (y - y)\boldsymbol{j} + (z - z)\boldsymbol{k} = \boldsymbol{0}$$

であり，

$$\int_C (2x + yz)\,dx + \int_C zx\,dy + \int_C xy\,dz = \int_C \boldsymbol{F}\cdot d\boldsymbol{r}$$

だから，積分は C によらない．したがって C を A から B へ至る線分 $\boldsymbol{r} = (1+t)\boldsymbol{i} - t\boldsymbol{j} + (-1+4t)\boldsymbol{k} \quad (0 \leqq t \leqq 1)$ とすると，C 上では

$$\begin{aligned}\boldsymbol{F} &= \bigl(2(1+t) - t(-1+4t)\bigr)\boldsymbol{i} + (-1+4t)(1+t)\boldsymbol{j} - t(1+t)\boldsymbol{k} \\ &= (-4t^2 + 3t + 2)\boldsymbol{i} + (4t^2 + 3t - 1)\boldsymbol{j} - (t^2 + t)\boldsymbol{k}\end{aligned}$$

$$\therefore \quad \int_C \boldsymbol{F}\cdot d\boldsymbol{r} = \int_0^1 \boldsymbol{F}\cdot(\boldsymbol{i} - \boldsymbol{j} + 4\boldsymbol{k})\,dt = \int_0^1 (-12t^2 - 4t + 3)\,dt = -2$$

問題 5.1 $$\mathrm{rot}\,\boldsymbol{F} = \begin{vmatrix} \boldsymbol{i} & \boldsymbol{j} & \boldsymbol{k} \\ \dfrac{\partial}{\partial x} & \dfrac{\partial}{\partial y} & \dfrac{\partial}{\partial z} \\ 2xy + z^3 & x^2 & 3xz^2 \end{vmatrix} = (0 - 0)\boldsymbol{i} + (3z^2 - 3z^2)\boldsymbol{j} + (2x - 2x)\boldsymbol{k} = \boldsymbol{0}$$

だから，積分は C の選び方によらない．$\boldsymbol{F}$ のスカラーポテンシャルを求めると，$x_0 = y_0 = z_0 = 0$ として

$$f(x, y, z) = \int_0^x (2xy + z^3)\,dx + \int_0^y 0\,dy + \int_0^z 0\,dz = x^2y + xz^3$$

(1) $\displaystyle\int_C \boldsymbol{F}\cdot d\boldsymbol{r} = f(\mathrm{B}) - f(\mathrm{A}) = f(3, 1, 4) - f(1, -1, 1) = 201$

5

(2) $\displaystyle\int_C \boldsymbol{F}\cdot d\boldsymbol{r} = f(\mathrm{B}) - f(\mathrm{A}) = f(4,-1,-3) - f(1,-1,1) = -124$

問題 5.2 $\mathrm{rot}\,\boldsymbol{F} = \begin{vmatrix} \boldsymbol{i} & \boldsymbol{j} & \boldsymbol{k} \\ \dfrac{\partial}{\partial x} & \dfrac{\partial}{\partial y} & \dfrac{\partial}{\partial z} \\ 2y^2+2xz & 4xy-z^2 & x^2-2yz \end{vmatrix}$

$= (-2z+2z)\boldsymbol{i} + (2x-2x)\boldsymbol{j} + (4y-4y)\boldsymbol{k} = \boldsymbol{0}$

だから，積分は C の選び方によらない．$\boldsymbol{F}$ のスカラーポテンシャルを求めると，$x_0 = y_0 = z_0 = 0$ として

$$\begin{aligned} f(x,y,z) &= \int_0^x (2y^2+2xz)\,dx + \int_0^y (-z^2)\,dy + \int_0^z 0\,dz \\ &= 2xy^2 + x^2z - yz^2 \end{aligned}$$

(1) $\displaystyle\int_C \boldsymbol{F}\cdot d\boldsymbol{r} = f(-1,1,2) - f(0,0,0) = -4$

(2) $\displaystyle\int_C \boldsymbol{F}\cdot d\boldsymbol{r} = f(2,3,4) - f(1,1,1) = 2$

問題 6.1 $\sqrt{EG-F^2} = \sin u$ だから

$$\begin{aligned} \int_S (x+y+z)dS &= \iint_D (\sin u\cos v + \sin u\sin v + \cos u)\sin u\,du\,dv \\ &= \int_0^{2\pi} (\sin v + \cos v)\,dv \int_0^{\pi} \sin^2 u\,du + \int_0^{2\pi} dv \int_0^{\pi} \sin u\cos u\,du \\ &= 0 \end{aligned}$$

$$\begin{aligned} \int_S (x+y+z)\,d\boldsymbol{S} &= \boldsymbol{i}\int_S (x+y+z)\,dy\,dz + \boldsymbol{j}\int_S (x+y+z)\,dz\,dx \\ &\quad + \boldsymbol{k}\int_S (x+y+z)\,dx\,dy \end{aligned}$$

$$\begin{aligned} \int_S (x+y+z)\,dy\,dz &= \int_D (\sin u\cos v + \sin u\sin v + \cos u)\sin^2 u\cos v\,du\,dv \\ &= \int_0^{2\pi} \cos v(\cos v + \sin v)\,dv \int_0^{\pi} \sin^3 u\,du \\ &\quad + \int_0^{2\pi} \cos v\,dv \int_0^{\pi} \sin^2 u\cos u\,du \\ &= \frac{4}{3}\pi \end{aligned}$$

$$\begin{aligned}
\int_S (x+y+z)\,dz\,dx &= \int_D (\sin u\cos v + \sin u\sin v + \cos u)\sin^2 u\sin v\,du\,dv \\
&= \int_0^{2\pi} \sin v(\cos v + \sin v)\,dv \int_0^{\pi} \sin^3 u\,du \\
&\quad + \int_0^{2\pi} \sin v\,dv \int_0^{\pi} \sin^2 u\cos u\,du \\
&= \frac{4}{3}\pi \\
\int_S (x+y+z)\,dx\,dy &= \int_D (\sin u\cos v + \sin u\sin v + \cos u)\sin u\cos u\,du\,dv \\
&= \int_0^{2\pi} (\cos v + \sin v)\,dv \int_0^{\pi} \sin^2 u\cos u\,du \\
&\quad + \int_0^{2\pi} dv \int_0^{\pi} \sin u\cos^2 u\,du \\
&= \frac{4}{3}\pi
\end{aligned}$$

$$\therefore \quad \int_S (x+y+z)\,d\boldsymbol{S} = \frac{4}{3}\pi(\boldsymbol{i}+\boldsymbol{j}+\boldsymbol{k})$$

問題 7.1 S の xy 平面への正射影を D とすると，

$$\begin{aligned}
\int_S (x^2+y^2)\,dS &= \iint_D (x^2+y^2)\sqrt{1+\left(\frac{\partial z}{\partial x}\right)^2+\left(\frac{\partial z}{\partial y}\right)^2}\,dx\,dy \\
&= \iint_D (x^2+y^2)\sqrt{1+4x^2+4y^2}\,dx\,dy \\
&\qquad (x = r\cos\theta,\ y = r\cos\theta \text{ とおくと}) \\
&= \int_0^{\pi/2} d\theta \int_0^{\sqrt{2}} r^3\sqrt{1+4r^2}\,dr \quad (\sqrt{1+4r^2}=t) \\
&= \frac{\pi}{2}\cdot\frac{1}{16}\int_1^3 (t^4-t^2)dt = \frac{149}{120}\pi
\end{aligned}$$

単位法線ベクトルは

$$\boldsymbol{n} = \frac{\nabla(x^2+y^2+z)}{|\nabla(x^2+y^2+z)|} = \frac{2x\boldsymbol{i}+2y\boldsymbol{j}+\boldsymbol{k}}{\sqrt{1+4x^2+4y^2}}$$

であるから，

$$\begin{aligned}
\int_S (x\boldsymbol{i}+z\boldsymbol{k})\cdot d\boldsymbol{S} &= \iint_D (x\boldsymbol{i}+z\boldsymbol{k})\cdot\boldsymbol{n}\frac{1}{|\boldsymbol{n}\cdot\boldsymbol{k}|}dx\,dy \\
&= \iint_D \frac{x^2-y^2+2}{\sqrt{1+4x^2+4y^2}}\sqrt{1+4x^2+4y^2}\,dx\,dy
\end{aligned}$$

$$= \iint_D (x^2 - y^2 + 2)\,dx\,dy$$

$$= \int_0^{\pi/2} d\theta \int_0^{\sqrt{2}} (r^2\cos^2\theta - r^2\sin^2\theta + 2) r\,dr$$

$$= \int_0^{\pi/2} (\cos 2\theta + 2)\,d\theta = \pi$$

問題 8.1　単位法線ベクトルは

$$\boldsymbol{n} = \frac{\nabla(x^2+y^2)}{|\nabla(x^2+y^2)|} = \frac{2x\boldsymbol{i}+2y\boldsymbol{j}}{|2x\boldsymbol{i}+2y\boldsymbol{j}|} = \frac{x\boldsymbol{i}+y\boldsymbol{j}}{x^2+y^2} = \frac{x\boldsymbol{i}+y\boldsymbol{j}}{2}$$

であるから，S の yz 平面への正射影を D とすると

$$\int_S (2y\boldsymbol{i} + 6xz\boldsymbol{j} + 3x\boldsymbol{k}) \cdot d\boldsymbol{S} = \iint_D (2y\boldsymbol{i} + 6xz\boldsymbol{j} + 3x\boldsymbol{k}) \cdot \boldsymbol{n} \frac{1}{|\boldsymbol{n}\cdot\boldsymbol{i}|}\,dy\,dz$$

$$= \iint_D (xy + 3xyz)\frac{2}{x}\,dy\,dz = 2\int_0^2 (3z+1)dz \int_0^2 y\,dy = 32$$

問題 8.2　単位法線ベクトルは

$$\boldsymbol{n} = \frac{\nabla(x^2+z^2)}{|\nabla(x^2+z^2)|} = \frac{2x\boldsymbol{i}+2z\boldsymbol{j}}{|2x\boldsymbol{i}+2z\boldsymbol{j}|} = \frac{x\boldsymbol{i}+z\boldsymbol{j}}{\sqrt{x^2+z^2}} = \frac{x\boldsymbol{i}+z\boldsymbol{j}}{3}$$

であるから，S の xy 平面への正射影を D とすると

$$\int_S \Big(6z\boldsymbol{i} + (2x+y)\boldsymbol{j} - x\boldsymbol{k}\Big) \cdot d\boldsymbol{S} = \iint_D \Big(6z\boldsymbol{i} + (2x+y)\boldsymbol{j} - x\boldsymbol{k}\Big) \cdot \boldsymbol{n} \frac{1}{|\boldsymbol{n}\cdot\boldsymbol{k}|}\,dx\,dy$$

$$= \iint_D \frac{5xz}{3}\frac{3}{z}\,dx\,dy = 5\int_0^3 x\,dx \int_0^8 dy = 180$$

問題 9.1
$$\nabla \times \boldsymbol{F} = \begin{vmatrix} \boldsymbol{i} & \boldsymbol{j} & \boldsymbol{k} \\ \dfrac{\partial}{\partial x} & \dfrac{\partial}{\partial y} & \dfrac{\partial}{\partial z} \\ y & -x & z \end{vmatrix}$$

$$= (0-0)\boldsymbol{i} + (0-0)\boldsymbol{j} + (-1-1)\boldsymbol{k} = -2\boldsymbol{k}$$

$$\boldsymbol{n} = \frac{1}{2}(x\boldsymbol{i} + y\boldsymbol{j} + z\boldsymbol{k})$$

より

$$\int_S (\nabla \times \boldsymbol{F}) \cdot \boldsymbol{n}\,dS = \iint_D (-2\boldsymbol{k}) \cdot \boldsymbol{n} \frac{1}{|\boldsymbol{n}\cdot\boldsymbol{k}|}\,dx\,dy$$

$$= \iint_D (-z)\frac{2}{z}\,dx\,dy = -2\int_0^{2\pi} d\theta \int_0^2 dr = -8\pi$$

問題 10.1 (1) $\displaystyle\int_S \nabla r \cdot d\boldsymbol{S} = \int_S \nabla r \cdot \boldsymbol{n}\, dS = \int_S \frac{\boldsymbol{r}}{r} \cdot \frac{\boldsymbol{r}}{r} dS = \int_S \frac{r^2}{r^2} dS = 4\pi a^2$

(2) $$\int_S \Big((x+y)\boldsymbol{i} - (x-y)\boldsymbol{j} + z\boldsymbol{k}\Big) \cdot d\boldsymbol{S} = \int_S \Big((x+y)\boldsymbol{i} - (x-y)\boldsymbol{j} + z\boldsymbol{k}\Big) \cdot \boldsymbol{n}\, dS$$
$$= \int_S \Big((x+y)\boldsymbol{i} - (x-y)\boldsymbol{j} + z\boldsymbol{k}\Big) \cdot \frac{x\boldsymbol{i} + y\boldsymbol{j} + z\boldsymbol{k}}{r}\, dS$$
$$= \int_S \frac{x^2+y^2+z^2}{r} dS = a \int_S dS = 4\pi a^3$$

問題 10.2 平面 ABC の方程式は $x+y+z=1$ だから，単位法線ベクトルは

$$\boldsymbol{n} = \frac{\nabla(x+y+z)}{|\nabla(x+y+z)|} = \frac{1}{\sqrt{3}}(\boldsymbol{i}+\boldsymbol{j}+\boldsymbol{k})$$

三角形 ABC を xy 平面上に射影してできる領域を D とすると

$$\begin{aligned}\int_{\triangle \mathrm{ABC}} (x\boldsymbol{i} + y\boldsymbol{j} - z\boldsymbol{k}) \cdot d\boldsymbol{S} &= \iint_D (x\boldsymbol{i} + y\boldsymbol{j} - z\boldsymbol{k}) \cdot \boldsymbol{n} \frac{1}{|\boldsymbol{n}\cdot\boldsymbol{k}|}\, dx\, dy \\ &= \iint_D \frac{x+y-z}{\sqrt{3}} \sqrt{3}\, dx\, dy \\ &= \int_0^1 dx \int_0^{1-x} (2x+2y-1)\, dy = \frac{1}{6}\end{aligned}$$

三角形 ABO の単位法線ベクトルは $\boldsymbol{n} = -\boldsymbol{k}$ だから

$$\int_{\triangle \mathrm{ABO}} (x\boldsymbol{i} + y\boldsymbol{j} - z\boldsymbol{k}) \cdot d\boldsymbol{S} = \iint_D (x\boldsymbol{i} + y\boldsymbol{j}) \cdot (-\boldsymbol{k}) \frac{1}{|-\boldsymbol{k}\cdot\boldsymbol{k}|}\, dx\, dy = 0$$

三角形 AOC の単位法線ベクトルは $\boldsymbol{n} = -\boldsymbol{j}$ だから

$$\int_{\triangle \mathrm{AOC}} (x\boldsymbol{i} + y\boldsymbol{j} - z\boldsymbol{k}) \cdot d\boldsymbol{S} = \iint_D (x\boldsymbol{i} - z\boldsymbol{k}) \cdot (-\boldsymbol{j}) \frac{1}{|-\boldsymbol{j}\cdot\boldsymbol{j}|}\, dx\, dz = 0$$

三角形 BOC の単位法線ベクトルは $\boldsymbol{n} = -\boldsymbol{i}$ だから

$$\int_{\triangle \mathrm{BOC}} (x\boldsymbol{i} + y\boldsymbol{j} - z\boldsymbol{k}) \cdot d\boldsymbol{S} = \iint_D (y\boldsymbol{j} - z\boldsymbol{k}) \cdot (-\boldsymbol{i}) \frac{1}{|-\boldsymbol{i}\cdot\boldsymbol{i}|}\, dy\, dz = 0$$

$$\therefore \quad \int_S (x\boldsymbol{i} + y\boldsymbol{j} - z\boldsymbol{k}) \cdot d\boldsymbol{S} = \frac{1}{6} + 0 + 0 + 0 = \frac{1}{6}$$

問題 10.3 $\boldsymbol{F} = y\boldsymbol{i} - x\boldsymbol{j} + z\boldsymbol{k}$ とおく．S を $z \geqq 0$ の部分 S_1 と $z \leqq 0$ の部分 S_2 にわける．S_1, S_2 共に単位法線ベクトルは $\boldsymbol{n} = \dfrac{\boldsymbol{r}}{r} = \boldsymbol{r} = x\boldsymbol{i} + y\boldsymbol{j} + z\boldsymbol{k}$ であり，

$$\begin{aligned}\boldsymbol{F} \times d\boldsymbol{S} &= \boldsymbol{F} \times \boldsymbol{n}\, dS = (y\boldsymbol{i} - x\boldsymbol{j} + z\boldsymbol{k}) \times (x\boldsymbol{i} + y\boldsymbol{j} + z\boldsymbol{k})\, dS \\ &= \Big((-xz - yz)\boldsymbol{i} + (xz - yz)\boldsymbol{j} + (x^2+y^2)\boldsymbol{k}\Big)\, dS\end{aligned}$$

$$\therefore \quad \int_S \boldsymbol{F}\times d\boldsymbol{S} = \int_S \boldsymbol{F}\times \boldsymbol{n}\,dS$$
$$= \boldsymbol{i}\int_S(-xz-yz)\,dS+\boldsymbol{j}\int_S(xz-yz)\,dS+\boldsymbol{k}\int_S(x^2+y^2)\,dS$$

S_1 上では $z \geqq 0$, $|\boldsymbol{n}\cdot\boldsymbol{k}| = z$, S_2 上では $z \leqq 0$, $|\boldsymbol{n}\cdot\boldsymbol{k}| = -z$ であるから

$$\int_S(-xz-yz)\,dS = \int_{S_1}(-xz-yz)\,dS+\int_{S_2}(-xz-yz)\,dS$$
$$= \iint_D(-xz-yz)\frac{1}{|\boldsymbol{n}\cdot\boldsymbol{k}|}\,dx\,dy+\iint_D(-xz-yz)\frac{1}{|\boldsymbol{n}\cdot\boldsymbol{k}|}\,dx\,dy$$
$$= \iint_D(-x-y)\,dx\,dy+\iint_D(x+y)\,dx\,dy = 0$$

$$\int_S(xz-yz)\,dS = \int_{S_1}(xz-yz)\,dS+\int_{S_2}(xz-yz)\,dS$$
$$= \iint_D(xz-yz)\frac{1}{|\boldsymbol{n}\cdot\boldsymbol{k}|}\,dx\,dy+\iint_D(xz-yz)\frac{1}{|\boldsymbol{n}\cdot\boldsymbol{k}|}\,dx\,dy$$
$$= \iint_D(x-y)\,dx\,dy+\iint_D(-x+y)\,dx\,dy = 0$$

$$\int_S(x^2+y^2)\,dS = \int_{S_1}(x^2+y^2)\,dS+\int_{S_2}(x^2+y^2)\,dS$$
$$= \iint_D(x^2+y^2)\frac{1}{|\boldsymbol{n}\cdot\boldsymbol{k}|}\,dx\,dy+\iint_D(x^2+y^2)\frac{1}{|\boldsymbol{n}\cdot\boldsymbol{k}|}\,dx\,dy$$
$$= \iint_D(x^2+y^2)\frac{1}{|z|}\,dx\,dy+\iint_D(x^2+y^2)\frac{1}{|z|}\,dx\,dy$$
$$= 2\iint \frac{x^2+y^2}{\sqrt{1-x^2-y^2}}\,dx\,dy$$
$$(x=\rho\cos\theta,\ y=\rho\sin\theta)$$
$$= 2\int_0^{2\pi}d\theta\int_0^1\frac{\rho^2}{\sqrt{1-\rho^2}}\rho\,d\rho$$
$$= 4\pi\int\left(\sqrt{\rho}\sqrt{1-\rho^2}-\rho\sqrt{1-\rho^2}\right)d\rho$$
$$= 4\pi\left[-(1-\rho^2)^{1/2}+\frac{1}{3}(1-\rho^2)^{3/2}\right]_0^1 = \frac{8\pi}{3}$$

$$\therefore \quad \int_S \boldsymbol{F}\times d\boldsymbol{S} = \frac{8\pi}{3}\boldsymbol{k}$$

5

問題 10.4 $\boldsymbol{n} = \dfrac{\nabla(2x+y+2z)}{|\nabla(2x+y+2z)|} = \dfrac{2}{3}\boldsymbol{i} + \dfrac{1}{3}\boldsymbol{j} + \dfrac{2}{3}\boldsymbol{k}$ であり

$$\nabla \times \boldsymbol{F} = \begin{vmatrix} \boldsymbol{i} & \boldsymbol{j} & \boldsymbol{k} \\ \dfrac{\partial}{\partial x} & \dfrac{\partial}{\partial y} & \dfrac{\partial}{\partial z} \\ x+2y & -3z & x \end{vmatrix} = 3\boldsymbol{i} - \boldsymbol{j} - 2\boldsymbol{k}$$

であるから，

$$\begin{aligned}\int_S (\nabla \times \boldsymbol{F}) \cdot d\boldsymbol{S} &= \int_S (3\boldsymbol{i} - \boldsymbol{j} - 2\boldsymbol{k}) \cdot \left(\frac{2}{3}\boldsymbol{i} + \frac{1}{3}\boldsymbol{j} + \frac{2}{3}\boldsymbol{k}\right) dS \\ &= \frac{1}{3}\int_S dS = \frac{1}{3}\iint_D \frac{1}{|\boldsymbol{n} \cdot \boldsymbol{k}|}\, dx\, dy \\ &= \frac{1}{3}\int_0^2 dy \int_0^1 \frac{3}{2}\, dx = 1\end{aligned}$$

問題 11.1 $\omega = \displaystyle\int_S \frac{1}{r^3}\boldsymbol{r} \cdot \boldsymbol{n}\, dS = \int_S \frac{1}{r^3}\boldsymbol{r} \cdot \frac{1}{\sqrt{EG-F^2}} \frac{\partial \boldsymbol{r}}{\partial u} \times \frac{\partial \boldsymbol{r}}{\partial v}\, dS$

$$= \iint_D \frac{1}{r^3} \frac{1}{\sqrt{EG-F^2}} \left(\boldsymbol{r}, \frac{\partial \boldsymbol{r}}{\partial u}, \frac{\partial \boldsymbol{r}}{\partial v}\right) \sqrt{EG-F^2}\, du\, dv$$

$$= \iint_D \frac{1}{r^3} \left(\boldsymbol{r}, \frac{\partial \boldsymbol{r}}{\partial u}, \frac{\partial \boldsymbol{r}}{\partial v}\right) du\, dv$$

演習 1 (1) OA は $\boldsymbol{r} = t\boldsymbol{i} + 2t\boldsymbol{j} + 3t\boldsymbol{k}$ $(0 \leqq t \leqq 1)$ と表せるから

$$\begin{aligned}\int_C f\, ds &= \int_0^1 f(t, 2t, 3t) \sqrt{\left(\frac{dx}{dt}\right)^2 + \left(\frac{dy}{dt}\right)^2 + \left(\frac{dz}{dt}\right)^2}\, dt \\ &= \int_0^1 (6t^2 + 3t^2 + 2t^2) \sqrt{1^2 + 2^2 + 3^2}\, dt \\ &= \int_0^1 11t^2 \cdot \sqrt{14}\, dt = \frac{11\sqrt{14}}{3}\end{aligned}$$

(2) 線分 OB, BC, CA はそれぞれ

$$\boldsymbol{r} = t\,\boldsymbol{i} \quad (0 \leqq t \leqq 1), \quad \boldsymbol{r} = \boldsymbol{i} + t\,\boldsymbol{j} \quad (0 \leqq t \leqq 2), \quad \boldsymbol{r} = \boldsymbol{i} + 2\,\boldsymbol{j} + t\,\boldsymbol{k} \quad (0 \leqq t \leqq 3)$$

と表せる．いずれも $ds = dt$ であるから，

$$\begin{aligned}\int_C f\, ds &= \int_{\mathrm{OB}} f\, ds + \int_{\mathrm{BC}} f\, ds + \int_{\mathrm{CA}} f\, ds \\ &= \int_0^1 f(t, 0, 0)\, dt + \int_0^2 f(1, t, 0)\, dt + \int_0^3 f(1, 2, t)\, dt\end{aligned}$$

5

$$= \int_0^2 t\,dt + \int_0^3 (3t+2)\,dt$$
$$= \frac{43}{2}$$

演習 2　$ds = \sqrt{\sin^2 t + \cos^2 t + 4} = \sqrt{5}\,dt$ だから，

$$\begin{aligned}\int_C (x+y+z)\,ds &= \int_0^\pi (\cos t + \sin t + 2t)\sqrt{5}\,dt \\ &= \sqrt{5}\Big[\sin t - \cos t + t^2\Big]_0^\pi = \sqrt{5}(2+\pi^2)\end{aligned}$$

$$\begin{aligned}\int_C (x+y+z)\,d\boldsymbol{r} &= \boldsymbol{i}\int_0^\pi (x+y+z)\frac{dx}{dt}dx + \boldsymbol{j}\int_0^\pi (x+y+z)\frac{dy}{dt}\,dy \\ &\quad + \boldsymbol{k}\int_0^\pi (x+y+z)\frac{dz}{dt}\,dz \\ &= \boldsymbol{i}\int_0^\pi (\cos t + \sin t + 2t)\cdot(-\sin t)\,dt \\ &\quad + \boldsymbol{j}\int_0^\pi (\cos t + \sin t + 2t)\cos t\,dt \\ &\quad + \boldsymbol{k}\int_0^\pi (\cos t + \sin t + 2t)2\,dt \\ &= -\frac{5\pi}{2}\boldsymbol{i} + \left(\frac{\pi}{2} - 4\right)\boldsymbol{j} + 2(2+\pi^2)\boldsymbol{k}\end{aligned}$$

演習 3　$(2y\boldsymbol{i} - z\boldsymbol{j} + z\boldsymbol{k}) \times d\boldsymbol{r} = \begin{vmatrix} \boldsymbol{i} & \boldsymbol{j} & \boldsymbol{k} \\ 2\sin t & -2\cos t & 2\cos t \\ -\sin t & \cos t & -2\sin t \end{vmatrix} dt$

$$= \Big((4\sin t\cos t - 2\cos^2 t)\boldsymbol{i} + (4\sin^2 t - 2\sin t\cos t)\boldsymbol{j}\Big)\,dt$$

$$\begin{aligned}\therefore\quad \int_C (2y\boldsymbol{i} - z\,\boldsymbol{j} + z\boldsymbol{k}) \times d\boldsymbol{r} &= \boldsymbol{i}\int_0^{\pi/2} (4\sin t\cos t - 2\cos^2 t)\,dt \\ &\quad + \boldsymbol{j}\int_0^{\pi/2} (4\sin^2 t - 2\sin t\cos t)\,dt \\ &= \frac{4-\pi}{2}\boldsymbol{i} + (\pi - 1)\,\boldsymbol{j}\end{aligned}$$

演習 4　C を $\boldsymbol{r} = \boldsymbol{r}(t)\quad (a \leqq t \leqq b)$ とすると $\boldsymbol{r}(a) = \boldsymbol{r}(b)$ だから，

$$\begin{aligned}\int_C \boldsymbol{r}\cdot d\boldsymbol{r} &= \int_a^b \boldsymbol{r}\cdot\frac{d\boldsymbol{r}}{dt}dt = \left[\frac{1}{2}\boldsymbol{r}\cdot\boldsymbol{r}\right]_a^b \\ &= \frac{1}{2}\Big(\boldsymbol{r}(b)\cdot\boldsymbol{r}(b) - \boldsymbol{r}(a)\cdot\boldsymbol{r}(a)\Big) = 0\end{aligned}$$

演習 5　C は $\boldsymbol{r} = a\cos t\,\boldsymbol{i} + a\sin t\,\boldsymbol{j} \quad (0 \leqq t \leqq 2\pi)$ と表せるから，

$$\begin{aligned}
\nabla\varphi &= \frac{-y}{x^2+y^2}\boldsymbol{i} + \frac{x}{x^2+y^2}\boldsymbol{j} = \frac{1}{a}(-\sin t\,\boldsymbol{i} + \cos t\,\boldsymbol{j}) \\
\therefore \quad \int_C (\nabla\varphi)\cdot d\boldsymbol{r} &= \int_0^{2\pi} \frac{1}{a}(-\sin t\,\boldsymbol{i} + \cos t\,\boldsymbol{j})\cdot a(-\sin t\,\boldsymbol{i} + \cos t\boldsymbol{j})\,dt \\
&= \int_0^{2\pi} dt = 2\pi
\end{aligned}$$

演習 6　C は $\boldsymbol{r} = 2\cos t\,\boldsymbol{i} + 2\sin t\,\boldsymbol{j} \quad (0 \leqq t \leqq 2\pi)$ と表せるから，

$$\begin{aligned}
\boldsymbol{F}\times\boldsymbol{G} &= (-x+3y-6)\boldsymbol{i} + (-3x+y-4)\boldsymbol{j} - (7x+3y)\boldsymbol{k} \\
&= (-2\cos t + 6\sin t - 6)\boldsymbol{i} + (-6\cos t + 2\sin t - 4)\boldsymbol{j} \\
&\quad - (14\cos t + 6\sin t)\boldsymbol{k}
\end{aligned}$$

$$\begin{aligned}
\therefore \quad \int_C (\boldsymbol{F}\times\boldsymbol{G})\times d\boldsymbol{r} &= \int_C (\boldsymbol{F}\times\boldsymbol{G})\times(-2\sin t\,\boldsymbol{i} + 2\cos t\,\boldsymbol{j})\,dt \\
&= \boldsymbol{i}\int_0^{2\pi} 4(7\cos^2 t + 3\sin t\cos t)\,dt \\
&\quad + \boldsymbol{j}\int_0^{2\pi} 4(7\sin t\cos t + 3\sin^2 t)\,dt \\
&\quad + \boldsymbol{k}\int_0^{2\pi} 4(\sin^2 t - \cos^2 t - 3\cos t - 2\sin t)\,dt \\
&= 4\pi(7\boldsymbol{i} + 3\boldsymbol{j})
\end{aligned}$$

演習 7　$\boldsymbol{n} = \dfrac{\nabla(2x+2y+z)}{|\nabla(2x+2y+z)|} = \dfrac{2}{3}\boldsymbol{i} + \dfrac{2}{3}\boldsymbol{j} + \dfrac{1}{3}\boldsymbol{k}$ だから

$$\begin{aligned}
\int_S \boldsymbol{F}\cdot\boldsymbol{n}\,dS &= \iint_D \big(2y\boldsymbol{i} + (4-2x-2y)\boldsymbol{j}\big)\cdot\left(\frac{2}{3}\boldsymbol{i} + \frac{2}{3}\boldsymbol{j} + \frac{1}{3}\boldsymbol{k}\right)\frac{1}{|\boldsymbol{n}\cdot\boldsymbol{k}|}\,dx\,dy \\
&= \int_0^2 dx \int_0^{2-x} 4(2-x)\,dy = \frac{32}{3} \\
\int_S \boldsymbol{F}\times\boldsymbol{n}\,dS &= \int_S \frac{1}{3}\big(z\boldsymbol{i} - 2y\boldsymbol{j} + (4y-2z)\boldsymbol{k}\big)\frac{1}{|\boldsymbol{n}\cdot\boldsymbol{k}|}\,dx\,dy \\
&= \boldsymbol{i}\iint_D (4-2x-2y)\,dx\,dy - \boldsymbol{j}\iint_D 2y\,dx\,dy \\
&\quad + \boldsymbol{k}\iint_D (4x+8y-8)\,dx\,dy \\
&= \frac{8}{3}(\boldsymbol{i} - \boldsymbol{j})
\end{aligned}$$

5

演習 8 $\boldsymbol{n} = \dfrac{\nabla(6x+3y+2z)}{|\nabla(6x+3y+2z)|} = \dfrac{6}{7}\boldsymbol{i} + \dfrac{3}{7}\boldsymbol{j} + \dfrac{2}{7}\boldsymbol{k}$ だから

$$\begin{aligned}\int_S (y+z)\,dS &= \iint_D (y+z)\frac{1}{|\boldsymbol{n}\cdot\boldsymbol{k}|}\,dx\,dy \\ &= \frac{7}{2}\int_0^1 dx \int_0^{1-x}\left(y + \frac{6-6x-3y}{2}\right)dy = \frac{77}{24}\end{aligned}$$

$$\begin{aligned}\int_S (x\boldsymbol{i} + y^2\boldsymbol{j})\cdot d\boldsymbol{S} &= \iint_D (x\boldsymbol{i}+y^2\boldsymbol{j})\cdot\boldsymbol{n}\frac{1}{|\boldsymbol{n}\cdot\boldsymbol{k}|}\,dx\,dy \\ &= \frac{7}{2}\int_0^1 dx\int_0^{1-x}\left(\frac{6x}{7}+\frac{3y^2}{7}\right)dy = \frac{5}{8}\end{aligned}$$

演習 9 $\boldsymbol{n} = \dfrac{\nabla(2x+y+2z)}{|\nabla(2x+y+2z)|} = \dfrac{2}{3}\boldsymbol{i} + \dfrac{1}{3}\boldsymbol{j} + \dfrac{2}{3}\boldsymbol{k}$ だから

$$\begin{aligned}\int_S (4x+3y-2z)dS &= \iint_D (4x+3y-2z)\frac{1}{|\boldsymbol{n}\cdot\boldsymbol{k}|}\,dy\,dy \\ &= \frac{3}{2}\int_1^2 dx\int_3^4 (6x+4y-6)\,dy = \frac{51}{2}\end{aligned}$$

演習 10 $\boldsymbol{n} = \dfrac{\nabla(x^2+y^2)}{|\nabla(x^2+y^2)|} = \dfrac{2x\boldsymbol{i}+2y\boldsymbol{j}}{2\sqrt{x^2+y^2}} = \dfrac{x}{2}\boldsymbol{i} + \dfrac{y}{2}\boldsymbol{j}$

だから，S の yz 平面への正射影を D とすれば

$$\begin{aligned}\int_S (6z\boldsymbol{i}+2x\boldsymbol{j}-3y\boldsymbol{k})\cdot\boldsymbol{n}\,dS &= \iint_D (6z\boldsymbol{i}+2x\boldsymbol{j}-3y\boldsymbol{k})\cdot\left(\frac{x}{2}\boldsymbol{i}+\frac{y}{2}\boldsymbol{j}\right)\frac{1}{|\boldsymbol{n}\cdot\boldsymbol{i}|}\,dy\,dz \\ &= \iint_D (3xz+xy)\frac{2}{x}\,dy\,dz \\ &= 2\int_0^3 dz\int_0^2 (3z+y)\,dy = 66\end{aligned}$$

演習 11 $\displaystyle\int_S \boldsymbol{r}\times\boldsymbol{F}\,dS = \int_S (y^2\boldsymbol{i} - xy\boldsymbol{j})\,dS = \boldsymbol{i}\int_S y^2 dS - \boldsymbol{j}\int_S xy\,dS$

S の対称性より

$$\begin{aligned}\int_S x^2 dS &= \int_S y^2 dS = \int_S z^2 dS = \frac{1}{3}\int_S (x^2+y^2+z^2)\,dS \\ &= \frac{1}{3}\int_S dS = \frac{4}{3}\pi\end{aligned}$$

であるから，$\displaystyle\int_S y^2 dS = \frac{4}{3}\pi$．$S$ を $y \geqq 0$ の部分 S_1 と $y \leqq 0$ の部分 S_2 にわけると

$$\begin{aligned}
\int_S xy\,dS &= \int_{S_1} xy\,dS + \int_{S_2} xy\,dS \\
&= \iint_D xy\frac{1}{|\boldsymbol{n}\cdot\boldsymbol{j}|}\,dx\,dz + \iint_D xy\frac{1}{|\boldsymbol{n}\cdot\boldsymbol{j}|}\,dx\,dz \\
&= \iint_D xy\frac{1}{y}\,dx\,dz + \iint_D xy\frac{1}{-y}\,dx\,dz = 0
\end{aligned}$$

$$\therefore \quad \int_S \boldsymbol{r}\times\boldsymbol{F}\,dS = \frac{4}{3}\pi\boldsymbol{i}$$

演習 12 $\nabla\times\boldsymbol{F} = \begin{vmatrix} \boldsymbol{i} & \boldsymbol{j} & \boldsymbol{k} \\ \dfrac{\partial}{\partial x} & \dfrac{\partial}{\partial y} & \dfrac{\partial}{\partial z} \\ -3x^2y & x^3+y^3 & 0 \end{vmatrix} = 6x^2\boldsymbol{k}$

$$\begin{aligned}
\int_S (\nabla\times\boldsymbol{F})\cdot d\boldsymbol{S} &= \int_S (\nabla\times\boldsymbol{F})\cdot\boldsymbol{n}\,dS = \int_S 6x^2\boldsymbol{k}\cdot\boldsymbol{k}\,dS \\
&= \int_0^b dy\int_0^a 6x^2dx = 2a^3b
\end{aligned}$$

演習 13 対称性より

$$\begin{aligned}
\int_V (x+y+z)\,dV &= 3\int_V z\,dV \\
&\qquad (x = r\sin\theta\cos\varphi,\ y = r\sin\theta\sin\varphi,\ z = r\cos\theta) \\
&= 3\int_0^{2\pi} d\varphi\int_0^{\pi} d\theta\int_0^1 r\cos\ \theta r^2\ \sin\theta\,dr \\
&= 3\int_0^{2\pi} d\varphi\int_0^{\pi} \sin\theta\,d\theta\ \cos\theta\int_0^1 r^3dr = 0
\end{aligned}$$

演習 14 $\displaystyle\int_V \nabla\cdot\boldsymbol{F}\,dV = \int_V (2x-x+2z)\,dV$

$$\begin{aligned}
&\qquad (x = r\cos\theta,\ y = r\sin\theta,\ z = z) \\
&= \int_0^1 dz\int_0^{2\pi} d\theta\int_0^1 (r\cos\theta+2z)r\,dr \\
&= \int_0^1 dz\int_0^{2\pi}\cos\theta\,d\theta\int_0^1 r^2dr + 2\int_0^1 zdz\int_0^{2\pi} d\theta\int_0^1 r\,dr \\
&= [z]_0^1[\sin\theta]_0^{2\pi}\left[\frac{1}{3}r^3\right]_0^1 + 2\left[\frac{1}{2}z^2\right]_0^1[\theta]_0^{2\pi}\left[\frac{1}{2}r^2\right]_0^1 = \pi
\end{aligned}$$

5

演習 15 $\displaystyle\int_V \boldsymbol{r}\,dV = \boldsymbol{i}\int_V x\,dV + \boldsymbol{j}\int_V y\,dV + \boldsymbol{k}\int_V z\,dV$

$x = r\sin\theta\cos\varphi,\ y = r\sin\theta\sin\varphi,\ z = r\cos\theta$ とおくと

$$\begin{aligned}\int_V x\,dV &= \iiint r\sin\theta\cos\varphi\, r^2\sin\theta\,dr\,d\theta\,d\varphi \\ &= \int_0^{\pi/2}\cos\varphi\,d\varphi\int_0^{\pi/2}\sin^2\theta\,d\theta\int_0^a r^3dr = \frac{\pi a^4}{16} \\ \int_V y\,dV &= \iiint r\sin\theta\sin\varphi\, r^2\sin\theta\,dr\,d\theta\,d\varphi \\ &= \int_0^{\pi/2}\sin\varphi\,d\varphi\int_0^{\pi/2}\sin^2\theta\,d\theta\int_0^a r^3dr = \frac{\pi a^4}{16} \\ \int_V z\,dV &= \iiint r\cos\theta\, r^2\sin\theta\,dr\,d\theta\,d\varphi \\ &= \int_0^{\pi/2}d\varphi\int_0^{\pi/2}\sin\theta\cos\theta\,d\theta\int_0^a r^3dr = \frac{\pi a^4}{16}\end{aligned}$$

$$\therefore\quad \int_V \boldsymbol{r}\,dV = \frac{\pi a^4}{16}(\boldsymbol{i}+\boldsymbol{j}+\boldsymbol{k})$$

第 6 章の解答

問題 1.1　S を $z \geqq 0$ の部分 S_1 と $z \leqq 0$ の部分 S_2 にわける．84 頁の例題 9 より

$$\int_{S_1} \boldsymbol{n} \times \boldsymbol{F}\, dS = -\int_{S_1} \boldsymbol{F} \times \boldsymbol{n}\, dS = -\int_{S_1} \boldsymbol{F} \times d\boldsymbol{S} = -\frac{32\pi}{3}\boldsymbol{k}$$

同様に $\displaystyle\int_{S_2} \boldsymbol{n} \times \boldsymbol{F}\, dS = -\frac{32\pi}{3}\boldsymbol{k}$. ゆえに $\displaystyle\int_S \boldsymbol{n} \times \boldsymbol{F}\, dS = -\frac{64\pi}{3}\boldsymbol{k}$.

一方 $\nabla \times \boldsymbol{F} = \begin{vmatrix} \boldsymbol{i} & \boldsymbol{j} & \boldsymbol{k} \\ \dfrac{\partial}{\partial x} & \dfrac{\partial}{\partial y} & \dfrac{\partial}{\partial z} \\ y & -x & z \end{vmatrix} = -2\boldsymbol{k}$ より

$$\int_V \nabla \times \boldsymbol{F}\, dV = -2\boldsymbol{k}\int_V dV = -2\boldsymbol{k} \cdot \frac{4}{3}\pi \cdot 2^3 = -\frac{64\pi}{3}\boldsymbol{k}$$

問題 1.2　84 頁の問題 9.1 より $\displaystyle\int_S (\nabla \times \boldsymbol{F}) \cdot d\boldsymbol{S} = -8\pi$.

一方 C は $\boldsymbol{r} = 2\cos t\,\boldsymbol{i} + 2\sin t\,\boldsymbol{j}$　$(0 \leqq t \leqq 2\pi)$ と表せるから

$$\begin{aligned} \int_C \boldsymbol{F} \cdot d\boldsymbol{r} &= \int_0^{2\pi} (2\sin t\,\boldsymbol{i} - 2\cos t\,\boldsymbol{j}) \cdot (-2\sin t\,\boldsymbol{i} + 2\cos t\,\boldsymbol{j})\, dt \\ &= -4\int_0^{2\pi} dt = -8\pi \end{aligned}$$

問題 2.1　(1)　グリーンの定理より

$$\begin{aligned} \int_C \Big((y - \sin x)dx + \cos x\, dy\Big) &= \iint_D \Big(\frac{\partial}{\partial x}(\cos x) - \frac{\partial}{\partial y}(y - \sin x)\Big)dx\,dy \\ &= \iint_D (-\sin x - 1)dx\,dy \\ &= \int_0^{\pi/2} dy \int_0^{\pi/2} (-\sin x - 1)\, dx = -\frac{\pi(\pi + 2)}{4} \end{aligned}$$

(2)　グリーンの定理より

$$\begin{aligned} \int_C \Big((3x + 4y)\boldsymbol{i} + (2x - 3y)\boldsymbol{j}\Big) \cdot d\boldsymbol{r} &= \int_C \Big((3x + 4y)\, dx + (2x - 3y)\, dy\Big) \\ &= \iint_D \Big(\frac{\partial}{\partial x}(2x - 3y) - \frac{\partial}{\partial y}(3x + 4y)\Big)dx\,dy \\ &= -2\iint_D dx\,dy = -8\pi \end{aligned}$$

6

問題 3.1 発散定理より

$$\begin{aligned}\int_S (x^2\boldsymbol{i} + xy\,\boldsymbol{j} + z\boldsymbol{k})\cdot d\boldsymbol{S} &= \int_V \nabla\cdot(x^2\boldsymbol{i} + xy\,\boldsymbol{j} + z\boldsymbol{k})\,dV \\ &= \int_V (3x+1)\,dV = \int_0^2 dz \int_0^2 dy \int_0^2 (3x+1)\,dx = 32\end{aligned}$$

問題 3.2 発散定理より

$$\begin{aligned}\int_S (2x\boldsymbol{i} + 3y\boldsymbol{j} + 4z\boldsymbol{k})\cdot d\boldsymbol{S} &= \int_V \nabla\cdot(2x\boldsymbol{i} + 3y\boldsymbol{j} + 4z\boldsymbol{k})\,dV \\ &= 9\int_V dV = 12\pi\end{aligned}$$

問題 3.3
$$\begin{aligned}\int_S (2xy\boldsymbol{i} + yz^2\boldsymbol{j} + xz\boldsymbol{k})\cdot d\boldsymbol{S} &= \int_V \nabla\cdot(2xy\boldsymbol{i} + yz^2\boldsymbol{j} + xz\boldsymbol{k})\,dV \\ &= \int_V (2y + z^2 + x)\,dV \\ &= \int_0^6 dx \int_0^3 dy \int_0^{3-x/2} (x + 2y + z^2)\,dz = \frac{351}{2}\end{aligned}$$

問題 3.4
$$\begin{aligned}\int_S \boldsymbol{F}\cdot d\boldsymbol{S} &= \int_V \nabla\cdot\boldsymbol{F}\,dV = \int_V (4x+2y)\,dV \\ &= \int_0^1 dz \int_0^{2\pi} d\theta \int_0^1 (4r\cos\theta + 2r\sin\theta)r\,dr \\ &= 4\int_0^1 dz \int_0^{2\pi} \cos\theta\,d\theta \int_0^1 r^2 dr + 2\int_0^1 dz \int_0^{2\pi} \sin\theta\,d\theta \int_0^1 r^2 dr \\ &= 0\end{aligned}$$

$$\begin{aligned}\int_S \boldsymbol{F}\times d\boldsymbol{S} &= -\int_V \nabla\times\boldsymbol{F}\,dV = -\int_V (2z\boldsymbol{i} + 2y\boldsymbol{k})\,dV \\ &= -2\boldsymbol{i}\int_V x\,dV - 2\boldsymbol{k}\int_V y\,dV = \boldsymbol{0}\end{aligned}$$

問題 4.1 C 上では $\boldsymbol{r} = x\boldsymbol{i} + y\boldsymbol{j}$ だから

$$\begin{aligned}\int_C \boldsymbol{F}\cdot d\boldsymbol{r} &= \int_C \Big((x^2+y)\boldsymbol{i} + (x^2+2z)\boldsymbol{j} + 2y\boldsymbol{k}\Big)\cdot(dx\boldsymbol{i} + dy\boldsymbol{j}) \\ &= \int_C \Big((x^2+y)dx + (x^2+2z)dy\Big) \\ &= \iint_D \left(\frac{\partial}{\partial x}\left(x^2+2z\right) - \frac{\partial}{\partial y}\left(x^2+y\right)\right)dx\,dy\end{aligned}$$

$$= \iint_D (2x-1)\,dx\,dy = \int_0^{2\pi} (2\cos\theta - 1)\,d\theta \int_0^2 r\,dr = -4\pi$$

問題 4.2 C が囲む平面を S とし，ストークスの定理を用いる．

（1） $\displaystyle\int_C \boldsymbol{F}\cdot d\boldsymbol{r} = \int_S (\nabla\times\boldsymbol{F})\cdot d\boldsymbol{S} = \int_S \boldsymbol{0}\cdot d\boldsymbol{S} = \boldsymbol{0}$

（2） S の単位法線ベクトルは $\boldsymbol{n} = \dfrac{1}{\sqrt{3}}(\boldsymbol{i}+\boldsymbol{j}+\boldsymbol{k})$ だから

$$\begin{aligned}
\int_C f d\boldsymbol{r} &= \int_S (\boldsymbol{n}\times\nabla) f\,dS = \int_S \boldsymbol{n}\times\nabla f\,dS \\
&= \int_S \frac{1}{\sqrt{3}}(\boldsymbol{i}+\boldsymbol{j}+\boldsymbol{k})\times\Big((y+z)\boldsymbol{i}+(z+x)\boldsymbol{j}+(x+y)\boldsymbol{k}\Big)dS \\
&= \frac{1}{\sqrt{3}}\int_S \Big((y-z)\boldsymbol{i}+(z-x)\boldsymbol{j}+(x-y)\boldsymbol{k}\Big)dS \\
&= \frac{\boldsymbol{i}}{\sqrt{3}}\int_S (y-z)\,dS + \frac{\boldsymbol{j}}{\sqrt{3}}\int_S (z-x)\,dS + \frac{\boldsymbol{k}}{\sqrt{3}}\int_S (x-y)\,dS
\end{aligned}$$

S の xy 平面への正射影を D とすると $D = \{\,(x,y) \mid x \geqq 0,\ y \geqq 0,\ x+y \leqq 1\}$

$$\begin{aligned}
\int_S (y-z)dS &= \iint_D (y-z)\frac{1}{|\,\boldsymbol{n}\cdot\boldsymbol{k}\,|}dx\,dy \\
&= \iint_D \Big(y-(1-x-y)\Big)\sqrt{3}\,dx\,dy \\
&= \sqrt{3}\int_0^1 dx \int_0^{1-x} (2y+x-1)\,dy = 0
\end{aligned}$$

同様に $\displaystyle\int_S (z-x)\,dS = \int_S (x-y)\,dS = 0$．よって $\displaystyle\int_C f\,d\boldsymbol{r} = \boldsymbol{0}$.

問題 5.1 S の境界 C は 0$=(0,0,0)$, A$=(4,0,0)$, B$=(0,0,4)$ とすると，三角形 OBA の周である．C 上では $y=0$ であることに注意すると

$$\begin{aligned}
\int_S (\nabla\times\boldsymbol{F})\cdot\boldsymbol{n}\,dS &= \int_C \boldsymbol{F}\cdot d\boldsymbol{r} = \int_C \Big(xz\,dx - y\,dy + x^2y\,dz\Big) \\
&= \int_C xz\,dx = \int_{\mathrm{OB}} xz\,dx + \int_{\mathrm{BA}} xz\,dx + \int_{\mathrm{AO}} xz\,dx \\
&= \int_{\mathrm{BA}} x(4-x)\,dx = \int_0^4 x(4-x)\,dx = \frac{32}{3}
\end{aligned}$$

問題 5.2 C を境界にもつ (任意の) 曲面を S とする．

（1） ストークスの定理より

$$\int_C d\boldsymbol{r} = \int_C 1\,d\boldsymbol{r} = \int_S \boldsymbol{n}\times(\nabla 1)\,dS = \int_S \boldsymbol{n}\times\boldsymbol{0}\,dS = \int_S \boldsymbol{0}\,dS = \boldsymbol{0}$$

（2） 同じくストークスの定理より

$$\int_C \boldsymbol{r}\cdot d\boldsymbol{r} = \int_S (\nabla\times\boldsymbol{r})\cdot d\boldsymbol{S} = \int_S \boldsymbol{0}\cdot d\boldsymbol{S} = 0$$

（3）
$$\begin{aligned}\int_C (yz\,dx + xz\,dy + xy\,dz) &= \int_C (yz\boldsymbol{i} + xz\boldsymbol{j} + xy\boldsymbol{k})\cdot d\boldsymbol{r}\\ &= \int_S \big(\nabla\times(yz\boldsymbol{i} + xz\boldsymbol{j} + xy\boldsymbol{k})\big)\cdot d\boldsymbol{S}\\ &= \int_S \boldsymbol{0}\cdot d\boldsymbol{S} = 0\end{aligned}$$

問題 6.1 $\int_V f\,dV = \int_S \boldsymbol{F}\cdot d\boldsymbol{S} = \int_V \operatorname{div}\boldsymbol{F}\,dV$ より $\int_V (f - \operatorname{div}\boldsymbol{F})\,dV = 0$ が任意の V に対して成り立つ．よって $f = \operatorname{div}\boldsymbol{F}$ である．

問題 6.2 $\boldsymbol{F} = \nabla f$ とおいて例題 6 の (1) を用いると

$$\begin{aligned}\int_V |\nabla f|^2 dV &= \int_S f\nabla f\cdot d\boldsymbol{S} - \int_V f(\nabla\cdot\nabla f)\,dV\\ &= \int_S f\nabla f\cdot d\boldsymbol{S} - \int_V f\nabla^2 f\,dV\\ &= \int_S f\nabla f\cdot d\boldsymbol{S}\end{aligned}$$

6

問題 6.3 （1） 式 (6.9) より

$$\int_S \nabla f\times d\boldsymbol{S} = -\int_V \nabla\times(\nabla f)\,dV = -\int_V \boldsymbol{0}\,dV = \boldsymbol{0}$$

（2） 同じく式 (6.9) より

$$\int_S \boldsymbol{r}\times d\boldsymbol{S} = -\int_V \nabla\times\boldsymbol{r}\,dV = -\int_V \boldsymbol{0}\,dV = \boldsymbol{0}$$

（3） $f = r^2$ として式 (6.8) を用いる．55 頁の例題 4 より $\nabla(r^2) = 2\boldsymbol{r}$ であることに注意すると

$$\frac{1}{2}\int_S r^2 d\boldsymbol{S} = \frac{1}{2}\int_V \nabla(r^2)\,dV = \frac{1}{2}\int_V 2\boldsymbol{r}\,dV = \int_V \boldsymbol{r}\,dV$$

（4） $\boldsymbol{F} = r^2\boldsymbol{r}$ として式 (6.7) を用いる．69 頁の演習 6 より $\operatorname{div}(r^2\boldsymbol{r}) = 5r^3$ であることに注意すると

$$\frac{1}{5}\int_S r^2\boldsymbol{r}\cdot d\boldsymbol{S} = \frac{1}{5}\int_V \operatorname{div}(r^2\boldsymbol{r})\,dV = \frac{1}{5}\int_V 5r^3 dV = \int_V r^3 dV$$

問題 7.1 $\int_S \boldsymbol{G}\cdot d\boldsymbol{S} = \int_C \boldsymbol{F}\cdot d\boldsymbol{r} = \int_S \mathrm{rot}\,\boldsymbol{F}\cdot d\boldsymbol{S}$ より $\int_S (\boldsymbol{G} - \mathrm{rot}\,\boldsymbol{F})\cdot d\boldsymbol{S} = 0$ が任意の S に対して成り立つ．よって $\boldsymbol{G} = \mathrm{rot}\,\boldsymbol{F}$ である．

問題 7.2 ストークスの定理を用いる．

（1） 式 (6.12) より

$$\frac{1}{2}\int_C \boldsymbol{r}\times d\boldsymbol{r} \;=\; -\frac{1}{2}\int_S (\boldsymbol{n}\times\nabla)\times\boldsymbol{r}\,dS = -\frac{1}{2}\int_S (-2\boldsymbol{n})\,dS = \int_S d\boldsymbol{S}$$

（2） $f = r^2$ として式 (6.11) を用いると

$$\frac{1}{2}\int_C r^2 d\boldsymbol{R} = \frac{1}{2}\int_S (\boldsymbol{n}\times\nabla)r^2 dS = \frac{1}{2}\int_S \boldsymbol{n}\times(\nabla r^2)\,dS = \frac{1}{2}\int_S \boldsymbol{n}\times(2\boldsymbol{r})\,dS$$

（3） $\boldsymbol{c}$ を任意の定ベクトルとすると，

$$\nabla\times\big((\boldsymbol{c}\cdot\boldsymbol{r})\nabla f\big) = \nabla(\boldsymbol{c}\cdot\boldsymbol{r})\times\nabla f + (\boldsymbol{c}\cdot\boldsymbol{r})\nabla\times\nabla f = \nabla(\boldsymbol{c}\cdot\boldsymbol{r})\times\nabla f = \boldsymbol{c}\times\nabla f$$

この関係とストークスの定理より

$$\begin{aligned}\boldsymbol{c}\cdot\int_C \boldsymbol{r}(\nabla f)\cdot d\boldsymbol{r} \;&=\; \int_C \big((\boldsymbol{c}\cdot\boldsymbol{r})\nabla f\big)\cdot d\boldsymbol{r} = \int_S \Big(\nabla\times\big((\boldsymbol{c}\cdot\boldsymbol{r})\nabla f\big)\Big)\cdot\boldsymbol{n}\,dS \\ &=\; \int_S (\boldsymbol{c}\times\nabla f)\cdot\boldsymbol{n}\,dS = \int_S \boldsymbol{c}\cdot(\nabla f\times\boldsymbol{n})\,dS \\ &=\; \boldsymbol{c}\cdot\int_S \nabla f\times\boldsymbol{n}\,dS = \boldsymbol{c}\cdot\int_S \nabla f\times d\boldsymbol{S}\end{aligned}$$

よって $\boldsymbol{c}\cdot\left(\int_C \boldsymbol{r}(\nabla f)\cdot d\boldsymbol{r} - \int_S \nabla f\times d\boldsymbol{S}\right) = 0$ が任意の $\boldsymbol{c}$ に対して成り立つ．ゆえに

$$\int_C \boldsymbol{r}(\nabla f)\cdot d\boldsymbol{r} = \int_S \nabla f\times d\boldsymbol{S}$$

問題 7.3 S 上に閉曲線 C をとり，C を境界として S を S_1 と S_2 にわける．このとき曲線 C の向きは S_1 と S_2 に対して逆向きになる．

（1） $$\begin{aligned}\int_S (\mathrm{rot}\,\boldsymbol{F})\cdot\boldsymbol{n}\,dS &= \int_{S_1} (\nabla\times\boldsymbol{F})\cdot d\boldsymbol{S} + \int_{S_2} (\nabla\times\boldsymbol{F})\cdot d\boldsymbol{S} \\ &= \int_C \boldsymbol{F}\cdot d\boldsymbol{r} - \int_C \boldsymbol{F}\cdot d\boldsymbol{r} = 0\end{aligned}$$

（2） $$\int_S \boldsymbol{n}\times\nabla f\,dS = \int_{S_1} \boldsymbol{n}\times\nabla f\,dS + \int_{S_2} \boldsymbol{n}\times\nabla f\,dS = \int_C f\,d\boldsymbol{r} - \int_C f\,d\boldsymbol{r} = \boldsymbol{0}$$

問題 8.1 $\boldsymbol{a} = a_1\boldsymbol{i}+a_2\boldsymbol{j}+a_3\boldsymbol{k}$ とすると $\nabla(\boldsymbol{a}\cdot\boldsymbol{r}) = \nabla(a_1x+a_2y+a_3z) = a_1\boldsymbol{i}+a_2\boldsymbol{j}+a_3\boldsymbol{k} = \boldsymbol{a}$．よって式 (6.8) より

$$\int_S (\boldsymbol{a}\cdot\boldsymbol{r})\,d\boldsymbol{S} = \int_V \nabla(\boldsymbol{a}\cdot\boldsymbol{r})\,dV = \int_V \boldsymbol{a}\,dV = V\boldsymbol{a}$$

問題 8.2 （1） S 上の点の単位法線ベクトルを $\boldsymbol{n}$ とすれば，仮定より $\boldsymbol{F}=\lambda\boldsymbol{n}$ と表される．ここで λ はスカラー関数である．よって式 (6.9) より

$$\int_V \mathrm{rot}\,\boldsymbol{F}\,dV=-\int_S \boldsymbol{F}\times d\boldsymbol{S}=\int_S \boldsymbol{n}\times\boldsymbol{F}\,dS=\int_S \boldsymbol{n}\times(\lambda\boldsymbol{n})\,dS=\int_S \boldsymbol{0}\,dS=\boldsymbol{0}$$

（2） $\nabla^2 f=0$ だから，式 (6.7) より

$$\begin{aligned}\int_S f\nabla f\cdot d\boldsymbol{S} &= \int_V \nabla\cdot(f\nabla f)\,dV=\int_V\Big((\nabla f)\cdot(\nabla f)+f\nabla\cdot(\nabla f)\Big)dV\\ &= \int_V (\nabla f)^2 dV+\int_V f\nabla^2 f\,dV=\int_V(\nabla f)^2 dV\end{aligned}$$

（3） スカラー関数 λ を用いて $\nabla f=\lambda\boldsymbol{n}$ と書け，

$$\nabla\cdot(\nabla f\times\boldsymbol{F})=\big(\nabla\times(\nabla f)\big)\cdot\boldsymbol{F}-\nabla f\cdot(\nabla\times\boldsymbol{F})=\nabla f\cdot(\nabla\times\boldsymbol{F})$$

であるから，式 (6.7) より

$$\begin{aligned}\int_V \nabla f\cdot\mathrm{rot}\,\boldsymbol{F}\,dV &= \int_V \nabla f\cdot(\nabla\times\boldsymbol{F})\,dV=\int_V \nabla\cdot(\nabla f\times\boldsymbol{F})\,dV\\ &= \int_S(\nabla f\times\boldsymbol{F})\cdot\boldsymbol{n}\,dS=\int_S(\boldsymbol{n}\times\nabla f)\cdot\boldsymbol{F}\,dS\\ &= \int_S\big(\boldsymbol{n}\times(\lambda\boldsymbol{n})\big)\cdot\boldsymbol{F}\,dS=\int_S\boldsymbol{0}\cdot\boldsymbol{F}\,dS=0\end{aligned}$$

問題 9.1 （1） 例題 9 より

$$\int_V(\nabla f)^2 dV=\int_S f\,\frac{\partial f}{\partial n}\,dS=\int_S 0\,dS=0$$

$(\nabla f)^2\geqq 0$ だから $\nabla f=0$．よって f は定数である．

（2） f は V で定数であり S で 0 だから，V で 0 である．

問題 9.2 グリーンの定理より

$$\int_V\Big(wu\nabla^2 v+\nabla(wu)\cdot\nabla v\Big)dV=\int_S wu\frac{\partial v}{\partial n}\,dS$$

ここで $\nabla\cdot(w\nabla v)=\nabla w\cdot\nabla v+w\nabla^2 v$ より，$w\nabla^2 v=\nabla\cdot(w\nabla v)-\nabla w\cdot\nabla v$ となり，また $\nabla(wu)=w\nabla u+u\nabla w$ だから

$$\begin{aligned}\int_S wu\frac{\partial v}{\partial n}\,dS &= \int_S wu\nabla v\cdot\boldsymbol{n}\,dS=\int_S wu\nabla v\cdot d\boldsymbol{S}=\int_V\nabla\cdot(wu\nabla v)\,dV\\ &= \int_V\Big(wu\nabla^2 v+\nabla(wu)\cdot\nabla v\Big)dV\\ &= \int_V\Big(u\big(\nabla\cdot(w\nabla v)-\nabla w\cdot\nabla v\big)+(w\nabla u+u\nabla w)\cdot\nabla v\Big)dV\\ &= \int_V u\nabla\cdot(w\nabla v)\,dV+\int_V w\nabla u\cdot\nabla v\,dV\end{aligned}$$

$$\therefore \quad \int_V w\nabla u\cdot\nabla v\,dV = \int_S wu\nabla v\cdot d\boldsymbol{S} - \int_S u\nabla\cdot(w\nabla v)\,dV$$

問題 9.3 式 (6.14) で $f=g$ とすればよい．

問題 9.4 発散定理より

$$\int_V \nabla\cdot(f\nabla g)\,dV = \int_S (f\nabla g)\cdot d\boldsymbol{S} = \int_S (f\nabla g)\cdot\boldsymbol{n}\,dS$$

ここで

$$\nabla\cdot(f\nabla g) = f\nabla^2 g + \nabla f\cdot\nabla g, \quad (f\nabla g)\cdot\boldsymbol{n} = f(\nabla g\cdot\boldsymbol{n}) = f\frac{\partial g}{\partial n}$$

$$\therefore \quad \int_V (f\nabla^2 g + \nabla f\cdot\nabla g)dV = \int_S f\frac{\partial g}{\partial n}dS$$

問題 10.1 （1） $\mathrm{rot}\,\boldsymbol{F} = \begin{vmatrix} \boldsymbol{i} & \boldsymbol{j} & \boldsymbol{k} \\ \dfrac{\partial}{\partial x} & \dfrac{\partial}{\partial y} & \dfrac{\partial}{\partial z} \\ 2y^2+2xz & 4xy-z^2 & x^2-2yz \end{vmatrix}$

$$= (-2z+2z)\boldsymbol{i} + (2x-2x)\boldsymbol{j} + (4y-4y)\boldsymbol{k} = \boldsymbol{0}$$

だから $\boldsymbol{F}$ は層状である．$x_0=y_0=z_0=0$ として定理 9 を用いると

$$\begin{aligned} f(x,y,z) &= \int_0^x F_1(x,y,z)\,dx + \int_0^y F_2(0,y,z)\,dy + \int_0^z F_3(0,0,z)\,dz \\ &= \int_0^x (2y^2+2xz)\,dx + \int_0^y (-z^2)dy + \int_0^z 0\,dz \\ &= 2xy^2 + x^2z - yz^2 \end{aligned}$$

ゆえにスカラー・ポテンシャルは $-2xy^2 - x^2z + yz^2 + C$ である (C は任意の定数)．

（2） $\mathrm{rot}\,\boldsymbol{F} = \begin{vmatrix} \boldsymbol{i} & \boldsymbol{j} & \boldsymbol{k} \\ \dfrac{\partial}{\partial x} & \dfrac{\partial}{\partial y} & \dfrac{\partial}{\partial z} \\ \sin y + z\cos x & x\cos y + \sin z & y\cos z + \sin x \end{vmatrix}$

$$= (\cos z - \cos z)\boldsymbol{i} + (\cos x - \cos x)\boldsymbol{j} + (\cos y - \cos y)\boldsymbol{k} = \boldsymbol{0}$$

だから $\boldsymbol{F}$ は層状である．$x_0=y_0=z_0=0$ として定理 9 を用いると

$$\begin{aligned} f(x,y,z) &= \int_0^x F_1(x,y,z)\,dx + \int_0^y F_2(0,y,z)\,dy + \int_0^z F_3(0,0,z)\,dz \\ &= \int_0^x (\sin y + z\cos x)\,dx + \int_0^y \sin z\,dy + \int_0^z 0\,dz \\ &= x\sin y + z\sin x + y\sin z \end{aligned}$$

ゆえにスカラー・ポテンシャルは $-x\sin y - z\sin x - y\sin z + C$ である (C は任意の定数).

(3) $\operatorname{rot} \boldsymbol{F} = \begin{vmatrix} \boldsymbol{i} & \boldsymbol{j} & \boldsymbol{k} \\ \dfrac{\partial}{\partial x} & \dfrac{\partial}{\partial y} & \dfrac{\partial}{\partial z} \\ 2xye^z & x^2e^z & x^2ye^z \end{vmatrix}$

$$= (x^2e^z - x^2e^z)\boldsymbol{i} + (2xye^z - 2xye^z)\boldsymbol{j} + (2xe^z - 2xe^z)\boldsymbol{k} = \boldsymbol{0}$$

だから $\boldsymbol{F}$ は層状である. $x_0 = y_0 = z_0 = 0$ として定理 9 を用いると

$$\begin{aligned} f(x,y,z) &= \int_0^x F_1(x,y,z)\,dx + \int_0^y F_2(0,y,z)\,dy + \int_0^z F_3(0,0,z)\,dz \\ &= \int_0^x 2xye^z\,dx + \int_0^y 0\,dy + \int_0^z 0\,dz \\ &= x^2ye^z \end{aligned}$$

ゆえにスカラー・ポテンシャルは $-x^2ye^z + C$ である (C は任意の定数).

問題 10.2 $\operatorname{rot} \boldsymbol{F} = \begin{vmatrix} \boldsymbol{i} & \boldsymbol{j} & \boldsymbol{k} \\ \dfrac{\partial}{\partial x} & \dfrac{\partial}{\partial y} & \dfrac{\partial}{\partial z} \\ \dfrac{-y}{x^2+y^2} & \dfrac{x}{x^2+y^2} & 0 \end{vmatrix}$

$$= (0-0)\boldsymbol{i} + (0-0)\boldsymbol{j} + \left(\frac{x^2+y^2-2x^2}{(x^2+y^2)^2} + \frac{x^2+y^2-2y^2}{(x^2+y^2)^2}\right)\boldsymbol{k} = \boldsymbol{0}$$

だから $\boldsymbol{F}$ は層状である. 定理 9 より

$$\begin{aligned} f(x,y,z) &= \int_{x_0}^x F_1(x,y,z)\,dx + \int_{y_0}^y F_2(x_0,y,z)\,dy + \int_0^z F_3(x_0,y_0,z)\,dz \\ &= \int_{x_0}^x \frac{-y}{x^2+y^2}dx + \int_{y_0}^y \frac{x_0}{x_0^2+y^2}dy \\ &= \left[\tan^{-1}\frac{y}{x}\right]_{x_0}^x + \left[\tan^{-1}\frac{y}{x_0}\right]_{y_0}^y = \tan^{-1}\frac{y}{x} - \tan^{-1}\frac{y_0}{x_0} \end{aligned}$$

ゆえに $f = \tan^{-1}\dfrac{y}{x} + C$ である (C は任意の定数).

問題 11.1 (1) $\operatorname{div} \boldsymbol{F} = 1 + 1 - 2 = 0$ だから $\boldsymbol{F}$ は管状である. $x_0 = y_0 = z_0 = 0$ として定理 10 を用いると

$$\begin{aligned} V_1(x,y,z) &= 0 \\ V_2(x,y,z) &= \int_0^x F_3(x,y,z)dx = \int_0^x (x-2z)dx = \frac{1}{2}x^2 - 2xz \end{aligned}$$

$$\begin{aligned} V_3(x,y,z) &= -\int_0^x F_2(x,y,z)dx + \int_0^y F_1(0,y,z)dy \\ &= -\int_0^x (y-2z)dx + \int_0^y 3y\,dy = -(xy-2xz) + \frac{3}{2}y^2 \end{aligned}$$

ゆえにベクトル・ポテンシャルは $\left(\frac{1}{2}x^2 - 2xz\right)\boldsymbol{j} + \left(\frac{3}{2}y^2 - xy + 2xz\right)\boldsymbol{k} + \nabla f$ (f は任意のスカラー関数) である.

（2） $\mathrm{div}\,\boldsymbol{F} = 0+0+0 = 0$ だから $\boldsymbol{F}$ は管状である. $x_0 = y_0 = z_0 = 0$ として定理 10 を用いると

$$\begin{aligned} V_1(x,y,z) &= 0 \\ V_2(x,y,z) &= \int_0^x F_3(x,y,z)\,dx = \int_0^x (x-y)dx = \frac{1}{2}x^2 - xy \\ V_3(x,y,z) &= -\int_0^x F_2(x,y,z)dx + \int_0^y F_1(0,y,z)\,dy \\ &= -\int_0^x (z-x)dx + \int_0^y (y-z)\,dy \\ &= -\left(zx - \frac{1}{2}x^2\right) + \left(\frac{1}{2}y^2 - yz\right) \end{aligned}$$

ゆえにベクトル・ポテンシャルは $\left(\frac{1}{2}x^2 - xy\right)\boldsymbol{j} + \left(\frac{1}{2}x^2 + \frac{1}{2}y^2 - yz - zx\right)\boldsymbol{k} + \nabla f$ (f は任意のスカラー関数) である.

（3） $\mathrm{div}\,\boldsymbol{F} = 0+0+0 = 0$ だから $\boldsymbol{F}$ は管状である. $x_0 = y_0 = z_0 = 0$ として定理 10 を用いると

$$\begin{aligned} V_1(x,y,z) &= 0 \\ V_2(x,y,z) &= \int_0^x F_3(x,y,z)\,dx = \int_0^x (x^2+y^2)\,dx = \frac{1}{3}x^3 + xy^2 \\ V_3(x,y,z) &= -\int_0^x F_2(x,y,z)\,dx + \int_0^y F_1(0,y,z)\,dy \\ &= -\int_0^x (-zx)\,dx + \int_0^y yz\,dy = \frac{1}{2}zx^2 + \frac{1}{2}y^2 z \end{aligned}$$

ゆえにベクトル・ポテンシャルは $\left(\frac{1}{3}x^3 + xy^2\right)\boldsymbol{j} + \frac{1}{2}(x^2+y^2)z\boldsymbol{k} + \nabla f$ (f は任意のスカラー関数) である.

（4） $\mathrm{div}\,\boldsymbol{F} = 0+0+0 = 0$ だから $\boldsymbol{F}$ は管状である. $x_0 = y_0 = z_0 = 0$ として定理 10 を用いると

$$\begin{aligned} V_1(x,y,z) &= 0 \\ V_2(x,y,z) &= \int_0^x F_3(x,y,z)\,dx = \int_0^x xy\,dx = \frac{1}{2}x^2 y \end{aligned}$$

6

$$\begin{aligned} V_3(x,y,z) &= -\int_0^x F_2(x,y,z)\,dx + \int_0^y F_1(0,y,z)\,dy \\ &= -\int_0^x zx\,dx + \int_0^y yz\,dy = -\frac{1}{2}zx^2 + \frac{1}{2}y^2 z \end{aligned}$$

ゆえにベクトル・ポテンシャルは $\frac{1}{2}x^2 y\boldsymbol{j} - \frac{1}{2}(x^2 - y^2)z\boldsymbol{k} + \nabla f$ (f は任意のスカラー関数) である．

問題 11.2 $\mathrm{div}(\nabla f \times \nabla g) = \nabla\cdot(\nabla f \times \nabla g) = \nabla g\cdot\big(\nabla\times(\nabla f)\big) - \nabla f\cdot\big(\nabla\times(\nabla g)\big)$

$$= \nabla g\cdot\mathbf{0} - \nabla f\cdot\mathbf{0} = 0$$

ゆえに $\nabla f \times \nabla g$ は管状である．

問題 11.3 $\mathrm{div}(\boldsymbol{F}\times\boldsymbol{r}) = \nabla\cdot(\boldsymbol{F}\times\boldsymbol{r}) = \boldsymbol{r}\cdot(\nabla\times\boldsymbol{F}) - \boldsymbol{F}\cdot(\nabla\times\boldsymbol{r}) = \boldsymbol{r}\cdot\mathbf{0} - \boldsymbol{F}\cdot\mathbf{0} = 0$
ゆえに $\boldsymbol{F}\times\boldsymbol{r}$ は管状である．

演習 1 C で囲まれた領域を D とする．C 上では $\boldsymbol{r} = x\boldsymbol{i} + y\boldsymbol{j}$ であることに注意する．

(1)
$$\begin{aligned} \int_C \boldsymbol{F}\cdot d\boldsymbol{r} &= \int_C \Big((3x+4y)dx + (2x+3y)dy\Big) \\ &= \iint_D \Big(\frac{\partial}{\partial x}(2x+3y) - \frac{\partial}{\partial y}(3x+4y)\Big)dx\,dy \\ &= -2\iint_D dx\,dy = -18\pi \end{aligned}$$

(2)
$$\begin{aligned} \int_C \boldsymbol{F}\cdot d\boldsymbol{r} &= \int_C \Big((2x^2+y)dx + (x^2+yz+2z)dy\Big) \\ &= \iint_D \Big(\frac{\partial}{\partial x}\big(x^2+yz+2z\big) - \frac{\partial}{\partial y}\big(2x^2+y\big)\Big)dx\,dy \\ &= \iint_D (2x-1)dx\,dy \\ &= \int_0^{2\pi} d\theta \int_0^3 (2r\cos\theta - 1)r\,dr \\ &= \int_0^{2\pi}\cos\theta\,d\theta\int_0^3 2r^2 dr - \int_0^{2\pi} d\theta\int_0^3 r\,dr = -9\pi \end{aligned}$$

(3)
$$\begin{aligned} \int_C \boldsymbol{F}\cdot d\boldsymbol{r} &= \int_C \Big(\cos y\,dx + x(1-\sin y)\,dy\Big) \\ &= \iint_D \Big(\frac{\partial}{\partial x}\big(x(1-\sin y)\big) - \frac{\partial}{\partial y}\cos y\Big)dx\,dy \\ &= \iint_D dx\,dy = 9\pi \end{aligned}$$

6

演習 2　S で囲まれた領域を V とする．定理 2 より

$$\begin{aligned}\int_S xy\,dy\,dz &= \int_V \frac{\partial}{\partial x}(xy)\,dV = \int_V y\,dV\\ \int_S yz\,dz\,dx &= \int_V \frac{\partial}{\partial y}(yz)\,dV = \int_V z\,dV\\ \int_S zx\,dx\,dy &= \int_V \frac{\partial}{\partial z}(zx)\,dV = \int_V x\,dV\end{aligned}$$

$$\begin{aligned}\therefore\quad &\int_S (xy\,dy\,dz + yz\,dz\,dx + zx\,dx\,dy) = \iiint_V (x+y+z)\,dx\,dy\,dz\\ &= \int_1^3 dz\int_0^{2\pi} d\theta\int_0^1 (r\cos\theta + r\sin\theta + z)r\,dr\\ &= \int_1^3 dz\int_0^{2\pi}(\cos\theta+\sin\theta)\,d\theta\int_0^1 r^2 dr + \int_1^3 z\,dz\int_0^{2\pi} d\theta\int_0^1 r\,dr\\ &= 4\pi\end{aligned}$$

演習 3　発散定理より

$$\begin{aligned}\int_S (\boldsymbol{F}\times\boldsymbol{G})\cdot d\boldsymbol{S} &= \int_V \nabla\cdot(\boldsymbol{F}\times\boldsymbol{G})\,dV = \int_V \big(\boldsymbol{G}\cdot(\nabla\times\boldsymbol{F}) - \boldsymbol{F}\cdot(\nabla\times\boldsymbol{G})\big)dV\\ &= \int_V (\boldsymbol{G}\cdot\boldsymbol{0} - \boldsymbol{F}\cdot\boldsymbol{0})\,dV = \int_V 0\,dV = 0\end{aligned}$$

演習 4　$\boldsymbol{C}$ を任意の定ベクトルとし $\boldsymbol{F} = f\boldsymbol{C}$ に対し式 (6.7) を用いると

$$\int_V \nabla\cdot(f\boldsymbol{C})\,dV = \int_S f\boldsymbol{C}\cdot d\boldsymbol{S}$$

$$\begin{aligned}\text{左辺} &= \int_V \big((\nabla f)\cdot\boldsymbol{C} + f(\nabla\cdot\boldsymbol{C})\big)dV = \int_V (\nabla f)\cdot\boldsymbol{C}\,dV = \boldsymbol{C}\cdot\int_V \nabla f\,dV\\ \text{右辺} &= \boldsymbol{C}\cdot\int_S f\,d\boldsymbol{S}\end{aligned}$$

ゆえに $\boldsymbol{C}\cdot\left(\int_V \nabla f\,dV - \int_S f\,d\boldsymbol{S}\right) = 0$．$\boldsymbol{C}$ は任意だから $\int_V \nabla f\,dV = \int_S f\,d\boldsymbol{S}$.

次に $\boldsymbol{F}\times\boldsymbol{C}$ に対して式 (6.7) を用いると

$$\int_V \nabla\cdot(\boldsymbol{F}\times\boldsymbol{C})\,dV = \int_S \boldsymbol{F}\times\boldsymbol{C}\,d\boldsymbol{S} = \int_S \boldsymbol{n}\cdot(\boldsymbol{F}\times\boldsymbol{C})\,dS$$

ここで

$$\begin{aligned}\nabla\cdot(\boldsymbol{F}\times\boldsymbol{C}) &= \boldsymbol{C}\cdot(\nabla\times\boldsymbol{F}) - \boldsymbol{F}\cdot(\nabla\times\boldsymbol{C}) = \boldsymbol{C}\cdot(\nabla\times\boldsymbol{F})\\ \boldsymbol{n}\cdot(\boldsymbol{F}\times\boldsymbol{C}) &= \boldsymbol{C}\cdot(\boldsymbol{n}\times\boldsymbol{F})\end{aligned}$$

6

に注意すると $\boldsymbol{C}\cdot\left(\int_V \nabla\times\boldsymbol{F}\,dV-\int_S \boldsymbol{n}\times\boldsymbol{F}\,dS\right)=0$ を得る．$\boldsymbol{C}$ は任意だから

$$\int_V \nabla\times\boldsymbol{F}\,dV=\int_S \boldsymbol{n}\times\boldsymbol{F}\,dS=-\int_S \boldsymbol{F}\times\boldsymbol{n}\,dS=-\int_S \boldsymbol{F}\times d\boldsymbol{S}$$

演習 5 $\boldsymbol{C}$ を任意の定ベクトルとし $\boldsymbol{F}=f\boldsymbol{C}$ に対し式 (6.10) を用いると

$$\int_S \boldsymbol{n}\cdot\big(\nabla\times(f\boldsymbol{C})\big)dS=\int_S\big(\nabla\times(f\boldsymbol{C})\big)d\boldsymbol{S}=\int_C f\boldsymbol{C}\cdot d\boldsymbol{r}=\boldsymbol{C}\cdot\int_C f\,d\boldsymbol{r}$$

$\nabla\times(f\boldsymbol{C})=\nabla f\times\boldsymbol{C}+f(\nabla\times\boldsymbol{C})=\nabla f\times\boldsymbol{C}$ だから 4.4 節の公式 6 に注意すると

$$\begin{aligned}\int_S \boldsymbol{n}\cdot\big(\nabla\times(f\boldsymbol{C})\big)dS &= \int_S \boldsymbol{n}\cdot(\nabla f\times\boldsymbol{C})\,dS=\int_S \boldsymbol{C}\cdot(\boldsymbol{n}\times\nabla f)\,dS\\ &= \boldsymbol{C}\cdot\int_C(\boldsymbol{n}\times\nabla)f\,dS\end{aligned}$$

ゆえに $\boldsymbol{C}\cdot\left(\int_S(\boldsymbol{n}\times\nabla)f\,dS-\int_C f\,d\boldsymbol{r}\right)=0$. $\boldsymbol{C}$ は任意だから

$$\int_S(\boldsymbol{n}\times\nabla)f\,dS=\int_C f\,d\boldsymbol{r}$$

を得る．

次に $\boldsymbol{F}\times\boldsymbol{C}$ に対して式 (6.10) を用いると

$$\int_S \boldsymbol{n}\cdot\big(\nabla\times(\boldsymbol{F}\times\boldsymbol{C})\big)dS=\int_S\big(\nabla\times(\boldsymbol{F}\times\boldsymbol{C})\big)d\boldsymbol{S}=\int_C(\boldsymbol{F}\times\boldsymbol{C})\cdot d\boldsymbol{r}$$

ここで $\nabla\times(\boldsymbol{F}\times\boldsymbol{C})=-\boldsymbol{C}(\nabla\cdot\boldsymbol{F})+(\boldsymbol{C}\cdot\nabla)\boldsymbol{F}$ だから

$$\boldsymbol{n}\cdot\big(\nabla\times(\boldsymbol{F}\times\boldsymbol{C})\big)=\boldsymbol{n}\cdot\big(-\boldsymbol{C}(\nabla\cdot\boldsymbol{F})+(\boldsymbol{C}\cdot\nabla)\boldsymbol{F}\big)$$

また $\boldsymbol{n}\times(\nabla\times\boldsymbol{F})-(\boldsymbol{n}\times\nabla)\times\boldsymbol{F}=\boldsymbol{n}(\nabla\cdot\boldsymbol{F})-(\boldsymbol{n}\cdot\nabla)\boldsymbol{F}$ より

$$\begin{aligned}\boldsymbol{C}\cdot\big((\boldsymbol{n}\times\nabla)\times\boldsymbol{F}\big) &= \boldsymbol{C}\cdot\big(\boldsymbol{n}\times(\nabla\times\boldsymbol{F})-\boldsymbol{n}(\nabla\cdot\boldsymbol{F})+(\boldsymbol{n}\cdot\nabla)\boldsymbol{F}\big)\\ &= \boldsymbol{C}\cdot\big(\boldsymbol{n}\times(\nabla\times\boldsymbol{F})\big)-(\boldsymbol{C}\cdot\boldsymbol{n})(\nabla\cdot\boldsymbol{F})+(\boldsymbol{n}\cdot\nabla)(\boldsymbol{C}\cdot\boldsymbol{F})\\ &= \boldsymbol{n}\cdot\big((\nabla\times\boldsymbol{F})\times\boldsymbol{C}\big)-\boldsymbol{n}\cdot\big(\boldsymbol{C}(\nabla\cdot\boldsymbol{F})\big)+\boldsymbol{n}\cdot\big(\nabla(\boldsymbol{C}\cdot\boldsymbol{F})\big)\\ &= \boldsymbol{n}\cdot\big((\nabla\times\boldsymbol{F})\times\boldsymbol{C}-\boldsymbol{C}(\nabla\cdot\boldsymbol{F})+\nabla(\boldsymbol{C}\cdot\boldsymbol{F})\big)\end{aligned}$$

ここで $\nabla(\boldsymbol{C}\cdot\boldsymbol{F})=(\boldsymbol{C}\cdot\nabla)\boldsymbol{F}+\boldsymbol{C}\times(\nabla\times\boldsymbol{F})=(\boldsymbol{C}\cdot\nabla)\boldsymbol{F}-(\nabla\times\boldsymbol{F})\times\boldsymbol{C}$ を用いると

$$\begin{aligned}\boldsymbol{C}\cdot\big((\boldsymbol{n}\times\nabla)\times\boldsymbol{F}\big) &= \boldsymbol{n}\cdot\big((\nabla\times\boldsymbol{F})\times\boldsymbol{C}-\boldsymbol{C}(\nabla\cdot\boldsymbol{F})+\nabla(\boldsymbol{C}\cdot\boldsymbol{F})\big)\\ &= \boldsymbol{n}\cdot\big((\nabla\times\boldsymbol{F})\times\boldsymbol{C}-\boldsymbol{C}(\nabla\cdot\boldsymbol{F})+(\boldsymbol{C}\cdot\nabla)-(\nabla\times\boldsymbol{F})\times\boldsymbol{C}\big)\\ &= \boldsymbol{n}\cdot\big(-\boldsymbol{C}(\nabla\times\boldsymbol{F})+(\boldsymbol{C}\cdot\nabla)\boldsymbol{F}\big)\end{aligned}$$

よって $\boldsymbol{n}\cdot\big(\nabla\times(\boldsymbol{F}\times\boldsymbol{C})\big)=\boldsymbol{C}\cdot\big((\boldsymbol{n}\times\nabla)\times\boldsymbol{F}\big)$ を得る．したがって

$$\begin{aligned}\int_S \boldsymbol{n}\cdot\big(\nabla\times(\boldsymbol{F}\times\boldsymbol{C})\big)dS &= \int_S \boldsymbol{C}\cdot\big((\boldsymbol{n}\times\nabla)\times\boldsymbol{F}\big)dS\\ &= \boldsymbol{C}\cdot\int_S(\boldsymbol{n}\times\nabla)\times\boldsymbol{F}\,dS\end{aligned}$$

となる．また

$$\int_C(\boldsymbol{F}\times\boldsymbol{C})\cdot d\boldsymbol{r}=\int_C\boldsymbol{C}\cdot(d\boldsymbol{r}\times\boldsymbol{F})=\boldsymbol{C}\cdot\int_C d\boldsymbol{r}\times\boldsymbol{F}$$

だから $\boldsymbol{C}\cdot\left(\int_S(\boldsymbol{n}\times\nabla)\times\boldsymbol{F}\,dS-\int_C d\boldsymbol{r}\times\boldsymbol{F}\right)=0$．$\boldsymbol{C}$ は任意だから

$$\int_S(\boldsymbol{n}\times\nabla)\times\boldsymbol{F}\,dS=\int_C d\boldsymbol{r}\times\boldsymbol{F}$$

演習 6　式 (6.7) より

$$\begin{aligned}\int_S f\boldsymbol{F}\cdot d\boldsymbol{S} &= \int_V\nabla\cdot(f\boldsymbol{F})\,dV=\int_V\big((\nabla f)\cdot\boldsymbol{F}+f(\nabla\cdot\boldsymbol{F})\big)dV\\ &= \int_V(\boldsymbol{F}\cdot\mathrm{grad}\,f)\,dV\end{aligned}$$

演習 7　$\mathrm{rot}\,\boldsymbol{F}=\begin{vmatrix}\boldsymbol{i}&\boldsymbol{j}&\boldsymbol{k}\\ \dfrac{\partial}{\partial x}&\dfrac{\partial}{\partial y}&\dfrac{\partial}{\partial z}\\ 2xy+z^3&x^2&3xz^2\end{vmatrix}$

$$=(0-0)\boldsymbol{i}+(3z^2-3z^2)\boldsymbol{j}+(2x-2x)\boldsymbol{k}=\boldsymbol{0}$$

だから $\boldsymbol{F}$ は層状である．$\boldsymbol{F}$ のスカラー・ポテンシャルを $-f$ とすれば，定理 9 より

$$\begin{aligned}f(x,y,z) &= \int_0^x(2xy+z^3)\,dx+\int_0^y 0\,dy+\int_0^z 0\,dz\\ &= x^2y+xz^3\end{aligned}$$

よって 72 頁の定理 2 より

$$\begin{aligned}\int_C\Big((2xy+z^3)\,dx+x^2dy+3xz^2dz\Big) &= \int_C\boldsymbol{F}\cdot d\boldsymbol{r}\\ &= f(2,1,-3)-f(1,0,1)\\ &= -51\end{aligned}$$

演習 8 $\mathrm{rot}\,\boldsymbol{F} = \begin{vmatrix} \boldsymbol{i} & \boldsymbol{j} & \boldsymbol{k} \\ \dfrac{\partial}{\partial x} & \dfrac{\partial}{\partial y} & \dfrac{\partial}{\partial z} \\ 2y^2+2xz & 4xy-z^2 & x^2-2yz \end{vmatrix}$

$$= (-2z+2z)\boldsymbol{i} + (2x-2x)\boldsymbol{j} + (4y-4y)\boldsymbol{k} = \boldsymbol{0}$$

だから $\boldsymbol{F}$ は層状である．$\boldsymbol{F}$ のスカラー・ポテンシャルを $-f$ とすれば，定理 9 より

$$\begin{aligned} f(x,y,z) &= \int_0^x (2y^2+2xz)\,dx + \int_0^y (-z^2)\,dy + \int_0^z 0\,dz \\ &= 2xy^2 + x^2z - yz^2 \end{aligned}$$

よって 72 頁の定理 2 より

$$\int_C \boldsymbol{F}\cdot d\boldsymbol{r} = f(4,3,2) - f(1,-1,1) = 88$$

演習 9 問題 10.2 より $\nabla \times \boldsymbol{F} = \boldsymbol{0}$ である．

（1） C の周および内部で $\boldsymbol{F}$ は定義されるから，C で囲まれた領域を S とすれば式 (6.10) より

$$\int_C \boldsymbol{F}\cdot d\boldsymbol{r} = \int_S (\nabla \times \boldsymbol{F})\cdot d\boldsymbol{S} = \int_S \boldsymbol{0}\cdot d\boldsymbol{S} = 0$$

（2） 原点で $\boldsymbol{F}$ は定義されないからストークスの定理は使えない．C を $\boldsymbol{r} = \cot t\,\boldsymbol{i} + \sin t\,\boldsymbol{j}$ $(0 \leqq t \leqq 2\pi)$ とすると，C 上では $\boldsymbol{F} = -\sin t\,\boldsymbol{i} + \cos t\,\boldsymbol{j}$ であるから

$$\begin{aligned} \int_C \boldsymbol{F}\cdot d\boldsymbol{r} &= \int_0^{2\pi} (-\sin t\,\boldsymbol{i} + \cos t\,\boldsymbol{j})\cdot(-\sin t\,\boldsymbol{i} + \cos t\,\boldsymbol{j})dt \\ &= \int_0^{2\pi} dt = 2\pi \end{aligned}$$

第 7 章の解答

問題 1.1 $A=[a_{ij}]$ とすると，式 (7.5) より

$$\begin{aligned}\boldsymbol{e}_1 &= a_{11}\boldsymbol{i}+a_{12}\boldsymbol{j}+a_{13}\boldsymbol{k}\\ \boldsymbol{e}_2 &= a_{21}\boldsymbol{i}+a_{22}\boldsymbol{j}+a_{23}\boldsymbol{k}\\ \boldsymbol{e}_3 &= a_{31}\boldsymbol{i}+a_{32}\boldsymbol{j}+a_{33}\boldsymbol{k}\end{aligned}$$

$a_u\boldsymbol{e}_1+a_v\boldsymbol{e}_2+a_w\boldsymbol{e}_3=a_x\boldsymbol{i}+a_y\boldsymbol{j}+a_z\boldsymbol{k}$ であるから，

$$\begin{aligned}\boldsymbol{a}_u &= (a_u\boldsymbol{e}_1+a_v\boldsymbol{e}_2+a_w\boldsymbol{e}_3)\cdot\boldsymbol{e}_1\\ &= (a_x\boldsymbol{i}+a_y\boldsymbol{j}+a_z\boldsymbol{k})\cdot(a_{11}\boldsymbol{i}+a_{12}\boldsymbol{j}+a_{13}\boldsymbol{k})\\ &= a_{11}a_x+a_{12}a_y+a_{13}a_z\\ \boldsymbol{a}_v &= (a_u\boldsymbol{e}_1+a_v\boldsymbol{e}_2+a_w\boldsymbol{e}_3)\cdot\boldsymbol{e}_2\\ &= (a_x\boldsymbol{i}+a_y\boldsymbol{j}+a_z\boldsymbol{k})\cdot(a_{21}\boldsymbol{i}+a_{22}\boldsymbol{j}+a_{23}\boldsymbol{k})\\ &= a_{21}a_x+a_{22}a_y+a_{23}a_z\\ \boldsymbol{a}_w &= (a_u\boldsymbol{e}_1+a_v\boldsymbol{e}_2+a_w\boldsymbol{e}_3)\cdot\boldsymbol{e}_3\\ &= (a_x\boldsymbol{i}+a_y\boldsymbol{j}+a_z\boldsymbol{k})\cdot(a_{31}\boldsymbol{i}+a_{32}\boldsymbol{j}+a_{33}\boldsymbol{k})\\ &= a_{31}a_x+a_{32}a_y+a_{33}a_z\end{aligned}$$

$$\therefore \quad \begin{bmatrix}a_u\\ a_v\\ a_w\end{bmatrix}=A\begin{bmatrix}a_x\\ a_y\\ a_z\end{bmatrix}$$

問題 2.1 （1） $\dfrac{\partial\boldsymbol{r}}{\partial u}=h_1\boldsymbol{e}_1$，$\dfrac{\partial\boldsymbol{r}}{\partial v}=h_2\boldsymbol{e}_2$ より

$$\frac{\partial}{\partial u}(h_2\boldsymbol{e}_2) = \frac{\partial^2\boldsymbol{r}}{\partial u\partial v}=\frac{\partial}{\partial v}(h_1\boldsymbol{e}_1)$$

他も同様である．

（2） $\boldsymbol{e}_2=h_2\nabla v$，$\boldsymbol{e}_3=h_3\nabla w$ より，

$$\boldsymbol{e}_1=\boldsymbol{e}_2\times\boldsymbol{e}_3=(h_2\nabla v)\times(h_3\nabla w)=h_2h_3\nabla v\times\nabla w$$

他も同様である．

（3） 式 (7.3) と例題 1 より

$$\frac{\partial\boldsymbol{r}}{\partial u}=h_1\boldsymbol{e}_1=h_1(h_1\nabla u)=h_1^2\nabla u$$

他も同様である．

問題 3.1 $\boldsymbol{r} = r\cos\theta\,\boldsymbol{i} + r\sin\theta\,\boldsymbol{j} + z\boldsymbol{k}$ だから

$$\begin{aligned}\frac{\partial \boldsymbol{r}}{\partial r} &= \cos\theta\,\boldsymbol{i} + \sin\theta\,\boldsymbol{j}\\ \frac{\partial \boldsymbol{r}}{\partial \theta} &= -r\sin\theta\,\boldsymbol{i} + r\cos\theta\,\boldsymbol{j}\\ \frac{\partial \boldsymbol{r}}{\partial z} &= \boldsymbol{k}\end{aligned}$$

$$\begin{aligned}\therefore\ h_1 &= \left|\frac{\partial \boldsymbol{r}}{\partial r}\right| = \sqrt{\cos^2\theta + \sin^2\theta} = 1\\ h_2 &= \left|\frac{\partial \boldsymbol{r}}{\partial \theta}\right| = \sqrt{r^2\sin^2\theta + r^2\cos^2\theta} = r\\ h_3 &= \left|\frac{\partial \boldsymbol{r}}{\partial z}\right| = 1\end{aligned}$$

$$\begin{aligned}\therefore\ \boldsymbol{e}_1 &= \frac{1}{h_1}\frac{\partial \boldsymbol{r}}{\partial r} = \cos\theta\,\boldsymbol{i} + \sin\theta\,\boldsymbol{j}\\ \boldsymbol{e}_2 &= \frac{1}{h_2}\frac{\partial \boldsymbol{r}}{\partial \theta} = -\sin\theta\,\boldsymbol{i} + \cos\theta\,\boldsymbol{j}\\ \boldsymbol{e}_3 &= \frac{1}{h_3}\frac{\partial \boldsymbol{r}}{\partial z} = \boldsymbol{k}\end{aligned}$$

$\boldsymbol{e}_1 \cdot \boldsymbol{e}_2 = -\cos\theta\sin\theta + \sin\theta\cos\theta = 0$, $\boldsymbol{e}_2 \cdot \boldsymbol{e}_3 = \boldsymbol{e}_3 \cdot \boldsymbol{e}_1 = 0$ だから $(r,\ \theta,\ z)$ は直交曲線座標である.

問題 4.1 例題 4 あるいは公式 2 より

$$\begin{aligned}\boldsymbol{i} &= \sin\theta\cos\varphi\,\boldsymbol{e}_1 + \cos\theta\cos\varphi\,\boldsymbol{e}_2 - \sin\varphi\,\boldsymbol{e}_3\\ \boldsymbol{j} &= \sin\theta\sin\varphi\,\boldsymbol{e}_1 + \cos\theta\sin\varphi\,\boldsymbol{e}_2 + \cos\varphi\,\boldsymbol{e}_3\\ \boldsymbol{k} &= \cos\theta\,\boldsymbol{e}_1 - \sin\theta\,\boldsymbol{e}_2\end{aligned}$$

だから

$$\begin{aligned}\boldsymbol{F} &= 2x(\sin\theta\cos\varphi\,\boldsymbol{e}_1 + \cos\theta\cos\varphi\,\boldsymbol{e}_2 - \sin\varphi\,\boldsymbol{e}_3)\\ &\quad + 2y(\sin\theta\sin\varphi\,\boldsymbol{e}_1 + \cos\theta\sin\varphi\,\boldsymbol{e}_2 + \cos\varphi\,\boldsymbol{e}_3) - 3z(\cos\theta\,\boldsymbol{e}_1 - \sin\theta\,\boldsymbol{e}_2)\\ &= (2x\sin\theta\cos\varphi + 2y\sin\theta\sin\varphi - 3z\cos\theta)\boldsymbol{e}_1\\ &\quad + (2x\cos\theta\cos\varphi + 2y\cos\theta\sin\varphi + 3z\sin\theta)\boldsymbol{e}_2\\ &\quad + (-2x\sin\varphi + 2y\cos\varphi)\boldsymbol{e}_3\\ &\qquad \left(x = r\sin\theta\cos\varphi,\ y = r\sin\theta\sin\varphi,\ z = r\cos\theta \text{ を代入}\right)\\ &= r(5\sin^2\theta - 3)\boldsymbol{e}_1 - r\sin\theta\cos\theta\,\boldsymbol{e}_2\end{aligned}$$

問題 4.2 公式 1 より, $\boldsymbol{i} = \cos\theta\,\boldsymbol{e}_1 - \sin\theta\,\boldsymbol{e}_2$, $\boldsymbol{j} = \sin\theta\,\boldsymbol{e}_1 + \cos\theta\,\boldsymbol{e}_2$, $\boldsymbol{k} = \boldsymbol{e}_3$ だから

$$\boldsymbol{F} = z(\cos\theta\,\boldsymbol{e}_1 - \sin\theta\,\boldsymbol{e}_2) - 2x(\sin\theta\,\boldsymbol{e}_1 + \cos\theta\,\boldsymbol{e}_2) + 3x\boldsymbol{e}_3$$

7

$$= (z\cos\theta - 2x\sin\theta)\boldsymbol{e}_1 - (z\sin\theta + 2x\cos\theta) + 3x\boldsymbol{e}_3$$

$$\big(x = r\cos\theta,\ y = r\sin\theta,\ z = z \text{ を代入}\big)$$

$$= (z\cos\theta - 2r\sin\theta\cos\theta)\boldsymbol{e}_1 - (z\sin\theta + 2r\cos^2\theta)\boldsymbol{e}_2 + 3r\cos\theta\,\boldsymbol{e}_3$$

問題 5.1 (1) $\boldsymbol{r} = x(\cos\theta\,\boldsymbol{e}_1 - \sin\theta\,\boldsymbol{e}_2) + y(\sin\theta\,\boldsymbol{e}_1 + \cos\theta\,\boldsymbol{e}_2) + z\boldsymbol{e}_3$

$$= (x\cos\theta + y\sin\theta)\boldsymbol{e}_1 + (-x\sin\theta + y\cos\theta)\boldsymbol{e}_2 + z\boldsymbol{e}_3$$

$$= r\boldsymbol{e}_1 + z\boldsymbol{e}_3$$

(2) $\boldsymbol{e}_1 = \cos\theta\,\boldsymbol{i} + \sin\theta\,\boldsymbol{j},\ \boldsymbol{e}_2 = -\sin\theta\,\boldsymbol{i} + \cos\theta\,\boldsymbol{j},\ \boldsymbol{e}_3 = \boldsymbol{k}$ に注意すると

$$\begin{aligned}\frac{d\boldsymbol{e}_1}{dt} &= \frac{\partial\boldsymbol{e}_1}{\partial r}\frac{dr}{dt} + \frac{\partial\boldsymbol{e}_1}{\partial\theta}\frac{d\theta}{dt} + \frac{\partial\boldsymbol{e}_1}{\partial z}\frac{dz}{dt}\\ &= (-\sin\theta\,\boldsymbol{i} + \cos\theta\,\boldsymbol{j})\frac{d\theta}{dt} = \frac{d\theta}{dt}\boldsymbol{e}_2\\ \frac{d\boldsymbol{e}_3}{dt} &= \frac{\partial\boldsymbol{e}_3}{\partial r}\frac{dr}{dt} + \frac{\partial\boldsymbol{e}_3}{\partial\theta}\frac{d\theta}{dt} + \frac{\partial\boldsymbol{e}_3}{\partial z}\frac{dz}{dt} = \boldsymbol{0}\\ \therefore\ \frac{d\boldsymbol{r}}{dt} &= \frac{d}{dt}(r\boldsymbol{e}_1 + z\boldsymbol{e}_3)\\ &= \frac{dr}{dt}\boldsymbol{e}_1 + r\frac{d\boldsymbol{e}_1}{dt} + \frac{dz}{dt}\boldsymbol{e}_3 + z\frac{d\boldsymbol{e}_3}{dt}\\ &= \frac{dr}{dt}\boldsymbol{e}_1 + r\frac{d\theta}{dt}\boldsymbol{e}_2 + \frac{dz}{dt}\boldsymbol{e}_3\end{aligned}$$

問題 6.1 (1) $\boldsymbol{r} = 3\sin u\cos v\,\boldsymbol{i} + 3\sin u\sin v\,\boldsymbol{j} + 3\cos u\,\boldsymbol{k}\quad (0 \leqq u, v \leqq \pi/2)$

(2) $\boldsymbol{r} = 3\sin u\cos v\,\boldsymbol{i} + 3\sin u\sin v\,\boldsymbol{j} + 3\cos u\,\boldsymbol{k}\quad (\pi/2 \leqq u, v \leqq \pi)$

(3) $\boldsymbol{r} = 3\cos u\,\boldsymbol{i} + 3\sin u\,\boldsymbol{j} + v\,\boldsymbol{k}\quad (\pi \leqq u \leqq 3\pi/2,\ 1 \leqq v \leqq 3)$

(4) $\boldsymbol{r} = v\,\boldsymbol{i} + 3\cos u\,\boldsymbol{j} + 3\sin u\,\boldsymbol{k}\quad (\pi/2 \leqq u \leqq \pi,\ 1 \leqq v \leqq 3)$

(5) 極座標で表すと

$$r^2\cos^2\theta = r^2\sin^2\theta\cos^2\varphi + r^2\sin^2\theta\sin^2\varphi = r^2\sin^2\theta$$

$$\Longleftrightarrow\ \cos^2\theta = \sin^2\theta\ \Longleftrightarrow\ \tan^2\theta = 1$$

$$\therefore\ \theta = \frac{\pi}{4}, \frac{3\pi}{4} \text{ であるが，} z \geqq 0 \text{ だから } \theta = \frac{\pi}{4}$$

$$0 \leqq z \leqq 4 \Longleftrightarrow x^2 + y^2 \leqq 16 \Longleftrightarrow r^2\sin^2\theta = \frac{1}{2}r^2 \leqq 16 \Longleftrightarrow r \leqq 4\sqrt{2}$$

ゆえに $r = u,\ \varphi = v$ とおいて

$$\boldsymbol{r} = \frac{1}{\sqrt{2}}u\cos v\,\boldsymbol{i} + \frac{1}{\sqrt{2}}u\sin v\,\boldsymbol{j} + \frac{1}{\sqrt{2}}u\,\boldsymbol{k}\quad (0 \leqq u \leqq 4\sqrt{2},\ 0 \leqq v \leqq 2\pi)$$

問題 7.1 z 軸の回りに回転しているとする．例題 7 と同様に

$$E = \int_V \frac{1}{2}\rho(x^2 + y^2)\omega^2 dV$$

7

V を円柱座標 $(r,\ \theta,\ z)$ で表すと

$$(x, y, z) \text{ が円柱の内部にある} \iff x^2+y^2 \leqq R^2,\ 0 \leqq z \leqq H$$
$$\iff r \leqq R,\ 0 \leqq z \leqq H$$

だから $dV = r\,dr\,d\theta\,dz$ に注意すると

$$\begin{aligned} E &= \int_V \frac{1}{2}\rho(r^2\cos^2\theta + r^2\sin^2\theta)\omega^2 r\,dr\,d\theta\,dz \\ &= \frac{1}{2}\rho\omega^2 \int_0^H dz \int_0^\pi d\theta \int_0^R r^3\,dr = \frac{1}{2}\pi\rho\omega^2 R^4 H \end{aligned}$$

問題 8.1 極座標に変換すると

$$\begin{aligned} \int_V (x^2+y^2+z^2)\,dV &= \int_V r^2 r^2 \sin\theta\,dr\,d\theta\,d\varphi \\ &= \int_0^{2\pi} d\varphi \int_0^\pi \sin\theta\,d\theta \int_0^a r^4 dr = \frac{4}{5}\pi a^5 \end{aligned}$$

問題 8.2 円柱座標に変換すると $z = x^2+y^2$, $z = 8-x^2-y^2$ はそれぞれ $z = r^2$, $z = 8 - r^2$ となる．$dV = r\,dr\,d\theta\,dz$ に注意すると

$$\int_V \sqrt{x^2+y^2}dV = \int_V rr\,dr\,d\theta\,dz = \int_0^{2\pi} d\theta \int_0^2 dr \int_{r^2}^{8-r^2} r^2 dz = \frac{256}{15}\pi$$

問題 9.1 問題 2.1 より $\boldsymbol{e}_1 = h_2h_3\nabla v \times \nabla w$ であることに注意すると

（1） $\nabla\cdot(F_1\boldsymbol{e}_1)$

$$\begin{aligned} &= \nabla\cdot(F_1h_2h_3\nabla v\times\nabla w) \\ &= \nabla(F_1h_2h_3)\cdot(\nabla v\times\nabla w) + F_1h_2h_3\nabla\cdot(\nabla v\times\nabla w) \\ &= \nabla(F_1h_2h_3)\cdot(\nabla v\times\nabla w) + F_1h_2h_3\big((\nabla\times\nabla v)\cdot\nabla w - (\nabla\times\nabla w)\cdot\nabla v\big) \\ &= \nabla(F_1h_2h_3)\cdot\frac{\boldsymbol{e}_1}{h_2h_3} \quad \text{(式 (7.7) を用いると)} \\ &= \left(\frac{1}{h_1}\frac{\partial}{\partial u}(F_1h_2h_3)\,\boldsymbol{e}_1 + \frac{1}{h_2}\frac{\partial}{\partial v}(F_1h_2h_3)\,\boldsymbol{e}_2 + \frac{1}{h_3}\frac{\partial}{\partial w}(F_1h_2h_3)\,\boldsymbol{e}_3\right)\cdot\frac{\boldsymbol{e}_1}{h_2h_3} \\ &= \frac{1}{h_1h_2h_3}\frac{\partial}{\partial u}(h_2h_3F_1) \end{aligned}$$

（2）
$$\begin{aligned} \nabla\times(F_1\boldsymbol{e}_1) &= \nabla\times(F_1h_1\nabla u) = \nabla(F_1h_1)\times\nabla u + F_1h_1\nabla\times(\nabla u) \\ &= \nabla(F_1h_1)\times\frac{\boldsymbol{e}_1}{h_1} \\ &= \left(\frac{1}{h_1}\frac{\partial}{\partial u}(F_1h_1)\,\boldsymbol{e}_1 + \frac{1}{h_2}\frac{\partial}{\partial v}(F_1h_1)\,\boldsymbol{e}_2 + \frac{1}{h_3}\frac{\partial}{\partial w}(F_1h_1)\,\boldsymbol{e}_3\right)\times\frac{\boldsymbol{e}_1}{h_1} \end{aligned}$$

7

$$= \frac{\boldsymbol{e}_2 \times \boldsymbol{e}_1}{h_2 h_1}\frac{\partial}{\partial v}(F_1 h_1) + \frac{\boldsymbol{e}_3 \times \boldsymbol{e}_1}{h_3 h_1}\frac{\partial}{\partial w}(F_1 h_1)$$
$$= \frac{\boldsymbol{e}_2}{h_3 h_1}\frac{\partial}{\partial w}(h_1 F_1) - \frac{\boldsymbol{e}_3}{h_1 h_2}\frac{\partial}{\partial v}(h_1 F_1)$$

(3) $\nabla \cdot \boldsymbol{F} = \nabla \cdot (F_1\boldsymbol{e}_1 + F_2\boldsymbol{e}_2 + F_3\boldsymbol{e}_3)$

$$= \nabla \cdot (F_1\boldsymbol{e}_1) + \nabla \cdot (F_2\boldsymbol{e}_2) + \nabla \cdot (F_3\boldsymbol{e}_3)$$
$$= \frac{1}{h_1h_2h_3}\left(\frac{\partial}{\partial u}(h_2h_3F_1) + \frac{\partial}{\partial u}(h_3h_1F_2) + \frac{\partial}{\partial u}(h_1h_2F_3)\right)$$

$$\nabla \times \boldsymbol{F} = \nabla \times (F_1\boldsymbol{e}_1 + F_2\boldsymbol{e}_2 + F_3\boldsymbol{e}_3)$$
$$= \nabla \times (F_1\boldsymbol{e}_1) + \nabla \times (F_2\boldsymbol{e}_2) + \nabla \times (F_3\boldsymbol{e}_3)$$
$$= \frac{\boldsymbol{e}_2}{h_3h_1}\frac{\partial}{\partial w}(h_1F_1) - \frac{\boldsymbol{e}_3}{h_1h_2}\frac{\partial}{\partial v}(h_1F_1) + \frac{\boldsymbol{e}_3}{h_1h_2}\frac{\partial}{\partial u}(h_2F_2)$$
$$- \frac{\boldsymbol{e}_1}{h_2h_3}\frac{\partial}{\partial w}(h_2F_2) + \frac{\boldsymbol{e}_1}{h_2h_3}\frac{\partial}{\partial v}(h_3F_3) - \frac{\boldsymbol{e}_2}{h_3h_1}\frac{\partial}{\partial u}(h_3F_3)$$
$$= \frac{\boldsymbol{e}_1}{h_2h_3}\left(\frac{\partial}{\partial v}(h_3F_3) - \frac{\partial}{\partial w}(h_2F_2)\right) + \frac{\boldsymbol{e}_2}{h_3h_1}\left(\frac{\partial}{\partial w}(h_1F_1) - \frac{\partial}{\partial u}(h_3F_3)\right)$$
$$+ \frac{\boldsymbol{e}_3}{h_1h_2}\left(\frac{\partial}{\partial u}(h_2F_2) - \frac{\partial}{\partial v}(h_1F_1)\right)$$
$$= \begin{vmatrix} \dfrac{\boldsymbol{e}_1}{h_2h_3} & \dfrac{\boldsymbol{e}_2}{h_3h_1} & \dfrac{\boldsymbol{e}_3}{h_1h_2} \\ \dfrac{\partial}{\partial u} & \dfrac{\partial}{\partial v} & \dfrac{\partial}{\partial w} \\ h_1F_1 & h_2F_2 & h_3F_3 \end{vmatrix}$$

問題 10.1 $h_1 = 1$, $h_2 = r$, $h_3 = 1$ である．

(1) 式 (7.7) より，

$$\nabla f = \frac{1}{h_1}\frac{\partial f}{\partial r}\boldsymbol{e}_1 + \frac{1}{h_2}\frac{\partial f}{\partial \theta}\boldsymbol{e}_2 + \frac{1}{h_3}\frac{\partial f}{\partial z}\boldsymbol{e}_3$$
$$= \frac{\partial f}{\partial r}\boldsymbol{e}_1 + \frac{1}{r}\frac{\partial f}{\partial \theta}\boldsymbol{e}_2 + \frac{\partial f}{\partial z}\boldsymbol{e}_3$$

(2) 式 (7.9) より，

$$\nabla \cdot \boldsymbol{F} = \frac{1}{h_1h_2h_3}\left(\frac{\partial}{\partial r}(h_2h_3F_1) + \frac{\partial}{\partial \theta}(h_3h_1F_2) + \frac{\partial}{\partial z}(h_1h_2F_3)\right)$$
$$= \frac{1}{r}\left(\frac{\partial}{\partial r}(rF_1) + \frac{\partial F_2}{\partial \theta} + \frac{\partial}{\partial z}(rF_3)\right)$$
$$= \frac{1}{r}\frac{\partial}{\partial r}(rF_1) + \frac{1}{r}\frac{\partial F_2}{\partial \theta} + \frac{\partial F_3}{\partial z}$$

7

(3) 式 (7.11) より，

$$\nabla\times\boldsymbol{F} = \begin{vmatrix} \dfrac{\boldsymbol{e}_1}{r} & \boldsymbol{e}_2 & \dfrac{\boldsymbol{e}_3}{r} \\ \dfrac{\partial}{\partial r} & \dfrac{\partial}{\partial\theta} & \dfrac{\partial}{\partial z} \\ F_1 & rF_2 & F_3 \end{vmatrix}$$

問題 10.2 $h_1 = h_2 = a\sqrt{\sinh^2 u + \sin^2 v}$, $h_3 = 1$ である．$L = \sinh^2 u + \sin^2 v$ とおくと

(1) 式 (7.7) より，

$$\begin{aligned}\nabla f &= \frac{1}{h_1}\frac{\partial f}{\partial u}\boldsymbol{e}_1 + \frac{1}{h_2}\frac{\partial f}{\partial v}\boldsymbol{e}_2 + \frac{1}{h_3}\frac{\partial f}{\partial z}\boldsymbol{e}_3 \\ &= \frac{1}{a\sqrt{L}}\frac{\partial f}{\partial u}\boldsymbol{e}_1 + \frac{1}{a\sqrt{L}}\frac{\partial f}{\partial v}\boldsymbol{e}_2 + \frac{\partial f}{\partial z}\boldsymbol{e}_3\end{aligned}$$

(2) 式 (7.9) より，

$$\begin{aligned}\nabla\cdot\boldsymbol{F} &= \frac{1}{h_1h_2h_3}\left(\frac{\partial}{\partial u}(h_2h_3F_1) + \frac{\partial}{\partial v}(h_3h_1F_2) + \frac{\partial}{\partial z}(h_1h_2F_3)\right) \\ &= \frac{1}{a^2L}\left(\frac{\partial}{\partial u}\left(a\sqrt{L}F_1\right) + \frac{\partial}{\partial v}\left(a\sqrt{L}F_2\right) + \frac{\partial}{\partial z}\left(a^2LF_3\right)\right) \\ &= \frac{1}{aL}\frac{\partial}{\partial u}\left(\sqrt{L}F_1\right) + \frac{1}{aL}\frac{\partial}{\partial v}\left(\sqrt{L}F_2\right) + \frac{\partial F_3}{\partial z}\end{aligned}$$

(3) 式 (7.11) より，

$$\nabla\times\boldsymbol{F} = \begin{vmatrix} \dfrac{\boldsymbol{e}_1}{a\sqrt{L}} & \dfrac{\boldsymbol{e}_2}{a\sqrt{L}} & \dfrac{\boldsymbol{e}_3}{a^2L} \\ \dfrac{\partial}{\partial u} & \dfrac{\partial}{\partial v} & \dfrac{\partial}{\partial z} \\ a\sqrt{L}F_1 & a\sqrt{L}F_2 & F_3 \end{vmatrix}$$

問題 11.1 例題 11 より $\nabla\log r = \dfrac{x}{x^2+y^2}\boldsymbol{i} + \dfrac{y}{x^2+y^2}\boldsymbol{j}$．また $\tan\theta = \dfrac{y}{x}$ より

$$\begin{aligned}\nabla\times(\theta\boldsymbol{k}) &= \begin{vmatrix} \boldsymbol{i} & \boldsymbol{j} & \boldsymbol{k} \\ \dfrac{\partial}{\partial x} & \dfrac{\partial}{\partial y} & \dfrac{\partial}{\partial z} \\ 0 & 0 & \tan^{-1}\dfrac{y}{x} \end{vmatrix} \\ &= \boldsymbol{i}\frac{\partial}{\partial y}\left(\tan^{-1}\frac{y}{x}\right) - \boldsymbol{j}\frac{\partial}{\partial x}\left(\tan^{-1}\frac{y}{x}\right) \\ &= \frac{x}{x^2+y^2}\boldsymbol{i} + \frac{y}{x^2+y^2}\boldsymbol{j}\end{aligned}$$

問題 11.2 $h_1 = 1,\ h_2 = r,\ h_3 = r\sin\theta$ だから

$$\begin{aligned}\nabla r &= \frac{1}{h_1}\frac{\partial r}{\partial r}\boldsymbol{e}_1 + \frac{1}{h_2}\frac{\partial r}{\partial \theta}\boldsymbol{e}_2 + \frac{1}{h_3}\frac{\partial r}{\partial \varphi}\boldsymbol{e}_3 = \boldsymbol{e}_1\\ &= \sin\theta\cos\varphi\,\boldsymbol{i} + \sin\theta\sin\varphi\,\boldsymbol{j} + \cos\theta\,\boldsymbol{k}\\ \nabla\theta &= \frac{1}{h_1}\frac{\partial \theta}{\partial r}\boldsymbol{e}_1 + \frac{1}{h_2}\frac{\partial \theta}{\partial \theta}\boldsymbol{e}_2 + \frac{1}{h_3}\frac{\partial \theta}{\partial \varphi}\boldsymbol{e}_3 = \frac{1}{r}\boldsymbol{e}_2\\ &= \frac{1}{r}(\cos\theta\cos\varphi\,\boldsymbol{i} + \cos\theta\sin\varphi\,\boldsymbol{j} - \sin\theta\,\boldsymbol{k})\\ \nabla\varphi &= \frac{1}{h_1}\frac{\partial \varphi}{\partial r}\boldsymbol{e}_1 + \frac{1}{h_2}\frac{\partial \varphi}{\partial \theta}\boldsymbol{e}_2 + \frac{1}{h_3}\frac{\partial \varphi}{\partial \varphi}\boldsymbol{e}_3 = \frac{1}{r\sin\theta}\boldsymbol{e}_3\\ &= \frac{1}{r\sin\theta}(-\sin\varphi\,\boldsymbol{i} + \cos\varphi\,\boldsymbol{j})\\ &= -\frac{\sin\varphi}{r\sin\theta}\boldsymbol{i} + \frac{\cos\varphi}{r\sin\theta}\boldsymbol{j}\end{aligned}$$

問題 12.1 $h_1 = 1,\ h_2 = r,\ h_3 = 1$ で f は r のみの関数だから，式 (7.10) より

$$\begin{aligned}\nabla^2 f &= \frac{1}{h_1h_2h_3}\left(\frac{\partial}{\partial r}\left(\frac{h_2h_3}{h_1}\frac{\partial f}{\partial r}\right) + \frac{\partial}{\partial \theta}\left(\frac{h_3h_1}{h_2}\frac{\partial f}{\partial \theta}\right) + \frac{\partial}{\partial z}\left(\frac{h_1h_2}{h_3}\frac{\partial f}{\partial z}\right)\right)\\ &= \frac{1}{r}\frac{\partial}{\partial r}\left(r\frac{\partial f}{\partial r}\right) = \frac{1}{r}\frac{d}{dr}\left(r\frac{df}{dr}\right) = 0\end{aligned}$$

ゆえに $r\dfrac{df}{dr} = C_1$ であり，$f = C_1\log r + C_2$ となる．ただし $C_1,\ C_2$ は定数である．

問題 12.2 $h_1 = 1,\ h_2 = r,\ h_3 = r\sin\theta$ で f は r のみの関数だから，式 (7.10) より

$$\begin{aligned}\nabla^2 f &= \frac{1}{h_1h_2h_3}\left(\frac{\partial}{\partial r}\left(\frac{h_2h_3}{h_1}\frac{\partial f}{\partial r}\right) + \frac{\partial}{\partial \theta}\left(\frac{h_3h_1}{h_2}\frac{\partial f}{\partial \theta}\right) + \frac{\partial}{\partial \varphi}\left(\frac{h_1h_2}{h_3}\frac{\partial f}{\partial \varphi}\right)\right)\\ &= \frac{1}{r^2\sin\theta}\frac{\partial}{\partial r}\left(r^2\sin\theta\frac{\partial f}{\partial r}\right) = \frac{1}{r^2}\frac{d}{dr}\left(r^2\frac{df}{dr}\right) = -4\pi\rho\end{aligned}$$

よって $\dfrac{d}{dr}\left(r^2\dfrac{df}{dr}\right) = -4\pi\rho r^2$．したがって

$$\begin{aligned}r^2\frac{df}{dr} &= -4\pi\int\rho(r)r^2dr + C\\ &= -4\pi\int_0^r\rho(r)r^2dr + C_1 \quad (C,\ C_1\text{は定数})\end{aligned}$$

$f'(0)$ が存在するから $r = 0$ とすれば $C_1 = 0$．ゆえに

$$\begin{aligned}f(r) &= -4\pi\int_0^r\left(\frac{1}{s^2}\int_0^s\rho(t)t^2dt\right)ds + C_2\\ &= -4\pi\left(\int_0^r\rho(t)tdt - \frac{1}{r}\int_0^r\rho(t)t^2dt\right) + C\end{aligned}$$

7

演習 1　問題 11.2 より

$$\begin{aligned}\nabla\times\left(\frac{r}{\sin\theta}\nabla\theta\right) &= \nabla\left(\frac{r}{\sin\theta}\right)\times\nabla\theta+\frac{r}{\sin\theta}(\nabla\times\nabla\theta)\\ &= \nabla\left(r\frac{1}{\sin\theta}\right)\times\nabla\theta\\ &= \left(\frac{1}{\sin\theta}\nabla r+r\frac{-\cos\theta}{\sin^2\theta}\nabla\theta\right)\times\nabla\theta\\ &= \frac{1}{\sin\theta}\nabla r\times\nabla\theta=\frac{1}{\sin\theta}\frac{h_3}{h_1h_2}\nabla\varphi=\nabla\varphi\end{aligned}$$

演習 2　式 (7.10) より

$$\begin{aligned}\nabla^2U &= \frac{1}{r^2\sin\theta}\left(\frac{\partial}{\partial r}\left(r^2\sin\theta\frac{\partial U}{\partial r}\right)+\frac{\partial}{\partial\theta}\left(\sin\theta\frac{\partial U}{\partial\theta}\right)+\frac{\partial}{\partial\varphi}\left(\frac{1}{\sin\theta}\frac{\partial U}{\partial\varphi}\right)\right)\\ &= \frac{1}{r^2}\frac{\partial}{\partial r}\left(r^2\frac{\partial U}{\partial r}\right)+\frac{1}{r^2\sin\theta}\frac{\partial}{\partial\theta}\left(\sin\theta\frac{\partial U}{\partial\theta}\right)+\frac{1}{r^2\sin^2\theta}\frac{\partial^2U}{\partial\varphi^2}\end{aligned}$$

（1）　$\dfrac{\partial^2U}{\partial\varphi^2}=0$ だから

$$\begin{aligned}\frac{\partial U}{\partial t} &= \frac{\kappa}{r^2}\frac{\partial}{\partial r}\left(r^2\frac{\partial U}{\partial r}\right)+\frac{\kappa}{r^2\sin\theta}\frac{\partial}{\partial\theta}\left(\sin\theta\frac{\partial U}{\partial\theta}\right)\\ &= \kappa\frac{\partial^2U}{\partial r^2}+\frac{\kappa}{r^2}\frac{\partial^2U}{\partial\theta^2}+\frac{2\kappa}{r}\frac{\partial U}{\partial r}+\frac{\kappa\cos\theta}{r^2\sin\theta}\frac{\partial U}{\partial\theta}\end{aligned}$$

（2）　$\dfrac{\partial U}{\partial\theta}=\dfrac{\partial^2U}{\partial\varphi^2}=0$ だから

$$\frac{\partial U}{\partial t}=\frac{\kappa}{r^2}\frac{\partial}{\partial r}\left(r^2\frac{\partial f}{\partial r}\right)=\frac{\kappa}{r^2}\left(r^2\frac{\partial^2U}{\partial r^2}+2r\frac{\partial U}{\partial r}\right)=\kappa\frac{\partial^2U}{\partial r^2}+\frac{2\kappa}{r}\frac{\partial U}{\partial r}$$

（3）　$\dfrac{\partial U}{\partial t}=\dfrac{\partial U}{\partial r}=0$ だから

$$0=\frac{\kappa}{r^2\sin\theta}\frac{\partial}{\partial\theta}\left(\sin\theta\frac{\partial U}{\partial\theta}\right)+\frac{\kappa}{r^2\sin^2\theta}\frac{\partial^2U}{\partial\varphi^2}$$

$$\begin{aligned}\therefore\quad \sin\theta\frac{\partial}{\partial\theta}\left(\sin\theta\frac{\partial U}{\partial\theta}\right)+\frac{\partial^2U}{\partial\varphi^2} &= 0\\ \therefore\quad \sin^2\theta\frac{\partial^2U}{\partial\theta^2}+\sin\theta\cos\theta\frac{\partial U}{\partial\theta}+\frac{\partial^2U}{\partial\varphi^2} &= 0\end{aligned}$$

演習 3　（1）　例題 5 と同様にすればよい．

$$\begin{aligned}\boldsymbol{e}_1 &= \sin\theta\cos\varphi\,\boldsymbol{i}+\sin\theta\sin\varphi\,\boldsymbol{j}+\cos\theta\,\boldsymbol{k}\\ \boldsymbol{e}_2 &= \cos\theta\cos\varphi\,\boldsymbol{i}+\cos\theta\sin\varphi\,\boldsymbol{j}-\sin\theta\,\boldsymbol{k}\\ \boldsymbol{e}_3 &= -\sin\varphi\,\boldsymbol{i}+\cos\varphi\,\boldsymbol{j}\end{aligned}$$

だから

$$\begin{aligned}
\frac{d\boldsymbol{e}_2}{dt} &= \frac{\partial \boldsymbol{e}_2}{\partial r}\frac{dr}{dt} + \frac{\partial \boldsymbol{e}_2}{\partial \theta}\frac{d\theta}{dt} + \frac{\partial \boldsymbol{e}_2}{\partial \varphi}\frac{d\varphi}{dt} \\
&= (-\sin\theta\cos\varphi\,\boldsymbol{i} - \sin\theta\sin\varphi\,\boldsymbol{j} - \cos\theta\,\boldsymbol{k})\frac{d\theta}{dt} \\
&\quad + (-\cos\theta\sin\varphi\,\boldsymbol{i} + \cos\theta\cos\varphi\,\boldsymbol{j})\frac{d\varphi}{dt} \\
&= -\frac{d\theta}{dt}\boldsymbol{e}_1 + \cos\theta\frac{d\varphi}{dt}\boldsymbol{e}_3 \\
\frac{d\boldsymbol{e}_3}{dt} &= \frac{\partial \boldsymbol{e}_3}{\partial r}\frac{dr}{dt} + \frac{\partial \boldsymbol{e}_3}{\partial \theta}\frac{d\theta}{dt} + \frac{\partial \boldsymbol{e}_3}{\partial \varphi}\frac{d\varphi}{dt} \\
&= (-\cos\varphi\,\boldsymbol{i} - \sin\varphi\,\boldsymbol{j})\frac{d\varphi}{dt} \\
&= -\cos\varphi\frac{d\varphi}{dt}(\sin\theta\cos\varphi\,\boldsymbol{e}_1 + \cos\theta\cos\varphi\,\boldsymbol{e}_2 - \sin\varphi\,\boldsymbol{e}_3) \\
&\quad - \sin\varphi\frac{d\varphi}{dt}(\sin\theta\sin\varphi\,\boldsymbol{e}_1 + \cos\theta\sin\varphi\,\boldsymbol{e}_2 + \cos\varphi\,\boldsymbol{e}_3) \\
&= -\sin\theta\frac{d\varphi}{dt}\boldsymbol{e}_1 - \cos\theta\frac{d\varphi}{dt}\boldsymbol{e}_2
\end{aligned}$$

（2） 例題 5 より

$$\frac{d\boldsymbol{r}}{dt} = \frac{dr}{dt}\boldsymbol{e}_1 + r\frac{d\theta}{dt}\boldsymbol{e}_2 + r\sin\theta\frac{d\varphi}{dt}\boldsymbol{e}_3$$

$$\begin{aligned}
\therefore\quad \frac{d^2\boldsymbol{r}}{dt^2} &= \frac{d^2\boldsymbol{r}}{dt^2}\boldsymbol{e}_1 + \frac{d\boldsymbol{r}}{dt}\frac{d\boldsymbol{e}_1}{dt} + \frac{d\boldsymbol{r}}{dt}\frac{d\theta}{dt}\boldsymbol{e}_2 + r\frac{d^2\theta}{dt^2}\boldsymbol{e}_2 + r\frac{d\theta}{dt}\frac{d\boldsymbol{e}_2}{dt} \\
&\quad + \frac{dr}{dt}\sin\theta\frac{d\varphi}{dt}\boldsymbol{e}_3 + r\cos\theta\frac{d\theta}{dt}\frac{d\varphi}{dt}\boldsymbol{e}_3 + r\sin\theta\frac{d^2\varphi}{dt^2}\boldsymbol{e}_3 + r\sin\theta\frac{d\varphi}{dt}\frac{d\boldsymbol{e}_3}{dt} \\
&= \frac{d^2\boldsymbol{r}}{dt^2}\boldsymbol{e}_1 + \frac{d\boldsymbol{r}}{dt}\left(\frac{d\theta}{dt}\boldsymbol{e}_2 + \sin\theta\frac{d\varphi}{dt}\boldsymbol{e}_3\right) + \frac{d\boldsymbol{r}}{dt}\frac{d\theta}{dt}\boldsymbol{e}_2 + r\frac{d^2\theta}{dt^2}\boldsymbol{e}_2 \\
&\quad + r\frac{d\theta}{dt}\left(-\frac{d\theta}{dt}\boldsymbol{e}_1 + \cos\theta\frac{d\varphi}{dt}\boldsymbol{e}_3\right) + \frac{dr}{dt}\sin\theta\frac{d\varphi}{dt}\boldsymbol{e}_3 + r\cos\theta\frac{d\theta}{dt}\frac{d\varphi}{dt}\boldsymbol{e}_3 \\
&\quad + r\sin\theta\frac{d^2\varphi}{dt^2}\boldsymbol{e}_3 + r\sin\theta\frac{d\varphi}{dt}\left(-\sin\theta\frac{d\varphi}{dt}\boldsymbol{e}_1 - \cos\theta\frac{d\varphi}{dt}\boldsymbol{e}_2\right) \\
&= \left(\frac{d^2\boldsymbol{r}}{dt^2} - r\left(\frac{d\theta}{dt}\right)^2 - r\sin^2\theta\left(\frac{d\varphi}{dt}\right)^2\right)\boldsymbol{e}_1 \\
&\quad + \left(2\frac{dr}{dt}\frac{d\theta}{dt} + r\frac{d^2\theta}{dt^2} - r\sin\theta\cos\theta\left(\frac{d\varphi}{dt}\right)^2\right)\boldsymbol{e}_2 \\
&\quad + \left(2\sin\theta\frac{dr}{dt}\frac{d\varphi}{dt} + 2r\cos\theta\frac{d\theta}{dt}\frac{d\varphi}{dt} + r\sin\theta\frac{d^2\varphi}{dt^2}\right)\boldsymbol{e}_3
\end{aligned}$$

演習 4 （1） $\dfrac{d\boldsymbol{e}_1}{dt}=\dfrac{d\theta}{dt}\boldsymbol{e}_2,\ \dfrac{d\boldsymbol{e}_3}{dt}=\boldsymbol{0}$ は問題 5.1 で示している．

$$\begin{aligned}\frac{d\boldsymbol{e}_2}{dt} &= \frac{\partial\boldsymbol{e}_2}{\partial r}\frac{dr}{dt}+\frac{\partial\boldsymbol{e}_2}{\partial\theta}\frac{d\theta}{dt}+\frac{\partial\boldsymbol{e}_2}{\partial z}\frac{dz}{dt}\\ &= (-\cos\theta\,\boldsymbol{i}-\sin\theta\,\boldsymbol{j})\frac{d\theta}{dt}=-\frac{d\theta}{dt}\boldsymbol{e}_1\end{aligned}$$

（2） 問題 5.1 より

$$\frac{d\boldsymbol{r}}{dt}=\frac{dr}{dt}\boldsymbol{e}_1+r\frac{d\theta}{dt}\boldsymbol{e}_2+\frac{dz}{dt}\boldsymbol{e}_3$$

$$\begin{aligned}\therefore\quad \frac{d^2\boldsymbol{r}}{dt^2} &= \frac{d^2r}{dt^2}\boldsymbol{e}_1+\frac{dr}{dt}\frac{d\boldsymbol{e}_1}{dt}+\frac{dr}{dt}\frac{d\theta}{dt}\boldsymbol{e}_2+r\frac{d^2\theta}{dt^2}\boldsymbol{e}_2+r\frac{d\theta}{dt}\frac{d\boldsymbol{e}_2}{dt}\\ &\quad+\frac{d^2z}{dt^2}\boldsymbol{e}_3+\frac{dz}{dt}\frac{d\boldsymbol{e}_3}{dt}\\ &= \frac{d^2r}{dt^2}\boldsymbol{e}_1+\frac{dr}{dt}\frac{d\theta}{dt}\boldsymbol{e}_2+\frac{dr}{dt}\frac{d\theta}{dt}\boldsymbol{e}_2+r\frac{d^2\theta}{dt^2}\boldsymbol{e}_2+r\frac{d\theta}{dt}\left(-\frac{d\theta}{dt}\boldsymbol{e}_1\right)+\frac{d^2z}{dt^2}\boldsymbol{e}_3\\ &= \left(\frac{d^2r}{dt^2}-r\left(\frac{d\theta}{dt}\right)^2\right)\boldsymbol{e}_1+\left(2\frac{dr}{dt}\frac{d\theta}{dt}+r\frac{d^2\theta}{dt^2}\right)\boldsymbol{e}_2+\frac{d^2z}{dt^2}\boldsymbol{e}_3\end{aligned}$$

7

索　引

あ 行

か 行

さ 行

た 行

著者略歴

寺田文行（てらだ ふみゆき）

1948年　東北帝国大学理学部数学科卒業
2016年　逝去
早稲田大学名誉教授
理学博士

福田　隆（ふくだ たかし）

1976年　東京工業大学理学部数学科卒業
現　在　前日本大学生産工学部准教授
理学博士

新・演習数学ライブラリ＝5

演習と応用　ベクトル解析

2000年5月25日 ©　　初版発行
2020年3月10日　　初版第15刷発行

著　者　寺田文行　　発行者　森平敏孝
　　　　福田　隆　　印刷者　馬場信幸
　　　　　　　　　　製本者　米良孝司

発行所　**株式会社　サイエンス社**

〒151–0051　東京都渋谷区千駄ヶ谷1丁目3番25号
営業　☎（03）5474–8500（代）　振替 00170–7–2387
編集　☎（03）5474–8600（代）
FAX　☎（03）5474–8900

印刷　三美印刷　　製本　ブックアート

《検印省略》

ISBN4-7819-0950-7

PRINTED IN JAPAN

サイエンス社のホームページのご案内
http://www.saiensu.co.jp
ご意見・ご要望は
rikei@saiensu.co.jp まで．

公　　式

$\boldsymbol{F} = F_1\boldsymbol{i} + F_2\boldsymbol{j} + F_3\boldsymbol{k}$ がベクトル場，f がスカラー場のとき，

$$\operatorname{grad} f = \nabla f = \frac{\partial f}{\partial x}\boldsymbol{i} + \frac{\partial f}{\partial y}\boldsymbol{j} + \frac{\partial f}{\partial z}\boldsymbol{k}, \quad \operatorname{div} \boldsymbol{F} = \nabla \cdot \boldsymbol{F} = \frac{\partial F_1}{\partial x} + \frac{\partial F_2}{\partial y} + \frac{\partial F_3}{\partial z}$$

$$\nabla^2 f = \nabla \cdot (\nabla f) = \frac{\partial^2 f}{\partial x^2} + \frac{\partial^2 f}{\partial y^2} + \frac{\partial^2 f}{\partial z^2}$$

$$\operatorname{rot} \boldsymbol{F} = \nabla \times \boldsymbol{F} = \begin{vmatrix} \boldsymbol{i} & \boldsymbol{j} & \boldsymbol{k} \\ \frac{\partial}{\partial x} & \frac{\partial}{\partial y} & \frac{\partial}{\partial z} \\ F_1 & F_2 & F_3 \end{vmatrix}$$

$$\nabla \times (\nabla f) = \boldsymbol{0}, \quad \nabla \cdot (\nabla \times \boldsymbol{F}) = 0$$

f がスカラー場，$\boldsymbol{F}$ がベクトル場，$C : \boldsymbol{r} = x(t)\boldsymbol{i} + y(t)\boldsymbol{j} + z(t)\boldsymbol{k} \quad (a \leqq t \leqq b)$ が曲線，$S : \boldsymbol{r} = x\boldsymbol{i} + y\boldsymbol{j} + \varphi(x, y)\boldsymbol{k}$, $(x, y) \in D$ が曲面のとき，

$$\int_C f(x, y, z)ds = \int_a^b f(x(t),\, y(t),\, z(t))\sqrt{\left(\frac{dx}{dt}\right)^2 + \left(\frac{dy}{dt}\right)^2 + \left(\frac{dz}{dt}\right)^2}\, dt$$

$$\int_C f(x, y, z)dx = \int_a^b f(x(t),\, y(t),\, z(t))\frac{dx}{dt}dt$$

$$\int_C \boldsymbol{F} \cdot d\boldsymbol{r} = \int_a^b \left(\boldsymbol{F} \cdot \frac{d\boldsymbol{r}}{dt}\right)dt, \quad \int_C \boldsymbol{F} \times d\boldsymbol{r} = \int_a^b \left(\boldsymbol{F} \times \frac{d\boldsymbol{r}}{dt}\right)dt$$

$$\int_S f\, dS = \iint_D f(x, y, \varphi(x, y))\frac{1}{|\boldsymbol{n} \cdot \boldsymbol{k}|}\, dx\, dy$$

$$\int_S \boldsymbol{F} \cdot d\boldsymbol{S} = \iint_D \boldsymbol{F} \cdot \boldsymbol{n}\frac{1}{|\boldsymbol{n} \cdot \boldsymbol{k}|}\, dx\, dy, \quad \int_S \boldsymbol{F} \times d\boldsymbol{S} = \iint_D \boldsymbol{F} \times \boldsymbol{n}\frac{1}{|\boldsymbol{n} \cdot \boldsymbol{k}|}\, dx\, dy$$

$\boldsymbol{F}$ が閉曲面 S で囲まれた領域 V 上のベクトル場であるとき，

$$\int_V \nabla \cdot \boldsymbol{F}\, dV = \int_S \boldsymbol{F} \cdot d\boldsymbol{S}$$

$\boldsymbol{F}$ が閉曲線 C で囲まれた曲面 S 上のベクトル場であるとき，

$$\int_S (\nabla \times \boldsymbol{F}) \cdot d\boldsymbol{S} = \int_C \boldsymbol{F} \cdot d\boldsymbol{r}$$

xy 平面上の単一閉曲線 C で囲まれた領域 D 上のスカラー場 f, g に対して，

$$\iint_D \left(\frac{\partial g}{\partial x} - \frac{\partial f}{\partial y}\right)dx\, dy = \int_C (f\, dx + g\, dy) = \int_C (f\boldsymbol{i} + g\boldsymbol{j}) \cdot d\boldsymbol{r}$$